Konvektionsströmungen

Von Dr.-Ing. Jochem Unger
Privatdozent an der Technischen Hochschule Darmstadt
Professor an der Fachhochschule Darmstadt

Mit 195 Bildern und 20 Aufgaben mit Lösungen

B. G. Teubner Stuttgart 1988

Prof. Dr.-Ing. Jochem Unger

1944 geboren in Bad Soden (Ts). Von 1960 bis 1963 Lehrausbildung zum Technischen Zeichner. Von 1963 bis 1966 Studium des Maschinenbaus an der Ing.-Schule Darmstadt und von 1967 bis 1971 Studium des Maschinenbaus (Flugzeugbau) an der Technischen Hochschule Darmstadt. Von 1972 bis 1976 wiss. Mitarbeiter am Institut für Mechanik der Technischen Hochschule Darmstadt (Arbeitsgruppe von Prof. Becker) und anschließend bis 1985 Fachreferent bei der Kraftwerk Union AG. 1975 Promotion, 1983 Habilitation für das Fach Mechanik an der Technischen Hochschule Darmstadt. Seit 1983 Priv.-Dozent für Mechanik an der Technischen Hochschule Darmstadt und seit 1985 Professor für Wärme- und Regelungstechnik an der Fachhochschule Darmstadt.

CIP-Titelaufnahme der Deutschen Bibliothek

Unger, Jochem:
Konvektionsströmungen / von Jochem Unger. – Stuttgart :
Teubner, 1988
(Teubner-Studienbücher : Mechanik)

ISBN 978-3-519-03033-1 ISBN 978-3-322-89143-3 (eBook)
DOI 10.1007/978-3-322-89143-3

Vorwort

Die Wurzeln zu diesem Buch liegen in einer fast 10jährigen Tätigkeit in der Kraftwerksindustrie. Das Know-how für passive und damit inhärent sichere Kühlsysteme mußte erst aufgebaut werden, denn über freie Konvektionsströmungen, die allein durch Dichteunterschiede verursacht werden, war sowohl in der einschlägigen Fachliteratur als auch in entsprechenden Veröffentlichungen wenig zu finden. Insbesondere in den deutschsprachigen Lehrbüchern findet sich immer noch der Kenntnisstand von vor Jahrzehnten oder nahezu nichts. Neuere wissenschaftliche Aktivitäten sind meist auf diffizile Stabilitätsuntersuchugnen geometrisch und thermisch immer komplizierterer Benard-Probleme ausgerichtet, die im großen Rahmen der industriellen Fragestellungen jedoch nur eine sehr untergeordnete oder gar keine Bedeutung besitzen. Noch verwunderlicher ist es, daß man auch ganz grundlegende Dinge – wie etwa die Boussinesq-Approximation, die jedermann im Munde führt, der sich mit freien Konvektionsströmungen beschäftigt – in keinem der mir bekannten Lehrbücher streng begründet findet. All diese Mängel zu beseitigen, ist das Ziel dieses Buches, das zu schreiben mich mein verehrter Lehrer Professor Dr. E. Becker vor seinem viel zu frühen Tod aufgefordert hat.

Anders als in üblichen Lehrbüchern erfolgt die Einführung in die Grundlagen induktiv, um den Leser von Anfang an am Prozeß des Verstehens teilhaben lassen zu können. Ausgehend von einem einführenden Beispiel, das jegliches komplizierende Beiwerk beiseite läßt, wird mit der „Problemwelt" der freien Konvektionsströmungen vertraut gemacht. Dabei wird auch der zum Einstieg vorausgesetzte Kenntnisstand (Hydrostatik, Bernoullische Gleichung, Impulssatz für stationäre Strömungen) aufgezeigt, der anhand dreier spezieller Fußnoten nachgelesen oder aber separat mit dem Buch „Technische Strömungslehre" (6. Auflage 1986, B. G. Teubner) von E. Becker erarbeitet werden kann. Neben Grundkenntnissen in Strömungsmechanik sind auch solche (wenn auch in geringerem Maße) in Thermodynamik erforderlich, wenn man sich die die Strömung antreibenden Dichtedifferenzen etwa durch Heizen oder Kühlen des Fluids erzeugt denkt. Im wesentlichen wird hierbei nur der 1. Hauptsatz der Thermodynamik (Energiebilanz) benötigt, der in allen gängigen Büchern – oder aber, bei Interesse am tieferen Verständnis der Thermodynamik, im ebenfalls von E. Becker verfaßten Buch „Technische Thermodynamik" (1. Auflage 1985, B. G. Teubner) – nachgelesen werden kann. Besonderen Wert habe ich in diesem Zusammenhang auf die harmonische Verschmelzung der Fluid- und Thermodynamik gelegt, da ich während meiner industriellen Tätigkeit und auch als Gutachter immer wieder feststellen mußte, daß dem klassisch ausgebildeten Thermodynamiker die Strömungsmechanik artfremd ist. Dieser Mangel in der Ausbildung zeigt sich etwa bei der Berechnung einer Kaminströmung in typischer Weise dadurch, daß Thermodynamiker ohne Schwierigkeit zwar die Temperaturverteilung durch Integration der Energiegleichung berechnen (thermodynamischer Anteil des Problems), in der Regel aber nicht in äquivalenter Weise die Berechnung des bei freier Konvektionsströmung noch unbekannten Massenstroms schaffen (strömungsmechanischer Anteil des Problems). Anstelle der Bestimmung des Massenstroms durch Einsetzen der Temperaturverteilung in die Impulsgleichung und deren Integration unter Beachtung einer Zu- und Abströmbedingung, ist eine Massenstrombestimmung durch Probieren auf dem Rechner zu beobachten. Schon aus dieser Erfahrung heraus werden die Grundlagen, die Erhaltungsgleichungen (Impuls, Masse, Energie) und ein Stoffgesetz zur Beschreibung der Eigenheiten des verwendeten Fluids als Stoff- und Energieträger, die immer die feste Grundlage aller Schlußfolgerungen bilden, schrittweise und nur unter Benutzung elementarster Kenntnisse aufgebaut, so daß der Lehrinhalt nicht nur für Studenten der Technischen Universitäten, sondern auch der Fachhochschulen erarbeitbar ist. Dies gilt, mit Ausnahme des Abschnitts über Systemstabilität (hier zumindest funktionentheoretisches Hintergrundwissen erforderlich), insbesondere für die bewußt sehr detailliert dargestellte eindimensionale Behandlung der freien Konvektionsströmungen, da diese für die Praxis besonders relevant, aber deshalb keineswegs trivial ist.

Ich habe mich bemüht, mit möglichst wenigen Begriffen und Definitionen einfache und gerade deswegen nahezu universelle Aussagen herauszuarbeiten. Die Kunst liegt hier eben nicht in der Berücksichtigung aller tatsächlich vorliegenden Einflüsse eines Problems, die sonst zu mühevollen numerischen Rechnungen mit meistens wenig Einblick in das wesentliche Geschehen zwingen, sondern im Abstrahieren auf das unbedingt Notwendige, in der Wahl eines vernünftigen Modells. Da Verstehen eine iterative Sache ist, wird dies in jedem Abschnitt des Buches immer wieder anhand der unterschiedlichsten Beispiele geübt, so daß der Leser die erlernten Methoden auch auf ganz anderen Gebieten nutzbringend anwenden kann. Auch am Ende des Buches finden sich viele praktische Beispiele über einen weiten Anwendungsbereich (Aufwindkraftwerk, Sonnenkollektor, Bioreaktor, . . .), die für jeden anwendungsorientierten Ingenier und Physiker interessant sein dürften und die zudem demonstrativ zeigen, daß nichts praktischer ist als eine einfache Theorie! Schließlich stehen für den Leser noch Aufgaben einschließlich deren Lösungen zur aktiven Mitarbeit bereit, die sich im Laufe der Zeit zu Prüfungszwecken im Rahmen meiner Vorlesungen an der Technischen Hochschule und der Fachhochschule Darmstadt angesammelt haben.

Darmstadt, Juni 1987 Jochem Unger

Inhalt

Häufig vorkommende Symbole

a	Beschleunigung; Schallgeschwindigkeit
A	Fläche
Ar	Archimedes-Zahl
b	Längenmaß
c	spezifische Wärmekapazität
c_W	Widerstandsbeiwert
D	Durchmesser
D_h	hydraulischer Durchmesser
$\vec{e}$	Einheitsvektor
Ec	Eckert-Zahl
$\vec{f}, f = \|\vec{f}\|$	Volumenkraft
$F = 0$	Umlaufgleichung
$\vec{F}_i$	Kraft
Fr	Froude-Zahl
$\vec{g}$	Erdbeschleunigungsvektor
Gr	Grashof-Zahl
h	Längenmaß
H	Längenmaß, Höhe
k/D	relative Rauhigkeit
k, K	Widerstands- bzw. Reibungskoeffizient
K_1	Temperaturgradient
L	Längenmaß, Länge
ln	natürlicher Logarithmus
M	Masse
$\dot{m}, \dot{M}$	Massenstrom
Ma	Mach-Zahl
$\vec{n}$	Normalenvektor
Nu	Nußelt-Zahl
O	Oberfläche
p	Druck
P	Leistung
Pr	Prandtl-Zahl
q	Heizleistung/Länge
q_W	Heizleistung/Fläche
$\dot{Q}$	Heizleistung
r	Wärmeübertragungskoeffizient
R	Gaskonstante; Krümmungskreis
Ra	Rayleigh-Zahl
Re	Reynolds-Zahl
Ri	Richardson-Zahl
s	Ortskoordinate
$S = 0$	Stabilitätsgleichung
t	Zeit
T	absolute Temperatur
$u, \bar{u}$	mittlere Strömungsgeschwindigkeit
U	Umfang
u, v	kartesische Geschwindigkeitskomponenten
V	Volumen
$\|\vec{V}\| = U$	Betrag der Geschwindigkeit
x, y, z	kartesische Ortskoordinaten
α	Winkel; Wärmeübergangszahl; Systemparameter
β	Volumenausdehnungskoeffizient
γ	Profilparameter
γ_n	Eigenwerte
Γ	Heizleistungsparameter
δ	Parameter, laminar/turbulent
ϵ	Systemparameter; Störparameter; Lückengrad
ζ	Druckverlustbeiwert
η	dynamische Zähigkeit; Grenzschichtvariable; Wirkungsgrad
κ	Isentropenexponent
λ	Wärmeleitfähigkeit
λ_R	Widerstandszahl
ν	kinematische Zähigkeit
π	spezifische Kompressionsarbeit/Zeiteinheit
ρ	Dichte
σ	Störparameter
Φ	Dissipationsfunktion; Zweiphasen-Multiplikator
χ	Temperaturleitzahl
ψ	Stromfunktion; Heizparameter

1 Ein einführendes Beispiel

Es werden Strömungen untersucht, die sich allein infolge von Dichteunterschieden einstellen. Dabei ist die Art der Entstehung dieser Dichteunterschiede zunächst ohne Bedeutung. Wichtig ist allein deren Vorhandensein bei gleichzeitiger Existenz eines Schwerefeldes. Ist die Dichteverteilung in einem Fluid so, daß kein statisches Gleichgewicht möglich ist, beginnt sich das Fluid zu bewegen. Diese Bewegung, die aus sich heraus ohne weitere äußere Zwänge entsteht, nennen wir „Freie Konvektionsströmung". Im allgemeinen versucht diese Strömung, das Fluid so zu vermischen oder umzuschichten, bis wieder Ruhe herrscht. In technischen Systemen wird diese Möglichkeit durch geometrische und energetische Zwänge dauerhaft unterbunden, so daß sich stationär freie Konvektionsströmungen realisieren und nutzen lassen.

Zum Einstieg betrachten wir als technische Anordnung das in Bild 1 skizzierte zylindrische Rohr vom Querschnitt A und der Höhe H. Das oben und unten offene Rohr (Kamin) befinde sich in einem zunächst vollständig homogenen Fluid mit der konstanten Dichte ρ_0. Es herrscht Ruhe (statisches Gleichgewicht), die Druckverteilung innerhalb und außerhalb des Kamins ist *hydrostatisch*[1]). Wenn am Kaminfuß der statische Druck p_0 vorliegt, findet man am Kaminkopf den Wert $p_{hyd}(H) = p_0 - g\rho_0 H$.

---

[1]) **Satz 1.** In einem ruhenden Fluid konstanter Dichte ρ_0, das sich in einem Schwerefeld (Schwerebeschleunigung g) befindet, gilt in jedem beliebigen Punkt P(x, y, z):

$$p(x) + g\rho_0 x = \text{const.}$$

$p(x)$ statischer Druck
$g\rho_0 x$ geodätischer Druck

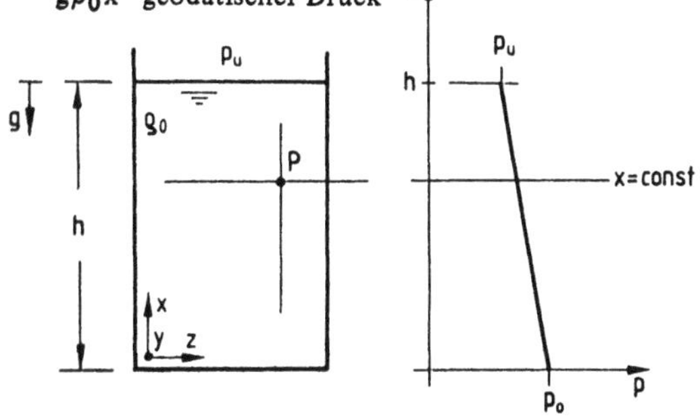

Die Summe aus dem statischen und dem geodätischen Druck ist eine Konstante. Für alle Punkte P, die in derselben Ebene (x = const) senkrecht zur Schwerkraftrichtung liegen, bleibt der statische Druck unverändert. In Schwerkraftrichtung erhöht sich der statische Druck mit zunehmender Tiefe linear. Das Druckniveau wird durch eine Randvorgabe aufgeprägt. Herrscht an der freien Oberfläche des Fluids x = h der Druck $p_u = p(h)$ der angrenzenden Atmosphäre, gilt $p(x) + g\rho_0 x = p_u + g\rho_0 h = \text{const}$. Speziell am Boden des Gefäßes x = 0 herrscht dann der statische Druck $p_0 = p(0) = p_u + g\rho_0 h$.

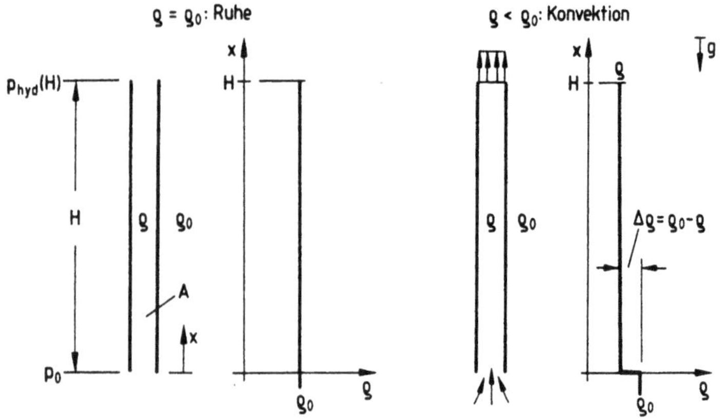

Bild 1 Homogene Dichteverteilung im Kamin bei ruhendem und strömendem Fluid

Wir denken uns nun durch irgendeinen Mechanismus (z. B. durch Beheizen des Kamins am Fußpunkt) die Dichte im Kamin um einen konstanten Betrag $\Delta\rho$ verringert. Damit ist das ursprüngliche Gleichgewicht gestört. Das jetzt gegenüber seiner Umgebung leichtere Fluid im Kamin beginnt entgegen der Schwerkraftrichtung aufzusteigen. Es stellt sich eine stationäre Konvektionsströmung ein, wenn wir nur den Dichtesprung $\Delta\rho = \rho_0 - \rho$ für alle Zeiten aufrechterhalten.

Der Anlaufvorgang dieser Strömung läßt sich rein hydrostatisch verstehen. Hierzu denken wir uns den Kamin am Kopf $x = H$ vorübergehend versperrt (Bild 2). Wegen der verringerten Dichte im Kamin $\rho < \rho_0$ erhält man am Kaminkopf $p(H) > p_{hyd}(H)$. Der statische Druck auf die Versperrung ist innenseitig größer als außenseitig. Bei Beseitigung der Versperrung strömt somit das leichtere Fluid im Kamin entgegen der Schwerkraftrichtung nach oben aus.

Diese einfache hydrostatische Überlegung zeigt uns die Existenz und Richtung der infolge des aufgeprägten Dichtesprungs $\Delta\rho$ einsetzenden Konvektionsströmung, nicht aber deren Intensität (Geschwindigkeit u, Massenstrom $\dot{m}$). Zu deren Beurteilung müssen wir

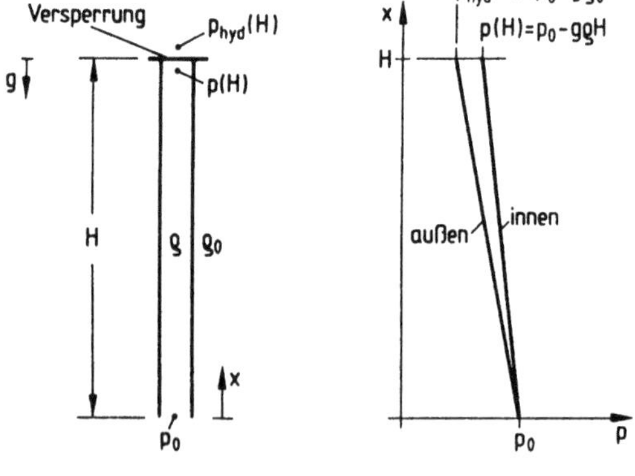

Bild 2
Hydrostatische Druckverteilung inner- und außerhalb des versperrten Kamins

weitergehende strömungsmechanische Kenntnisse ins Spiel bringen. Hierzu wird das in Bild 3 eingezeichnete Kontrollvolumen gewählt und darauf der *Impulssatz für stationäre Strömungen*[1]) angewendet, wobei einfachheitshalber zunächst alle Reibungsverluste der Strömung unberücksichtigt bleiben. Zudem betrachten wir das Problem eindimensional, so daß allein die x-Komponente des Impulssatzes maßgebend ist:

$$\dot{m}u - \dot{m}u_0 = [p'(0) - p(x)]A - g\rho Ax \qquad (1.1)$$

$\dot{m}u$	ausfließender Impuls/Zeiteinheit
$\dot{m}u_0$	einfließender Impuls/Zeiteinheit
$[p'(0) - p(x)]A$	Druckkraft → Kraft auf Oberfläche des Kontrollvolumens
$g\rho Ax$	Schwerkraft → resultierende Volumenkraft auf Kontrollvolumen

---

[1]) **Satz 2.** Wählt man in einem sich stationär bewegenden Fluid eine raumfeste, geschlossene Fläche (Kontrollvolumen), läßt sich die zeitliche Impulsänderung $d\vec{I}/dt$ dieser abgeschlossenen Fluidmenge als Differenz zwischen dem über die gewählte Kontrolloberfläche S pro Zeiteinheit aus- und einströmenden Impuls darstellen, die andererseits nach Newton gleich der auf diese Fluidmenge wirkenden resultierenden Kraft ist.

$$\frac{d\vec{I}}{dt} = \int_S \rho\vec{V}(\vec{V} \cdot \vec{n})\, dS = \Sigma\, \vec{F}_i$$

$\vec{n}, \lvert\vec{n}\rvert = 1$	äußerer Normalenvektor
$\lvert\vec{V} \cdot \vec{n}\rvert$	Geschwindigkeitskomponente ⊥ Oberfläche

Die resultierende Kraft setzt sich dabei zusammen aus den Kräften an der Kontrolloberfläche selbst und den Volumenkräften, die im Inneren des Kontrollvolumens wirken.

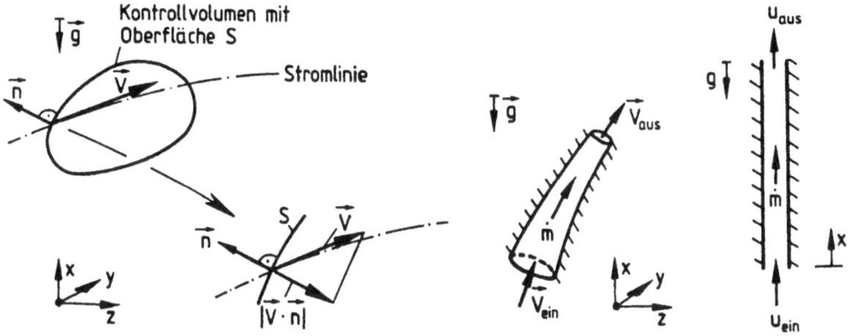

Ist das Kontrollvolumen speziell eine Stromröhre (Massenstrom $\dot{m}$ = const), gilt vereinfacht

$$\frac{d\vec{I}}{dt} = \dot{m}\,(\vec{V}_{aus} - \vec{V}_{ein}) = \Sigma\, \vec{F}_i$$

und ist schließlich die Stromröhre zudem eindimensional, läßt sich skalar schreiben (nur noch x-Komponente):

$$\frac{dI}{dt} = \dot{m}\,(u_{aus} - u_{ein}) = \Sigma\, F_i$$

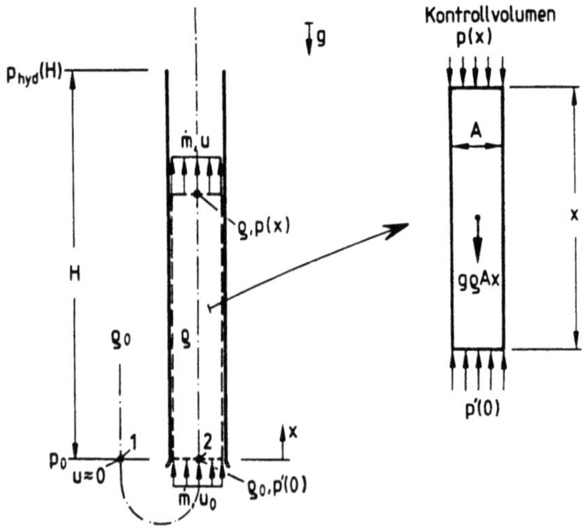

Bild 3
Zur Anwendung des Impulssatzes für stationäre Strömungen

Der Massenstrom $\dot{m}$ durch den Kamin (Stromröhre) ist konstant. Insbesondere besitzt er sowohl beim Ein- als auch beim Ausströmen aus dem betrachteten Kontrollvolumen denselben Wert:

$$\dot{m} = \rho_0 u_0 A = \rho u A \rightarrow \frac{\rho}{\rho_0} = \frac{u_0}{u} \tag{1.2}$$

Wir erkennen hieraus, daß wegen der konstanten Dichte ρ des Fluids im Kamin auch die Fluidgeschwindigkeit u im Kamin konstant ist und beim Einströmen in den Kamin aufgrund des Dichtesprungs $\Delta\rho = \rho_0 - \rho$ um die Geschwindigkeitsdifferenz $\Delta u = u - u_0$ springt (Bild 4). Den statischen Druck $p'(0)$ unmittelbar unterhalb des Kaminfußes $(x = 0)$ beschaffen wir uns durch Anwendung der *Bernoullischen Gleichung*[1]) für statio-

[1]) **Satz 3.** Für ein Fluid konstanter Dichte ρ, das sich in einem Schwerefeld (Schwerebeschleunigung g) stationär und verlustfrei bewegt, gilt in jedem beliebigen Punkt P auf einer festen Stromlinie die Bernoullische Gleichung:

$$p + \frac{\rho}{2} U^2 + g\rho x = \text{const}$$

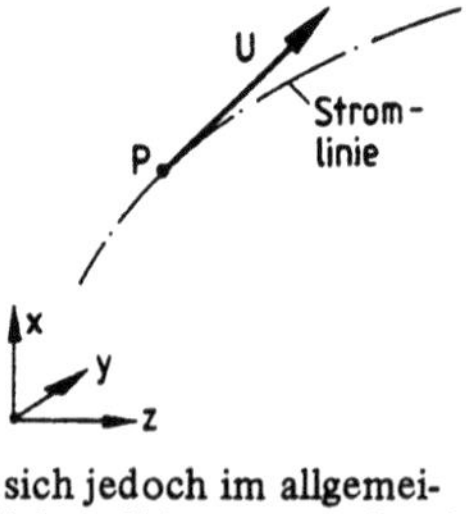

p	statischer Druck
$\frac{\rho}{2} U^2$	Staudruck
$g\rho x$	geodätischer Druck

Die Summe aus den drei Druckanteilen ist eine Konstante, die sich jedoch im allgemeinen von Stromlinie zu Stromlinie ändern kann. Die Geschwindigkeit U ist entsprechend der Definition einer Stromlinie immer tangential zu dieser gerichtet. Da die Strömung stationär ist, sind Stromlinien und Bahnlinien der Fluidteilchen identisch. Im Grenzfall der Ruhe liefert die Bernoullische Gl. die hydrostatische Aussage von Satz 1.

näre, verlustfreie Strömungen. Fließt ständig Fluid aus dem Kamin entgegen der Schwerkraftrichtung nach oben aus, muß aus Kontinuitätsgründen in Schwerkraftrichtung entsprechend wieder Masse zuströmen. Mit dieser Überlegung läßt sich die in Bild 3 eingezeichnete Stromlinie rechtfertigen, längs der zwischen den beiden Punkten 1 und 2 bei reibungsfreier Kaminzuströmung

$$p_0 = p'(0) + \frac{\rho_0}{2} u_0^2 \tag{1.3}$$

gilt. Ersetzen wir nun in der Impulsgleichung (1.1) den statischen Druck $p'(0)$ unmittelbar vor dem Kaminfuß durch (1.3) bei Beachtung der Massenstrombeziehung (1.2) und führen noch die aufgeprägte Dichtedifferenz $\Delta\rho = \rho_0 - \rho$ ein, ergibt sich der statische Druck

$$p(x) = (p_0 - g\rho_0 x) - \left\{ \frac{\dot{m}^2}{\rho_0 A^2} \left[\left(\frac{1}{1 - \Delta\rho/\rho_0} - 1 \right) + \frac{1}{2} \right] - g\Delta\rho x \right\} \tag{1.4}$$

oder $$p(x) = p_{hyd}(x) - \Delta p(x) \tag{1.5}$$

im Kamin. Bei stationärer Strömung allein infolge der Dichtedifferenz $\Delta\rho$ unterscheidet sich der im Kamininneren dann herrschende statische Druck $p(x)$ vom hydrostatischen Druck des Ruhezustandes bzw. der Kaminumgebung $p_{hyd}(x) = p_0 - g\rho_0 x$ um die Druckdifferenz

$$\Delta p(x) = \frac{\dot{m}^2}{\rho_0 A^2} \left[\left(\frac{1}{1 - \Delta\rho/\rho_0} - 1 \right) + \frac{1}{2} \right] - g\Delta\rho x. \tag{1.6}$$

Ein Blick auf (1.4) zeigt, daß der statische Druck $p(x)$ noch nicht eindeutig festliegt, denn der Massenstrom $\dot{m}$ ist selbst noch unbekannt. Da sich aber andererseits der Massenstrom bei vorgegebener Kamingeometrie und gewähltem Fluid allein in Abhängigkeit von der aufgeprägten Dichtedifferenz $\Delta\rho$ einstellt, muß es noch eine Druckbedingung geben, die nicht frei wählbar ist, durch die bei Erfüllung gleichzeitig der Massenstrom

$$\dot{m} = \dot{m}\ (\Delta\rho;\ \text{Geometrie, Fluid}) \tag{1.7}$$

mit festgelegt wird. Dies ist die Abströmbedingung am Kaminkopf $x = H$:

$$p(H) = p_{hyd}(H) = p_0 - g\rho_0 H \tag{1.8}$$

Bei Kamingeometrie (das zylindrische Rohr sei hinreichend schlank) strömt das Fluid tangential zur Kaminwand (Bild 4) entgegen der Schwerkraftrichtung nach oben aus. Es herrscht Parallelströmung. Senkrecht zu parallelen Stromlinien bleibt aber der Druck konstant. Nach dieser kinematischen Überlegung stellt sich der Massenstrom so ein, daß im Austrittsquerschnitt des Kamins ($x = H$) gerade der Druck der Umgebung erreicht wird. Der Druck der Umgebung ist aber der hydrostatische Druck in der Ebene $x = H$, wenn nur der Fluidraum um den betrachteten Kamin hinreichend groß ist, so daß die Rück- bzw. Zuströmung zum Kamin die Hydrostatik der Umgebung nicht merklich verfälschen kann. Gleichbedeutend mit dem tangentialen Ausströmen des Fluids ist das Verschwinden der Druckdifferenz Δp nach (1.5) am Kaminende $x = H$, Bild 4. Mit

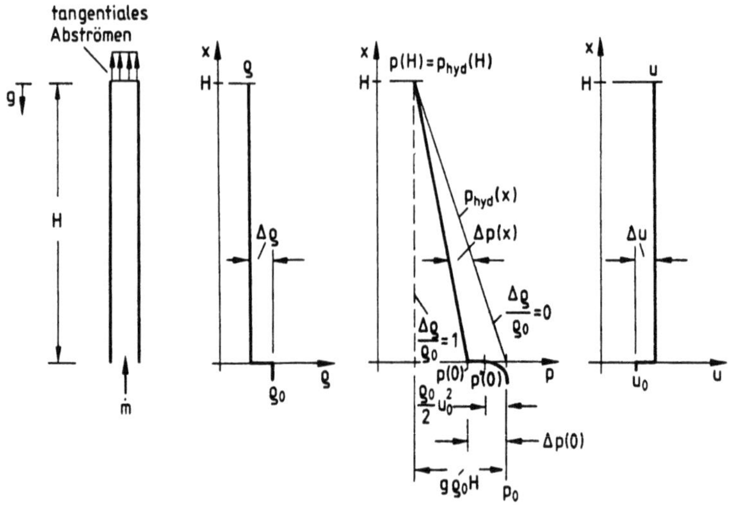

Bild 4 Geschwindigkeit u und statischer Druck im Kamin, induziert durch Dichtesprung $\Delta\rho$ am Kaminfuß

$\Delta p(H) = 0$ wird (1.6) zur Bestimmungsgleichung für den noch unbekannten Massenstrom, der sich bei vorgegebener Dichtedifferenz $\Delta\rho$ frei einstellt:

$$0 = -\frac{\dot{m}^2}{\rho_0 A^2}\underbrace{\left[\overbrace{\left(\frac{1}{1-\Delta\rho/\rho_0}-1\right)}^{\text{Volumen-ausdehnung}}+\overbrace{\frac{1}{2}}^{\text{Ein-strömung}}\right]}_{\text{Widerstand}}+\underbrace{g\Delta\rho H}_{\text{Auftrieb}} \tag{1.9}$$

oder
$$\dot{m}^2 = g\rho_0^2 A^2 H \frac{\Delta\rho/\rho_0}{\left(\frac{1}{1-\Delta\rho/\rho_0}-1\right)+\frac{1}{2}} = g\rho_0^2 A^2 H \cdot f(\Delta\rho/\rho_0) \tag{1.10}$$

Die so gewonnene Gleichung (1.9) in der impliziten Darstellung $F(\dot{m}, \Delta\rho) = 0$ wollen wir in Zukunft als Umlaufgleichung bezeichnen. Sie beschreibt das dynamische Gleichgewicht zwischen Auftrieb und Widerstand. Durch Multiplizieren mit dem Kaminquerschnitt A läßt sich (1.9) auch ingenieurmäßig als Kräftegleichgewicht in der Form

$$0 = \sum_{i=W,A} F_i = F_W + F_A \tag{1.11}$$

schreiben. Dabei ist $F_A = g\,\Delta\rho\,V$ die Auftriebskraft des sich im Kamin vom Volumen $V = AH$ befindenden Fluidzylinders und $F_W = -c_W A \rho_0 u_0^2/2$ die Widerstandskraft, die den sich einstellenden Massenstrom $\dot{m}$ nach oben begrenzt. Der Widerstandsbeiwert c_W berechnet sich dabei zu $c_W = [2/(1-\Delta\rho/\rho_0)] - 2 + 1$. In unserem reibungsfreien Beispiel setzt er sich aus zwei Beschleunigungsanteilen zusammen

$$c_W = c_{W,\,\text{Einlauf}} + c_{W,\,\text{Kamin}} \tag{1.12}$$

mit $c_{W,\,\text{Einlauf}} = 1, \quad c_{W,\,\text{Kamin}} = [2/(1-\Delta\rho/\rho_0)] - 2$

denn die aufsteigenden Fluidteilchen werden zunächst durch Ansaugen aus dem Ruhezustand (ρ_0 = const) heraus und dann nochmals beim Eintritt in den Kamin durch Volumenausdehnung des Fluids ($\rho_0 \to \rho < \rho_0$) beschleunigt. Den 1. Effekt beschreibt $c_{W,\,\text{Einlauf}}$ und verkörpert die Absenkung des Drucks um den Staudruck $\rho_0 u_0^2/2$ der Einlaufströmung entsprechend der Bernoullischen Gl. (1.3). Der 2. Effekt wird durch $c_{W,\,\text{Kamin}}$ dargestellt und entstammt der die konvektive Beschleunigung im Kamineintritt berücksichtigenden linken Seite der Impulsgl. (1.1).

Wir untersuchen nun den Einfluß der aufgeprägten Dichtedifferenz $\Delta\rho$ auf den sich frei einstellenden Massenstrom $\dot{m}$. Besonders geeignet ist hierzu die Darstellung des Massenstroms nach (1.10) mit der bereits dimensionsfreien Funktion $f(\Delta\rho/\rho_0)$:

$$\frac{\dot{m}^2}{g\rho_0^2 A^2 H} = f(\Delta\rho/\rho_0) = \frac{\Delta\rho/\rho_0}{\left(\dfrac{1}{1-\Delta\rho/\rho_0} - 1\right) + \dfrac{1}{2}} \tag{1.13}$$

Wir erkennen sofort, daß der Massenstrom nicht nur für $\Delta\rho/\rho_0 = 0$ (Trivialfall der Ruhe), sondern auch für $\Delta\rho/\rho_0 = 1$ verschwindet. Offensichtlich muß es dazwischen einen Wert $(\Delta\rho/\rho_0)^*$ geben, für den der Massenstrom ein Maximum $\dot{m}^*$ annimmt (Bild 5).

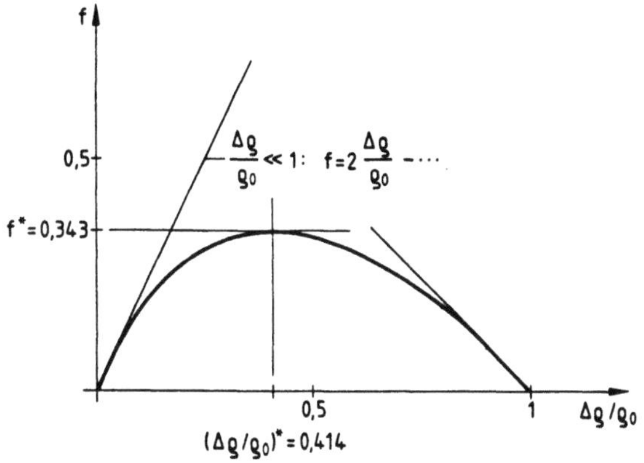

Bild 5
Konvexe Massenstrom-charakteristik

Durch Differenzieren und Nullsetzen der Ableitung findet man $(\Delta\rho/\rho_0)^* = \sqrt{2} - 1$. Der maximale Massenstrom errechnet sich dann mit $f^* = 2(\sqrt{2}-1)^2$ zu $\dot{m}^* = \sqrt{2g\rho_0^2 A^2 H(\sqrt{2}-1)^2}$. Der Grenzfall $\Delta\rho/\rho_0 = 1$ (Vakuum: $\Delta\rho = \rho_0$, $\rho = 0$) ist sicher technisch ohne Bedeutung[1]). Doch zeigt er uns letzlich die physikalische Ursache

[1]) Es ist anzumerken, daß bei Annäherung an den Grenzfall die mittlere freie Weglänge der Gasmoleküle in die Größenordnung der Kaminabmessung gelangt, und zwar umso früher, je niedriger der hydrostatische Druck der Umgebung ist. Da dann die Kontinuumsvorstellung versagt, ist dieser Bereich gesondert zu betrachten (Theorie stark verdünnter Gase, große Knudsen-Zahlen).

für die konvexe Massenstromcharakteristik. Berechnen wir nämlich die Druckabsenkung Δp am Kaminfuß $x = 0$ mit (1.6) durch Ersetzen des Massenstroms nach (1.13), ergibt sich:

$$\Delta p(0) = g\rho_0 H \frac{\Delta\rho}{\rho_0} \tag{1.14}$$

Demnach wird für $\Delta\rho/\rho_0 = 1$ gerade die hydrostatische Druckdifferenz $g\rho_0 H$ über die Kaminhöhe H erreicht. Die Druckabsenkung ist so groß geworden, daß der Druck am Kaminfuß gerade mit dem am Kaminkopf (Bild 4) übereinstimmt: $p(0) = p(H)$. Dies bedeutet aber nicht, daß die Strömung im Kamin verschwindet. Ganz im Gegenteil. Die Fluidgeschwindigkeit u wächst ebenso wie der Volumenstrom $\dot{V} = uA$ über alle Grenzen an. Nur das Produkt $\rho u = \dot{m}/A$, zunächst von der unbestimmten Form $0 \cdot \infty$, verschwindet im Grenzfall $\Delta\rho/\rho_0 \to 1$ bzw. $\rho \to 0$ (Bild 5).

In vielen Anwendungsfällen ist die treibende Dichtedifferenz $\Delta\rho$ sehr viel kleiner als die Ausgangsdichte ρ_0 : $\Delta\rho/\rho_0 \ll 1$. Für diesen Fall läßt sich (1.13) zur Berechnung des Massenstroms wesentlich vereinfachen. Wir entwickeln hierzu (s. a. Bild 5) die Funktion $f(\Delta\rho/\rho_0)$ nach Taylor und erhalten in gröbster Näherung

$$f(\Delta\rho/\rho_0) = 2\frac{\Delta\rho}{\rho_0}(1 - \ldots) \tag{1.15}$$

so daß $$\dot{m}^2 = 2g\rho_0^2 A^2 H \frac{\Delta\rho}{\rho_0} \tag{1.16}$$

gilt. Der Massenstrom wächst somit für $\Delta\rho/\rho_0 \ll 1$ mit der Quadratwurzel aus der aufgeprägten Dichtedifferenz $\Delta\rho$ an. Dieses Ergebnis erhält man auch direkt durch Vernachlässigung der konvektiven Beschleunigung, die durch die Volumenausdehnung des Fluids entsteht. Dies verstehen wir sofort anhand der Gl. (1.2) für die Massenerhaltung, die zu diesem Zweck etwas umformuliert wird:

$$u_0 = u\frac{\rho}{\rho_0} = u\left(1 - \frac{\Delta\rho}{\rho_0}\right) = u - \ldots \tag{1.17}$$

In gröbster Näherung gilt $u = u_0$. Der Geschwindigkeitssprung Δu (Bild 4) entfällt, so daß für $\Delta\rho/\rho_0 \ll 1$ die linke Seite der Impulsgleichung (1.1) verschwindet, die den Effekt der Volumenausdehnung beschreibt. Die Umlaufgleichung (1.9) vereinfacht sich damit zu

$$0 = -\frac{\dot{m}^2}{\rho_0 A^2}\frac{1}{2} + g\Delta\rho H \tag{1.18}$$

und liefert durch Auflösen nach $\dot{m}^2$ sofort Gl. (1.16). Bei nicht zu großen Dichtedifferenzen können wir also in Zukunft zumindest die konvektive Beschleunigung im Kamin unbeachtet lassen. In der ingenieurmäßigen Darstellung (1.11) bedeutet dies übrigens:

$$c_{W,\,\mathrm{Kamin}} = 0 \to c_W = c_{W,\,\mathrm{Einlauf}}$$

Mit $\dot{m} = \rho_0 u_0 A$ läßt sich die Gl. (1.13) zur Berechnung des Massenstroms auch als dichtemodifizierte Torricelli-Formel[1]) schreiben. Insbesondere für $\Delta\rho/\rho_0 \ll 1$ ergibt sich aus (1.16):

$$u_0^2 = 2gH\frac{\Delta\rho}{\rho_0} \tag{1.19}$$

Die betrachtete Kaminströmung ist offensichtlich eng verwandt mit der Ausflußströmung aus einem Gefäß. Sind Kamin- und Füllhöhe gleich, ergeben sich gleiche Strömungsgeschwindigkeiten, wenn beim Kamin anstelle der Erdbeschleunigung g die effektive Schwerebeschleunigung $\tilde{g} = g\Delta\rho/\rho_0$ eingesetzt wird. In beiden Fällen wird die Strömung durch eine Schwerkraft angetrieben und durch eine Trägheitskraft begrenzt. Das Verhältnis zwischen der Trägheits- und der Schwerkraft ist eine dimensionslose Kenngröße, die Froude-Zahl genannt wird. Führen wir diese Kenngröße $Fr_0 = u_0^2/gH$ ein, folgt aus (1.19) die dichtemodifizierte Froude-Zahl

$$Fr_0\frac{\rho_0}{\Delta\rho} = 2 \tag{1.20}$$

die stets den Wert 2 annimmt, deren Kehrwert z. B. in der Klimatechnik auch als Archimedes-Zahl bekannt ist

$$Ar_0 = \frac{\Delta\rho}{\rho_0}\frac{1}{Fr_0} = \frac{1}{2} \tag{1.21}$$

und freie Konvektionsströmungen charakterisiert, die allein durch die Beschleunigung des Fluids begrenzt sind.

Die dichtemodifizierte Torricelli-Formel (1.19) läßt sich noch tiefgehender interpretieren. Dazu schreiben wir nochmals den statischen Druck p(x) im Inneren des Kamins an, der sich unmittelbar aus dem Impulssatz (1.1) und der verlustfreien Kaminzuströmung nach (1.3) ergibt

$$p(x) = \underbrace{p_0 - \frac{\rho}{2}u^2 - g\rho x}_{\text{Bernoullische Gl.}} - \underbrace{\left(\frac{\rho}{2}u^2 - \frac{\rho_0}{2}u_0^2\right)}_{\Delta p_V \text{ Druckverlustglied}} \tag{1.22}$$

und erkennen, daß (1.22) als Bernoullische Gleichung für ein Fluid mit der konstanten Dichte ρ, korrigiert um ein Druckverlustglied Δp_V, gedeutet werden kann. Insbesondere für $\rho_0 \approx \rho$, $u_0 \approx u$ verschwindet das Verlustglied, und es gilt die Bernoullische Gleichung

$$p(x) = p_0 - \frac{\rho}{2}u^2 - g\rho x \tag{1.23}$$

---

[1]) Im allgemeinen beschreibt die Torricellische-Formel $u_0 = \sqrt{2gh}$ die Ausflußgeschwindigkeit einer Flüssigkeit bei verlustfreier Strömung, die sich einstellt, wenn die freie Flüssigkeitsoberfläche im Behälter auf einer festen Höhe H über der Ausflußöffnung gehalten wird.

mit der bei Beachtung der Abströmbedingung (1.8) am Kaminende x = H sich unmittelbar die Torricelli-Formel

$$u^2 = u_0^2 = 2gH \frac{\Delta\rho}{\rho_0} \tag{1.24}$$

berechnet. Für kleine Dichteunterschiede läßt sich also die freie Konvektionsströmung durch die Bernoullische Gleichung (1.23) beschreiben. Diese gilt dann offenkundig längs der gesamten in Bild 3 dargestellten Stromlinie und beschreibt eine verlustfreie ($\Delta p_v = 0$) oder isentrope Strömung[1]). Dabei kann das verwendete Fluid sowohl ein Gas als auch eine Flüssigkeit sein. Das Gas muß sich allerdings inkompressibel verhalten. Dies ist der Fall, wenn das Verhältnis zwischen der sich im Kamin frei einstellenden Strömungsgeschwindigkeit u und der Schallgeschwindigkeit a des Gases, das Mach-Zahl genannt wird, hinreichend klein bleibt. Unterstellen wir ideales Gasverhalten, so daß die Schallgeschwindigkeit a des Gases durch

$$a^2 = \kappa \frac{p}{\rho}, \quad \kappa \text{ Isentropenexponent} \tag{1.25}$$

beschrieben werden kann, ergibt sich für unser Beispiel mit der Kamingeschwindigkeit $u = \dot{m}/(\rho A)$ entsprechend (1.13) und der Dichte $\rho = \rho_0(1 - \Delta\rho/\rho_0)$ die zugehörige Machzahl:

$$Ma^2 = \frac{u^2}{a^2} = \frac{2gH \dfrac{\Delta\rho/\rho_0}{1-(\Delta\rho/\rho_0)^2}}{\kappa \dfrac{p}{\rho_0} \dfrac{1}{1-\Delta\rho/\rho_0}} = \frac{2gH}{\kappa \dfrac{p}{\rho_0}} \frac{\dfrac{\Delta\rho}{\rho_0}}{1+\dfrac{\Delta\rho}{\rho_0}} \tag{1.26}$$

Diese erreicht im Grenzfall $\Delta\rho/\rho_0 \to 1$ ihren Größtwert, bleibt dabei aber beschränkt, da die Schallgeschwindigkeit des Gases in gleichem Maße wie die Geschwindigkeit im Kamin gegen Unendlich strebt. Setzen wir außerdem noch für den statischen Druck den Kleinstwert am Kaminkopf $p_{min} = p(H) = p_0 - g\rho_0 H$ (s. Bild 4), gilt schließlich

$$Ma^2 \leqslant Ma_{max}^2 = \frac{gH}{a_0^2} \frac{1}{1 - \dfrac{g\rho_0 H}{p_0}} \tag{1.27}$$

wobei $a_0^2 = \kappa p_0/\rho_0$ die Schallgeschwindigkeit des Gases im Ruhezustand am Kaminfuß darstellt. Für z. B. Luft mit dem Isentropenexponenten $\kappa = 1{,}4$ erhält man bei einer Temperatur $T_0 = 300$ K bzw. der zugehörigen Dichte $\rho_0 = 1{,}2\ \mathrm{kg/m^3}$ beim Druck p_0 = 1 bar, der Erdbeschleunigung $g = 9{,}81\ \mathrm{m/s^2}$ und einer Kaminhöhe von H = (1...100) m

---

[1]) Es liegt hier die gleiche Situation vor wie bei einem Verdichtungsstoß. Infolge des aufgeprägten Dichtesprungs $\Delta\rho$ am Kaminfuß existiert dort auch ein Druck- und Geschwindigkeitssprung (Bild 4). Für $\Delta\rho \to 0$ bzw. $\rho/\rho_0 \to 1$ ergibt sich das Verhalten eines schwachen Verdichtungsstroßes. Die Kaminströmung verhält sich dann in guter Näherung verlustfrei oder isentrop.

die maximale Mach-Zahl $Ma_{max} \approx (0{,}01...0{,}1)$. Die Kompressibilität eines Gases spielt aber erst für Mach-Zahlen $Ma \gtrapprox 0{,}2$ eine Rolle. Freie Konvektionsströmungen verhalten sich also bei üblichen technischen Abmessungen, die nicht meteorologische Maßstäbe erreichen, immer inkompressibel, d. h., daß die Dichtedifferenzen nicht durch die Druckdifferenzen im Fluid beeinflußt werden. Eine Abschätzung der maximalen Druckdifferenz $\Delta p(0)$ am Kaminfuß $x = 0$ (Bild 4) zeigt uns schließlich, daß diese deshalb so klein ausfällt, weil sie eine quadratische Funktion der Mach-Zahl ist. Mit (1.6), (1.10), (1.26) kann

$$\frac{\Delta p(x)}{p_0} \leqslant \frac{\Delta p(0)}{p_0} = \frac{p}{p_0}\,\kappa Ma^2\,\frac{1}{2}\left(1 + \frac{\Delta\rho}{\rho_0}\right) \tag{1.28}$$

geschrieben und nach oben ($p_0 > p$, $Ma_{max} > Ma$, $1 > \Delta\rho/\rho_0$) zu

$$\frac{\Delta p(0)}{p_0} < \kappa Ma_{max}^2 \tag{1.29}$$

abgeschätzt werden.

2 Eindimensionale freie Konvektionsströmung

2.1 Reibungsfreie stationäre Strömung

Wir wollen jetzt das einführende Kamin-Beispiel einerseits so erweitern, daß lokal unterschiedliche Dichten im Kamin zugelassen sind, andererseits aber dadurch einschränken, daß wir uns die Dichteunterschiede auf eine ganz bestimmte, technisch sehr wichtige Art und Weise, nämlich durch Heizen des Fluids, erzeugt denken (Bild 6).

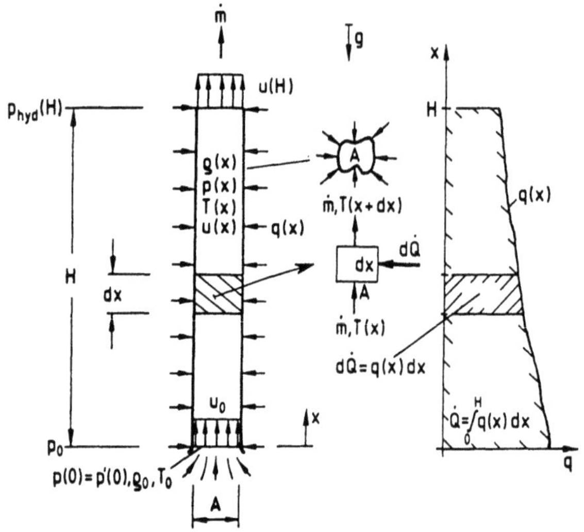

Bild 6 Kontinuierlich beheizter Kamin

Angepaßt an die neue Aufgabenstellung beschreiben wir die Fluidbewegung jetzt durch die lokale Impulsgleichung

$$\underbrace{\rho}_{\text{Masse/Volumen}} \cdot \underbrace{u \frac{du}{dx}}_{\text{konvektive Beschleunigung}} = \underbrace{-\frac{dp}{dx}}_{\text{Druckkraft/Volumen}} \underbrace{- g\rho}_{\text{Schwerkraft/Volumen}} \tag{2.1}$$

die sich unmittelbar aus dem Grundgesetz der Mechanik (Masse x Beschleunigung = Summe aller Kräfte), angewandt auf ein Flüssigkeitsteilchen vom Volumen dV, ergibt[1]).

Um die interessierende Konvektionsströmung aus der lokalen Impulsgl. (2.1) durch Integration berechnen zu können, muß die Dichte ρ des Fluids im Kamin in Abhängigkeit vom Ort x bekannt sein (Bild 6). Diese läßt sich zunächst allgemein durch die Zustandsgleichung des Fluids in der Form $\rho(x) = \rho(p(x), T(x))$ darstellen. Jedoch ist dabei streng zwischen einer Flüssigkeit und einem Gas zu unterscheiden. Liegt als Fluid eine Flüssigkeit vor, entfällt a priori die Druckabhängigkeit. Das Fluid verhält sich inkompressibel: $\rho = \rho(T)$. Ist das Fluid dagegen ein Gas, das sich im allgemeinen kompressibel verhält, ist die Dichte ρ sowohl von der Temperatur T als auch vom Druck p abhängig. Wenn aber die in einer Strömung auftretenden Druckänderungen die Dichte des Gases in einem sehr viel geringeren Maße verändern als etwa die Temperaturunterschiede durch Heizen, können die Druckänderungen in der Zustandsgleichung des Gases vernachlässigt werden. Das Gas verhält sich dann näherungsweise inkompressibel. Wie wir schon in unserem einführenden Beispiel erkannt haben, trifft diese Situation für freie Konvektionsströmungen immer zu, wenn die geometrischen Abmessungen der betrachteten technischen Anordnungen in Schwerkraftrichtung nicht zu groß werden. In all diesen Fällen ist die Mach-Zahl (1.27), die ein Maß für die Kompressibilität darstellt, so klein, daß sich auch gasförmige Fluide ebenso wie Flüssigkeiten verhalten. Die Dichteänderungen, letztlich Ursache für die sich frei einstellenden Konvektionsströmungen, sind dann allein thermischer Natur. Wir wollen diesen wichtigen Sachverhalt nochmals ergründen und entwickeln die Dichte $\rho(p, T)$ zu diesem Zweck um den Ruhezustand p_0, T_0 am Kaminfuß x = 0 (Bild 6):

$$\rho(p, T) = \rho(p, T_0) + \frac{\partial \rho(p, T_0)}{\partial T}(T - T_0) + \ldots \tag{2.2}$$

mit $$\rho(p, T_0) = \rho(p_0, T_0) + \frac{\partial \rho(p_0, T_0)}{\partial p}(p - p_0) + \ldots$$

$$\frac{\partial \rho(p, T_0)}{\partial T} = \frac{\partial \rho(p_0, T_0)}{\partial T} + \ldots$$

oder insgesamt

$$\rho(p, T) = \rho_0 + \frac{\partial \rho(p_0, T_0)}{\partial T}(T - T_0) + \frac{\partial \rho(p_0, T_0)}{\partial p}(p - p_0) + \ldots \tag{2.3}$$

---

[1]) (2.1) erhält man übrigens auch sofort aus dem in unserem einführenden Beispiel verwendeten globalen Impulssatz für stationäre Strömungen (1.1) durch Differenzieren nach der lokalen Ortskoordinate x. Andererseits läßt sich für Fluide mit konstanter Dichte anstelle (2.1) der identische Ausdruck $\frac{d}{dx}\left(p + \frac{\rho}{2}u^2\right) + g\rho = 0$ schreiben, woraus sich durch Integration unmittelbar die Bernoullische Gl. (s. Fußnote 1, S. 12) $p + \frac{\rho}{2}u^2 + g\rho x = \text{const}$ ergibt.

Der Taylor-Entwicklung (2.3) für die Dichte ρ eines Gases entnehmen wir, daß sich dieses für

$$\left|\frac{\partial\rho(p_0, T_0)}{\partial p}(p - p_0)\right| \ll \left|\frac{\partial\rho(p_0, T_0)}{\partial T}(T - T_0)\right| \tag{2.4}$$

inkompressibel verhält, denn dann wird die Dichte im wesentlichen nur noch von der Gastemperatur beeinflußt: $\rho = \rho(T)$. Beschränken wir uns auf ideale Gase, die der thermischen Zustandsgleichung

$$\frac{p}{\rho} = RT \quad \text{oder} \quad \rho = \frac{1}{R}\frac{p}{T} \tag{2.5}$$

gehorchen, läßt sich (2.4) mit

$$\frac{\partial\rho(p_0, T_0)}{\partial p} = \frac{1}{R}\frac{1}{T_0} = \frac{1}{R}\beta_0, \qquad \frac{\partial\rho(p_0, T_0)}{\partial T} = -\frac{1}{R}\frac{p_0}{T_0^2} = -\frac{\rho_0}{T_0} = -\rho_0\beta_0 \tag{2.6}$$

auch in der Form

$$|p - p_0| \ll \rho_0 R|T - T_0| \tag{2.7}$$

schreiben, wobei mit $\beta_0 = 1/T_0$ der Volumenausdehnungskoeffizient und mit R die von Gas zu Gas verschiedene spezifische Gaskonstante gemeint ist. Schätzt man noch die Druckdifferenz $p - p_0$ durch die am Kamin der Höhe H anliegende hydrostatische Druckdifferenz $g\rho_0 H$ nach oben ab (Bild 4), ergibt sich zunächst

$$|p - p_0| < g\rho_0 H \ll \rho_0 R|T - T_0| \tag{2.8}$$

und mit $R = \dfrac{p_0}{\rho_0 T_0}$, $\beta_0 = \dfrac{1}{T_0}$ schließlich:

$$\frac{H}{H^*} \ll \beta_0|T - T_0| \quad \text{mit} \quad H^* = \frac{p_0}{g\rho_0} \tag{2.9}$$

Unter normalen atmosphärischen Bedingungen (Luft bei $p_0 = 1$ bar, $\rho_0 = 1{,}2$ kg/m^3) gilt $H^* \approx 8$ km, so daß für hydrostatische Abmessungen und nicht zu kleine Temperaturdifferenzen auch Gase als inkompressibel betrachtet werden können. Dabei sprechen wir von hydrostatischen Abmessungen einer Gassäule, wenn sich die Druckverteilung im ruhenden Gas konstanter Temperatur noch hydrostatisch beschreiben läßt. Um zeigen zu können, für welche Bauhöhen H dies der Fall ist, schreiben wir die für atmosphärische Maßstäbe (isotherme Atmosphäre: $T = T_0$) gültige barometrische Druckverteilung

$$p(x) = p_0 e^{-\frac{g\rho_0}{p_0}x} = p_0 e^{-x/H^*} \tag{2.10}$$

an, welche die Kompressibilität des Gases berücksichtigt, und entwickeln diese nach Taylor:

$$p(x) = p_0 e^{-x/H^*} = p_0\left[1 - \frac{x}{H^*} + \frac{1}{2}\left(\frac{x}{H^*}\right)^2 - \ldots\right] \tag{2.11}$$

Die Druckverteilung ist dann hydrostatisch

$$p(x) = p_{hyd}(x) = p_0\left(1 - \frac{x}{H^*}\right) = p_0 - g\rho_0 x \tag{2.12}$$

wenn die Entwicklung (2.11) nach dem linearen Glied abgebrochen werden darf. Dies ist der Fall, wenn wir uns auf Kaminhöhen H beschränken, für die gilt:

$$\frac{1}{2}\frac{H}{H^*} \ll 1 \tag{2.13}$$

Wählen wir also die Kaminhöhe H nach (2.13) nicht zu groß und die Aufheizung des Fluids $T - T_0$ im Kamin nach (2.9) nicht zu klein, kann das verwendete Fluid immer als inkompressibel betrachtet werden, gleichgültig, ob es sich um ein Gas oder eine Flüssigkeit handelt. Die Entwicklung (2.3) reduziert sich dann auf:

$$\begin{aligned}\rho(p, T) &= \rho_0 + \frac{\partial\rho(p_0, T_0)}{\partial T}(T - T_0) + \frac{1}{2}\frac{\partial^2\rho(p_0, T_0)}{\partial T^2}(T - T_0)^2 + \ldots \\ &= \rho_0 - \rho_0\beta_0(T - T_0) + \rho_0\gamma_0(T - T_0)^2 + \ldots \\ &= \rho(p_0, T)\end{aligned} \tag{2.14}$$

Bleibt noch zu bemerken, daß die beiden Bedingungen (2.13), (2.9) für technische Anwendungen keine nennenswerte Einschränkung darstellen, denn einerseits sind die Abmessungen technischer Anordnungen stets von hydrostatischem Ausmaß, andererseits die Aufheizungen aus ökonomischen Gründen (Bauvolumen und damit auch Strömungsquerschnitte möglichst klein) nie zu klein.

Ein Unterschied zwischen Gas und Flüssigkeit bezüglich der Zustandsgleichung besteht nur insofern, daß sich zwar ein Gas, nicht aber eine Flüssigkeit beliebig aufheizen läßt. Für ein Gas darf deshalb im allgemeinen die Taylor-Entwicklung (2.14) mit den verbliebenen temperaturabhängigen Termen nicht abgebrochen werden. Anstelle der Entwicklung ist dann die thermische Zustandsgleichung (2.5) für ideale Gase

$$\rho = \rho(p_0, T) = \rho_0 T_0 \cdot \frac{1}{T} \tag{2.15}$$

bei konstanten Druck zu verwenden. Dagegen sind die Aufheizspannen für Flüssigkeiten beschränkt, da sonst Verdampfen eintritt, und man kann die Entwicklung (2.14) in den meisten Anwendungsfällen[1]) bereits nach dem linearen Term abbrechen:

$$\rho = \rho(p_0, T) = \rho_0[1 - \beta_0(T - T_0)] \tag{2.16}$$

Denkt man sich die Temperatur T(x) im Kamin vorgegeben, ist mit (2.15) bzw. (2.16) auch die Dichte ρ in Abhängigkeit vom Ort x bekannt und kann zur Integration der

[1]) Z. B. für Wasser bei atmosphärischen Bedingungen ($p_0 = 1$ bar, $T_0 = 293$ K) besitzt der Volumenausdehnungskoeffizient den Wert $\beta_0 = 0{,}2 \cdot 10^{-3}$/K. Beim Aufheizen bis zur Siedetemperatur $T' = 373$ K gilt dann $\beta_0(T' - T_0) = 0{,}016 \ll 1$.

Impulsgl. (2.1) unmittelbar eingesetzt werden. Wird dagegen aber die Heizleistung aufgeprägt, was der realistischere Fall ist, benötigt man zusätzlich noch einen Zusammenhang zwischen der Beheizung und der sich daraus ergebenden Temperatur des frei strömenden Fluids. Dieser Zusammenhang ist dadurch gegeben, daß die stationäre Strömung die dem Kamin (Bild 6) lokal aufgeprägte Heizleistung an jeder Stelle x gerade abtransportiert. Der Wärmetransport wird allein durch Massentransport (Konvektion) bewerkstelligt. Nach dem 1. Hauptsatz der Thermodynamik für offene Systeme (Zugeführte Wärmeleistung = Änderung des Enthalpiestroms) gilt somit

$$d\dot{Q} = \dot{m} c\, dT \tag{2.17}$$

wobei für ein Gas $c = c_p$ (spezifische Wärmekapazität des Gases bei konstantem Druck) und für eine Flüssigkeit $c = c_F$ (spezifische Wärmekapazität der Flüssigkeit) zu setzen ist. Die Gl. (2.17), auch Energiegleichung genannt, ist deshalb so einfach und sowohl für Flüssigkeiten als auch für ideale Gase gültig, weil für freie Konvektionsströmungen unter den zuvor diskutierten Voraussetzungen ($Ma^2 \ll 1$) immer Inkompressibilität vorausgesetzt werden kann. Selbst bei Gasen wird deshalb keine nennenswerte Kompressionsarbeit verrichtet. Vernachlässigen wir außerdem noch den Wärmetransport durch Wärmeleitung[1]) gegenüber dem sehr viel stärkeren Wärmetransport durch Konvektion, gilt (2.17): Infolge Beheizung erhöht sich allein die Temperatur des Fluids. Dabei sei der Kamin gegen seine Umgebung isoliert, so daß die gesamte Wärmezufuhr nur das Fluid im Kamininneren aufheizen kann, und im Rahmen der hier aufgestellten eindimensionalen Theorie denken wir uns außerdem die Wärme homogen über den Kaminquerschnitt A zugeführt. Durch Division von (2.17) mit dem Längenelement dx und Einführen der eindimensionalen Heizleistungsverteilung oder Heizleistung/Länge (Bild 6)

$$q(x) = \frac{d\dot{Q}}{dx} \tag{2.18}$$

kann die Energiegleichung dann auch in der Form

$$\dot{m} c \frac{dT}{dx} = q \tag{2.19}$$

oder $$\rho c u \frac{dT}{dx} = \frac{q}{A} \tag{2.20}$$

geschrieben werden, wobei (2.20) aus (2.19) durch Ersetzen des im Kamin konstanten Massenstroms (Stromröhre)

$$\dot{m} = \rho u A \tag{2.21}$$

folgt. Vollständigkeitshalber schreiben wir auch noch die Kontinuitäts- oder Massen-

---

[1]) Bei Gasen ist die innere Reibung mit der Wärmeleitung gekoppelt, da beide Effekte auf derselben Ursache beruhen, der thermischen Molekülbewegung. Im Rahmen einer reibungsfreien Theorie spielt deshalb bei Gasen die Wärmeleitung a priori keine Rolle.

erhaltungsgl. (2.21) lokal

$$\frac{d\dot{m}}{dx} = \frac{d(\rho u A)}{dx} = 0 \tag{2.22}$$

und listen zum späteren Gebrauch die zu erfüllenden Erhaltungsgleichungen (2.1), (2.20), (2.22) einschließlich der Zustandsgl. (2.15) bzw. (2.16) für ein Gas bzw. eine Flüssigkeit auf:

(Impuls): $$\rho u \frac{du}{dx} = -\frac{dp}{dx} - g\rho \tag{2.23}$$

(Energie): $$\rho c_p u \frac{dT}{dx} = \frac{q}{A} \quad \text{für Gas} \tag{2.24}$$

$$\rho c_F u \frac{dT}{dx} = \frac{q}{A} \quad \text{für Flüssigkeit} \tag{2.25}$$

(Masse): $$\frac{d}{dx}(\rho u A) = 0 \quad \text{oder} \quad \dot{m} = \rho u A = \text{const} \tag{2.26}$$

(Zustandsgl.): $$\rho = \rho_0 T_0 \cdot \frac{1}{T} \qquad \text{für Gas} \tag{2.27}$$

$$\rho = \rho_0[1 - \beta_0(T - T_0)] \quad \text{für Flüssigkeit} \tag{2.28}$$

Diese vier Gleichungen genügen, um die Geschwindigkeit u(x), die Dichte $\rho(x)$, die Temperatur T(x) und den Druck p(x) im Kamin in Abhängigkeit von der Beheizung berechnen zu können.

Um im folgenden die ständige Unterscheidung zwischen Flüssigkeiten und Gasen zu vermeiden, beschränken wir uns jetzt allein auf Flüssigkeiten und verschieben die Diskussion des abweichenden Verhaltens von Gasen bei hohen Aufheizspannen auf später (Abschn. 2.3.2). Außerdem werden ebenfalls vereinfachend zunächst nur Kamine mit konstantem Querschnitt A betrachtet (Bild 6). Wir merken uns jedoch für die Behandlung nichtzylindrischer Kamingeometrien (Abschn. 2.3.1.2), daß die durch (2.23), (2.24) bzw. (2.25), (2.26) dargestellten Erhaltungsgleichungen für den Impuls, die Energie und die Masse auch für variable Kaminquerschnitte A = A(x) gültig sind. Denn bei der Formulierung der Erhaltungsgleichungen wurde an keiner Stelle A = const gefordert. Vorausgesetzt wurde lediglich die Konstanz des Massenstroms $\dot{m} = \rho(x)u(x)A(x)$, d. h., daß die betrachteten Kamine Stromröhren sind.

Unter den gemachten Voraussetzungen (Fluid: Flüssigkeit, Kaminquerschnitt: A = const) wollen wir nun die sich bei beliebig aufgeprägter Heizleistungsverteilung q(x) frei einstellende Konvektionsströmung im Kamin berechnen. Mit dem Massenstrom $\dot{m} = \rho(x)u(x)A = \text{const}$ lautet die Energiegl. (2.25) dann

$$\frac{dT}{dx} = \frac{1}{\dot{m} c_F} q(x) \tag{2.29}$$

und durch Integration längs einer Stromlinie vom Kaminfuß x = 0 bis zu einer beliebigen Stelle x erhält man die Temperatur im Kamin:

$$T(x) = T_0 + \frac{1}{\dot{m}c_F} \int_0^x q(\xi)\, d\xi \tag{2.30}$$

Die Integrationskonstante T_0 ist hierbei die Temperatur der aus dem Ruhezustand in den Kamin einströmenden Flüssigkeit (Bild 6). Setzen wir (2.30) nun in die Zustandsgl. (2.28) ein, ist auch die Dichte der strömenden Flüssigkeit im Kamin

$$\rho(x) = \rho_0 \left[1 - \frac{\beta_0}{\dot{m}c_F} \int_0^x q(\xi)\, d\xi\right] \tag{2.31}$$

bekannt, die benötigt wird, um schließlich auch die Impulsgl. (2.23) integrieren zu können. Unter Beachtung von $\rho u = \dot{m}/A$ lautet diese

$$\frac{\dot{m}}{A}\frac{du}{dx} = -\frac{dp}{dx} - g\rho_0 \left[1 - \frac{\beta_0}{\dot{m}c_F} \int_0^x q(\xi)\, d\xi\right] \tag{2.32}$$

und die Integration liefert:

$$\frac{\dot{m}}{A}[u(x) - u_0] = -[p(x) - p'(0)] - g\rho_0 x + \frac{g\rho_0\beta_0}{\dot{m}c_F} \int_0^x \int_0^\eta q(\xi)\, d\xi\, d\eta \tag{2.33}$$

Dabei ist u_0 die Einströmgeschwindigkeit und $p'(0) = p_0 - \rho_0 u_0^2/2$ der nach der Bernoullischen Gleichung (s. Gl. 1.3) um den Staudruck der Kamineinströmung abgesenkte Druck am Kaminfuß x = 0. Mit der Geschwindigkeit u(x) im Kamin, die sich unter Verwendung von (2.31) aus der Kontinuitätsgleichung $\rho u = \rho_0 u_0 = \dot{m}/A$ zu

$$u(x) = u_0 \frac{1}{1 - \frac{\beta_0}{\dot{m}c_F} \int_0^x q(\xi)\, d\xi} = u_0 \frac{1}{1 - \beta_0[T(x) - T_0]} \tag{2.34}$$

ergibt, läßt sich der konvektive Beschleunigungsterm in (2.33) bei Beachtung von $\dot{m} = \rho_0 u_0 A$ durch

$$\frac{\dot{m}}{A}[u(x) - u_0] = \rho_0 u_0^2 \left[\frac{1}{1 - \frac{\beta_0}{\dot{m}c_F} \int_0^x q(\xi)\, d\xi} - 1\right] \tag{2.35}$$

beschreiben, so daß für den Druck im Kamin schließlich gilt:

$$p(x) = \underbrace{p_0 - g\rho_0 x}_{\text{Hydro-statik}} \underbrace{- \frac{\rho_0}{2} u_0^2}_{\text{Ein-strömung}} + \underbrace{\rho_0 u_0^2 \left[1 - \frac{1}{1 - \frac{\beta_0}{\dot{m}c_F} \int_0^x q(\xi)\, d\xi}\right]}_{\text{Volumenausdehnung}} + \underbrace{\frac{g\rho_0\beta_0}{\dot{m}c_F} \int_0^x \int_0^\eta q(\xi)\, d\xi\, d\eta}_{\text{Auftrieb}} \tag{2.36}$$

Der Druck im Kamin ist gleich dem hydrostatischen Druck der ruhenden Kaminumgebung, vermindert um die beiden Druckdifferenzen infolge Einströmen sowie Volumenausdehnung und erhöht um die Druckdifferenz infolge Auftrieb. Da allein diese Abweichungen vom Ruhezustand die sich frei einstellende Strömung bestimmen, fassen wir diese wiederum wie in unserem einführenden Beispiel (Abschn. 1) zu $\Delta p(x) = p(x)_{hyd} - p(x)$ zusammen und erhalten bei Beachtung von $\rho_0 u_0 = \dot{m}/A$ anstelle von (1.6) jetzt:

$$\Delta p(x) = \frac{\dot{m}^2}{\rho_0 A^2}\left[\left(\frac{1}{1-\frac{\beta_0}{\dot{m}c_F}\int\limits_0^x q(\xi)\,d\xi}-1\right)+\frac{1}{2}\right]-\frac{g\rho_0\beta_0}{\dot{m}c_F}\int\limits_0^x\int\limits_0^\eta q(\xi)\,d\xi\,d\eta \tag{2.37}$$

Wie bereits ausführlich erläutert (Abschn. 1), stellt sich die Konvektionsströmung gerade so ein, daß der Druck im Kamin am Kaminkopf $x = H$ mit dem der Umgebung $p_{hyd}(H) = p_0 - g\rho_0 H$ identisch wird. Für $x = H$ verschwindet also die Druckabweichung Δp vom Ruhezustand. Mit dieser Abströmbedingung

$$\Delta p(H) = 0 \tag{2.38}$$

erhalten wir aus (2.37) die (1.9) entsprechende Umlaufgleichung

$$F = 0 = -\frac{\dot{m}^2}{\rho_0 A^2}\left[\left(\frac{1}{1-\frac{\beta_0}{\dot{m}c_F}\int\limits_0^H q(x)\,dx}-1\right)+\frac{1}{2}\right]+\frac{g\rho_0\beta_0}{\dot{m}c_F}\int\limits_0^H\int\limits_0^x q(\xi)\,d\xi\,dx \tag{2.39}$$

zur Berechnung des sich im Kamin einstellenden Massenstroms $\dot{m}$, jetzt in Abhängigkeit von der aufgeprägten Heizleistungsverteilung $q(x)$. Für die beiden Integralausdrücke schreiben wir:

$$\int\limits_0^H q(x)\,dx = \dot{Q} \tag{2.40}$$

$$\int\limits_0^H\int\limits_0^x q(\xi)\,d\xi\,dx = \dot{Q}\,\frac{H}{2}\cdot\Gamma \tag{2.41}$$

Das Integral (2.40) ist die dem Kamin zugeführte Gesamtheizleistung $\dot{Q}$, die sich durch Integration der vorgegebenen Heizleistungsverteilung $q(x)$ über die Kaminhöhe H ergibt (Bild 6). Die Berechnung des Doppelintegrals (2.41) legt die Einführung eines für die weiteren Betrachtungen wesentlichen Formparameters Γ nahe, denn man erhält immer ein Ergebnis proportional zur Gesamtheizleistung und zur halben Kaminhöhe, das noch mit einem Zahlenfaktor (Formparameter Γ) zu gewichten ist, der allein vom jeweils vorliegenden Profil der Heizleistungsverteilung $q(x)$ abhängt. Man versteht dies leicht am Beispiel der homogenen Heizleistungsverteilung $q = q_0 = \text{const}$. Die Ausrechnung von (2.41) liefert:

$$\int\limits_0^H\int\limits_0^x q_0\,d\xi\,dx = \frac{q_0 H^2}{2} = \dot{Q}\,\frac{H}{2}\cdot 1 \quad \text{mit} \quad \dot{Q} = \int\limits_0^H q_0\,dx = q_0 H \tag{2.42}$$

In diesem speziellen Fall ergibt sich der Formparameter gerade zu $\Gamma = 1$. Bei Heizleistungsverteilungen, die vom homogenen Profil abweichen, muß sich aus Dimensionsgründen wiederum ein Ergebnis proportional $\dot{Q}H/2$ einstellen, das dann jedoch mit jeweils anderen Zahlenfaktoren zu multiplizieren ist. Mit (2.40), (2.41) nimmt die Umlaufgleichung (2.39) dann die implizite Form

$$F(\dot{m}, \dot{Q}; \Gamma) = 0 = -\frac{\dot{m}^2}{\rho_0 A^2}\left[\left(\frac{1}{1-\dfrac{\beta_0 \dot{Q}}{\dot{m}c_F}} - 1\right) + \frac{1}{2}\right] + \frac{g\rho_0\beta_0\dot{Q}H\Gamma}{2\dot{m}c_F} \tag{2.43}$$

an. Der sich im Kamin frei einstellende Massenstrom $\dot{m}$ hängt also nicht nur von der Gesamtheizleistung $\dot{Q}$, sondern auch vom Profil der Heizleistungsverteilung $q(x)$ längs des Kamins ab, hier charakterisiert durch den Formparameter Γ. Unterschiedliche Heizleistungsverteilungen liefern selbst bei gleicher Gesamtheizleistung im allgemeinen unterschiedliche Massenströme.

Die Umlaufgleichung (2.43) kann durch Ausklammern eines gemeinschaftlichen Faktors proportional $\dot{m}^2/(\rho_0 A^2) = \rho_0 u_0^2$ auch dimensionsfrei geschrieben werden. Wir wählen als gemeinschaftlichen Faktor gerade den Staudruck $\rho_0 u_0^2/2$ der Kamineinströmung und erhalten:

$$\underbrace{-2\overbrace{\left(\frac{1}{1-\dfrac{\beta_0\dot{Q}}{\dot{m}c_F}}-1\right)}^{\text{Volumen-ausdehnung}}\overbrace{-\,1}^{\text{Ein-strömung}}}_{\text{Widerstand}} + \underbrace{\Gamma\frac{g\rho_0^2HA^2}{\dot{m}^2}\frac{\beta_0\dot{Q}}{\dot{m}c_F}}_{\text{Auftrieb}} = 0 \tag{2.44}$$

Die beiden aufgetauchten dimensionslosen Kennzahlen $\beta_0\dot{Q}/(\dot{m}c_F)$, $g\rho_0^2HA^2/\dot{m}^2$ müssen natürlich identisch mit denen in unserem einführenden Beispiel (Abschn. 1) sein, denn nach wie vor wird die Strömung durch eine Schwerkraft angetrieben und allein durch Trägheitskräfte (reibungsfreie Theorie) begrenzt. Wir zeigen dies durch Einführen der am Kamin anliegenden Temperaturerhöhung

$$\Delta T = T(H) - T_0 = \frac{\dot{Q}}{\dot{m}c_F} \tag{2.45}$$

die sich aus der Energiegleichung bzw. aus (2.30), (2.40) berechnet. Bei Beachtung des Massenstroms $\dot{m} = \rho_0 u_0 A$ und der zur Temperaturerhöhung ΔT gehörigen Dichteerniedrigung $\Delta\rho = \rho_0 - \rho = \rho_0\beta_0\Delta T$ nach (2.28) gilt wie erwartet

$$\frac{\beta_0\dot{Q}}{\dot{m}c_F} = \beta_0\Delta T = \frac{\Delta\rho}{\rho_0} \tag{2.46}$$

$$\frac{g\rho_0^2HA^2}{\dot{m}^2} = \frac{gH}{u_0^2} = \frac{1}{Fr_0} \tag{2.47}$$

und die dimensionsfreie Umlaufgleichung (2.44) läßt sich durch

$$\underbrace{\overbrace{-\;1}^{\text{Ein-strömung}}\;-\;\overbrace{2\,\frac{\beta_0\Delta T}{1-\beta_0\Delta T}}^{\text{Volumen-ausdehnung}}}_{\text{Widerstand}}\;+\;\underbrace{\Gamma\frac{\beta_0\Delta T}{Fr_0}}_{\text{Auftrieb}}=0 \tag{2.48}$$

beschreiben. Für die meisten in der Technik üblichen Medien und Aufheizspannen ergibt sich das Produkt aus dem Volumenausdehnungskoeffizienten β_0 und der am Kamin anliegenden Temperaturerhöhung ΔT zu $\beta_0\Delta T \ll 1$. Unter dieser Voraussetzung kann der Effekt der Volumenausdehnung, der durch die konvektive Beschleunigung $\rho u du/dx$ in der Impulsgl. (2.1) bzw. (2.35) beschrieben wird, vernachlässigt werden. Die Umlaufgleichung (2.48) reduziert sich dann auf

$$-1+\Gamma\frac{\beta_0\Delta T}{Fr_0}=0 \tag{2.49}$$

oder $$Fr_0=\Gamma\cdot\beta_0\Delta T \tag{2.50}$$

Mit (2.44) kann in diesem einfachen Fall der sich einstellende Massenstrom $\dot{m}$ sogar explizit angegeben werden:

$$\dot{m}=\left[\frac{g\beta_0\rho_0^2A^2}{c_F}H\Gamma\dot{Q}\right]^{1/3} \tag{2.51}$$

Die in Wirklichkeit beschleunigte Konvektionsströmung darf also für $\beta_0\Delta T \ll 1$ bzw. $\Delta\rho/\rho_0 \ll 1$ näherungsweise unbeschleunigt behandelt werden. Längs des gesamten Kamins strömt dann die Flüssigkeit mit der Einströmgeschwindigkeit $u = u_0$ (s. Gl. (2.34)). Diese Näherung, die allgemein als Boussinesq-Approximation bekannt ist, wird in Abschn. 2.5 noch tiefer diskutiert.

2.2 Reibungsbehaftete stationäre Strömung

Das betrachtete Kamin-Beispiel wird realistischer, wenn wir die Reibung im Kamin berücksichtigen. Zu diesem Zweck wird eine repräsentative Volumenkraft

$$f_R=\frac{dF_R}{dV}=\frac{dF_R}{Adx}=-\frac{dp_R}{dx} \tag{2.52}$$

eingeführt, die der Fluidbewegung entgegenwirkt (Bild 7).

In Ermangelung von Widerstandsgesetzen für die hier betrachteten freien Konvektionsströmungen greifen wir zunächst auf solche erzwungenen Strömungen zurück und zeigen an späterer Stelle, unter welchen Voraussetzungen die Verwendung dieser Gesetze zulässig ist. Für eine erzwungene, ausgebildete Strömung durch ein Kreisrohr mit konstan-

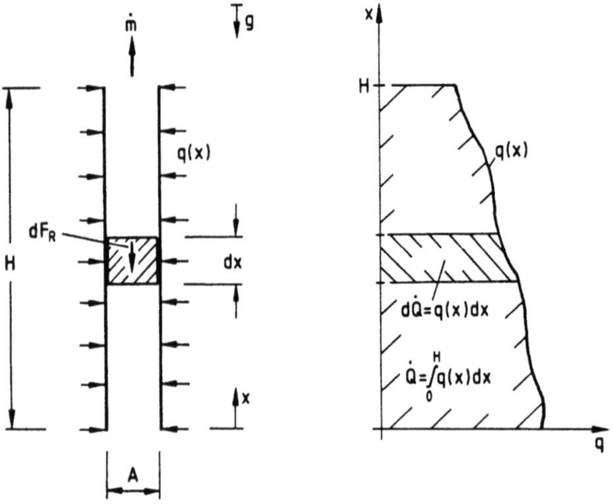

Bild 7 Repräsentative Volumenkraft dF_R/dV zur Beschreibung der Fluidreibung

tem Durchmesser D bzw. konstantem Querschnitt $A = D^2\pi/4$ stellt sich bekanntlich ein Druckverlust

$$\Delta p_R = \lambda_R \frac{H}{D} \frac{\rho}{2} u^2 \tag{2.53}$$

ein, der sich durch die Widerstandszahl λ_R, den Schlankheitsgrad des Rohres $H/D \gg 1$ und den Staudruck $\rho u^2/2$ der Strömung, gebildet mit der mittleren Geschwindigkeit $u = \dot{m}/(\rho A)$, beschreiben läßt.

Ist die Strömung laminar ($Re < Re_{krit}$), gilt für die Widerstandszahl

$$\lambda_R = \lambda_\ell(Re) = \frac{64}{Re} \quad \text{mit} \quad Re = \frac{uD}{\nu} \tag{2.54}$$

die sich beim Auftragen über der Reynolds-Zahl im doppeltlogarithmischem Reibungsdiagramm (Bild 8) als Gerade abbildet. In diesem Fall ergibt sich mit (2.54) aus (2.53) der auf die Kaminhöhe H bezogene Druckverlust Δp_R infolge Fluidreibung

$$\frac{\Delta p_R}{H} = 32 \cdot \frac{\nu}{D^2} \cdot \rho u = -\frac{dp_R}{dx} \tag{2.55}$$

der sich bei hinreichend langem Kamin ($H/D \gg 1$) an jeder Stelle x auch als lokaler[1]) Druckgradient dp_R/dx schreiben und mit (2.52) als repräsentative Volumenkraft zur Simulation der Fluidreibung im Kamin interpretieren läßt. Im Gegensatz zu erzwun-

[1]) Für hinreichend lange Rohre spielen Einlaufeffekte keine Rolle. Die Strömung wird unabhängig vom Beobachtungsort: sie ist ausgebildet. Das Widerstandsgesetz (2.53) gilt dann auch lokal an jedem beliebigen Ort im Rohr.

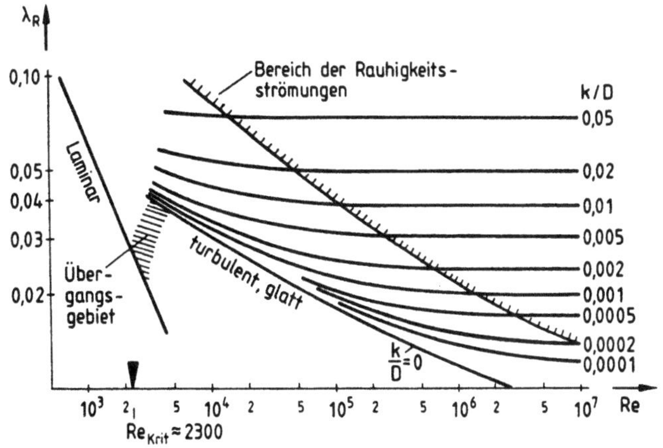

Bild 8 Widerstandszahl λ_R in Abhängigkeit von der Reynolds-Zahl und der relativen Rauhigkeit k/D der Rohrwand für ausgebildete, erzwungene Kreisrohrströmungen

genen Strömungen ist bei freien Konvektionsströmungen in Kaminen mit konstantem Querschnitt A nicht die Geschwindigkeit u, sondern das Produkt $\rho u = \dot{m}/A = \text{const}$. Wir schreiben deshalb das Widerstandsgesetz (2.55) in Abhängigkeit vom Massenstrom $\dot{m}$

$$-\frac{dp_R}{dx} = \frac{128}{\pi} \frac{\nu_0}{D^4} \cdot \dot{m} \tag{2.56}$$

wobei für die kinematische Viskosität ν des Fluids einfachheitshalber der Wert ν_0 am Kaminfuß x = 0 bzw. des Ruhezustands der Kaminumgebung gesetzt wurde. Dies darf man immer machen, wenn die im Kamin stattfindende Temperaturerhöhung ΔT nach (2.45) den Wert der Viskosität nur unwesentlich verändert. ν_0 ist dann als 1. Glied einer Entwicklung der Viskosität nach der Temperaturerhöhung entsprechend etwa (2.14) zu sehen. Bei der Behandlung von sich stark aufheizenden Gasen werden wir jedoch auch die Temperaturabhängigkeit dieses Stoffwerts zu berücksichtigen haben.

Ist die Strömung dagegen turbulent ($Re > Re_{krit}$), entnehmen wir Bild 8, daß die Widerstandszahl $\lambda_R = \lambda_t$ jetzt im allgemeinen sowohl von der Re-Zahl als auch von der relativen Rauhigkeit der Rohrwand k/D abhängig ist. Besonders einfach wird das Widerstandsgesetz im strömungstechnisch ungünstigen Fall der voll ausgebildeten Rauhigkeitsströmungen. Sind nämlich die relativen Rauhigkeiten k/D der verwendeten Rohre hinreichend groß, verlaufen alle λ_R-Kurven weit rechts im Diagramm parallel zur Abszisse, die Abhängigkeit von der Re-Zahl verschwindet. Es gilt dann

$$\lambda_R = \lambda_t\left(\frac{k}{D}\right) = \text{const} \tag{2.57}$$

und wir erhalten als Widerstandsgesetz jetzt

$$\frac{\Delta p_R}{H} = \lambda_t(k/D) \frac{1}{D} \frac{\rho}{2} u^2 = -\frac{dp_R}{dx} \tag{2.58}$$

das in der (2.56) entsprechenden Massenstrom-Schreibweise

$$-\frac{dp_R}{dx} = \frac{8}{\pi^2} \frac{\lambda_t(k/D)}{\rho_0} \frac{1}{D^5} \dot{m}^2 \tag{2.59}$$

lautet. Auch hier wurde unter der Voraussetzung kleiner Temperaturerhöhungen ($\beta_0 \Delta T \ll 1$) wiederum für die Dichte der Wert ρ_0 am Kaminfuß $x = 0$ bzw. des Ruhezustandes der Kaminumgebung gesetzt. Wir behalten aber im Auge, daß auch an dieser Stelle bei starken Aufheizspannen die Temperaturabhängigkeit zu beachten ist.

Im allgemeinen liegen bei turbulenter Strömung jedoch nicht die einfachen Verhältnisse wie bei den soeben betrachteten voll ausgebildeten Rauhigkeitsströmungen vor, sondern es gilt, wie schon zuvor berichtet:

$$\lambda_R = \lambda_t\left(Re, \frac{k}{D}\right) \tag{2.60}$$

Im Fall hydraulisch glatter Rohre ($k/D = 0$), bei dem der Einfluß der Re-Zahl am größten ist, lassen sich die für den turbulenten Strömungsbereich experimentell ermittelten λ_R-Werte im Re-Bereich $5 \cdot 10^3 \lessapprox Re \lessapprox 10^5$ in guter Näherung durch das Blasius-Gesetz

$$\lambda_t = 0{,}316 \cdot Re^{-1/4} \tag{2.61}$$

approximieren, und wir erhalten dann entsprechend (2.56) bzw. (2.59) als Widerstandsgesetz:

$$-\frac{dp_R}{dx} = 0{,}158 \left(\frac{4}{\pi}\right)^{7/4} \left(\frac{\nu_0}{\rho_0^3 D^{19}}\right)^{1/4} \cdot \dot{m}^{7/4} \tag{2.62}$$

Durch den Einfluß der Re-Zahl bedingt, wächst die Reibungskraft/Volumen bei hydraulisch glatten Rohren nur proportional zu $\dot{m}^{7/4}$ und nicht, wie im Fall der voll ausgebildeten Rauhigkeitsströmungen, um $\dot{m}^2$ an. Um jedoch die Konvektionsströmungen im gesamten turbulenten Bereich einheitlich darstellen zu können, schreiben wir trotz (2.62) für das Widerstandsgesetz:

$$-\frac{dp_R}{dx} = \frac{8}{\pi^2} \frac{\lambda_t}{\rho_0} \frac{1}{D^5} \cdot \dot{m}^2 \tag{2.63}$$

Im Fall der voll ausgebildeten Rauhigkeitsströmungen gilt (2.63) exakt und ist mit (2.59) identisch. Mit bekannter relativer Rauhigkeit k/D liegt auch die Widerstandszahl $\lambda_t(k/D)$ fest, und damit ist die Reibungskraft/Volumen für beliebige Massenströme $\dot{m}$ bekannt. Bei Anwendung von (2.63) im Bereich der Re-Abhängigkeit besteht dagegen nur noch punktuelle Gültigkeit, denn zu jedem Massenstrom $\dot{m} \sim Re$ gehört dann auch eine andere Widerstandszahl λ_t. Der Service, den etwa das Widerstandgesetz für hydraulisch glatte Rohre (2.62) durch seine Gültigkeit für beliebige Massenströme (nur beschränkt auf den Gültigkeitsbereich der Approximation (2.61)) leistet, entfällt, und bei der folgenden Massenstromberechnung mit dem Widerstandsgesetz (2.63) ist bei exakter Bestimmung des Massenstroms $\dot{m}$ dieser zusammen mit der Widerstandszahl λ_t iterativ so zu bestimmen, daß das Ergebnis mit Bild 8 in Einklang steht.

Unter den genannten Bedingungen kann die Volumenkraft f_R zur Simulation der Fluidreibung nach (2.52) sowohl für laminare als auch turbulente Strömungen durch die einfache Beziehung

$$f_R = K_\delta \cdot \dot{m}^\delta \tag{2.64}$$

beschrieben werden. Dabei wird durch $\delta = 1$ die laminare und durch $\delta = 2$ die turbulente Strömung charakterisiert. Die zugehörigen Koeffizienten K_δ nach (2.56), (2.63) für Kreisrohrgeometrie sind:

$$K_{\delta=1} = \frac{128}{\pi} \frac{\nu_0}{D^4} \tag{2.65}$$

$$K_{\delta=2} = \frac{8}{\pi^2} \frac{\lambda_t}{\rho_0} \frac{1}{D^5} \tag{2.66}$$

Wir erweitern jetzt die lokale Impulsgleichung (2.1) bzw. (2.23) durch Hinzunahme der Reibungskraft/Volumen auf der rechten Seite und beachten dabei, daß diese der Fluidbewegung in x-Richtung (Bild 7) entgegenwirkt. Es gilt dann:

$$\rho u \frac{du}{dx} = -\frac{dp}{dx} - g\rho - \underbrace{K_\delta \cdot \dot{m}^\delta}_{\text{Reibungskraft/Volumen}} \tag{2.67}$$

Der Einfluß des zusätzlichen Reibungsterms schlägt sich allein bei der Berechnung des Drucks im Kamin nieder. Anstelle (2.36) tritt jetzt

$$\begin{aligned} p(x) = {} & p_0 - g\rho_0 x - \frac{\rho_0}{2} u_0^2 + \rho_0 u_0^2 \left[1 - \frac{1}{1 - \frac{\beta_0}{\dot{m} c_F} \int_0^x q(\xi)\, d\xi} \right] \\ & + \frac{g\rho_0\beta_0}{\dot{m} c_F} \int_0^x \int_0^\eta q(\xi)\, d\xi\, d\eta - \underbrace{K_\delta \cdot \dot{m}^\delta x}_{\text{Reibung}} \end{aligned} \tag{2.68}$$

und mit der Abströmbedingung (2.38) erhält man die (2.43) entsprechende, um den Reibungsterm erweiterte Umlaufgleichung:

$$F(\dot{m}, \dot{Q}; \Gamma, K_\delta) = 0 = -\frac{\dot{m}^2}{\rho_0 A^2} \left[\underbrace{\left(\frac{1}{1 - \frac{\beta_0 \dot{Q}}{\dot{m} c_F}} - 1 \right)}_{\text{Ausdehnung}} + \underbrace{\frac{1}{2}}_{\text{Einströmung}} \right] - \underbrace{K_\delta H \dot{m}^\delta}_{\text{Reibung}} + \underbrace{\frac{g\rho_0\beta_0 \dot{Q} H \Gamma}{2\dot{m} c_F}}_{\text{Auftrieb}} \tag{2.69}$$

In der (2.44) bzw. (2.48) entsprechenden dimensionsfreien Schreibweise gilt dann:

$$\underbrace{\overbrace{-\;1}^{\text{Ein-strömung}} - \overbrace{2\,\frac{\beta_0\Delta T}{1-\beta_0\Delta T}}^{\text{Aus-dehnung}} - \overbrace{\lambda_R\,\frac{H}{D}}^{\text{Rei-bung}}}_{\text{Widerstand}} + \underbrace{\Gamma\,\frac{\beta_0\Delta T}{Fr_0}}_{\text{Auftrieb}} = 0 \tag{2.70}$$

Außer den bereits bekannten Kenngrößen $\beta_0\Delta T$, Fr_0 treten jetzt zusätzlich der Schlankheitsgrad H/D und über die Widerstandszahl λ_R im allgemeinen auch die Reynoldszahl Re und die relative Wandrauhigkeit k/D in Erscheinung. Wir erkennen, daß für hinreichend schlanke Kamine bei nicht zu hohen Aufheizspannen

$$\lambda_R\,\frac{H}{D} \gg 1 \quad \text{und} \quad \lambda_R\,\frac{H}{D} \gg 2\,\frac{\beta_0\Delta T}{1-\beta_0\Delta T} \tag{2.71}$$

sowohl der Effekt der Kamineinströmung als auch derjenige der Volumenausdehnung gegenüber der Flüssigkeitsreibung im Kamin vernachlässigt werden kann. Damit reduziert sich (2.70) auf

$$-\lambda_R\,\frac{H}{D} + \Gamma\,\frac{\beta_0\Delta T}{Fr_0} = 0 \tag{2.72}$$

oder

$$Fr_0 = \Gamma\,\frac{\beta_0\Delta T}{\lambda_R\,\frac{H}{D}} \tag{2.73}$$

Mit (2.69) kann für schlanke Kamine der dann allein durch die Flüssigkeitsreibung nach oben begrenzte Massenstrom $\dot{m}$ explizit anhand der einfachen Formel

$$\dot{m} = \left[\frac{g\beta_0\rho_0}{2c_F}\,\Gamma\,\frac{\dot{Q}}{K_\delta}\right]^{1/(1+\delta)} \tag{2.74}$$

bei Beachtung der Reibungskoeffizienten (2.65), (2.66) für sowohl laminare ($\delta = 1$) als auch turbulente Strömung ($\delta = 2$) berechnet werden. Es fällt auf, daß sich der Massenstrom in schlanken Kaminen nach (2.74) im Gegensatz zu (2.51) unabhängig von der Kaminhöhe H einstellt. Der Grund hierfür liegt im simultanen Anwachsen sowohl des Auftriebs- als auch des Reibungsterms mit der Kaminhöhe. Bei Vernachlässigung des Kamineinströmeffektes und der Volumenausdehnung kann somit die Kaminhöhe H aus der Umlaufgleichung (2.69) herausgekürzt werden, so daß diese in (2.74) gar nicht auftritt. Wird dagegen der sich einstellende Massenstrom durch den Einströmeffekt begrenzt ($\lambda_R H/D \ll 1$), wächst nur der Auftriebsterm proportional mit der Kaminhöhe an, während der Einströmterm konstant bleibt. Der Massenstrom, der dann nach (2.51) zu berechnen ist, zeigt deshalb sehr wohl eine Abhängigkeit von der Kaminhöhe. Ansonsten ist der sich in schlanken Kaminen einstellende Massenstrom außer von der Erdbeschleunigung g und den Stoffkonstanten der eingesetzten Flüssigkeit β_0, ρ_0, c_F wiederum nicht nur von der Gesamtheizleistung $\dot{Q}$ allein, sondern auch von der Heizleistungsverteilung q(x) und damit vom Formparameter Γ nach (2.41) abhängig. Im laminaren Fall ($\delta = 1$) ist das Massenstromgesetz von der Form einer Quadratwurzel, im turbulenten Fall ($\delta = 2$) von der Form einer Kubikwurzel. Insbesondere im letzten Fall ist das Ergebnis $\dot{m}$ nach (2.74) im typischen Anwendungsbereich mit einerseits nicht zu kleinen Heizleistungen $\dot{Q}$ und andererseits nicht zu großen Widerstandskoeffizienten $K_{\delta=2}$ wegen des kubischen Wurzelverhaltens $\dot{m} \sim \sqrt[3]{\dot{Q}/K_{\delta=2}}$ besonders unempfindlich gegenüber Variationen der Eingabewerte. Dieses Lösungsverhalten rechtfertigt letztlich die Anwendung der einfachen Beziehung $f_R \sim \dot{m}^2$ zur Simulation der Fluidreibung auch auf den von der Re-Zahl abhängigen turbulenten Strömungsbereich (Bild 8). Selbst bei einer Erhöhung des Widerstandskoeffizienten um 100% (im Fall der größten Re-Abhängigkeit, die durch das Blasius-Gesetz (2.61) beschrieben wird, verringert sich die Widerstandszahl λ_t über den Gültigkeitsbereich $5 \cdot 10^3 \lessapprox Re \lessapprox 10^5$ gerade um den Faktor 2) erhält man ohne weitere Iterationsschritte einen rechnerischen Massenstrom, der allenfalls um 20% zu niedrig ausfällt. Der Aufwand, der bei einer genauen Berücksichtigung der Re-Abhängigkeit im turbulenten Strömungsbereich zu betreiben wäre, ist somit nicht gerechtfertigt und die vereinfachte Beschreibung $f_R \sim \dot{m}^2$ nach (2.64) damit sinnvoll.

Wie bereits in Abschn. 2.1 festgestellt, liefern unterschiedliche Heizleistungsverteilungen q(x) selbst bei jeweils gleicher Gesamtheizleistung $\dot{Q}$ im allgemeinen unterschiedliche Massenströme $\dot{m}$. Dieser geometrische Einfluß der Art der Beheizung, der sich mit dem durch (2.41) definierten Formparameter Γ einfach als Zahlenfaktor darstellen läßt, soll nun genauer studiert werden. Insbesondere suchen wir nach derjenigen Heizleistungsverteilung q(x), der der maximale Wert des Formparameters $\Gamma = \Gamma_{max}$ und damit nach (2.51) bzw. (2.74) auch der maximale Konvektionsmassenstrom $\dot{m} = \dot{m}_{max}$ zugeordnet ist, der schließlich die minimal erreichbare Aufheizspanne $\Delta T = \Delta T_{min}$ bestimmt. Dabei ist zu bemerken, daß die folgenden Überlegungen, hier einfachheitshalber auf kontinuierliche Kaminbeheizungen nach Bild 6 beschränkt, sowohl für reibungsfreie als auch reibungsbehaftete Kaminströmungen gültig sind, da der jetzt allein interessierende Formparameter Γ nur von der Art der Beheizung und nicht von der Art der Begrenzung des Massenstroms abhängig ist. Mit der Definitionsgleichung (2.41) für den Formparameter Γ und der Gesamtheizleistung $\dot{Q}$ nach (2.40) führt unsere Fragestellung schließlich auf das folgende Variationsproblem:

$$\Gamma = \frac{2}{\dot{Q}H} \int_0^H \int_0^x q(\xi)\, d\xi\, dx \rightarrow \text{Maximum} \tag{2.75}$$

$$\text{Nebenbedingung:} \quad \int_0^H q(x)\, dx = \dot{Q}$$

Aus der Schar aller Heizleistungsverteilungen gleicher Gesamtheizleistung $\dot{Q}$ (Nebenbedingung) wird diejenige Heizleistungsverteilung gesucht, die den maximalen Wert des Formparameters $\Gamma = \Gamma_{max}$ liefert. Die Lösung des gestellten Variationsproblems wird trivial, wenn wir in (2.75) die physikalische Bedeutung des inneren Integrals beachten, das angibt, welche Heizleistung

$$F(x) = \int_0^x q(\xi)\, d\xi \tag{2.76}$$

bis zu einer beliebigen Stelle x dem im Kamin strömenden Fluid bereits aufgeprägt wurde. Dieser einfache Sachverhalt ist in Bild 9 dargestellt.

Als Maß für den Wert des Formparameters Γ ergibt sich so die Fläche unter der von A nach B wegen $q(x) > 0$ monoton verlaufenden Heizleistungskurve F(x). Wie man nun unmittelbar abliest, wird der Flächeninhalt am größten, wenn die Gesamtheizleistung $\dot{Q}$ konzentriert am Kaminfuß (Fußpunktbeheizung: Wärmepol bei x = 0) zugeführt wird. Der Flächeninhalt hat dann den Wert der Rechteckfläche $\dot{Q}H$, und der Formparameter erreicht seinen Größtwert:

$$\Gamma_{max} = 2 \quad \text{für} \quad \lim_{H \to 0} \int_0^H q(x)\, dx = \dot{Q} \tag{2.77}$$

Wird die Beheizung mit einer homogenen Heizleistungsverteilung $q = q_0$ durchgeführt, ergibt sich als Heizleistungskurve die geradlinige Verbindung

$$F(x) = q_0 x \tag{2.78}$$

zwischen A und B (Bild 10). Die so entstehende Dreiecksfläche unter der Heizleistungskurve F(x) mit dem Flächeninhalt $\dot{Q}H/2$ liefert in diesem Fall für den Formparameter den Wert $\Gamma = 1$, den wir bereits unter (2.42) berechnet hatten. Wenn der Formparameter bei homogener Beheizung auch nur halb so groß wie im günstigsten Fall der Fußpunktbeheizung ist, bedeutet dies aber keineswegs, daß der sich einstellende Massenstrom ebenfalls halbiert. Wegen der schon zuvor diskutierten Wurzelabhängigkeit des zu erwartenden Massenstroms nach (2.74) bzw. (2.51) fällt die Massenstromerniedrigung wesentlich schwächer aus. Lediglich der die Konvektionsströmung antreibende Auftrieb nimmt mit dem Formparameter linear ab, wie ein Blick auf die Umlaufgleichungen für reibungs-

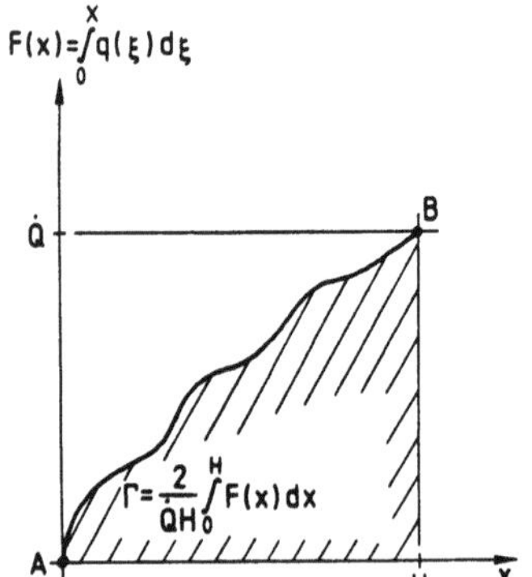

Bild 9 Geometrische Darstellung des Formparameters Γ für kontinuierlich beheizte Kamine

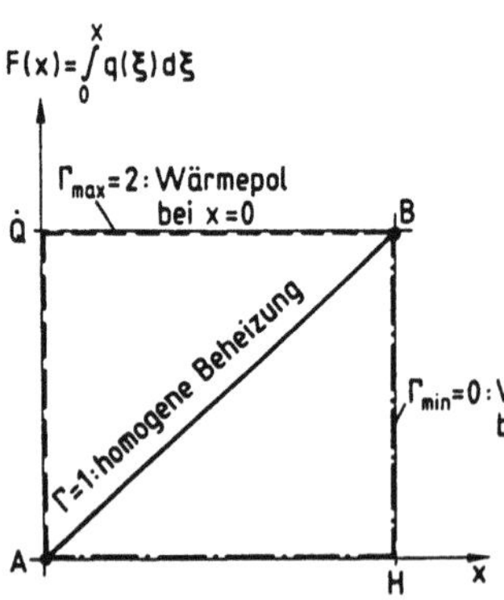

Bild 10 Wärmepole bei x = 0 und x = H als Berandung des Rechteckkastens von der Fläche $\dot{Q}H$

freie bzw. reibungsbehaftete Kaminströmungen zeigt. Die Situation wird am ungünstigsten, wenn schließlich die Gesamtheizleistung am Kaminkopf (Kopfpunktbeheizung: Wärmepol bei x = H) aufgeprägt wird. In diesem Fall verschwindet die Wirkung des Kamins (Kaminzug), so daß unsere einfache, eindimensionale Kamintheorie formal einen verschwindenden Massenstrom voraussagt und demgemäß auch die Fläche unter der Heizleistungskurve nach Bild 9 verschwindet. Im Rahmen unserer Kaminvorstellung sind damit bei gleicher Gesamtheizleistung $\dot{Q}$ die Heizleistungskurven F(x) für alle möglichen Heizleistungsverteilungen $q(x) > 0$ zwischen den beiden Extremfällen (Fuß- und Kopfpunktbeheizung) eingebettet (Bild 10). Alle Heizleistungskurven F(x) liegen im Rechteckkasten der Fläche $\dot{Q}H$.

Ein Verschwinden des Massenstroms im Fall der Kopfpunktbeheizung bedeutet formal eine unendlich große Aufheizspanne des Fluids, die in Realität natürlich nie eintreten kann. Das formale Ergebnis zeigt einerseits, daß unsere einfache Theorie Modellcharakter besitzt, da ihre Gültigkeit offensichtlich geometrisch beschränkt ist, und andererseits, daß auch Konvektionsströmungen existieren, die ohne Kaminzug funktionieren. Ebenso, wie sich etwa um einen beheizten Draht eine Konvektionsströmung in dem ihn umgebenden Fluid ausbildet (dieser Fall wird später noch in Abschn. 3.2.2 behandelt), existiert bei zu kleinem Kaminzug $\Gamma \to 0$ eine entsprechende Konvektionsströmung, die den Wärmepol am Kaminkopf kühlt. Mit der sich aus dieser Strömung ohne Kaminzug ergebenden oberen Grenze für die Aufheizspanne des Fluids läßt sich der Gültigkeitsbereich unseres Kaminmodells abschätzen. Die Berechnung der Kaminströmung nach (2.74) bzw. (2.51) ist nur für Aufheizspannen unterhalb dieser oberen Grenze realistisch. Wir merken uns deshalb, daß die Geometrie der Beheizung und damit der diesen Einfluß beschreibende Formparameter nach unten beschränkt ist und Aussagen nach (2.74) bzw. (2.51) in Anwendungsfällen mit sehr kleinen Formparametern einer besonderen Überprüfung bedürfen, auf die wir in Abschn. 10.1 noch näher eingehen werden.

Unter allen möglichen Heizleistungsverteilungen zeichnen sich die zur Kaminmitte $x = H/2$ symmetrischen besonders aus. Da die symmetrischen Beheizungen $q\left(\frac{H}{2} + \epsilon\right) = q\left(\frac{H}{2} - \epsilon\right)$ gerade auch für technische Anwendungen von Bedeutung sind, sollen diese etwas genauer betrachtet werden (Bild 11). Wir benutzen hierzu wieder die physikalisch anschauliche

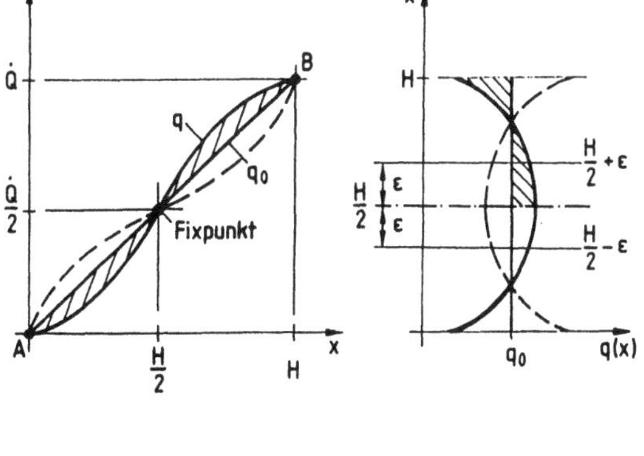

Bild 11
Heizleistungskurven bei beliebiger zur Kaminmitte symmetrischer Beheizung

Darstellung nach Bild 9 und erkennen, daß die wesentliche Eigenschaft der Symmetrie darin besteht, daß bis zur Kaminmitte $x = H/2$ immer gerade die halbe Gesamtheizleistung zugeführt wird. Die Heizleistungskurven $F(x)$ für beliebige symmetrische Heizleistungsverteilungen besitzen deshalb das Wertepaar $(\dot{Q}/2, H/2)$ als Fixpunkt (Bild 11). Dies gilt insbesondere auch für die homogene Heizleistungsverteilung $q = q_0$, die als trivialer Sonderfall mit in der Klasse der zur Kaminmitte symmetrischen Beheizungen enthalten ist. Die Abweichungen der Heizleistungskurven $F(x)$ beliebiger symmetrischer Beheizungen von der die homogene Beheizung beschreibenden Diagonalen $\overline{AB}$ (Bild 11) heben sich insgesamt auf, so daß sich als Flächeninhalt unter der Heizleistungskurve jeweils der Wert der homogenen Beheizung einstellt. Es gilt somit stets der Wert der Dreiecksfläche $\dot{Q}H/2$, dem nach (2.75) der Formparameter $\Gamma = 1$ entspricht. Dies ist der Grund, daß die beiden konvex symmetrischen Standardverteilungen

$$q(x) = q_0, \qquad q(x) = \frac{q_0 \pi}{2} \sin \pi \frac{x}{H} \tag{2.79}$$

mit $$\dot{Q} = \int_0^H q(x)\,dx = q_0 H$$

die z. B. in der nuklearen Reaktortechnik (Brennelemente für Reaktoren) besondere Bedeutung haben, thermohydraulisch global gleichwertig sind, denn es ergeben sich beim Aufprägen sowohl der homogenen als auch der sinusförmigen Heizleistungsverteilung bei gleicher Gesamtheizleistung gleiche Massenströme und Aufheizspannen. Es existieren nur lokale Unterschiede. Ebenso wie für die Heizleistungskurven $F(x)$ aller denkbaren Heizleistungsverteilungen $q(x) > 0$, die ausschließlich innerhalb des wohl definierten Rechteckkastens vom Flächeninhalt $\dot{Q}H$ liegen (Bild 10), läßt sich auch für die Unterklasse aller zur Kaminmitte symmetrischen Beheizungen ein definierter Bereich finden, der wegen der getroffenen Beschränkung Teilbereich des Rechteckkastens sein muß. Die beiden alle Heizleistungskurven mit $\Gamma = 1$ einschließenden Extremfälle sind der Wärmepol der Stärke $\dot{Q}$ bei $x = H/2$ und die Beheizung durch zwei Wärmepole der Stärke $\dot{Q}/2$ bei $x = 0$ und $x = H$. Da durch die Heizleistungskurven F dieser beiden symmetrischen Extrembeheizungen aus dem Rechteckkasten

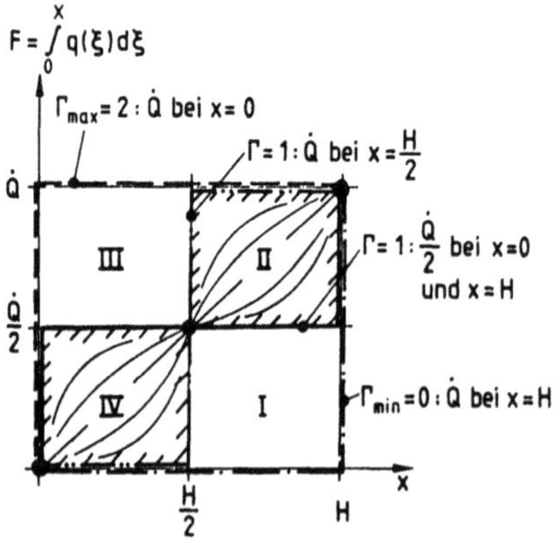

Bild 12
Klassifizierung der Beheizungsgeometrie durch Einführen der Quadranten I bis IV

gerade zwei Quadranten abgetrennt werden (in Bild 12 schraffiert dargestellt), wird man auf eine Klassifizierung der Beheizungsgeometrie anhand der in Bild 12 gekennzeichneten Quadranten I bis IV geführt.

Alle Heizleistungskurven F von zur Kaminmitte symmetrischen Beheizungen durchlaufen allein die Quadranten IV und II. Die Quadranten I und III bleiben unberührt, und der Formparameter hat stets den Wert $\Gamma = 1$ der entsprechend homogenen Beheizung. Wird entweder der Quadrant I oder der Quadrant III zusätzlich in Anspruch genommen, sind die zugehörigen Beheizungen unsymmetrisch. Im ersten Fall ($F(x = H/2) < \dot{Q}/2$) wird in der unteren Kaminhälfte weniger und im zweiten Fall ($F(x = H/2) > \dot{Q}/2$) mehr als die Hälfte der Gesamtheizleistung $\dot{Q}$ zugeführt, so daß für die zugehörigen Formparameter $0 < \Gamma < 1$ bzw. $1 < \Gamma < 2$ gilt. Die äußere Berandung des Rechtecks (Rand der Quadranten IV, III, II: Wärmepol der Stärke $\dot{Q}$ bei $x = 0$ bzw. Rand der Quadranten IV, I, II: Wärmepol der Stärke $\dot{Q}$ bei $x = H$) wird bei extremster Unsymmetrie der Beheizung durchlaufen. Wie schon gezeigt und auch in Bild 10 bereits dargestellt, liefert der Wärmepol am Kaminfuß mit $\Gamma = \Gamma_{max} = 2$ den stärksten und der Wärmepol am Kaminkopf mit $\Gamma = \Gamma_{min} = 0$ den schwächsten und im Rahmen der Kamintheorie sogar verschwindenden Konvektionsmassenstrom.

2.3 Kaminströmungen: Anwendungen und Erweiterungen

2.3.1 Flüssigkeitsströmung im Einzelkamin

Wir behandeln im folgenden Kamine mit unterschiedlichen Wandgeometrien und berücksichtigen damit zusätzlich zur Geometrie der aufgeprägten Beheizung, die durch den Formparameter Γ beschrieben wird, weitere Geometrieeinflüsse. Um diese Effekte möglichst klar herausarbeiten zu können, beschränken wir uns auf kleine Aufheizspannen $\beta_0 \Delta T \ll 1$. Die sich unter dieser Voraussetzung frei einstellenden Konvektionsströmungen nennen wir „Flüssigkeitsströmungen", obwohl das verwendete Fluid auch ein Gas sein kann, das sich für $\beta_0 \Delta T \ll 1$ wie eine Flüssigkeit der entsprechenden Dichte und Wärmekapazität verhält.

2.3.1.1 Kamin mit Blende. Es wird ein Kamin mit konstantem Querschnitt A betrachtet, in den eine Blende eingebaut ist (Bild 13).

Erreicht der Blendenverlust $\Delta p_{B\ell}$ die Größenordnung des Reibungsverlustes Δp_R, wird der sich einstellende Massenstrom $\dot{m}$ schwächer ausfallen als nach Gl. (2.74) in Abschn. 2.2, die für den Kamin ohne zusätzliche Blende gültig ist. Denken wir uns den Druckverlust der Blende durch $\Delta p_{B\ell} = \zeta_{B\ell} \cdot \rho u^2/2$ ($\zeta_{B\ell}$ Druckverlustbeiwert der Blende, $\rho u^2/2$ Staudruck der Kaminströmung am Ort der Blende) gegeben, der sich für kleine Aufheizspannen ($\beta_0 \Delta T \ll 1$) wegen $\rho \approx \rho_0$, $u \approx u_0$ unter Beachtung des Massenstroms $\dot{m} = \rho_0 u_0 A$ ortsunabhängig (Ort der Blende spielt keine Rolle) in der Form

$$\Delta p_{B\ell} = \zeta_{B\ell} \frac{\rho_0}{2} u_0^2 = \zeta_{B\ell} \frac{\dot{m}^2}{2\rho_0 A^2} \tag{2.80}$$

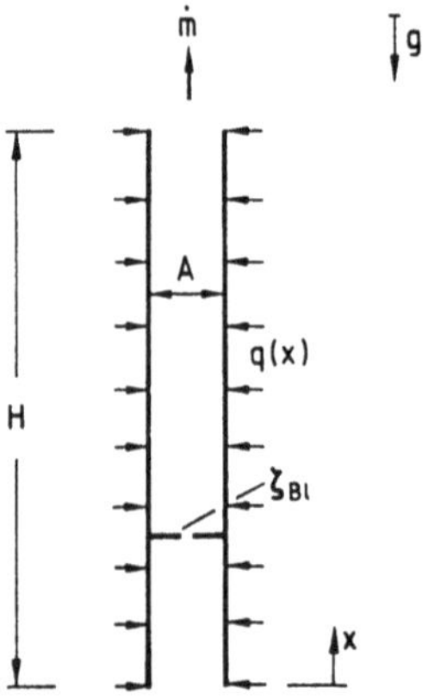

Bild 13
Kontinuierlich beheizter Kamin mit Blende

schreibt, erhält man durch einfache Modifikation von (2.69) sofort die Umlaufgleichung für den Kamin mit Blende:

$$F(\dot{m}, \dot{Q}; \Gamma, K_\delta, \zeta_{B\ell}) = 0 = \underbrace{\underbrace{-\zeta_{B\ell}\frac{\dot{m}^2}{2\rho_0 A^2}}_{\text{Blende}} \underbrace{- K_\delta H \dot{m}^\delta}_{\text{Reibung}}}_{\text{Widerstand}} + \underbrace{\frac{g\rho_0\beta_0\dot{Q}H\Gamma}{2\dot{m}c}}_{\text{Auftrieb}} \qquad (2.81)$$

Dies ist genau die Umlaufgleichung (2.69) für den Kamin ohne Blende ($\zeta_{B\ell} = 0$) mit weggelassenem Ausdehnungs- und Einströmungseffekt, der aber der Druckverlustterm (2.80) zur Beschreibung der Blende hinzugefügt wurde. Im allgemeinen ist die Umlaufgleichung (2.81) ein Polynom 3. Grades des sich aufgrund der Beheizung frei einstellenden Massenstroms. Ein explizites Auflösen nach dem gesuchten Massenstrom ist bei vorhandener Blende nur im Sonderfall der turbulenten Strömung mit $\delta = 2$ möglich:

$$\dot{m} = \left[\frac{g\beta_0\rho_0 H}{2c}\Gamma\frac{\dot{Q}}{\frac{\zeta_{B\ell}}{2\rho_0 A^2} + K_\delta H}\right]^{1/3} \qquad (2.82)$$

Für die spezifische Wärmekapazität c des verwendeten Fluids ist im Fall einer Flüssigkeit $c = c_F$ und im Fall eines Gases $c = c_p$ zu setzen. Im Grenzfall verschwindender Blendenwirkung ($\zeta_{B\ell} \to 0$) wird (2.82) für $\delta = 2$ identisch mit (2.74), und der Einfluß der Kaminhöhe H entfällt.

Wie dieses Beispiel zeigt, muß bei zusätzlich in den Kamin eingebauten Widerständen die Rechnung zur Auffindung der Umlaufgleichung nicht immer wieder vollständig neu durchgezogen werden, sondern es genügt das Hinzunehmen bzw. Weglassen von Druckverlustgliedern in der Umlaufgleichung (2.69) für den einfachen Kamin. Übungshalber wollen wir aber trotzdem die Umlaufgleichung (2.81) für den Kamin mit Blende nochmals detailliert aus den Erhaltungsgleichungen für den Impuls, die Energie und die Masse bei Beachtung der Zustandsgleichung für kleine Aufheizspannen ($\beta_0\Delta T \ll 1$) herleiten:

(Impuls): $$0 = -\frac{dp}{dx} - g\rho - K_\delta \cdot \dot{m}^\delta \tag{2.83}$$

(Energie): $$\rho c u \frac{dT}{dx} = \frac{q(x)}{A} \tag{2.84}$$

(Masse): $$\frac{d}{dx}(\rho u A) = 0 \quad \text{oder} \quad \dot{m} = \rho u A = \text{const} \tag{2.85}$$

(Zustandsgl.): $$\rho = \rho_0[1 - \beta_0(T - T_0)] \tag{2.86}$$

Da beim Durchströmen des Kamins weder Masse hinzukommt noch verlorengeht, bleibt der Massenstrom $\dot{m} = \rho u A$ nach (2.85) invariant. Somit läßt sich die Energiegl. (2.84) in der einfachen Form

$$\frac{dT}{dx} = \frac{1}{\dot{m}c} q(x) \tag{2.87}$$

schreiben, die sofort integriert werden kann:

$$T(x) = T_0 + \frac{1}{\dot{m}c} \int_0^x q(\xi)\, d\xi \tag{2.88}$$

Durch Einsetzen der so gewonnenen ortsabhängigen Temperatur in die Zustandsgl. (2.86) erhält man schließlich die ortsabhängige Dichte des Fluids im Kamin

$$\rho(x) = \rho_0 \left[1 - \frac{\beta_0}{\dot{m}c} \int_0^x q(\xi)\, d\xi\right] \tag{2.89}$$

die zur Integration der Impulsgleichung längs des Kamins benötigt wird. Verwenden wir die Impulsgl. in der Form (2.83) mit bereits vernachlässigter konvektiver Beschleunigung ($\rho u\, du/dx = 0$: durch Nullsetzen der linken Seite der Impulsgl. (2.67) wird die für $\beta_0 \Delta T \ll 1$ unwesentliche Volumenausdehnung des Fluids unberücksichtigt gelassen), lautet das Integrationsergebnis für $x > h$

$$p(x) = \underbrace{p'(0) - g\rho_0 x}_{\text{Hydrostatik}} - \underbrace{\Delta p_{B\ell}}_{\text{Blende}} + \underbrace{\frac{g\rho_0\beta_0}{\dot{m}c} \int_0^x \int_0^\eta q(\xi)\, d\xi\, d\eta}_{\text{Auftrieb}} - \underbrace{K_\delta \dot{m}^\delta x}_{\text{Reibung}} \tag{2.90}$$

das den örtlichen Druck im Kamin angibt. Dabei ist zu beachten, daß sich der Druck am Ort der Blende $x = h$ sprunghaft um $\Delta p_{B\ell}$ verringert (Bild 14). Für den Druck am Kaminfuß $x = 0$ setzen wir $p'(0) = p_0$ (s. a. Bild 4), denn nach Voraussetzung (starke Blende: $\Delta p_{B\ell} \gg \rho_0 u_0^2/2$, schlanker Kamin: $\Delta p_R \gg \rho_0 u_0^2/2$) ist die Druckabsenkung nach Bernoulli am Kaminfuß (Einströmeffekt: Gl. (1.3)) gegenüber dem die Strömung begrenzenden Blenden- bzw. Reibungsverlust vernachlässigbar klein.

Der sich frei einstellende Massenstrom wird schließlich wieder durch die Abströmbedingung am Kaminkopf $x = H$ (statischer Druck im Kamin stimmt gerade mit dem hydrosta-

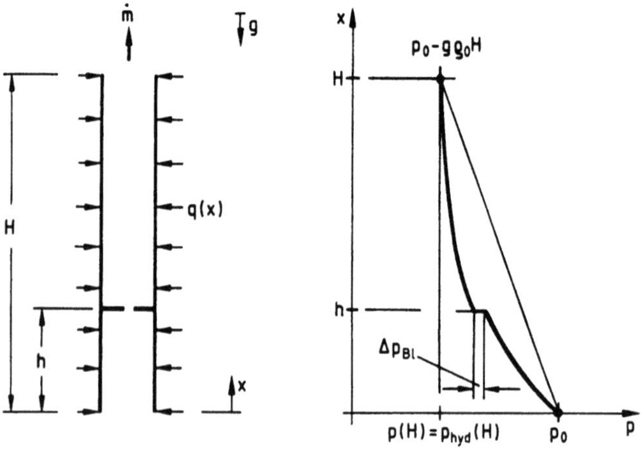

Bild 14 Zum Verlauf des statischen Druckes in einem schlanken Kamin mit kontinuierlicher Beheizung und Blende

tischen Druck der Umgebung überein)

$$p(H) = p_{hyd}(H) \quad \text{oder} \quad \Delta p(H) = p(H)_{hyd} - p(H) = 0 \tag{2.91}$$

bestimmt. Erfüllen wir (2.91) durch Einsetzen des Druckes am Kaminkopf nach (2.90), entfällt zunächst der hydrostatische Anteil $p_0 - g\rho_0 H$ (Konvektionsströmung beruht allein auf Störung des hydrostatischen Zustandes des Fluids), und bei Beachtung von $\Delta p_{B\varrho}$ nach (2.80) bleibt gerade die Umlaufgleichung

$$F = 0 = -\zeta_{B\varrho} \frac{\dot{m}^2}{2\rho_0 A^2} - K_\delta \cdot H\dot{m}^\delta + \frac{g\rho_0\beta_0}{\dot{m}c} \int_0^H \int_0^x q(\xi)\, d\xi\, dx \tag{2.92}$$

übrig, die bei Berücksichtigung der Definition des Formparameters der Heizleistungsverteilung Γ nach (2.41) mit (2.81) identisch ist.

Wir notieren uns abschließend noch den Druckgradienten:

$$\frac{dp}{dx} = -g\rho - K_\delta \cdot \dot{m}^\delta = -g\rho_0 \left[1 - \frac{\beta_0}{\dot{m}c} \int_0^x q(\xi)\, d\xi\right] - K_\delta \cdot \dot{m}^\delta \tag{2.93}$$

Insbesondere für x = 0 und x = H gilt

$$\frac{dp(0)}{dx} = -g\rho_0 - K_\delta \dot{m}^\delta < 0 \tag{2.94}$$

$$\frac{dp(H)}{dx} = -g\rho_0[1 - \beta_0 \Delta T] - K_\delta \cdot \dot{m}^\delta < 0 \tag{2.95}$$

mit $\quad \dfrac{dp(H)}{dx} = \dfrac{dp(0)}{dx} + g\rho_0\beta_0\Delta T$

und wir erkennen hieraus, daß der stets negative Druckgradient sich in Stromrichtung gerade um den Wert $g\rho_0\beta_0(T_H - T_0) = g\rho_0\beta_0\Delta T$ abschwächt. Der Druckverlauf ist somit monoton und kann die Linie $p = p(H)$ nie überschreiten (Bild 14). Während der Druck an der Blende unstetig (Sprung $\Delta p_{B\ell}$) verläuft, ist der Druckgradient durchgehend eine stetige Funktion.

2.3.1.2 Kamin mit veränderlichem Querschnitt. Bisher wurden nur zylindrische Kamine betrachtet. Diese Voraussetzung wollen wir jetzt fallen lassen und erinnern uns, daß die in Abschn. 2.1 hergeleiteten und in Abschn. 2.2 ergänzten (Hinzunahme der Volumenkraft f_R zur Beschreibung der Fluidreibung) Erhaltungsgleichungen in einem gewissen Rahmen auch für variable Kamingeometrien (Bild 15) ihre Gültigkeit behalten. Sind nämlich die Änderungen aller in Betracht kommenden physikalischen Größen in Querrichtung sehr viel kleiner als die in Längsrichtung, dürfen wir diese Abweichungen von der Haupt- oder Längsströmung in x-Richtung vernachlässigen. Dann gibt es in jedem Querschnitt A(x) des Kamins jeweils nur einen Wert für die Geschwindigkeit u, den Druck p, die Dichte ρ und die Temperatur T: die Beschreibung bleibt eindimensional. Diese Betrachtungsweise (Stromfadentheorie) liefert natürlich nur dann sinnvolle Ergebnisse, wenn wir die Variation der Kaminquerschnitte derart beschränken, daß die Störungen in Querrichtung auch tatsächlich unwesentlich bleiben. Dies ist der Fall, wenn für den variablen Kamindurchmesser

$$D(x) = D_0[1 + \epsilon(x)] \quad \text{oder} \quad \epsilon(x) = \frac{D(x) - D_0}{D_0} \tag{2.96}$$

gilt:
$$\left|\frac{dD}{dx}\right| = D_0 \left|\frac{d\epsilon}{dx}\right| \ll 1 \quad \text{oder} \quad \frac{d(D/D_0)}{d(x/H)} = H \left|\frac{d\epsilon}{dx}\right| \ll \frac{H}{D_0} \tag{2.97}$$

Die relative Zu- oder Abnahme des Durchmessers längs des Kamins muß lokal weitaus schwächer ausfallen als der Schlankheitsgrad H/D_0 des Grundkamins mit dem unver-

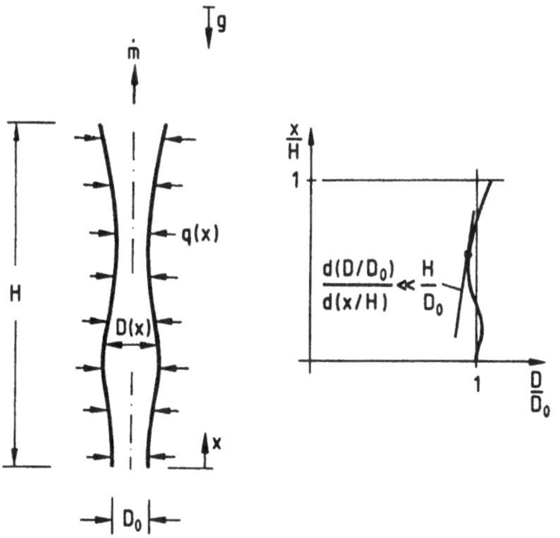

Bild 15
Kamin mit veränderlichem Querschnitt

änderlichen Durchmesser D_0. Bei Erfüllen der Vorschrift (2.97), die in Bild 15 nochmals geometrisch dargestellt ist, kommt es einerseits zu keinen Strömungsablösungen bei Querschnittserweiterungen $dA > 0$ (Strömung bleibt eindimensional), und andererseits bleibt die Beschreibung der Fluidreibung mit den bisher verwendeten Widerstandsgesetzen (Abschn. 2.2) realistisch. Für die betrachtete variable Kreisrohrgeometrie ergeben sich die verallgemeinerten Reibungskoeffizienten sofort durch Einsetzen des Durchmessers D(x) nach (2.96) in die Ausdrücke (2.65), (2.66) für die Reibungskoeffizienten bei fester Kreisrohrgeometrie mit dem Durchmesser D_0. Man erhält so

$$\delta = 1: \quad K_{\delta=1}(x) = \frac{128}{\pi}\frac{\nu_0}{D^4(x)} = \frac{128}{\pi}\frac{\nu_0}{D_0^4}\frac{1}{[1+\epsilon(x)]^4} \tag{2.98}$$

$$\delta = 2: \quad K_{\delta=2}(x) = \frac{8}{\pi^2}\frac{\lambda_t}{\rho_0}\frac{1}{D^5(x)} = \frac{8}{\pi^2}\frac{\lambda_t}{\rho_0}\frac{1}{D_0^5}\frac{1}{[1+\epsilon(x)]^5} \tag{2.99}$$

und wir erkennen, daß die modifizierten Koeffizienten sich aus denen für feste Kreisrohrgeometrie allein durch Multiplizieren mit einem Faktor ergeben, der von der relativen Durchmesseränderung $\epsilon = (D - D_0)/D_0$ abhängt. Dieser Faktor kann sowohl für den Fall der laminaren ($\delta = 1$) als auch für den der turbulenten ($\delta = 2$) Strömung gemeinsam formuliert werden, so daß allgemein gilt

$$K_\delta(x) = K_{0,\delta}\frac{1}{[1+\epsilon(x)]^{3+\delta}} \tag{2.100}$$

mit $\quad K_{0,\delta=1} = \dfrac{128}{\pi}\dfrac{\nu_0}{D_0^4}, \qquad K_{0,\delta=2} = \dfrac{8}{\pi^2}\dfrac{\lambda_t}{\rho_0}\dfrac{1}{D_0^5}$

wobei die Koeffizienten $K_{0,\delta}$ für $\delta = 1,2$ gerade diejenigen für feste Kreisrohrgeometrie nach (2.65), (2.66) sind. Die Erhaltungsgleichungen lauten jetzt:

(Impuls): $$\rho u \frac{du}{dx} = -\frac{dp}{dx} - g\rho - K_\delta(x)\cdot \dot{m}^\delta \tag{2.101}$$

(Energie): $$\rho c u \frac{dT}{dx} = \frac{q(x)}{A(x)} \tag{2.102}$$

(Masse): $$\frac{d}{dx}(\rho u A) = 0 \quad \text{oder} \quad \dot{m} = \rho(x)u(x)A(x) = \text{const} \tag{2.103}$$

(Zustandsgl.): $$\rho = \rho_0[1 - \beta_0(T - T_0)] \tag{2.104}$$

Da nach wie vor der Massenstrom $\dot{m}$ seinen Wert innerhalb des Kamins nicht verändert, läßt sich auch jetzt die Energiegl. (2.102) wieder in die Form (2.87) bringen, die direkt integrabel ist. Durch Einsetzen des Integrationsergebnisses (2.88) in die Zustandsgl. (2.104) erhält man damit, ebenso wie im Fall des Kamins mit konstantem Querschnitt, die ortsabhängige Dichte des Fluids im Kamin nach (2.89). Der Einfluß des variablen Kaminquerschnitts $A(x) = D^2(x)\pi/4$ zeigt sich dagegen im Geschwindigkeitsverlauf

$$u(x) = u_0 \frac{\rho_0}{\rho(x)} \frac{A_0}{A(x)} = u_0 \frac{1}{[1 + \epsilon(x)]^2} \qquad (2.105)$$

den wir aus der Massenerhaltung $\rho(x)u(x)A(x) = \rho_0 u_0 A$ entsprechend (2.103) unter der Voraussetzung erhalten, daß der thermische Einfluß auf die örtliche Kamingeschwindigkeit u(x) sehr viel kleiner ist als der geometrische Einfluß aufgrund des variablen Querschnitts: $\beta_0 \Delta T \ll |\epsilon_{max}|$[1]). Da im Fall der hier untersuchten „Flüssigkeitsströmungen" nur kleine Aufheizspannen mit $\beta_0 \Delta T \ll 1$ zugelassen sind, wird durch die jetzt existente linke Seite der Impulsgl. (2.101) allein der Einfluß der variablen Kamingeometrie beschrieben. Dies setzt natürlich entsprechend große Querschnittsveränderungen voraus, denn bei gleich kleiner Größenordnung von sowohl $|\epsilon_{max}|$ als auch $\beta_0 \Delta T$ ist die konvektive Beschleunigung $\rho u\, du/dx$ wie im Fall für die nicht variable Geometrie ($\epsilon = 0$) ohne Bedeutung. Die linke Seite der Impulsgl. verschwindet dann, und (2.101) wird mit (2.83) identisch. In diesem Zusammenhang sei darauf hingewiesen, daß die betrachtete Variation des Kaminquerschnitts zwar selbst unbeschränkt, doch die Änderung längs des Kamins entsprechend (2.97) beschränkt ist. Setzen wir zur Integration der Impulsgl. (2.101) wieder die Dichte $\rho(x)$ nach (2.89) ein, beachten dabei den jetzt ortsabhängigen Reibungskoeffizienten $K_\delta(x)$ nach (2.100), die ebenfalls wegen der variablen Kamingeometrie ortsabhängige Kamingeschwindigkeit u(x) nach (2.105) und außerdem die Konstanz des Massenstroms $\dot{m}$, ergibt sich der Druck im Kamin zu:

$$p(x) = \underbrace{p_0 - g\rho_0 x}_{\text{Hydrostatik}} + \underbrace{\frac{g\rho_0\beta_0}{\dot{m}c} \int_0^x \int_0^\eta q(\xi)\, d\xi\, dx}_{\text{Auftrieb}} - \underbrace{K_{0,\delta}\, \dot{m}^\delta \int_0^x \frac{d\xi}{[1 + \epsilon(\xi)]^{3+\delta}}}_{\text{Reibung}}$$

$$- \frac{\dot{m}^2}{\rho_0 A_0^2} \left\{ \underbrace{\frac{1}{[1 + \epsilon(x)]^4} - 1 + 2 \int_0^x \frac{(d\epsilon/d\xi)}{[1 + \epsilon(\xi)]^5}\, d\xi}_{\text{Beschleunigung im Kamin}} + \underbrace{\frac{1}{2}}_{\text{Einströmung}} \right\} \qquad (2.106)$$

Dabei wurde mit $p'(0) = p_0 - \rho_0 u_0^2/2$ nach (1.3) die Beschleunigung beim Einströmen berücksichtigt und der durch die jetzt variable Geometrie neu hinzugekommene konvektive Beschleunigungsterm durch partielle Integration der linken Seite der Impulsgl. gewonnen. Da die Berechnung dieser geometrisch bedingten Beschleunigung im Kamin selbst hier erstmalig auftritt, wollen wir diese ausführlich aufschreiben. Es gilt

$$\rho u \frac{du}{dx} = \frac{\dot{m}}{A(x)} \frac{du}{dx} = \dot{m} \frac{1}{A(x)} u'(x) \qquad (2.107)$$

---

[1]) Wird der thermische Einfluß (s. Gl. (2.34)) ebenfalls berücksichtigt, gilt anstelle (2.105):

$$u(x) = u_0 \frac{1}{[1 + \epsilon(x)]^2} \frac{1}{1 - \beta_0 [T(x) - T_0]}$$

und durch partielle Integration erhält man zunächst

$$\dot{m}\int_0^x \frac{u'}{A}\,d\xi = \dot{m}\left\{\frac{u}{A}\bigg|_0^x + \int_0^x \frac{A'}{A^2}\,u\,d\xi\right\} \tag{2.108}$$

mit $\quad \dfrac{u}{A} = \dfrac{\dot{m}}{\rho A^2}, \qquad \dfrac{uA'}{A^2} = \dfrac{\dot{m}A'}{\rho A^3}$

$$A(x) = D^2(x)\frac{\pi}{4} = D_0^2\,\frac{\pi}{4}[1 + \epsilon(x)]^2 = A_0[1 + \epsilon(x)]^2$$

$$A' = \frac{dA}{dx} = D_0^2\,\frac{\pi}{2}[1 + \epsilon(x)]\,\frac{d\epsilon}{dx} = 2A_0[1 + \epsilon(x)]\epsilon'$$

so daß schließlich

$$\int_0^x \left(\rho u\,\frac{du}{d\xi}\right)d\xi = \frac{\dot{m}^2}{\rho_0 A_0^2}\left\{\frac{1}{[1 + \epsilon(x)]^4} - 1 + 2\int_0^x \frac{\epsilon'}{[1 + \epsilon(\xi)]^5}\,d\xi\right\} \tag{2.109}$$

geschrieben werden kann, wobei im Rahmen der hier betrachteten „Flüssigkeitsströmung" zusätzlich $\rho \approx \rho_0$ gesetzt und entsprechend Bild 15 $\epsilon(0) = 0$ bzw. $D(0) = D_0$ unterstellt wurde. Das Ziel unserer Rechnung ist immer das Auffinden der Umlaufgleichung zur Berechnung des sich frei einstellenden Massenstroms, das wiederum durch Erfüllen der Abströmbedingung $p(H) = p_{hyd}(H) = p_0 - g\rho_0 H$ erreicht wird. Die Umlaufgleichung für den Kamin mit variabler Querschnittsgeometrie nach Bild 15 lautet

$$\begin{aligned} F = 0 = {} & \frac{g\rho_0\beta_0}{\dot{m}c}\int_0^H\!\!\int_0^x q(\xi)\,d\xi\,dx - K_{0,\delta}\dot{m}^\delta \int_0^H \frac{dx}{[1 + \epsilon(x)]^{3+\delta}} \\ & - \frac{\dot{m}^2}{\rho_0 A_0^2}\left\{\frac{1}{[1 + \epsilon(H)]^4} - 1 + 2\int_0^H \frac{\epsilon'(x)}{[1 + \epsilon(x)]^5}\,dx + \frac{1}{2}\right\} \end{aligned} \tag{2.110}$$

und kann wie zuvor nur im Sonderfall der turbulenten Strömung mit $\delta = 2$ explizit aufgelöst werden. Unter Verwendung des Formparameters der Heizleistungsverteilung Γ nach (2.41) gilt dann die Massenstrombeziehung

$$\dot{m} = \left[\frac{(g\rho_0\beta_0 H/2c)\Gamma\dot{Q}}{K_{0,\delta=2}\displaystyle\int_0^H \frac{dx}{[1 + \epsilon(x)]^5} + \frac{1}{\rho_0 A_0^2}\left\{\frac{1}{[1 + \epsilon(H)]^4} - 1 + 2\int_0^H \frac{\epsilon'(x)}{[1 + \epsilon(x)]^5}\,dx + \frac{1}{2}\right\}}\right]^{1/3} \tag{2.111}$$

die sich für $\beta_0 \Delta T \ll |\epsilon_{max}| \ll 1$ (s. a. Abschn. 2.3.1.3) zu

$$\dot{m} = \left[\frac{(g\rho_0\beta_0 H/2c)\Gamma\dot{Q}}{\underbrace{K_{0,\delta=2}H}_{\text{Reibung}} + \dfrac{1}{\rho_0 A_0^2}\left\{\underbrace{-2\epsilon(H)}_{\text{var. Geom.}} + \underbrace{\frac{1}{2}}_{\text{Einströmung}}\right\}}\right]^{1/3} \tag{2.112}$$

vereinfacht. Aus (2.112) entnehmen wir für kleine Querschnittsveränderungen $|\epsilon_{max}| \ll 1$ einerseits, daß Kaminerweiterungen ($\epsilon > 0$) zu einem erhöhten und Kaminverengungen ($\epsilon < 0$) zu einem gegenüber dem zylindrischen Kamin ($\epsilon = 0$) erniedrigten Massenstrom führen. Andererseits erkennen wir aber auch, daß dieser geometrische Effekt den Einströmeffekt nicht überwiegt, der bei schlanken Kaminen (s. Abschn. 2.2) vernachlässigbar ist. Das bedeutet, daß bei hinreichend großer Fluidreibung

$$K_{0,\delta=2}H \gg \frac{2\epsilon(H)}{\rho_0 A_0^2} \quad \text{und} \quad K_{0,\delta=2}H \gg \frac{1}{2}\frac{1}{\rho_0 A_0^2} \tag{2.113}$$

technische Unebenheiten der Kaminwand ebenso wie die Fluidbeschleunigung beim Einströmen ohne nennenswerten Einfluß auf den sich frei einstellenden Massenstrom bleiben.

2.3.1.3 Kamin mit nachgiebiger Wand. Wie die bisherigen Überlegungen zeigen (s. Bild 14), ist der Druck in einem beheizten Kamin an einer beliebigen Stelle $0 < x < H$ stets kleiner als der hydrostatische Druck der Umgebung. Durch die somit vorhandene Druckdifferenz

$$\Delta p(x) = p_{hyd}(x) - p(x) > 0 \tag{2.114}$$

wird die Kaminwand von außen normal belastet. Besitzt die Kaminwand eine hinreichende Biegesteifigkeit, wird man im allgemeinen keine nennenswerte Verformung feststellen können. Aufgrund der für freie Konvektionsströmungen typisch kleinen Druckdifferenzen verhält sich der Kamin dann nahezu starr. Anders ist die Situation, wenn die Kaminwand aus biegeschlaffem Material besteht. Hier ist eine Verformung der Wand unvermeidlich, denn nur so können Längskräfte entstehen, die erforderlich sind, um der Belastung normal zur Wand standhalten zu können. Geometrisch vereinfachend wollen wir nur Kamine mit ebenen Wänden betrachten und außerdem voraussetzen, daß das biegeschlaffe Material zudem undehnbar ist. Wie in Bild 16 dargestellt, sei das

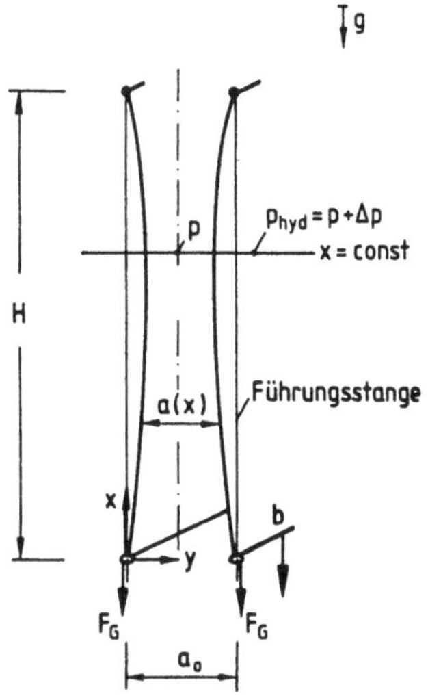

Bild 16
Zur Verformung eines Kamins aus biegeschlaffem Wandmaterial

Material bei x = H fest fixiert und am anderen Ende x = 0 an einem auf einer Führungsstange reibungsfrei gleitenden Ring befestigt, an dem durch ein Gewicht die erforderliche Vorspannkraft F_G aufgeprägt wird.

Zusätzlich zu den thermohydraulischen Gleichungen benötigen wir jetzt einen Zusammenhang, der das Verhalten des Strukturmaterials der Kaminwand beschreibt. Es wird deshalb das Wandelement nach Bild 17 betrachtet, das wir uns aus dem zugehörigen Krümmungskreis mit dem Radius R herausgeschnitten denken, und Gleichgewicht formuliert. Die Gleichgewichtsbedingung wird besonders übersichtlich, wenn die aus Bild 17 erkennbare Symmetrieeigenschaft ausgenutzt wird. Dies geschieht durch die Kräftezerlegung tangential und normal zur Sekante des betrachteten Wandelements.

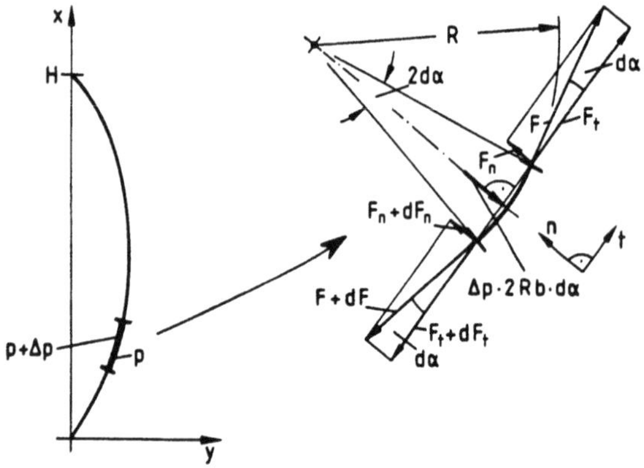

Bild 17
Kräftegleichgewicht am Wandelement eines Kamins aus biegeschlaffem Material

Kräftegleichgewicht ist dann gegeben, wenn gilt:

$$-\Delta p \, 2Rb \, d\alpha + F_n + (F_n + dF_n) = 0 \tag{2.115}$$

$$F_t - (F_t + dF_t) = 0 \tag{2.116}$$

mit $\quad F_n = F \sin d\alpha \approx F \, d\alpha, \qquad F_t = F \cos d\alpha \approx F$

Aus der Zerlegung in tangentialer Richtung (2.116) folgt sofort

$$dF = 0 \quad \text{oder} \quad F = \text{const} = F_G \tag{2.117}$$

und unter Verwendung dieses Teilergebnisses aus der Zerlegung in normaler Richtung (2.115) schließlich

$$\Delta p = \frac{F}{b} \frac{1}{R} \tag{2.118}$$

wobei noch der allgemein bekannte Zusammenhang zwischen der Verformung y der Kaminwand und dem zugehörigen Krümmungskreis

$$R = -\frac{(1 + y'^2)^{3/2}}{y''} \quad \text{mit} \quad y' = \frac{dy}{dx} \tag{2.119}$$

zu beachten ist. Insbesondere für kleine Neigungen der Kaminwand $y'^2 \ll 1$ vereinfacht sich (2.119) zu:

$$y''(x) = -\frac{b}{F}\,\Delta p(x) \tag{2.120}$$

Damit haben wir eine einfache Gleichung zur Berechnung der Verformung y(x) der Kaminwand in Abhängigkeit von der auf die Kaminwand von außen normal einwirkenden Druckdifferenz $\Delta p(x)$ erhalten. Die durch die Konvektionsströmung infolge Beheizung hervorgerufene Druckdifferenz $\Delta p(x) = p_{hyd}(x) - p(x)$ entnehmen wir in leicht modifizierter Form dem vorausgegangenen Abschn. 2.3.1.2 über Kamine mit veränderlichem Kreisquerschnitt.

In praktischen Anwendungsfällen handelt es sich meist um Kamine mit nur geringem Schlankheitsgrad, so daß die Konvektionsströmung nicht durch die Fluidreibung, sondern durch die Beschleunigung des Fluids begrenzt wird. Diese Situation ist z. B. im Bereich der pharmazeutischen Industrie oft anzutreffen, wo in Kabinen mit folienartigen Wänden, die Duschkabinen mit leichten Vorhängen nicht unähnlich sind, von unten her sterilisierte, erwärmte Luft zugeführt wird. Sind diese Kabinen hinreichend hoch, reicht der Naturzug zur sterilen Belüftung aus. Aufgrund der dann wirkenden Druckdifferenz Δp kommt es zum unerwünschten Eindellen des Kaminvorhangs und damit zur Behinderung der in der Kabine arbeitenden Personen. Dies ist der gleiche Effekt, den wir beim Duschen in einer Kabine mit nicht zu schweren Duschvorhängen erleben. Dieser Effekt tritt selbst beim Duschen mit kaltem Wasser auf, da die Dichte der feuchten Luft immer kleiner ist als die der trockenen Luft bei gleicher Temperatur.

Unter den getroffenen Voraussetzungen (Fußpunktheizung: $\int_0^x \left(\lim_{\eta \to 0} \int_0^\eta q(\xi)\,d\xi\right) d\eta = \int_0^x \dot{Q}\,d\eta = \dot{Q}x$, Begrenzung der Konvektionsströmung allein durch Beschleunigung) gilt für die Druckdifferenz:

$$\Delta p(x) = -\frac{g\rho_0\beta_0\dot{Q}}{\dot{m}c}\,x + \frac{\dot{m}^2}{\rho_0 A_0^2}\left\{\frac{1}{[1+\epsilon_e(x)]^2} - 1 + \int_0^x \frac{\epsilon_e'(\xi)}{[1+\epsilon_e(\xi)]^3}\,d\xi + \frac{1}{2}\right\} \tag{2.121}$$

Dies ist die (2.106) entsprechende Gleichung für den ebenen Kamin vom Querschnitt $A(x) = a(x)b$ nach Bild 16, die man unter Beachtung von

$$a(x) = a_0[1+\epsilon_e(x)] \quad \text{oder} \quad \epsilon_e(x) = \frac{a(x) - a_0}{a_0} \tag{2.122}$$

gewinnt. Um die weitere Rechnung möglichst einfach halten zu können, unterstellen wir jetzt zudem ein nur geringes Eindellen der ebenen Kaminwand: $|\epsilon_{e_{max}}| \ll 1$.
Mit den Taylorentwicklungen

$$\frac{1}{[1+\epsilon_e(x)]^2} = 1 - 2\epsilon_e(x) + \ldots \tag{2.123}$$

$$\int_0^x \frac{\epsilon_e'(\xi)}{[1+\epsilon_e(\xi)]^3}\,d\xi = \int_0^x \epsilon_e'(\xi)[1 - \ldots]\,d\xi = \epsilon_e(x) - \ldots \tag{2.124}$$

vereinfacht sich (2.121) in gröbster Näherung zu:

$$\Delta p(x) = -\frac{g\rho_0\beta_0\dot{Q}}{\dot{m}c}x + \frac{\dot{m}^2}{\rho_0 A_0^2}\left\{-\epsilon_e(x) + \frac{1}{2}\right\} \tag{2.125}$$

Wir lesen ab, daß für nur geringes Eindellen mit $|\epsilon_{e_{max}}| \ll 1/2$ oder $y_{max}/a_0 \ll 1/4$ entsprechend

$$\frac{y}{a_0} = \frac{1}{2}\frac{a_0 - a(x)}{a_0} = -\frac{1}{2}\epsilon_e(x) \tag{2.126}$$

es hinreichend ist, wenn man als verursachende Druckdifferenz diejenige für den Kamin mit starren Wänden ($\epsilon_e = 0$)

$$\Delta p(x) = -\frac{g\rho_0\beta_0\dot{Q}}{\dot{m}c}x + \frac{\dot{m}^2}{2\rho_0 A_0^2} \tag{2.127}$$

in Gl. (2.120)

$$y'' = -\frac{b}{F}\Delta p(x)\Big|_{\epsilon_e = 0} = f(x) \tag{2.128}$$

zur Berechnung der Kontur der nachgiebigen Kaminwand einsetzt.
Unter all diesen vereinfachenden Annahmen erhält man mit der Inhomogenität

$$f(x) = a_1 x - a_2 \tag{2.129}$$

und $\quad a_1 = \dfrac{b}{F}\dfrac{g\rho_0\beta_0\dot{Q}}{\dot{m}c}, \qquad a_2 = \dfrac{b}{F}\dfrac{\dot{m}^2}{2\rho_0 A_0^2}$

nach (2.127) durch Integration von (2.128) schließlich:

$$y = \frac{a_1}{6}x^3 - \frac{a_2}{2}x^2 + C_1 x + C_2 \tag{2.130}$$

Die beiden noch freien Konstanten dieser allgemeinen Lösung (2.130) ergeben sich aus dem Anpassen an die Randbedingungen bei $x = 0$ und $x = H$. Nach Bild 16 gilt

$$y(0) = 0, \qquad y(H) = 0 \tag{2.131}$$

so daß sich die beiden Konstanten zu

$$C_1 = -\frac{a_1}{6}H^2 + \frac{a_2}{2}H \quad \text{und} \quad C_2 = 0 \tag{2.132}$$

berechnen. Die Kontur der biegeschlaffen Kaminwand, die dann durch die spezielle Lösung von (2.130) mit den Konstanten nach (2.132) beschrieben wird, lautet explizit

$$y = \frac{b}{F}\left[\frac{g\rho_0\beta_0\dot{Q}H^3}{6\dot{m}c}\left\{\left(\frac{x}{H}\right)^3 - \left(\frac{x}{H}\right)\right\} + \frac{\dot{m}^2 H^2}{4\rho_0 A_0^2}\left\{-\left(\frac{x}{H}\right)^2 + \left(\frac{x}{H}\right)\right\}\right] \tag{2.133}$$

und beinhaltet den Massenstrom

$$\dot{m} = (2g\beta_0\rho_0^2 A_0^2 H\dot{Q}/c)^{1/3} \tag{2.134}$$

der sich aus (2.127) wiederum durch Erfüllen der Abströmbedingung $\Delta p(H) = 0$ ergibt, den wir bereits in Abschn. 2.1 für den auch hier vorliegenden Fall der reibungsfreien Konvektionsströmung berechnet hatten. Durch Einsetzen von (2.134) in (2.133) wird die Darstellung der Kontur noch etwas übersichtlicher:

$$y = \frac{\rho_0 b H^2}{F}\left(\frac{g\beta_0 H\dot{Q}}{c\rho_0 A_0}\right)^{2/3} \cdot \frac{1}{2^{1/3}}\left[\frac{1}{6}\left(\frac{x}{H}\right)^3 - \frac{1}{2}\left(\frac{x}{H}\right)^2 + \frac{1}{3}\left(\frac{x}{H}\right)\right] \tag{2.135}$$

Letztlich interessiert uns nur die maximale Verformung, die wir aus der Bedingung für die horizontale Tangente $y'(x) = 0$ erhalten. Diese Bedingung wird am Ort x erreicht, für den die Ableitung der eckigen Klammer von (2.135) verschwindet. Wir gelangen so zur quadratischen Bestimmungsgl. (2.136) dieses Ortes

$$\left(\frac{x}{H}\right)^2 - 2\left(\frac{x}{H}\right) + \frac{2}{3} = 0 \tag{2.136}$$

mit den beiden Lösungen

$$\frac{x}{H} = 1 \overset{(+)}{-} \sqrt{\frac{1}{3}} \tag{2.137}$$

von denen wegen $0 \leqslant x/H \leqslant 1$ nur die Lösung mit dem Minusvorzeichen physikalische Bedeutung besitzt. Die maximale Eindellung des biegeschlaffen Kamins stellt sich mit $1 - \sqrt{1/3} = 0{,}423$ etwas unterhalb der halben Kaminhöhe ein und berechnet sich nach (2.135) zu:

$$y_{max} = 0{,}051\,\frac{\rho_0 b H^2}{F}\left(\frac{g\beta_0 H}{c\rho_0 A_0}\right)^{2/3}\dot{Q}^{2/3} \tag{2.138}$$

Durch das Beschränken auf geringes Eindellen der Kaminwand, das zur Entkopplung ($\Delta p(x)$ ist in gröbster Näherung von der Verformung y unabhängig) des betrachteten Fluid-Struktur-Problems geführt hat, haben wir das leicht interpretierbare Ergebnis (2.138) erhalten. Die maximale Verformung ist einerseits stark von der Kaminhöhe H abhängig ($y_{max} \sim H^{8/3}$) und verschwindet andererseits mit zunehmender Vorspannkraft F. Da die Vorspannkraft eine durch das verwendete Kaminmaterial vorgegebene Maximalkraft nicht überschreiten kann, ergibt sich bei endlicher Beheizung immer eine Verformung. Gibt man sich eine erlaubte maximale Verformung vor, läßt sich aus (2.138) sofort die zugehörige Vorspannkraft F und damit das erforderliche Gewicht zum Vorspannen des Vorhangs (Bild 16) ermitteln.

Ist bei einem konkreten Problem nicht die Heizleistung $\dot{Q}$ am Kaminfuß, sondern etwa die Temperaturdifferenz ΔT vorgegeben, gebildet aus den beiden jeweils konstanten Temperaturen des Fluids innerhalb und außerhalb des Kamins, läßt sich (2.138) mit Hilfe der Energiegl. in integrierter Form

$$\dot{Q} = \dot{m}c\Delta T \tag{2.139}$$

unter Benutzung des Massenstroms $\dot{m}$ nach (2.134) leicht zu

$$y_{max} = 0{,}064 \frac{bH^3 g \rho_0 \beta_0}{F} \Delta T \qquad (2.140)$$

umschreiben. Und entsteht schließlich bei einem isothermen Problem der Dichteunterschied, der letztlich die Konvektionsströmung verursacht, gar nicht durch Aufheizen des Fluids, ist die Temperaturdifferenz ΔT in (2.140) durch die entsprechende Dichtedifferenz $\Delta\rho$ selbst nach der Zustandsgl. (2.28) für eine Flüssigkeit

$$\Delta\rho = \rho_0 - \rho = \rho_0 \beta_0 \Delta T \quad \text{oder} \quad \Delta T = \frac{\Delta\rho}{\rho_0 \beta_0} \qquad (2.141)$$

zu ersetzen. Man erhält dann:

$$y_{max} = 0{,}064 \frac{bH^3 g}{F} \Delta\rho \qquad (2.142)$$

Aus der Tatsache, daß sich die zunächst speziell für eine vorgegebene Heizleistung $\dot{Q}$ formulierte Aussage (2.138) derart einfach auch auf Probleme mit vorgegebener Temperaturdifferenz ΔT bzw. Dichtedifferenz $\Delta\rho$ umrechnen läßt, erkennen wir, daß trotz der in Abschn. 2.1 getroffenen Einschränkung auf allein thermisches Erwärmen des Fluids zur Erzeugung der Dichteunterschiede die Allgemeingültigkeit der so gewonnenen Ergebnisse keineswegs geschmälert wird.

2.3.1.4 Kamin mit Einzelloch. In all den bisherigen Beispielen handelte es sich um über den Kaminquerschnitt homogen verschmierte Wärmequellen, die zudem von einer undurchlässigen und thermisch isolierten Kaminwand umgeben waren. Wir betrachten jetzt, hiervon abweichend, durchlässige Kaminwände und beginnen das Studium des Einflusses der diesbezüglich verallgemeinerten Wandgeometrie mit der Behandlung eines

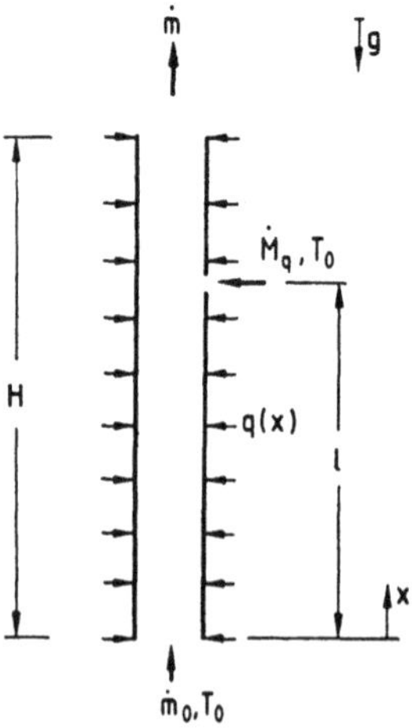

Bild 18
Zylindrischer Kamin mit Einzelloch

zylindrischen Kamins mit singulärem Loch in der sonst undurchlässigen Kaminwand (Bild 18). Dabei beschränken wir uns einerseits auf schlanke Kamine (Fluidreibung dominiert) und andererseits auf laminare Strömungsverhältnisse ($\delta = 1$), um nicht zu viele Fallunterscheidungen vornehmen zu müssen. Im Bereich $0 \leqslant x < \ell$ unterhalb des Lochs in der Kaminwand (Bild 18) gilt dann für die Konvektionsströmung mit dem Massenstrom $\dot{m}_0$:

$$\text{(Impuls):} \qquad 0 = -\frac{dp}{dx} - g\rho - K\dot{m}_0 \quad \text{mit} \quad K = K_{\delta=1} \tag{2.143}$$

$$\text{(Energie):} \qquad \dot{m}_0 c \frac{dT}{dx} = q(x) \tag{2.144}$$

Der Verlauf des statischen Drucks $p(x)$ im Kamin zwischen dem Kaminfuß $x = 0$ und dem Loch in der Kaminwand an der Stelle $x = \ell$ ergibt sich wie zuvor (Abschn. 2.3.1.1) durch Integration der Impulsgl. (2.143) zu

$$p(\ell) = p_0 - g\rho_0\ell + \frac{g\rho_0\beta_0}{\dot{m}_0 c}\int_0^\ell \int_0^x q(\xi)\, d\xi\, dx - K\dot{m}_0\ell \tag{2.145}$$

nachdem man zur Integration des Dichteglieds $g\rho$ die Dichte als Funktion vom Ort x eingesetzt hat, die für die hier betrachtete „Flüssigkeitsströmung" aus der Zustandsgleichung für kleine Aufheizspannen (2.28) unter Beachtung der lokalen Temperatur $T(x)$ gewonnen wird, wobei $T(x)$ wiederum durch Integration aus der Energiegl. (2.144) folgt. Durch das Loch wird aufgrund der in der Ebene $x = \ell$ herrschenden Druckdifferenz (s. Abschn. 2.3.1.3) $\Delta p(\ell) = p_{hyd}(\ell) - p(\ell) > 0$ Fluid aus der Umgebung in den Kamin einfließen. Die Größe des zufließenden Massenstroms $\dot{M}_q$ ist einerseits von dieser treibenden Druckdifferenz $\Delta p(\ell)$ und andererseits von der Geometrie des Lochs abhängig. Aufgrund der typisch kleinen Druckdifferenz wird die Strömung durch das Einzelloch, dessen Abmessung klein gegen den Durchmesser des Kamins sei, ebenfalls laminar ausfallen ($\Delta p \sim \dot{M}_q$), so daß das Einströmgesetz

$$\Delta p(\ell) = p_{hyd}(\ell) - p(\ell) = K_q\dot{M}_q > 0 \tag{2.146}$$

gilt. Der durch das Loch in der Kaminwand zufließende Massenstrom $\dot{M}_q$ wird dem im Kamin bereits vorhandenen Massenstrom $\dot{m}_0$ zugemischt. Im Kaminbereich $\ell < x \leqslant H$ liegt somit der gegenüber der Einströmung erhöhte Massenstrom

$$\dot{m} = \dot{m}_0 + \dot{M}_q \tag{2.147}$$

vor. Dabei ist zu beachten, daß beim Zumischen des Massenstroms $\dot{M}_q$ die Temperatur des im Kamin strömenden Fluids abgesenkt wird. Unter Vernachlässigung der Änderung der kinetischen Energien der Fluidströme[1]) erhalten wir die Mischungstemperatur T_M

[1]) Die kinetische Energie/Zeiteinheit einer freien Konvektionsströmung ist stets klein gegenüber dem zugehörigen Enthalpiestrom: $\dot{m}u^2/2 \ll \dot{m}cT$. Beim Mischen ohne Leistungs- und Wärmezufuhr bleibt deshalb die Enthalpie/Zeiteinheit konstant.

hinter der Zuströmung am Ort $x = \ell$ aus der Mischungsgleichung:

$$\dot{M}_q T_0 + \dot{m}_0 T(\ell) = \dot{m} T_M \tag{2.148}$$

Dabei ist T_0 die Temperatur des durch das Loch aus der Umgebung zufließenden Fluids und $T(\ell)$ die Temperatur des im Kamin strömenden Fluids unmittelbar vor der Zumischung, die sich aus (2.144) durch Integration längs des Kamins bis zum Ort des Lochs bei $x = \ell$ zu

$$T(\ell) = T_0 + \frac{1}{\dot{m}_0 c} \int_0^\ell q(x)\, dx \tag{2.149}$$

ergibt. Vernachlässigen wir die Impulsänderung infolge Zuströmung ($\dot{M}_q/\dot{m} \ll 1$) und beachten, daß im Kaminbereich $\ell < x \leq H$ der erhöhte Massenstrom $\dot{m}$ nach (2.147) vorliegt, ergibt sich für den statischen Druck p am Kaminaustritt $x = H$ analog (2.145)

$$p(H) = p(\ell) - g\rho_0(H-\ell) + g\rho_0\beta_0 \int_\ell^H \left[(T_M - T_0) + \frac{1}{\dot{m}c} \int_\ell^x q(\xi)\, d\xi \right] dx - K\dot{m}(H-\ell) \tag{2.150}$$

der, eingesetzt in die Abströmbedingung $p(H) = p_{hyd}(H) = p_0 - g\rho_0 H$ unter Verwendung von $p(\ell)$ nach (2.145), die Umlaufgleichung des Problems

$$F = 0 = g\rho_0\beta_0 \left[\frac{1}{\dot{m}_0 c} \int_0^\ell \int_0^x q(\xi)\, d\xi\, dx + \int_\ell^H \left[(T_M - T_0) + \frac{1}{\dot{m}c} \int_\ell^x q(\xi)\, d\xi \right] dx \right] - K[\dot{m}_0 \ell + \dot{m}(H-\ell)] \quad \text{mit} \quad \dot{m} = \dot{m}_0 + \dot{M}_q \tag{2.151}$$

liefert. Eliminieren wir schließlich noch den durch das Loch einfließenden Massenstrom $\dot{M}_q$, der sich aus der Einströmbedingung (2.146) und (2.145) zu

$$\dot{M}_q = \frac{K\ell}{K_q} \left[1 - \frac{g\rho_0\beta_0}{K\ell c \dot{m}_0^2} \int_0^\ell \int_0^x q(\xi)\, d\xi\, dx \right] \dot{m}_0 \tag{2.152}$$

ergibt, und setzen für die Mischungstemperatur entsprechend der Mischungsgl. (2.148)

$$T_M = T_0 + \frac{1}{\dot{m}c} \int_0^\ell q(x)\, dx \tag{2.153}$$

ein, erhalten wir die Darstellung (2.154) zur Berechnung des sich am Kaminfuß einstellenden Massenstroms $\dot{m}_0$:

$$F = 0 = \frac{g\rho_0\beta_0}{\dot{m}_0 c} \left[\int_0^\ell \int_0^x q(\xi)\, d\xi\, dx + \int_\ell^H \frac{\int_0^x q(\xi)\, d\xi}{1 + \frac{K\ell}{K_q}\left[1 - \frac{g\rho_0\beta_0}{K\ell c \dot{m}_0^2} \int_0^\ell \int_0^x q(\xi)\, d\xi\, dx \right]} dx \right] - K\dot{m}_0 \left[H + (H-\ell) \frac{K\ell}{K_q} \left[1 - \frac{g\rho_0\beta_0}{K\ell c \dot{m}_0^2} \int_0^\ell \int_0^x q(\xi)\, d\xi\, dx \right] \right] \tag{2.154}$$

In den Grenzfällen

$\frac{K\ell}{K_q} \to 0$: verschwindendes Loch

$\ell = H$: Loch am Kaminaustritt

$\ell = 0$: Loch am Kaminfuß

vereinfacht sich die Umlaufgleichung (2.154) auf

$$F = 0 = \frac{g\rho_0\beta_0}{\dot{m}_0 c} \int_0^H \int_0^x q(\xi)\, d\xi\, dx - K\dot{m}_0 H \tag{2.155}$$

und es gilt jeweils die Lösung für einen Kamin mit undurchlässiger Wand

$$\dot{m}_0 = \dot{m}_0^* = \left[\frac{g\rho_0\beta_0}{cKH} \int_0^H \int_0^x q(\xi)\, d\xi\, dx\right]^{1/2} = \left[\frac{g\rho_0\beta_0}{2c} \Gamma \frac{\dot{Q}}{K}\right]^{1/2} \tag{2.156}$$

wie der Vergleich mit (2.74) für den laminaren Fall ($\delta = 1$) zeigt. Damit konsistent ist die Aussage aus (2.152) für den Massenstrom $\dot{M}_q$. In allen drei Fällen fließt durch das Loch in der Kaminwand kein Fluid in den Kamin ein:

$$\dot{M}_q = 0 \tag{2.157}$$

Allgemein läßt sich der zu erwartende Massenstrom $\dot{m}_0$, normiert mit dem Massenstrom $\dot{m}_0^*$ in einem gleichartigen Kamin ohne Loch, in der Form

$$\frac{\dot{m}_0}{\dot{m}_0^*} = f\left(\bar{\ell} = \frac{\ell}{H}, \epsilon = \frac{KH}{K_q}\right) \tag{2.158}$$

schreiben. Im Sonderfall der homogenen Heizleistungsverteilung $q = q_0$ ergibt sich

$$(\dot{m}_0/\dot{m}_0^*)^2 = \frac{\bar{\ell}^2 + \dfrac{1-\bar{\ell}^2}{1+[1-\bar{\ell}^2(\dot{m}_0^*/\dot{m}_0)^2]\epsilon\bar{\ell}}}{1+(1-\bar{\ell})[1-\bar{\ell}^2(\dot{m}_0^*/\dot{m}_0)^2]\epsilon\bar{\ell}} \tag{2.159}$$

$$\dot{M}_q/\dot{m}_0^* = \epsilon\bar{\ell}(\dot{m}_0/\dot{m}_0^*)[1-\bar{\ell}(\dot{m}_0^*/\dot{m}_0)^2] \tag{2.160}$$

$$\dot{m}/\dot{m}_0^* = \{1+\epsilon\bar{\ell}[1-(\dot{m}_0^*/\dot{m}_0)^2\bar{\ell}]\}(\dot{m}_0/\dot{m}_0^*) \tag{2.161}$$

und für die am Kamin anliegende Temperaturerhöhung

$$\Delta T = T(H) - T_0 = \frac{q_0 H}{\dot{m} c} = \frac{\dot{Q}}{\dot{m} c} \tag{2.162}$$

normiert auf diejenige am Kamin mit gänzlich undurchlässiger Wand

$$\Delta T^* = \frac{\dot{Q}}{\dot{m}_0^* c} \tag{2.163}$$

gilt dann:

$$\Delta T/\Delta T^* = \dot{m}_0^*/\dot{m} \tag{2.164}$$

Um die Diskussion des Einflusses des Lochs in der Kaminwand auf die Kaminströmung wiederum möglichst einfach halten zu können, unterstellen wir nun eine nur schwache Zumischung. Dies ist der Fall für kleine Werte des Querstromparameters: $\epsilon = HK/K_q \ll 1$. Dann lassen sich die für homogene Beheizung allgemein gültigen Ergebnisse (2.159), (2.160), (2.161) bzw. (2.164) entwickeln, und man erhält in expliziter Form:

$$\dot{m}_0/\dot{m}_0^* = 1 - \frac{1}{2}(1-\bar{\ell}^2)(2-\bar{\ell}-\bar{\ell}^2)\epsilon\bar{\ell} \leqslant 1 \tag{2.165}$$

$$\dot{M}_q/\dot{m}_0^* = (1-\bar{\ell})\epsilon\bar{\ell} \geqslant 0 \tag{2.166}$$

$$\Delta T/\Delta T^* = 1-(1-\bar{\ell})\left[1-\frac{1+\bar{\ell}}{2}(2-\bar{\ell}-\bar{\ell}^2)\right]\epsilon\bar{\ell} \gtreqless 1 \tag{2.167}$$

Für eine fest gewählte Geometrie (Kamin der Höhe H mit Widerstandskoeffizient K und Loch in der Kaminwand mit Widerstandskoeffizient K_q) ist der am Fußpunkt zuströmende Massenstrom $\dot{m}_0$ und der durch das Loch einfließende Massenstrom $\dot{M}_q$, jeweils bezogen auf den Massenstrom $\dot{m}_0^*$ in einem hydraulisch entsprechenden Kamin gleicher Beheizung ohne Loch, jetzt nur noch abhängig vom Ort $0 \leqslant \bar{\ell} \leqslant 1$ des Lochs selbst. Aus (2.165), (2.166) entnehmen wir, daß der am Fußpunkt zuströmende Massenstrom für $0 < \bar{\ell} < 1$ relativ zum Kamin ohne Loch stets geschwächt wird ($\dot{m}_0/\dot{m}_0^* < 1$) und dabei Fluid entsprechend der treibenden Druckdifferenz $\Delta p(\bar{\ell}) > 0$ immer in den Kamin einströmt ($\dot{M}_q/\dot{m}_0^* > 0$). Im Grenzfall $\bar{\ell} = 0$ bzw. $\bar{\ell} = 1$ hat das Loch, wie bereits diskutiert, keinen Einfluß: $\dot{m}_0/\dot{m}_0^* = 1$, $\dot{M}_q/\dot{m}_0^* = 0$. Der Einfluß auf die Temperaturüberhöhung gegenüber der für den gleichen Kamin ohne Loch ist dagegen nicht sofort zu überschauen, denn Gl. (2.167) läßt erkennen, daß für Orte $0 < \bar{\ell} < 1$ des Lochs in der Kaminwand sowohl eine stärkere ($\Delta T/\Delta T^* > 1$) als auch eine schwächere Aufheizung ($\Delta T/\Delta T^* < 1$) möglich ist. Wenn dies der Fall ist, muß nicht nur in den bereits diskutierten Grenzfällen $\bar{\ell} = 0$ und $\bar{\ell} = 1$, sondern auch im Zwischenbereich $0 < \bar{\ell} < 1$ zumindest ein Ort $\bar{\ell}$ für das Loch existieren, für den trotz Zumischung kälteren Fluids die Temperaturerhöhung mit der des Kamins ohne Loch identisch wird. Wir finden diesen Ort durch die Forderung:

$$\Delta T/\Delta T^* \overset{!}{=} 1 \quad \text{für} \quad 0 < \bar{\ell} < 1 \tag{2.168}$$

Gleichberechtigt hiermit ist die Bedingung für das Verschwinden der eckigen Klammer in (2.167)

$$\left[1-\frac{1+\bar{\ell}}{2}(2-\bar{\ell}-\bar{\ell}^2)\right] = 0 \tag{2.169}$$

die schließlich wegen des Herausfallens der von $\bar{\ell}$ unabhängigen Terme auf die quadratische Bestimmungsgleichung

$$\bar{\ell}^2 + 2\bar{\ell} - 1 = 0 \tag{2.170}$$

mit den beiden Lösungen

$$\bar{\ell} = \hat{\ell} = -1 \overset{+}{(-)} \sqrt{2} \tag{2.171}$$

führt, wobei nur die Lösung mit dem positiven Wurzelanteil im Definitionsbereich $0 \leqslant \bar{\ell} \leqslant 1$ liegt und damit von Interesse ist. Die Ergebnisse (2.165), (2.166), (2.167) sind in den folgenden Bildern qualitativ dargestellt. Wir erkennen insbesondere aus der Abhängigkeit der Temperaturerhöhung vom Ort des Lochs in der Kaminwand (Bild 21), daß ein Loch im unteren Kaminbereich ($\bar{\ell} < \hat{\ell}$) eine Erhöhung und im oberen Kaminbereich ($\bar{\ell} > \hat{\ell}$) eine Erniedrigung der Temperatur am Kaminaustritt bewirkt. Aus Bild 20 entnehmen wir, daß die Zumischung des kälteren Fluids aus der Kaminumgebung maximal wird, wenn sich das Loch gerade in der Kaminmitte ($\bar{\ell} = 1/2$) befindet. Daß die Durchlässigkeit der Kaminwand im oberen Bereich sogar eine Temperaturerniedrigung gegenüber einem entsprechenden Kamin ohne Loch zur Folge hat, liegt offensichtlich daran, daß hier die Temperaturerhöhung aufgrund des verschlechterten Kaminzugs (Maximum liegt bei $\ell = 0{,}432$, Bild 19) durch die Temperaturerniedrigung infolge Zumischens kalter Luft überkompensiert wird.

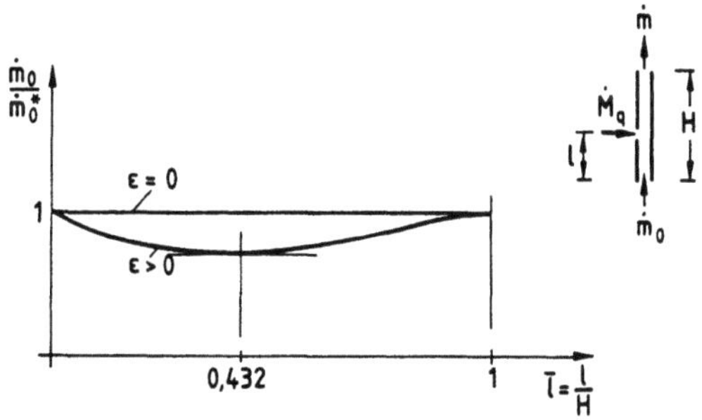

Bild 19
Massenstrom $\dot{m}_0$ am Kaminfuß bezogen auf den Massenstrom $\dot{m}_0^*$ des Kamins ohne Loch

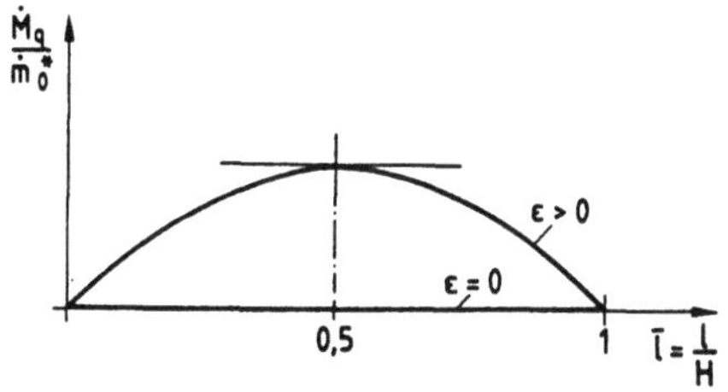

Bild 20
Massenstrom $\dot{M}_q$ durch das Loch in der Kaminwand bezogen auf den Massenstrom $\dot{m}_0^*$ des Kamins ohne Loch

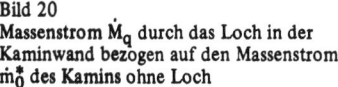

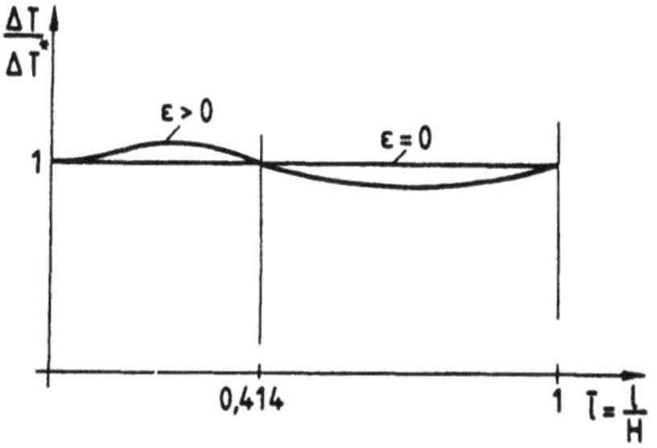

Bild 21
Temperaturerhöhung ΔT bezogen auf die Temperaturerhöhung ΔT^* des Kamins ohne Loch

2.3.1.5 Kamin mit poröser Wand. Wir wollen das Studium der geometrischen Einflüsse auf die sich frei einstellende Konvektionsströmung mit der Behandlung eines zylindrischen Kamins mit poröser Wand beenden. Hierzu betrachten wir einen in der Realität mit sehr vielen Einzellöchern versehenen Kamin (Bild 22) und denken uns diese Öffnungen homogen so über die Kaminwand verschmiert, daß sich diese global porös verhält. Da der seitliche Zufluß nun über die ganze Oberfläche des Kamins erfolgt, ist die Impulsänderung der Strömung infolge dieser Zuströmung selbst bei geringer Porosität, im Gegensatz zum Kamin mit kleinem Einzelloch, nicht zu vernachlässigen.

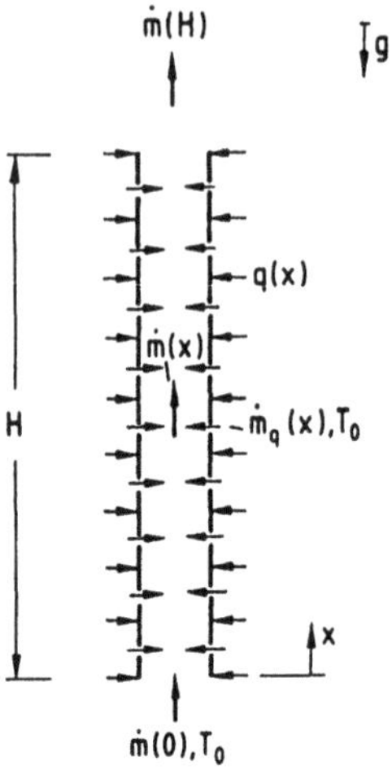

Bild 22 Zylindrischer Kamin mit poröser Wand

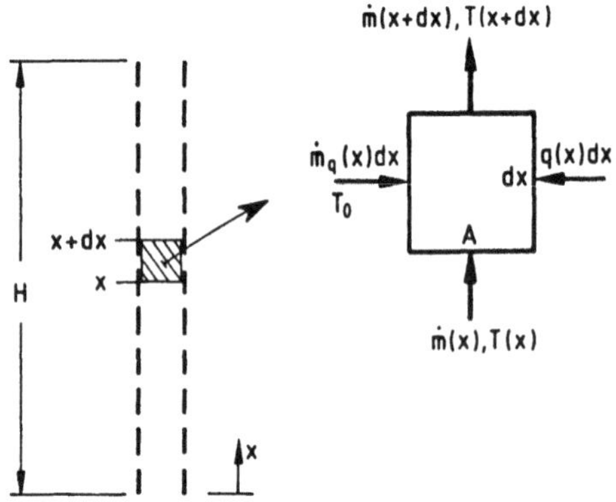

Bild 23 Volumenelement zur Herleitung der modifizierten Kontinuitäts- und Energiegleichung für einen Kamin mit poröser Wand

Somit ist wiederum, wie beim Kamin mit variablem Querschnitt, wenn auch aus einem anderen Sachverhalt heraus, der konvektive Beschleunigungsterm in der Impulsgleichung von Bedeutung, und es gilt

$$\text{(Impuls):} \qquad \rho u \frac{du}{dx} = -\frac{dp}{dx} - g\rho - K\dot{m}(x) \tag{2.172}$$

wenn wir uns außerdem einfachheitshalber wie im vorherigen Beispiel auf laminare Strömungsverhältnisse ($\delta = 1$: $K = K_{\delta=1}$) beschränken. Der Massenstrom $\dot{m}$ ändert sich kontinuierlich im gesamten Kaminbereich $0 \leqslant x \leqslant H$ und kann deshalb jetzt nicht mehr, wie im Fall des Kamins mit Einzelloch, stückweise durch jeweils einen Sprung entsprechend dem singulären Zufluß zwischen zwei Kaminteilen mit undurchlässigem Wandmaterial berücksichtigt werden. Gleiches gilt für die Temperatur des Fluids im Kamin. Anstelle von separaten Mischungsgleichungen muß jetzt eine kontinuierliche Beschreibung des Mischungsvorgangs längs des gesamten Kamins treten. Diese verallgemeinerte Beschreibung leiten wir an einem nach Bild 23 beliebig aus dem Kaminvolumen herausgeschnittenen Element $dV = A\,dx$ ab.

Die Massenbilanz

$$\dot{m}(x + dx) = \dot{m}(x) + \dot{m}_q(x)\, dx \tag{2.173}$$

liefert den differentiellen Zusammenhang

$$\frac{\dot{m}(x + dx) - \dot{m}(x)}{dx} = \frac{d\dot{m}}{dx} = \dot{m}_q(x) \tag{2.174}$$

zwischen dem Massenstrom im Kamin $\dot{m}(x) = \rho(x)u(x)A$ und dem seitlich zuströmenden Massenstrom/Länge $\dot{m}_q(x)$, und aus der Energiebilanz

$$c\dot{m}(x + dx)T(x + dx) = c\dot{m}(x)T(x) + c\dot{m}_q(x)\, dx\, T_0 + q(x)\, dx \tag{2.175}$$

aufgestellt unter den in Abschn. 2.3.1.4 genannten Vernachlässigungen, jetzt aber mit Wärmezufuhr, folgt:

$$c\,\frac{\dot{m}(x + dx)T(x + dx) - \dot{m}(x)T(x)}{dx} = c\,\frac{d(\dot{m}T)}{dx} = cT_0\dot{m}_q(x) + q(x) \tag{2.176}$$

Neben den so modifizierten Erhaltungsgleichungen

(Impuls): $$\rho u\,\frac{du}{dx} = -\frac{dp}{dx} - g\rho - K\dot{m}(x) \tag{2.177}$$

(Masse): $$\frac{d\dot{m}}{dx} = \dot{m}_q(x), \qquad \dot{m}(x) = \rho(x)u(x)A \tag{2.178}$$

(Energie): $$c\,\frac{d(\dot{m}T)}{dx} = cT_0\dot{m}_q(x) + q(x) \tag{2.179}$$

und der Zustandsgleichung des Fluids

$$\rho = \rho_0[1 - \beta_0(T - T_0)] \tag{2.180}$$

für kleine Aufheizspannen zur Behandlung der vorausgesetzten „Flüssigkeitsströmung" ist, wie im vorherigen Beispiel des Kamins mit Einzelloch, noch eine Einströmbedingung zu erfüllen, jetzt jedoch kontinuierlich längs der insgesamt porösen Kaminwand.
Diese lautet

$$\Delta p(x) = p_{hyd}(x) - p(x) = k_q\dot{m}_q(x) \tag{2.181}$$

und beschreibt den Zusammenhang zwischen der an der Kaminwand an einer beliebigen Stelle x anliegenden Druckdifferenz $\Delta p(x) > 0$ mit dem infolge dieser Differenz seitlich einströmenden Massenstrom/Länge $\dot{m}_q$, wobei k_q das hydraulische Widerstandsverhalten der porösen Wand repräsentiert. Speziell am Kaminaustritt x = H muß (2.181) mit der Abströmbedingung eines Kamins mit undurchlässiger Wand verträglich sein:

$$\Delta p(H) = p_{hyd}(H) - p(H) = 0 \;\rightarrow\; \dot{m}_q(H) = 0 \tag{2.182}$$

Dort verschwindet der seitliche Zufluß ebenso wie am Kaminfuß x = 0, wenn wir den für hinreichend schlanke Kamine vernachlässigbaren Einströmeffekt weglassen:

$$\Delta p(0) = p_{hyd}(0) - p_0 = 0 \rightarrow \dot{m}_q(0) = 0 \tag{2.183}$$

Um die Umlaufgleichung des Problems zu erhalten, integrieren wir zunächst bereits standardmäßig die Energiegl. (2.179) bei Beachtung von (2.178)

$$T(x) = T_0 + \frac{1}{c\dot{m}(x)} \int_0^x q(\xi)\, d\xi \tag{2.184}$$

und setzen das so erhaltene Teilergebnis in die Zustandsgl. (2.180) ein:

$$\rho(x) = \rho_0 \left[1 - \frac{\beta_0}{c\dot{m}(x)} \int_0^x q(\xi)\, d\xi \right] \tag{2.185}$$

Bis auf den veränderlichen Massenstrom infolge der zusätzlichen Querströmung durch die poröse Kaminwand, für den durch Integration von (2.178) auch

$$\dot{m}(x) = \dot{m}(0) + \int_0^x \dot{m}_q(\xi)\, d\xi \tag{2.186}$$

geschrieben werden kann, entsprechen die Gleichungen (2.184), (2.185) für die Temperatur T(x) und die Dichte $\rho(x)$ denen für Kamine mit undurchlässiger Wand. Der Einfluß der porösen Wand wird deutlicher, wenn wir den statischen Druck im Kamin anschreiben, der sich nach dem Einsetzen der lokalen Dichte $\rho(x)$ in die Impulsgl. (2.177) und deren Integration längs des Kamins ergibt:

$$\begin{aligned} p(x) = p_0 - g\rho_0 x - \frac{1}{A} \left\{ \dot{m}u - \dot{m}(0)u(0) - \int_0^x \dot{m}_q u\, d\xi \right\} \\ + \frac{g\rho_0\beta_0}{c} \int_0^x \frac{1}{\dot{m}(\eta)} \int_0^\eta q(\xi)\, d\xi\, d\eta - K \int_0^x \dot{m}(\xi)\, d\xi \end{aligned} \tag{2.187}$$

Neu ist, daß einerseits der jetzt variable Massenstrom $\dot{m}(x)$ nicht mehr vor das Auftriebs- bzw. Reibungsintegral gezogen werden kann und andererseits wegen der Impulsänderung infolge Zuströmung der Term mit der geschweiften Klammer erscheint, der sich ähnlich wie in Abschn. 2.3.1.2 durch partielle Integration der linken Seite der Impulsgleichung berechnet. Dabei ist aber zu beachten, daß hier, im Gegensatz zum Kamin mit veränderlichem Querschnitt, die Geschwindigkeit u und der Massenstrom $\dot{m}$ die sich örtlich verändernden Größen sind, während der Kaminquerschnitt A invariant bleibt. Es gilt deshalb anstelle (2.107) bzw. (2.108)

$$\rho u \frac{du}{dx} = \frac{1}{A} \dot{m}(x) \frac{du}{dx} \rightarrow \int_0^x \rho u u' d\xi = \frac{1}{A} \left\{ \dot{m}u \Big|_0^x - \int_0^x u\dot{m}_q\, d\xi \right\} \tag{2.188}$$

und für die betrachtete Flüssigkeitsströmung geringer Aufheizung kann mit

$$u = \frac{1}{A}\frac{\dot{m}}{\rho_0} \quad \text{bzw.} \quad u(0) = \frac{1}{A}\frac{\dot{m}(0)}{\rho_0} \tag{2.189}$$

wegen $\rho \approx \rho_0$ vereinfachend

$$\int_0^x \rho u u' d\xi = \frac{1}{\rho_0 A^2}\left\{\dot{m}^2(x) - \dot{m}^2(0) - \int_0^x \dot{m}\,\dot{m}_q\, d\xi\right\} \tag{2.190}$$

gesetzt werden. Nach diesen Vorarbeiten erhalten wir schließlich die Umlaufgleichung des Problems wiederum durch Erfüllen der Abströmbedingung (2.182) am Kaminaustritt $x = H$. Mit (2.187) bei Beachtung von (2.190) gilt:

$$\begin{aligned} F = 0 = {} & \frac{g\rho_0\beta_0}{c}\int_0^H \frac{1}{\dot{m}(x)}\int_0^x q(\xi)\, d\xi\, dx - K\int_0^H \dot{m}(x)\, dx \\ & - \frac{1}{\rho_0 A^2}\left\{\dot{m}^2(H) - \dot{m}^2(0) - \int_0^H \dot{m}(x)\dot{m}'(x)\, dx\right\} \end{aligned} \tag{2.191}$$

mit $\quad \dot{m}_q(x) = \dfrac{d\dot{m}}{dx} = \dot{m}'$

Da aber jetzt, im Gegensatz zu den früheren Beispielen, der Massenstrom eine Ortsfunktion und keine Konstante mehr ist, reicht (2.191) zur Bestimmung dieser Funktion $\dot{m}(x)$ nicht aus. Die zusätzlich erforderliche Information liefert die Einströmbedingung (2.181):

$$\begin{aligned} 0 = {} & \frac{g\rho_0\beta_0}{c}\int_0^x \frac{1}{\dot{m}(\eta)}\int_0^\eta q(\xi)\, d\xi\, d\eta - K\int_0^x \dot{m}(\xi)\, d\xi \\ & - \frac{1}{\rho_0 A^2}\left\{\dot{m}^2(x) - \dot{m}^2(0) - \int_0^x \dot{m}(\xi)\dot{m}'\, d\xi\right\} + k_q \dot{m}'(x) \end{aligned} \tag{2.192}$$

Zusammen mit der Umlaufgleichung, die sich auch aus (2.192) durch Einsetzen der festen oberen Begrenzung $x = H$ des Kamins bei Beachtung des dort verschwindenen Quermassenstroms/Länge $\dot{m}_q(H) = \dot{m}'(H) = 0$ ergibt und sich damit als Randbedingung des Problems erweist, liegen zwei Integralgleichungen für die Bestimmung der gesuchten Ortsfunktion $\dot{m}(x)$ zur Beschreibung des sich stetig im Kamin verändernden Massenstroms vor. Wir lösen dieses mathematisch anspruchsvolle Problem durch reguläre Entwicklung des gesuchten Massenstroms $\dot{m}(x)$ und betrachten zu diesem Zweck die Querströmung infolge der porösen Kaminwand als Störung des Massenstroms $\dot{m}_0^* = \text{const}$, der sich bei undurchlässiger Wand ($k_q \to \infty$) einstellen würde. Um dies übersichtlich konkretisieren zu können, werden für die folgenden Betrachtungen zunächst dimensionsfreie Größen eingeführt:

$$\bar{x} = \frac{x}{H}, \qquad \bar{m} = \frac{\dot{m}}{\dot{m}_0^*}, \qquad \bar{q} = \frac{q}{q_0} \tag{2.193}$$

Als Bezugsgrößen dienen hierbei die Kaminhöhe H, der Massenstrom $\dot{m}_0^*$ im Kamin mit undurchlässiger Wand und die Heizleistungsverteilung $q_0 = \dot{Q}/H$ bei homogener Beheizung mit der Gesamtwärmeleistung $\dot{Q}$. Umgeschrieben auf die so definierten dimensionsfreien Größen nehmen die beiden Integralgleichungen (2.191), (2.192) die folgende Form an:

$$F = 0 = -\epsilon_3 \int_0^1 \frac{1}{\bar{m}} \int_0^{\bar{x}} \bar{q}\, d\bar{\xi}\, d\bar{x} + \int_0^1 \bar{m}\, d\bar{x} + \epsilon_2 \left\{ \bar{m}^2(1) - \bar{m}^2(0) - \int_0^1 \bar{m}\,\bar{m}'\, d\bar{x} \right\} \tag{2.194}$$

$$0 = -\bar{m}' + \epsilon_1 \left[-\epsilon_3 \int_0^{\bar{x}} \frac{1}{\bar{m}} \int_0^{\bar{\eta}} \bar{q}\, d\bar{\xi}\, d\bar{\eta} + \int_0^{\bar{x}} \bar{m}\, d\bar{\xi} + \epsilon_2 \left\{ \bar{m}^2 - \bar{m}^2(0) - \int_0^{\bar{x}} \bar{m}\,\bar{m}'\, d\bar{\xi} \right\} \right] \tag{2.195}$$

Dabei treten drei dimensionsfreie Kenngrößen

$$\epsilon_1 = \frac{KH^2}{k_q}, \qquad \epsilon_2 = \frac{\dot{m}_0^*}{\rho_0 A^2 HK}, \qquad \epsilon_3 = \frac{g\rho_0\beta_0\dot{Q}}{cK\dot{m}_0^{*2}} = \frac{2}{\Gamma} \tag{2.196}$$

in Erscheinung, von denen im folgenden der den Querstrom charakterisierende Parameter ϵ_1 besondere Bedeutung besitzt.

Wie angekündigt, wollen wir mit Hilfe einer Störungsrechnung den Einfluß einer schwachen Querströmung auf die Strömung im Kamin ermitteln. Die Querströmung bleibt schwach, wenn der Querstromwiderstand groß gegenüber dem Längsstromwiderstand des Kamins gewählt wird. Dies ist der Fall für Werte des Querstromparameters $\epsilon_1 = KH^2/k_q \ll 1$. Wir entwickeln deshalb den Massenstrom im Kamin nach Taylor für kleine ϵ_1-Werte

$$\bar{m}(\bar{x};\epsilon_1) = \bar{m}(\bar{x};0) + \frac{\partial \bar{m}(\bar{x},0)}{\partial \epsilon_1}\epsilon_1 + \ldots \tag{2.197}$$

verwenden dabei einfachheitshalber die Abkürzungen

$$\bar{m}(\bar{x};0) = \bar{m}_0(\bar{x}), \qquad \frac{\partial \bar{m}(\bar{x},0)}{\partial \epsilon_1} = m_1(\bar{x}) \tag{2.198}$$

und setzen die Entwicklung in der Form

$$\bar{m}(\bar{x};\epsilon_1) = \bar{m}_0(\bar{x}) + \epsilon_1 \bar{m}_1(\bar{x}) + \ldots \tag{2.199}$$

in die dimensionsfreien Integralgleichungen (2.194), (2.195) ein und erhalten damit auch diese als Entwicklungen nach kleinen Werten des Querstromparameters $\epsilon_1 \ll 1$:

$$\begin{aligned} F = 0 = &\left[-\epsilon_3 \int_0^1 \frac{1}{\bar{m}_0} \int_0^{\bar{x}} \bar{q}\, d\bar{\xi}\, d\bar{x} + \int_0^1 \bar{m}_0\, d\bar{x} + \epsilon_2 \left\{ \bar{m}_0^2(1) - \bar{m}_0^2(0) - \int_0^1 \bar{m}_0 \bar{m}_0'\, d\bar{x} \right\} \right] \\ &+ \epsilon_1 \left[\epsilon_3 \int_0^1 \frac{\bar{m}_1}{\bar{m}_0^2} \int_0^{\bar{x}} \bar{q}\, d\bar{\xi}\, d\bar{x} + \int_0^1 \bar{m}_1\, d\bar{x} + \epsilon_2 \left\{ 2\bar{m}_0(1)\bar{m}_1(1) - 2\bar{m}_0(0)\bar{m}_1(0) - \right.\right. \\ &\left.\left. - \int_0^1 (\bar{m}_0\bar{m}_1' + \bar{m}_1\bar{m}_0')\, d\bar{x} \right\} \right] + \ldots \end{aligned} \tag{2.200}$$

$$0 = [-\bar{m}_0'] + \epsilon_1 \left[-\bar{m}_1' - \epsilon_3 \int_0^{\bar{x}} \frac{1}{\bar{m}_0} \int_0^{\bar{\eta}} \bar{q}\, d\bar{\xi}\, d\bar{\eta} + \int_0^{\bar{x}} \bar{m}_0\, d\bar{x} + \ldots \right] + \ldots \tag{2.201}$$

Da diese Entwicklungen zwar nur für kleine, aber sonst beliebige Parameterwerte $\epsilon_1 = \epsilon$ gelten, müssen die Koeffizientenfunktionen (eckige Klammern) unabhängig voneinander verschwinden. In gröbster Näherung (ϵ^0: Glieder) folgt so mit $\bar{m}_0' = 0$ aus (2.201) sofort $\bar{m}_0 = C_0 = \text{const}$ und durch Einsetzen in (2.200) dann:

$$0 = -\epsilon_3 \frac{1}{\bar{m}_0} \int_0^1 \int_0^{\bar{x}} \bar{q}\, d\bar{\xi}\, d\bar{x} + \bar{m}_0 \tag{2.202}$$

oder
$$\bar{m}_0^2 = \epsilon_3 \int_0^1 \int_0^{\bar{x}} \bar{q}\, d\bar{\xi}\, d\bar{x} = \bar{m}_0^{*2} = C_0^2 = 1 \tag{2.203}$$

Die aus der Einströmbedingung abgeleitete Integralgl. (2.201) liefert in 0. Näherung einen konstanten Massenstrom $\bar{m}_0 = C_0$ im Kamin, und aus der Randbedingung des Problems, dargestellt durch die Umlaufgl. (2.200), folgt schließlich nach (2.193) $C_0 = 1$, denn der in dieser Näherung berechnete Massenstrom ist gerade derjenige im Kamin mit undurchlässiger Wand: $\epsilon_1 = 0 \rightarrow \bar{m} = \bar{m}_0 = \bar{m}_0^* = 1$. Durch Rücktransformation auf die dimensionsbehafteten Größen und Vergleich mit (2.74) für $\delta = 1$ (laminare Strömung) läßt sich dies übrigens leicht bestätigen. Die gesuchte Störung oder Abänderung dieses Massenstroms $\bar{m}_0 = 1$ infolge der Porosität der Kanalwände wird dann offensichtlich durch das nächste Glied der Entwicklung beschrieben. Mit $\bar{m}_0 = 1$ erhalten wir für die 1. Näherung (ϵ^1: Glieder) aus (2.201) den einfachen Zusammenhang

$$\bar{m}_1' = -\epsilon_3 \int_0^{\bar{x}} \int_0^{\bar{\eta}} \bar{q}\, d\bar{\xi}\, d\bar{\eta} + \bar{x} \tag{2.204}$$

mit bekannter rechter Seite, der integriert sofort auf den Störmassenstrom

$$\bar{m}_1 = \frac{\bar{x}^2}{2} - \epsilon_3 \int_0^{\bar{x}} \int_0^{\bar{\eta}} \int_0^{\bar{\xi}} \bar{q}\, d\bar{\chi}\, d\bar{\xi}\, d\bar{\eta} + C_1 \tag{2.205}$$

führt. Offen ist lediglich noch die Integrationskonstante C_1. Diese ergibt sich aus dem ϵ^1-Koeffizienten der Umlaufgleichung (2.200), die auch Randbedingung ist. Wegen $\bar{m}_0 = 1$ vereinfacht sich auch dieser Zusammenhang ganz wesentlich. Es ergibt sich

$$\epsilon_3 \int_0^1 \bar{m}_1 \int_0^{\bar{x}} \bar{q}\, d\bar{\xi}\, d\bar{x} + \int_0^1 \bar{m}_1\, d\bar{x} + \epsilon_2 \{\bar{m}_1(1) - \bar{m}_1(0)\} = 0 \tag{2.206}$$

und durch Einsetzen von (2.205) wird (2.206) explizit zur Bestimmungsgleichung für C_1. Beschränken wir uns hier einfachheitshalber auf sehr schlanke Kamine mit großem Längsstromwiderstand ($\epsilon_2 \ll 1$), die zudem homogen beheizt werden ($\bar{q} = \bar{q}_0 = 1 \rightarrow \Gamma = 1 \rightarrow \epsilon_3 = 2$), reduziert sich (2.206) auf

$$2 \int_0^1 \bar{m}_1 \bar{x}\, d\bar{x} + \int_0^1 \bar{m}_1\, d\bar{x} = 0 \quad \text{mit} \quad \bar{m}_1 = \frac{\bar{x}^2}{2} - \frac{\bar{x}^3}{3} + C_1 \tag{2.207}$$

und nach Durchführung der bestimmten Integration liegt dann eine algebraische Gleichung für C_1 vor, die schließlich den Zahlenwert

$$C_1 = -\frac{1}{15} \tag{2.208}$$

liefert.

Unter den genannten vereinfachenden Voraussetzungen erhält man als Ergebnis den im Kamin mit poröser Wand fließenden Massenstrom $\dot{m}$ in Normierung auf den Massenstrom $\dot{m}_0^*$ in einem thermisch und hydraulisch gleichartigen Kamin mit undurchlässiger Wand:

$$\frac{\dot{m}}{\dot{m}_0^*} = \bar{m} = 1 + \epsilon_1 \left[-\frac{\bar{x}^3}{3} + \frac{\bar{x}^2}{2} - \frac{1}{15} \right] \tag{2.209}$$

Der durch die poröse Wand in den Kamin einfließende Massenstrom/Länge folgt aus diesem Ergebnis einerseits durch einmaliges Differenzieren

$$\dot{m}_q = \frac{d\dot{m}}{dx} = \frac{\dot{m}_0^*}{H} \frac{d\bar{m}}{d\bar{x}} \tag{2.210}$$

so daß man auf die dimensionsfreie Darstellung

$$\frac{\dot{m}_q H}{\dot{m}_0^*} = \epsilon_1 (\bar{x} - \bar{x}^2) \tag{2.211}$$

geführt wird, und andererseits ergibt sich die lokale Temperaturerhöhung längs des Kamins, bezogen auf diejenige bei undurchlässiger Wand, als Kehrwert von (2.209):

$$\frac{T(x) - T_0}{(T(x) - T_0)^*} = \frac{1}{\bar{m}} = \frac{1}{1 + \epsilon_1 \left[-\frac{\bar{x}^3}{3} + \frac{\bar{x}^2}{2} - \frac{1}{15} \right]} \tag{2.212}$$

In den folgenden Bildern sind die gewonnenen Ergebnisse qualitativ aufgetragen. Wir erkennen, daß durch den die poröse Wand durchdringenden Querstrom ($\epsilon_1 > 0$), der

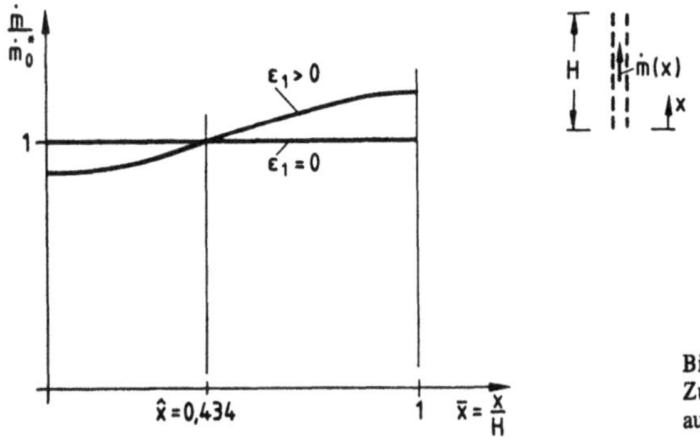

Bild 24
Zum Einfluß einer porösen Wand auf den Massenstrom im Kamin

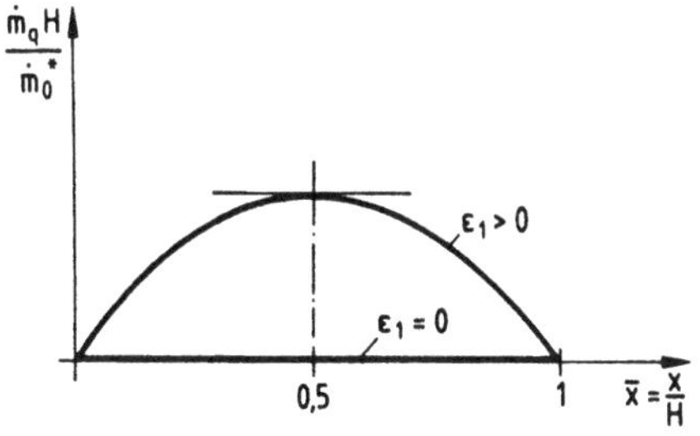

Bild 25
Verteilung des durch die poröse Kaminwand einfließenden Quermassenstroms

sein Maximum in der Kaminmitte (Bild 25) erreicht, der Massenstrom im Kamin zwar im unteren Bereich ($\bar{x} < \hat{x}$) absackt, doch dafür im oberen Bereich ($\bar{x} > \hat{x}$) sogar Werte erreicht (Bild 24), die oberhalb von denen für einen Kamin mit undurchlässiger Wand ($\epsilon_1 = 0$) liegen. Damit erniedrigt sich (Bild 26) zumindest bei geringer Porosität die am Kamin anliegende Temperaturerhöhung $\Delta T = T(H) - T_0$. Die Verhältnisse sind damit ähnlich wie am Kamin mit Einzelloch, wenn das Loch im oberen Bereich des Kamins ($\hat{\ell} < \bar{\ell} < 1$: Abschn. 2.3.1.4, Bild 21) angebracht ist.

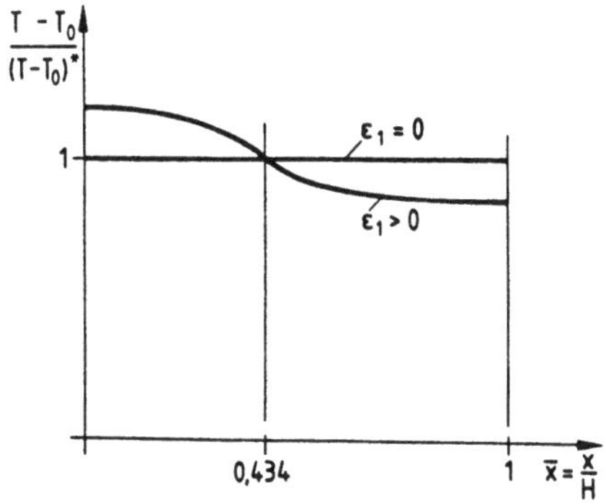

Bild 26
Zum Einfluß einer porösen Wand auf die Temperaturerhöhung längs des Kamins

2.3.2 Gasströmung im Einzelkamin

Wie bereits ausführlich (Abschn. 2.1 und Einführung 1) dargelegt, verhält sich bei freien Konvektionsströmungen auch ein Gas inkompressibel, denn selbst bei hohen Aufheizspannen bleiben die zugehörigen Mach-Zahlen hinreichend klein. Die Dichteänderungen infolge Druckänderungen sind so unwesentlich, daß bezüglich der Dichte isobares Verhalten vorliegt. Es gilt somit die vereinfachte thermische Zustandsgleichung

$$\rho = \rho_0 T_0 \frac{1}{T} \tag{2.213}$$

wenn wir ideales Gasverhalten voraussetzen. Die zu berücksichtigenden Dichteänderungen sind also allein thermischer Natur, wenn diese, wie in Abschn. 2.1 vorausgesetzt, lediglich durch Heizen des Fluids erzeugt werden. Wegen der Isobarität des Problems beinhaltet (2.213) zwangsläufig auch das Dichteverhalten einer Flüssigkeit, denn für kleine Aufheizspannen verhalten sich Gase und Flüssigkeiten qualitativ gleichartig. Wir zeigen dies nochmals durch Entwickeln der Dichte (2.213) um die Referenz- oder Starttemperatur T_0:

$$\rho(T) = \rho(T_0) + \frac{d\rho(T_0)}{dT}(T - T_0) + \ldots \tag{2.214}$$

mit $\rho(T_0) = \rho_0, \quad \frac{d\rho(T_0)}{dT} = -\frac{\rho_0}{T_0} = -\rho_0\beta_0$

$$\rho(T) = \rho_0[1 - \beta_0(T - T_0) + \ldots] \tag{2.215}$$

Das proportionale Dichteverhalten einer Flüssigkeit ($\rho \sim T$, Bild 27) entspricht gerade der Tangente im Punkt (ρ_0, T_0) an die Zustandskurve (2.213) eines idealen Gases mit reziprokem Dichteverhalten ($\rho \sim 1/T$, Bild 28). Diese Interpretation läßt uns auch anschaulich verstehen, daß für kleine Aufheizspannen mit $\beta_0(T - T_0) \ll 1$ in der Tat, selbst im Fall eines Gases, mit der Zustandsgleichung für eine Flüssigkeit (2.215) operiert werden darf. Allein bezüglich des Volumenausdehnungskoeffizienten besteht ein Unterschied. Während für ein Gas $\beta_0 = 1/T_0$ gilt, trifft dies bei einer Flüssigkeit nicht zu.

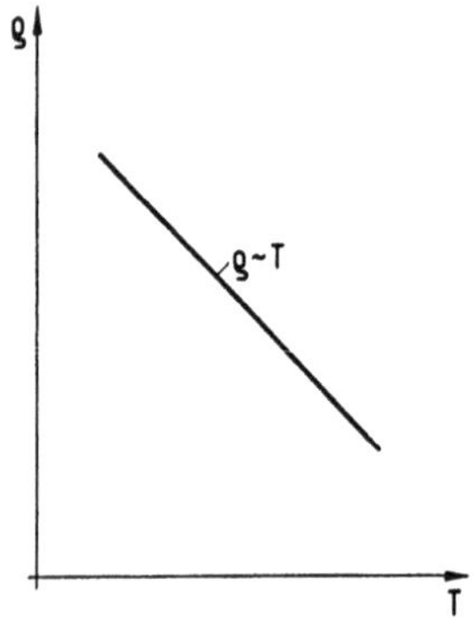

Bild 27 Dichteverhalten einer Flüssigkeit

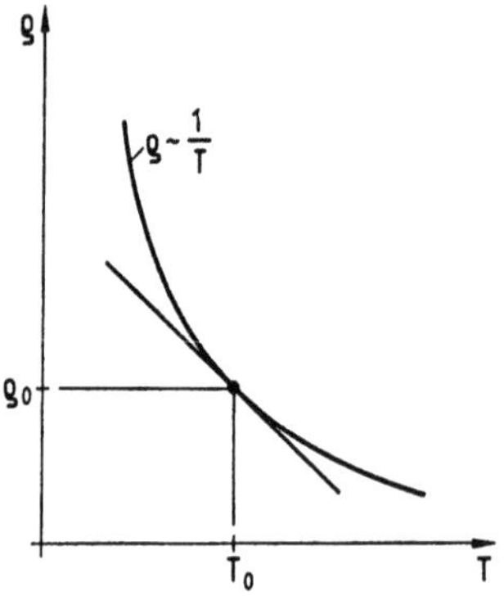

Bild 28 Dichteverhalten eines Gases

Weitere temperaturabhängige Stoffgrößen, die bei der Berechnung der Konvektionsströmung eine Rolle spielen, sind die spezifische Wärmekapazität c und die kinematische Zähigkeit ν. Die Temperaturabhängigkeit der Wärmekapazität von sowohl Flüssigkeiten als auch Gasen ist im Vergleich zu Dichte und Zähigkeit so schwach ausgeprägt, daß wir die Wärmekapazität auch weiterhin als Konstante behandeln können. Ganz unterschiedlich ist dagegen das Verhalten der kinematischen Zähigkeit. Während bei Flüssigkeiten die kinematische Zähigkeit bekanntlich mit anwachsender Temperatur absinkt, steigt sie bei Gasen an. Bei der Rechnung mit einem konstanten Wert für die kinematische Zähigkeit wird somit die Kühlwirkung von Flüssigkeiten (Referenzwert ν_0 am Kamineintritt ist Größtwert) unter- und die von Gasen (Referenzwert ν_0 am Kamineintritt ist Kleinstwert) überschätzt. Die bisherigen Rechnungen, die nur für Flüssigkeiten auf der sicheren Seite liegen, führen also bei gasförmigen Medien zu einer

Fehlbeurteilung, die allerdings erst bei sehr großen Aufheizspannen und insbesondere bei laminaren Strömungen gravierend wird.

Für solch hohe Aufheizspannen gibt uns die Sutherlandsche Formel[1]) zunächst die Temperaturabhängigkeit der dynamischen Zähigkeit an, die sich proportional zur Quadratwurzel aus der absoluten Temperatur T verhält

$$\eta = C \cdot \sqrt{T} \tag{2.216}$$

und mit der Dichte nach (2.213) erhalten wir die kinematische Zähigkeit als Quotient zwischen der dynamischen Zähigkeit η und der Dichte ρ

$$\nu = \frac{\eta}{\rho} = \frac{C\sqrt{T}}{\rho_0 T_0} T = C^* \cdot T^{3/2} \tag{2.217}$$

die progressiv mit der Temperatur ansteigt. Durch das nun restlos bekannte thermische Stoffverhalten $\rho(T) \sim T^{-1}$, $\nu(T) \sim T^{3/2}$ bedingt, kommt es bei Gasen und großen Aufheizspannen zu einem gänzlich anderen Konvektionsverhalten als bei Flüssigkeiten. Während bei Flüssigkeiten der Massenstrom $\dot{m}$ in schlanken Kaminen nach Gl. (2.74) monoton mit der Heizleistung $\dot{Q}$ zunimmt, wächst der sich einstellende Massenstrom eines Gases nur bis zum Erreichen einer kritischen Heizleistung $\dot{Q}_{krit}$ an, denn der Reibungswiderstand nimmt mit steigendem Temperaturniveau stark zu, während der Auftriebszuwachs entsprechend dem Dichteverhalten immer schwächer wird. Für Heizleistungen $\dot{Q} > \dot{Q}_{krit}$ sinkt der Massenstrom wieder ab, die Temperatur steigt dann um so schneller an, und es kommt schließlich zum gefürchteten Abschmelzen des Kaminmaterials. Um diesen wichtigen Sachverhalt auch quantitativ formulieren zu können, schreiben wir zunächst die Widerstandsgesetze für laminare und turbulente Strömung entsprechend Abschn. 2.2 auf (Kreisrohrgeometrie, $H/D \gg 1$). Bei Berücksichtigung der Temperaturabhängigkeit der Stoffwerte ρ, ν nach (2.213), (2.217) gilt anstelle (2.65), (2.66) jetzt:

$$K_{\delta=1}(T) = \frac{128}{\pi} \frac{1}{D^4} \nu(T) = C_1 \cdot T^{3/2} \tag{2.218}$$

$$K_{\delta=2}(T) = \frac{8}{\pi^2} \frac{\lambda_t}{D^5} \frac{1}{\rho(T)} = C_2 \cdot T \tag{2.219}$$

Damit kennen wir das charakteristische Widerstandsverhalten eines Gases in Abhängigkeit von der Temperatur und der Strömungsform (Bild 29), wobei im turbulenten Fall ($\delta = 2$) strenggenommen wieder eine Rauhigkeitsströmung (λ_t = const: s. Diskussion in Abschn. 2.2) unterstellt wurde.

Die Konstanten C_1, C_2 ergeben sich aus dem Referenz- oder Startzustand am Kaminfuß, denn für $T = T_0$ müssen die thermisch verallgemeinerten Reibungskoeffizienten (2.218), (2.213) mit denen für konstant bleibende Stoffwerte ρ_0, ν_0 identisch sein.

---

[1]) Unter der Voraussetzung von nicht zu niedrigen Temperaturen ist die Sutherlandsche Formel mit dem $\sqrt{T}$-Gesetz identisch, das die kinetische Gastheorie für starre, kugelförmige Moleküle liefert.

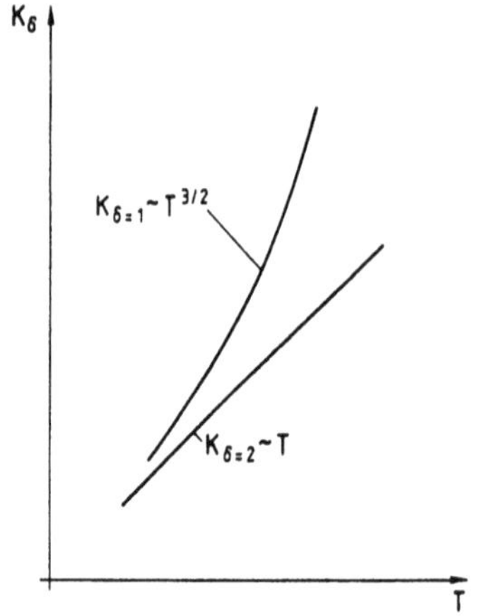

Bild 29
Reibungsverhalten eines Gases in Abhängigkeit von Temperatur und Strömungsform, $\delta = 1$: laminar, $\delta = 2$: turbulent

Es gilt

$$C_1 = \frac{128}{\pi} \frac{1}{D^4} \frac{\nu_0}{T_0^{3/2}} = \frac{K_{0,\delta=1}}{T_0^{3/2}} \tag{2.220}$$

$$C_2 = \frac{8}{\pi^2} \frac{\lambda_t}{D^5} \frac{1}{\rho_0 T_0} = \frac{K_{0,\delta=2}}{T_0} \tag{2.221}$$

mit $K_{0,\delta=1}$, $K_{0,\delta=2}$ nach (2.65), (2.66), und schließlich kann wiederum sowohl für die laminare ($\delta = 1$) als auch turbulente ($\delta = 2$) Strömung der Reibungskoeffizient gemeinsam in der Form

$$K_\delta(T) = K_{0,\delta} \left(\frac{T}{T_0}\right)^{2-(\delta/2)} \tag{2.222}$$

formuliert werden.

Nach diesen Vorbereitungen berechnen wir wiederum, ausgehend von den mittlerweile wohlvertrauten Erhaltungsgleichungen (s. Abschn. 2.1 und 2.2)

(Impuls): $$\rho u \frac{du}{dx} = -\frac{dp}{dx} - g\rho - K_\delta(T)\dot{m}^\delta \tag{2.223}$$

(Energie): $$\rho c_p u \frac{dT}{dx} = \frac{q(x)}{A} \tag{2.224}$$

(Masse): $$\frac{d}{dx}(\rho u A) = 0 \quad \text{oder} \quad \dot{m} = \rho u A = \text{const} \tag{2.225}$$

die freie Konvektionsströmung, die allein durch Aufprägen der Heizleistungsverteilung q(x) längs des Kamins mit konstantem Querschnitt A induziert wird, wenn das dabei verwendete Fluid sich wie ein ideales Gas verhält. Neben der Verwendung der Zustandsgleichung

$$\rho(T) = \rho_0 T_0 \frac{1}{T} \tag{2.226}$$

und dem ebenfalls zuvor bereitgestellten Reibungskoeffizienten mit Temperaturabhängigkeit

$$K_\delta(T) = K_{0,\delta} \left(\frac{T}{T_0}\right)^{2-(\delta/2)} \tag{2.227}$$

zeigt sich der Gascharakter des Fluids noch in der Energiegleichung (2.224), die jetzt mit $c = c_p$ die spezifische Wärmekapazität des Gases bei konstantem Druck beinhaltet. Die Berechnung der Gasströmung selbst unterscheidet sich in keiner Weise von der Berechnung der anfänglich untersuchten „Flüssigkeitsströmungen". Wie gehabt, ergibt sich bei Beachtung von $\rho u = \dot{m}/A = \text{const}$ entsprechend (2.225) aus der Energiegl. (2.224) sofort die ortsabhängige Temperaturfunktion

$$T(x) = T_0 + \frac{1}{\dot{m} c_p} \int_0^x q(\xi)\, d\xi \tag{2.228}$$

und durch Einsetzen in (2.226), (2.227) steht dann auch unmittelbar die Dichte

$$\rho(x) = \rho_0 \frac{1}{1 + \dfrac{1}{\dot{m} c_p T_0} \displaystyle\int_0^x q(\xi)\, d\xi} \tag{2.229}$$

und der Reibungskoeffizient

$$K_\delta(x) = K_{0,\delta} \left[1 + \frac{1}{\dot{m} c_p T_0} \int_0^x q(\xi)\, d\xi\right]^{2-(\delta/2)} \tag{2.230}$$

in Abhängigkeit von der Ortskoordinate zur Verfügung. Mit den so beschafften Funktionen $\rho(x)$, $K_\delta(x)$ und bei nochmaliger Benutzung der Massenstrombeziehung $\rho u = \dot{m}/A = \text{const}$ ist die Impulsgl. (2.223) ebenfalls sofort integrierbar, und man erhält:

$$\begin{aligned} \frac{\dot{m}}{A}[u(x) - u_0] = &- [p(x) - p(0)] - g\rho_0 \int_0^x \frac{d\eta}{1 + \dfrac{1}{\dot{m} c_p T_0} \displaystyle\int_0^\eta q(\xi)\, d\xi} \\ &- K_{0,\delta}\, \dot{m}^\delta \int_0^x \left[1 + \frac{1}{\dot{m} c_p T_0} \int_0^\eta q(\xi)\, d\xi\right]^{2-(\delta/2)} d\eta \end{aligned} \tag{2.231}$$

Dabei ist u_0 wieder die Einströmgeschwindigkeit und $p(0) = p_0 - \rho_0 u_0^2/2$ der um den Staudruck der Kamineinströmung abgesenkte Druck am Kaminfuß $x = 0$ (s. a. Abschn. 2.1). Ersetzen wir noch die Geschwindigkeitsterme mit Hilfe der Kontinuitätsgleichung

$$\dot{m} = \rho(x) u(x) A = \rho_0 u_0 A = \text{const} \tag{2.232}$$

durch die entsprechenden Massenstromausdrücke

$$u_0 = \frac{\dot{m}}{\rho_0 A}, \qquad u(x) = \frac{\dot{m}}{\rho(x) A}, \qquad p(0) = p_0 - \frac{\dot{m}^2}{2\rho_0 A^2} \tag{2.233}$$

und beachten dabei $\rho(x)$ nach (2.229), geht die integrierte Impulsgl. (2.231) über in:

$$\begin{aligned} &\frac{\dot{m}^2}{\rho_0 A^2}\left[\left(1 + \frac{1}{\dot{m} c_p T_0}\int_0^x q(\xi)\,d\xi\right) - 1\right] \\ &= -\left[p(x) - p_0 + \frac{\dot{m}^2}{2\rho_0 A^2}\right] - g\rho_0 \int_0^x \frac{d\eta}{1 + \frac{1}{\dot{m} c_p T_0}\int_0^\eta q(\xi)\,d\xi} \\ &\quad - K_{0,\delta}\,\dot{m}^\delta \int_0^x \left[1 + \frac{1}{\dot{m} c_p T_0}\int_0^\eta q(\xi)\,d\xi\right]^{2-(\delta/2)} d\eta \end{aligned} \tag{2.234}$$

Mit dieser Gleichung für den statischen Druck $p(x)$ im Kamin bestimmen wir wieder den sich frei einstellenden Konvektionsmassenstrom $\dot{m}$ durch Erfüllen der Abströmbedingung

$$p(H) = p_{hyd}(H) \quad \text{oder} \quad \Delta p(H) = p_{hyd}(H) - p(H) = 0 \tag{2.235}$$

am Kaminende $x = H$. Da die Konvektionsströmung allein durch die Abweichung $\Delta p(x) = p_{hyd}(x) - p(x)$ vom hydrostatischen Ruhezustand (Bild 4) entsteht, muß der hydrostatische Anteil bei der Berechnung des Massenstroms, d. h. bei der Differenzbildung (2.235), herausfallen. Die durch Erfüllen der Abströmbedingung gefundene Bestimmungsgleichung für den induzierten Massenstrom, die wir mit dem Namen Umlaufgleichung belegt haben, muß frei von jeglicher hydrostatischen Information sein. Deshalb schreiben wir den statischen Druck im Kamin immer als gestörten Ruhezustand:

$$p(x) = p_{hyd}(x) - \Delta p(x) = p_0 - g\rho_0 x - \Delta p(x) \tag{2.236}$$

Im Fall der anfangs behandelten Flüssigkeitsströmungen spaltete sich der hydrostatische Anteil $g\rho_0 x$ aufgrund der speziellen Bauart (2.215) der Zustandsgleichung für eine Flüssigkeit automatisch bei der Integration der Impulsgleichung aus dem Dichteterm ab (s. Abschn. 2.1). Dieser Automatismus ist im Fall einer Gasströmung wegen der anders gearteten Zustandsgl. (2.213), die in nichtseparierender Form vorliegt, nicht gegeben. Hier erzwingen wir die Abspaltung aus dem Dichteterm der integrierten Impulsgleichung, indem wir

$$\begin{aligned} p(x) &= p_0 + \ldots \qquad - g\int_0^x \rho(\xi)\,d\xi \\ &= p_0 + \ldots \qquad - g\int_0^x [\rho_0 - \rho_0 + \rho(\xi)]\,d\xi \\ &= p_0 - g\rho_0 x + \ldots + \int_0^x [\rho_0 - \rho(\xi)]\,d\xi \end{aligned} \tag{2.237}$$

schreiben. Durch Hinzufügen und gleichzeitiges Wiederabziehen der Referenzdichte ρ_0 erhalten wir beim Ausintegrieren dann einerseits die gewünschte Abspaltung des hydrostatischen Anteils $g\rho_0 x$, und andererseits wird aus dem Dichteintegral gleichzeitig das Auftriebsintegral. Wir erkennen, daß durch diese Art der Darstellung genau das physikalisch Richtige bewirkt wird. Der für die Konvektionsströmung unwesentliche hydrostatische Anteil aus dem Dichteintegral entfällt beim Aufstellen der Umlaufgleichung (Erfüllen der Abströmbedingung), und mit dem verbleibenden Restintegral (Auftriebsintegral) über die Dichtedifferenz $\rho_0 - \rho(x)$ fließt gerade die Information über den Auftrieb bzw. Antrieb der Strömung in die Umlaufgleichung ein.

Führen wir die soeben diskutierte Abspaltung des hydrostatischen Anteils in (2.234) durch und lösen die Gleichung nach dem statischen Druck p(x) auf, ergibt sich

$$p(x) = \underbrace{p_0 - g\rho_0 x}_{\text{Hydro-statik}} - \frac{\dot{m}^2}{\rho_0 A^2}\left[\underbrace{\frac{1}{2}}_{\text{Ein-strömung}} + \underbrace{\frac{1}{\dot{m}c_pT_0}\int_0^x q(\xi)\,d\xi}_{\text{Aus-dehnung}}\right]$$

$$\underbrace{+ g\rho_0 \int_0^x \left[1 - \frac{1}{1 + \frac{1}{\dot{m}c_pT_0}\int_0^\eta q(\xi)\,d\xi}\right] d\eta}_{\text{Auftrieb}} \tag{2.238}$$

$$\underbrace{- K_{0,\delta}\,\dot{m}^\delta \int_0^x \left[1 + \frac{1}{\dot{m}c_pT_0}\int_0^\eta q(\xi)\,d\xi\right]^{2-(\delta/2)} d\eta}_{\text{Reibung}}$$

und durch Erfüllen der Abströmbedingung (2.235) schließlich die Umlaufgleichung für die Gasströmung im Kamin:

$$F = 0 = -\frac{\dot{m}^2}{\rho_0 A^2}\left[\frac{1}{2} + \frac{1}{\dot{m}c_pT_0}\int_0^H q(x)\,dx\right] + g\rho_0 \int_0^H \left[1 - \frac{1}{1 + \frac{1}{\dot{m}c_pT_0}\int_0^x q(\xi)\,d\xi}\right] dx$$

$$- K_{0,\delta}\,\dot{m}^\delta \int_0^H \left[1 + \frac{1}{\dot{m}c_pT_0}\int_0^x q(\xi)\,d\xi\right]^{2-(\delta/2)} dx \tag{2.239}$$

Diese Gleichung, die konzentriert die gesamte Information über die Gasströmung enthält, wollen wir nun weitgehendst diskutieren. Wir beschränken uns dabei aber auf eine homogene Beheizung $q = q_0$, um die Darstellung so einfach wie möglich halten zu können. Die Integrale in der Umlaufgleichung lassen sich dann sofort ausintegrieren, und man erhält bei Beachtung der Gesamtheizleistung $\int_0^H q(x)\,dx = q_0 H = \dot{Q}$ anstelle (2.239) jetzt:

$$F = 0 = -\frac{\dot{m}^2}{\rho_0 A^2}\left[\frac{1}{2} + \frac{\dot{Q}}{\dot{m}c_p T_0}\right] + g\rho_0 H\left[1 - \frac{\dot{m}c_p T_0}{\dot{Q}}\,\ell n\left(1 + \frac{\dot{Q}}{\dot{m}c_p T_0}\right)\right]$$
$$- K_{0,\delta}\dot{m}^\delta \frac{H}{(3-\delta/2)}\frac{\dot{m}c_p T_0}{\dot{Q}}\left[\left(1 + \frac{\dot{Q}}{\dot{m}c_p T_0}\right)^{3-(\delta/2)} - 1\right] \tag{2.240}$$

Für $\dot{Q}/(\dot{m}c_p T_0)$ führen wir die Abkürzung ψ ein und erkennen bei Beachtung der globalen Energiegleichung $\dot{Q} = \dot{m}c_p \Delta T$, daß für ψ auch das Produkt aus dem Volumenausdehnungskoeffizienten $\beta_0 = 1/T_0$ mal der Temperaturerhöhung $\Delta T = T(H) - T_0$ längs des Kamins geschrieben werden kann:

$$\psi = \frac{\dot{Q}}{\dot{m}c_p T_0} = \beta_0 \Delta T \tag{2.241}$$

Wir geben ψ deshalb den Namen Heizparameter und erinnern uns, daß dieser Parameter bereits bei der Behandlung der Flüssigkeitsströmungen eine wichtige Rolle gespielt hat, denn das charakteristische Kennzeichen für Flüssigkeitsströmungen waren sehr kleine Werte dieses Heizparameters: $\psi = \beta_0 \Delta T \ll 1$.

Für die weitere Diskussion eignet sich besonders der Fall der turbulenten Strömung, da für $\delta = 2$ der Reibungsterm sehr einfach wird. Hierfür gilt bei Verwendung des Heizparameters $\psi = \beta_0 \Delta T$ als Abkürzung die Umlaufgleichung

$$F = 0 = -\frac{\dot{m}^2}{\rho_0 A^2}\left[\frac{1}{2} + \psi\right] + g\rho_0 H\left[1 - \frac{1}{\psi}\,\ell n\,(1 + \psi)\right] - K_{0,\delta=2}\dot{m}^2 H\left[1 + \frac{\psi}{2}\right] \tag{2.242}$$

die bei dimensionsfreier Schreibweise, welche man aus (2.242) durch Ausklammern von $\dot{m}^2/(2\rho_0 A^2) = \rho_0 u_0^2/2$ als gemeinsamer Faktor aller Terme (s. (2.44) bis (2.48), Abschn. 2.1 und (1.19) bis (1.21), Abschn. 1) erhält, in die Darstellung

$$0 = \underbrace{-}_{\text{Ein-strömung}}\ \underbrace{[1 + 2\beta_0 \Delta T]}_{\text{Aus-dehnung}} + \underbrace{\frac{2}{Fr_0}\left[1 - \frac{1}{\beta_0 \Delta T}\,\ell n(1 + \beta_0 \Delta T)\right]}_{\text{Auftrieb}} - \underbrace{\lambda_t \frac{H}{D}\left[1 + \frac{\beta_0 \Delta T}{2}\right]}_{\text{Reibung}} \tag{2.243}$$

übergeht. Aus der besonders übersichtlichen dimensionsfreien Darstellung entnehmen wir wiederum, wie bereits in Abschn. 2.2, daß für hinreichend schlanke Kamine mit

$$\lambda_t \frac{H}{D}\left[1 + \frac{\beta_0 \Delta T}{2}\right] \gg 1 + 2\beta_0 \Delta T \tag{2.244}$$

die Reibung im Kamin gegenüber dem Einström- und Volumenausdehnungseffekt dominiert. Der sich infolge Beheizung einstellende Konvektionsstrom wird unter der Voraussetzung (2.244) allein durch die Gasreibung begrenzt, die dann gerade mit dem Auftrieb im Gleichgewicht steht. In diesem Fall reduziert sich (2.242) auf die gegenüber der Ausgangsgl. (2.239) zwar stark vereinfachte Umlaufgleichung

$$F = 0 = \underbrace{g\rho_0 \left[1 - \frac{1}{\psi} \ln(1+\psi)\right]}_{\text{Auftrieb}} - \underbrace{K_{0,\delta=2}\dot{m}^2 \left[1 + \frac{\psi}{2}\right]}_{\text{Reibung}} \qquad (2.245)$$

für homogene Beheizung ($q = q_0$), turbulente Strömung ($\delta = 2$) und schlanke Kamingeometrie ($H/D \gg 1$), doch beinhaltet (2.245) noch alle Eigenschaften, um den gravierenden Unterschied zwischen einer Gas- und einer Flüssigkeitsströmung in einem beheizten Kamin aufzeigen zu können.

Wenn, wie bereits diskutiert, die Gasströmung eine Verallgemeinerung der Flüssigkeitsströmung darstellt, muß die Umlaufgl. (2.245) für kleine Werte des Heizparameters ($\psi \ll 1$) mit der Umlaufgleichung zur Berechnung von Flüssigkeitsströmungen für $q = q_0$, $\delta = 2$, $H/D \gg 1$ übereinstimmen. Zur Kontrolle dieses Grenzfalls entwickeln wir die Umlaufgl. (2.245) zur Berechnung der Gasströmung nach kleinen Werten des Heizparameters ψ. Mit der Taylorentwicklung des logarithmischen Auftriebterms

$$\frac{1}{\psi} \ln(1+\psi) = \frac{1}{\psi}\left(\psi - \frac{\psi^2}{2} + \ldots\right) = 1 - \frac{\psi}{2} + \ldots \qquad (2.246)$$

lautet (2.245) für $\psi = \dot{Q}/(\dot{m}c_pT_0) = \beta_0\dot{Q}/(\dot{m}c_p) \ll 1$ dann

$$\begin{aligned} F = 0 &= g\rho_0 \left[\cancel{1} - \cancel{1} + \frac{\psi}{2} + \ldots\right] - K_{0,\delta=2}\dot{m}^2[1 + \ldots] \\ &= \frac{g\rho_0\beta_0\dot{Q}}{2\dot{m}c_p} - K_{0,\delta=2}\dot{m}^2 \end{aligned} \qquad (2.247)$$

und ist in der Tat mit der Umlaufgl. (2.69) für $\Gamma = 1$ bei vernachlässigtem Einström- und Ausdehnungseffekt (wegen $q = q_0$ und $H/D \gg 1$) identisch. Die im allgemeinen implizite Umlaufgleichung ist hier so einfach, daß diese sogar explizit nach dem gesuchten Massenstrom aufgelöst werden kann. Es gilt in Übereinstimmung mit (2.74) für $\delta = 2$, $\Gamma = 1$:

$$\dot{m} = \left[\frac{g\beta_0\rho_0}{2c_p} \frac{\dot{Q}}{K_{0,\delta=2}}\right]^{1/3} \qquad (2.248)$$

Bei kleinen Werten des Heizparameters ψ liegt also auch bei einem Gas Flüssigkeitsverhalten vor. Der Massenstrom wächst monoton mit der Kubikwurzel aus der aufgeprägten Heizleistung $\dot{Q} = q_0H$ an (gestrichelte Kurve in Bild 30).

Ganz anders ist die Situation, wenn durch Erhöhen der Heizleistung $\dot{Q}$ der Wert von ψ gesteigert wird. Wie bereits zuvor qualitativ geschildert, steigt jetzt mit ψ einerseits der Reibungswiderstand beständig an, während andererseits der Auftrieb immer schwächer wächst, so daß das für $\psi \ll 1$ zunächst monotone Wachstum des Massenstroms (Flüssigkeitsverhalten) gebremst wird, dann ganz zum Stillstand kommt ($\dot{m} = \dot{m}_{max}$, $\dot{Q} = \dot{Q}_{krit}$) und schließlich bei noch stärkerer Beheizung der Massenstrom sogar wieder abnimmt (Bild 30).

Daß dem so ist, läßt sich jetzt unmittelbar auch quantitativ aus der Umlaufgl. (2.245) ablesen. Der Auftrieb wächst danach proportional mit $f = 1 - (1/\psi) \ln(1+\psi) \geq 0$, die

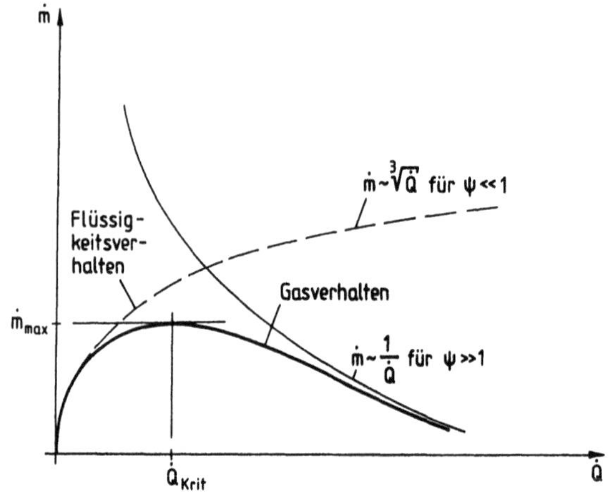

Bild 30
Massenstromcharakteristik einer Gasströmung

Reibung dagegen in weitaus stärkerem Maße mit $g = 1 + \psi/2 > 0$, und durch Aufzeichnen dieser beiden Funktionen $f(\psi)$, $g(\psi)$ mit jeweils monotonem Verhalten wird das zuvor Gesagte anschaulich bestätigt (Bilder 31, 32).

Wir berechnen jetzt explizit den maximalen Massenstrom $\dot m_{max}$, der bei der kritischen Heizleistung $\dot Q_{krit}$ (Bild 30) erreicht wird. In diesem ausgezeichneten Betriebszustand wird die Tangente an die Massenstromkurve $\dot m(\dot Q)$ gerade horizontal. Die Bedingung zum Auffinden von $\dot m_{max}$ ist deshalb das Verschwinden der Ableitung $d\dot m/d\dot Q$. Da der Zusammenhang zwischen $\dot m$ und $\dot Q$ in Form der Umlaufgl. $F(\dot m, \dot Q) = 0$ nach (2.245) nur implizit gegeben ist, muß $d\dot m/d\dot Q$ durch implizites Differenzieren bestimmt werden:

$$\frac{d\dot m}{d\dot Q} = -\frac{\partial F/\partial \dot Q}{\partial F/\partial \dot m} = -\frac{F_{\dot Q}}{F_{\dot m}} \qquad (2.249)$$

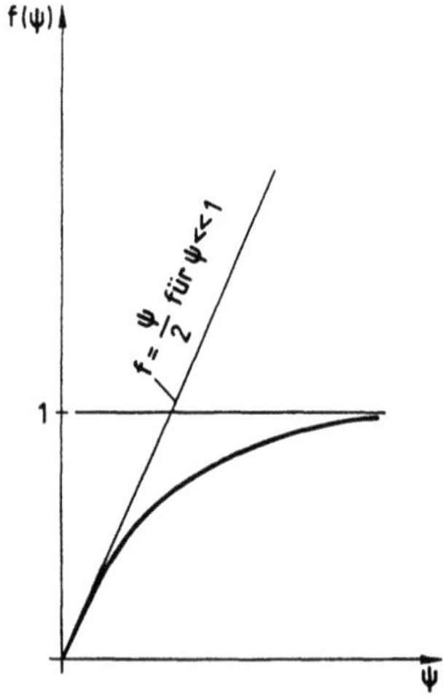

Bild 31 Auftriebsverhalten

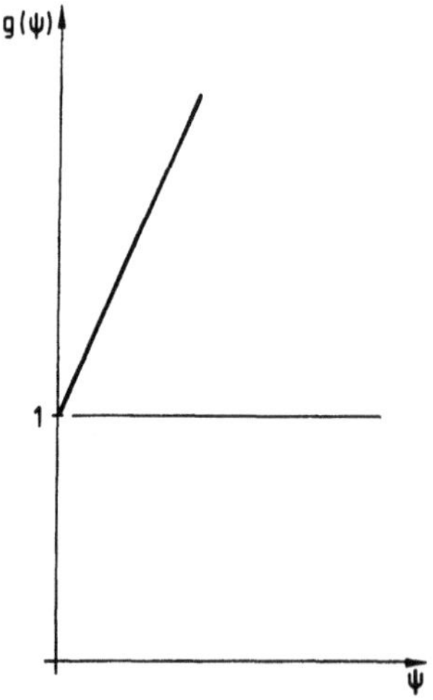

Bild 32 Reibungsverhalten

Durch formelle, partielle Differentation von (2.245) erhält man bei Beachtung von

$$\frac{\partial \psi}{\partial \dot{m}} = -\frac{\psi}{\dot{m}}, \qquad \frac{\partial \psi}{\partial \dot{Q}} = \frac{\psi}{\dot{Q}} \tag{2.250}$$

$$\dot{Q}F_{\dot{Q}} = g\rho_0\left[-\frac{1}{\psi}\,\ell n\,(1+\psi) + \frac{1}{1+\psi}\right] + K_{0,\delta=2}\dot{m}^2\,\frac{\psi}{2} \tag{2.251}$$

$$\dot{m}F_{\dot{m}} = g\rho_0\left[\frac{1}{\psi}\,\ell n\,(1+\psi) - \frac{1}{1+\psi}\right] + K_{0,\delta=2}\dot{m}^2\left[2+\frac{\psi}{2}\right] \tag{2.252}$$

und bei nochmaliger Anwendung der Umlaufgl. (2.245), aus der wir

$$K_{0,\delta=2}\dot{m}^2 = g\rho_0\,\frac{1-\frac{1}{\psi}\,\ell n\,(1+\psi)}{1+\frac{\psi}{2}} \tag{2.253}$$

extrahieren und in (2.251), (2.252) einsetzen, ergibt sich:

$$\dot{Q}F_{\dot{Q}} = g\rho_0\left[-\frac{1}{\psi}\,\ell n\,(1+\psi) + \frac{1}{1+\psi} + \frac{\psi}{2}\,\frac{1-\frac{1}{\psi}\,\ell n\,(1+\psi)}{1+\frac{\psi}{2}}\right] = g\rho_0 A(\psi) \tag{2.254}$$

$$\dot{m}F_{\dot{m}} = g\rho_0\left[\frac{1}{\psi}\,\ell n\,(1+\psi) - \frac{1}{1+\psi} + \left(2+\frac{\psi}{2}\right)\frac{1-\frac{1}{\psi}\,\ell n\,(1+\psi)}{1+\frac{\psi}{2}}\right] = g\rho_0 B(\psi) \tag{2.255}$$

Nach diesen Vorbereitungen entnehmen wir aus (2.249), (2.254), daß $d\dot{m}/d\dot{Q}$ zusammen mit $F_{\dot{Q}}$ gerade null wird, wenn die eckige Klammer von (2.254) verschwindet, die allein

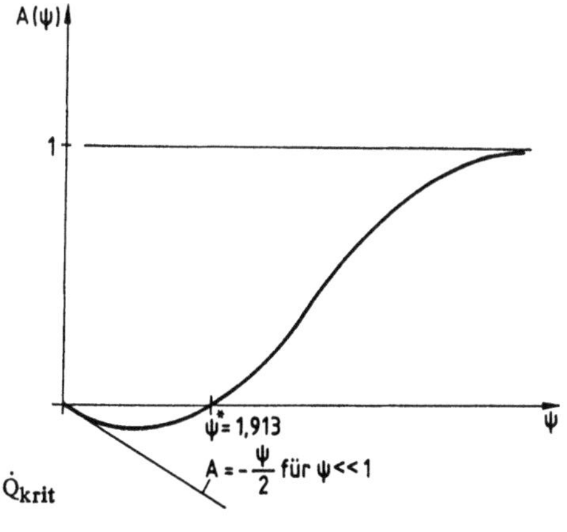

Bild 33
Funktion $A(\psi)$ zur Berechnung von $\dot{m}_{max}$, $\dot{Q}_{krit}$

eine Funktion des Heizparameters ψ ist:

$$\frac{d\dot{m}}{d\dot{Q}} = 0: \quad A(\psi) = 0 \rightarrow \psi = \psi^* \tag{2.256}$$

Diese Funktion $A(\psi)$ besitzt gerade eine Nullstelle $\psi = \psi^*$ für $0 < \psi < \infty$, die sich numerisch (Bild 33) zu $\psi^* = 1{,}913$ berechnet.

Durch Einsetzen von $\psi^* = \dot{Q}_{krit}/(\dot{m}_{max} c_p T_0)$ in die Umlaufgl. (2.245) wird diese zur Bestimmungsgleichung für den gesuchten maximalen Massenstrom, der sich explizit zu

$$\dot{m}_{max} = \sqrt{\frac{g\rho_0}{K_{0,\delta=2}} N_1(\psi^*)} \tag{2.257}$$

mit $$N_1(\psi^*) = \frac{1 - \dfrac{1}{\psi^*} \ln(1 + \psi^*)}{1 + \dfrac{\psi^*}{2}} = 0{,}225$$

ergibt, und die zugehörige Heizleistung $\dot{Q}_{krit}$ folgt unmittelbar aus der Definitionsgleichung des Heizparameters zu:

$$\dot{Q}_{krit} = \dot{m}_{max} c_p T_0 \psi^* \tag{2.258}$$

Vollständigkeitshalber wollen wir uns noch vom Monotonieverhalten der Massenstromkurve (Bild 30) für die diskutierte Gasströmung[1]) überzeugen. Mit (2.254), (2.255) schreiben wir hierzu die Ableitung (2.249) in der Form

$$\frac{d\dot{m}}{d\dot{Q}} = -\frac{A(\psi)}{B(\psi)} \frac{\dot{m}}{\dot{Q}} = \frac{1}{1 - N_2(\psi)} \frac{\dot{m}}{\dot{Q}} \tag{2.259}$$

mit $$N_2(\psi) = \frac{2 + \psi}{1 + \dfrac{\psi}{2}} \cdot \frac{f(\psi)}{A(\psi)}$$

und erkennen bei Beachtung von $f(\psi) \geqslant 0$ nach Bild 31 und dem Verhalten von $A(\psi)$ nach Bild 33, daß das Vorzeichen der Ableitung $d\dot{m}/d\dot{Q}$ allein von $A(\psi)$ gesteuert wird. Es gilt für

$$\begin{aligned} &0 \leqslant \psi \leqslant \psi^*: \quad A(\psi) \leqslant 0 \rightarrow \frac{d\dot{m}}{d\dot{Q}} \geqslant 0 \\ \text{und} \quad &\psi^* \leqslant \psi \leqslant \infty: \quad A(\psi) \geqslant 0 \rightarrow \frac{d\dot{m}}{d\dot{Q}} \leqslant 0 \end{aligned} \tag{2.260}$$

[1]) Die hier betrachteten Konvektionsströmungen sind immer einphasig. Tritt bei einer Flüssigkeitsströmung Verdampfen auf (Zweiphasenströmung), wird die Monotonieeigenschaft im Bereich des wieder abfallenden Massenstroms zerstört. Die Massenstromcharakteristik wird dann mehrdeutig und die Konvektionsströmung damit statisch instabil.

womit das Monotonieverhalten von $\dot{m}(\dot{Q})$ gesichert ist. Den in Bild 30 außerdem eingetragenen Massenstromverlauf $\dot{m} \sim 1/\dot{Q}$ für große Heizleistungen entnehmen wir unmittelbar aus dem asymptotischen Verhalten der Umlaufgl. (2.245). Für $\psi \to \infty$ verhält sich diese wegen $(1/\psi)\,\ell n\,(1+\psi) \to 0$ und $1 + (\psi/2) \to \psi/2$ wie

$$F = 0 = g\rho_0 - K_{0,\delta=2}\,\dot{m}^2\,\frac{\psi}{2} \tag{2.261}$$

und mit $\psi = \dot{Q}/(\dot{m} c_p T_0)$ folgt sofort der asymptotische Massenstromverlauf

$$\dot{m} = \frac{2g\rho_0 c_p T_0}{K_{0,\delta=2}}\,\frac{1}{\dot{Q}} \tag{2.262}$$

für große Heizleistungen $\dot{Q}$. Ein nochmaliger Blick auf Bild 30 zeigt uns, daß das typische Gasverhalten (monotones Anwachsen der Konvektionsströmung bis zum Erreichen des maximalen Massenstroms $\dot{m}_{max}$ bei der kritischen Heizleistung $\dot{Q}_{krit}$ und monotones Abfallen bei weiterer Erhöhung der Heizleistung) zwischen den beiden Asymptoten für schwache ($\psi \ll 1$: Flüssigkeitsverhalten, $\dot{m} \sim \dot{Q}^{1/3}$) und sehr große Heizleistungen ($\psi \gg 1$: $\dot{m} \sim \dot{Q}^{-1}$) eingebettet ist. Die gefundene Massenstromcharakteristik (Bild 30) erinnert stark an das in Abschn. 1 errechnete konvexe Massenstromverhalten (Bild 5). Es ist jedoch zu bedenken, daß die verantwortlichen Entstehungsmechanismen von ganz unterschiedlicher Natur sind. Während im Fall der Gasströmung in einem schlanken Kamin die Bewegung der Fluidteilchen allein durch die dominierende Reibung begrenzt wird, erfolgt die Begrenzung der in Abschn. 1 behandelten reibungsfreien Strömung ausschließlich durch Trägheitseffekte. Unabhängig von der Art der Begrenzung ist also das Verhalten einer Gasströmung in einem Kamin immer von der diskutierten Art (Bild 30). Der Massenstromanstieg, die Lage des maximalen Massenstroms und der sich bei noch stärkerer Beheizung anschließende Massenstromabfall ist lediglich

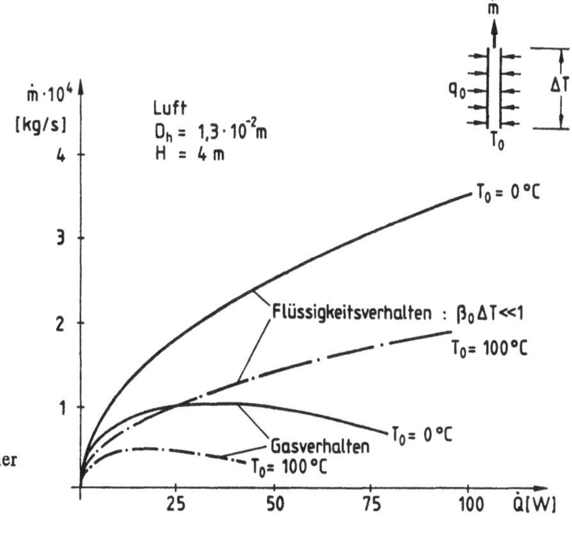

Bild 34
Massenstrom infolge homogener Beheizung für verschiedene Eintrittstemperaturen T_0

quantitativ vom Einzelfall abhängig. Insbesondere ist das Verhalten auch vom Temperaturniveau abhängig, denn mit zunehmender Referenz- oder Starttemperatur T_0 am Kaminfuß $x = 0$ steigt auch der Wert des Ausgangsreibungskoeffizienten $K_{0,\delta} = K_{0,\delta}(T_0)$ auf ein höheres Niveau. Im laminaren Fall ist dieser Einfluß besonders stark, da der vom erhöhten Anfangswert ausgehende Reibungskoeffizient längs des Kamins überproportional (Bild 29: $K_{\delta=1} \sim T^{3/2}$) verstärkt wird. Dies zeigt deutlich die in Bild 34 dargestellte numerische Rechnung, die für den laminaren Fall ($\delta = 1$) anhand der kompletten Umlaufgl. (2.240) für einen homogen beheizten Kamin mit dem Kühlmittel Luft für zwei unterschiedliche Referenztemperaturen $T_0 = \{273\ \text{K} = 0\ °\text{C}, 373\ \text{K} = 100\ °\text{C}\}$ durchgeführt wurde. Der Vergleich mit den zugehörigen „Flüssigkeitsströmungen" zeigt das stark abweichende Gasverhalten für höhere Heizleistungen.

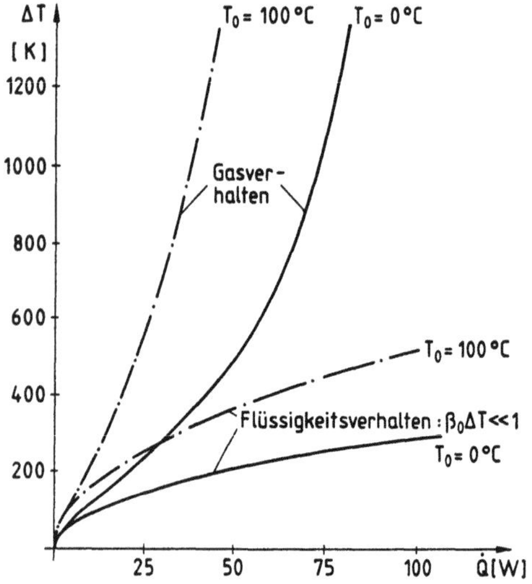

Bild 35
Temperaturerhöhung für verschiedene Eintrittstemperaturen T_0

Die der Rechnung zugrunde liegende Geometrie entspricht der eines Brennelements aus einem nuklearen Leichtwasserreaktor. Wegen des typisch kleinen hydraulischen Durchmessers D_h (neutronentechnisch bedingt) ist die Strömung in einem solchen Brennelement laminar und damit stark abhängig vom Temperaturniveau. Berechnen wir noch die Temperaturerhöhung ΔT über die Kaminhöhe H aus der globalen Energiegl. $\dot{Q} = \dot{m} c_p \Delta T$ unter Verwendung des Massenstroms aus Bild 34, zeigt sich (Bild 35), daß Temperaturen zum Abschmelzen des Kaminmaterials erreichbar sind und daher frisch aus einem Reaktor entnommene Brennelemente nicht ohne weiteres durch Luft gekühlt (Trockenlagerung) werden können. Eine Verwendung der Formeln für die zugehörigen „Flüssigkeitsströmungen" würde zu einer eklatanten Fehlbeurteilung führen.

2.4 Umlaufströmungen: Anwendungen und Erweiterungen

Bisher wurden nur vertikale, entgegen der Schwerkraftrichtung durchströmte Einzelkamine studiert. Dabei hatten wir stets eine hinreichend große Kaminumgebung vorausgesetzt, so daß eine Rückwirkung auf den hydrostatischen Referenzzustand und damit auch auf den Einströmzustand ausgeschlossen werden konnte. Ist die Kaminumgebung in konkreten Fällen jedoch eingeschränkt, lassen sich Rückwirkungen nur duch Hinzunahme einer zur Wärmequelle äquivalenten Wärmesenke vermeiden, wenn die Strömung auch weiterhin stationär bleiben soll. Dies hat aber zur Folge, daß in solch einem räumlich eingeengten System zumindest zwei ausgeprägte und einander entgegengerichtete Konvektionsströme auftreten, die einen Naturumlauf bilden. Als erstes grundlegendes Beispiel dieser Art behandeln wir die Konvektionsströmung in einem geschlossenen Naturumlaufsystem, wie es etwa bei jeder Warmwasserheizung ohne Pumpe technisch realisiert ist.

2.4.1 Strömung in einem geschlossenen Naturumlaufsystem

Das in Bild 36 skizzierte System besteht aus einer in sich geschlossenen Rohrleitung (Querschnitt A, Länge L), die sich aus dem teilweise beheizten Steigrohr und dem ebenso teilweise gekühlten Fallrohr nebst der oberen und unteren Querverbindung zusammensetzt. Die Rohrleitung ist, mit Ausnahme des beheizten bzw. des gekühlten Rohrstücks, isoliert, so daß unkontrolliert aus der Umgebung weder Energie aufgenommen noch an diese abgegeben werden kann.

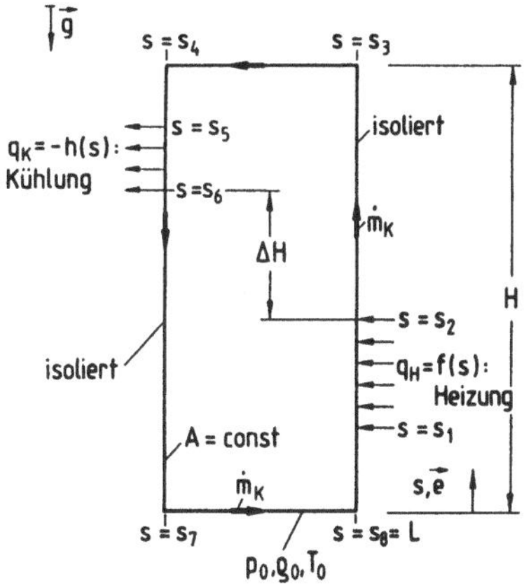

Bild 36 Geschlossenes Naturumlaufsystem

Die Erhaltungsgleichungen (Impuls, Masse, Energie) zur Berechnung der sich in diesem System einstellenden Konvektionsströmung sind jetzt stückweise auf die einzelnen Rohrleitungsabschnitte anzuwenden. Insbesondere ist der unterschiedliche Schwerkrafteinfluß auf die Teilstücke zu beachten, den wir durch Einführen einer effektiven Schwerebeschleunigung g* in Form eines Skalarprodukts

$$g^* = \vec{g} \cdot \vec{e} \quad \text{mit} \quad |\vec{g}| = g, \, |\vec{e}| = 1 \tag{2.263}$$

simulieren (Bild 37). Die Impulsgleichung schreibt sich dann in der modifizierten Form:

$$\text{(Impuls):} \qquad \rho u \frac{du}{ds} = -\frac{dp}{ds} + \vec{g} \cdot \vec{e} \rho - K_{\delta_{i,i+1}} \dot{m}_K^{\delta} \tag{2.264}$$

Dabei wird abweichend von den zuvor behandelten Kaminströmungen hier die Ortskoordinate s verwendet, die den Kreislauf von s = 0 bis s = L umschreibt und somit ebenso wie der Einheitsvektor $\vec{e}$ in (2.263) immer in Strömungsrichtung weist. Beachten wir noch die Kontinuitätsgleichung

$$\text{(Masse):} \qquad \frac{d}{ds}(\rho u A) = 0 \quad \text{oder} \quad \dot{m}_K = \rho u A = \text{const} \tag{2.265}$$

die unsere Anschauung bestätigt, daß an jeder beliebigen Stelle s des Kreislaufs der Massenstrom den Wert $\dot{m}_K$ innehat, läßt sich wie zuvor mit $\rho u = \dot{m}_K/A = \text{const}$ der konvektive Beschleunigungsterm $\rho u\, du/ds$ in (2.264) und damit auch die Impulsgleichung selbst auf eine direkt integrierbare Form bringen. Spalten wir außerdem aus dem Dichteterm von (2.264) noch den hydrostatischen Anteil $\vec{g} \cdot \vec{e} \rho_0$ ab, der letztlich bei der Aufstellung der Umlaufgleichung des Problems entfallen muß, da nur Dichtedifferenzen einen Beitrag zum Auftrieb bzw. Antrieb der Strömung leisten können (s. ausführliche Diskussion in Abschn. 2.3.2), gilt:

$$\text{(Impuls):} \qquad \underbrace{\frac{\dot{m}_K}{A}\frac{du}{ds}}_{\substack{\text{Aus-}\\ \text{dehnung}}} = \underbrace{-\frac{dp}{ds} + \rho_0 \vec{g} \cdot \vec{e}}_{\substack{\text{Hydro-}\\ \text{statik}}} \underbrace{- (\rho_0 - \rho)\vec{g} \cdot \vec{e}}_{\text{Auftrieb}} \underbrace{- K_{\delta_{i,i+1}} \dot{m}_K^{\delta}}_{\text{Reibung}} \tag{2.266}$$

Die Spezialisierung auf Dichteänderungen infolge Heizen bzw. Kühlen des Systems (dazu wird wieder die Energie- und die Zustandsgleichung benötigt) wollen wir zunächst

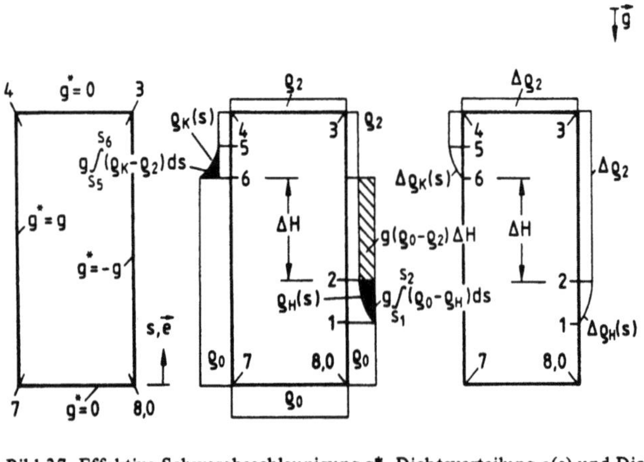

Bild 37 Effektive Schwerebeschleunigung g*, Dichteverteilung $\rho(s)$ und Dichtedifferenzverteilung $\Delta\rho(s) = \rho_0 - \rho(s)$ längs des Kreislaufs

noch zurückstellen, um nochmals bei dieser Gelegenheit zeigen zu können, daß die konkrete Art der Erzeugung der Dichteunterschiede vollkommen zweitrangig ist. Wir integrieren nun die Impulsgl. (2.266) stückweise unter Zugrundelegung der Dichte- bzw. Dichtedifferenzverteilung längs des Kreislaufs nach Bild 37, setzen dabei noch stückweise konstante Reibungskoeffizienten $K_{\delta_{i,i+1}}$ voraus, und erhalten so die Teilausdrücke

$0 \leqslant s \leqslant s_1$:

$$\frac{\dot{m}_K}{A}(u_1 - u_0) = -(p_1 - p_0) - g\rho_0 s_1 \qquad - K_{\delta_{0,1}} \dot{m}_K^{\delta} s_1 \tag{2.267}$$

$s_1 \leqslant s \leqslant s_2$:

$$\frac{\dot{m}_K}{A}(u_2 - u_1) = -(p_2 - p_1) - g\rho_0(s_2 - s_1) + g\int_{s_1}^{s_2} \Delta\rho_H(s)\,ds - K_{\delta_{1,2}} \dot{m}_K^{\delta}(s_2 - s_1) \tag{2.268}$$

$s_2 \leqslant s \leqslant s_3$:

$$\frac{\dot{m}_K}{A}(u_3 - u_2) = -(p_3 - p_2) - g\rho_0(s_3 - s_2) + g\Delta\rho_2(s_3 - s_2) - K_{\delta_{2,3}} \dot{m}_K^{\delta}(s_3 - s_2) \tag{2.269}$$

$s_3 \leqslant s \leqslant s_4$:

$$\frac{\dot{m}_K}{A}(u_4 - u_3) = -(p_4 - p_3) \qquad - K_{\delta_{3,4}} \dot{m}_K^{\delta}(s_4 - s_3) \tag{2.270}$$

$s_4 \leqslant s \leqslant s_5$:

$$\frac{\dot{m}_K}{A}(u_5 - u_4) = -(p_5 - p_4) + g\rho_0(s_5 - s_4) - g\Delta\rho_2(s_5 - s_4) - K_{\delta_{5,4}} \dot{m}_K^{\delta}(s_5 - s_4) \tag{2.271}$$

$s_5 \leqslant s \leqslant s_6$:

$$\frac{\dot{m}_K}{A}(u_6 - u_5) = -(p_6 - p_5) + g\rho_0(s_6 - s_5) - g\int_{s_5}^{s_6} \Delta\rho_K(s)\,ds - K_{\delta_{5,6}} \dot{m}_K^{\delta}(s_6 - s_5) \tag{2.272}$$

$s_6 \leqslant s \leqslant s_7$:

$$\frac{\dot{m}_K}{A}(u_7 - u_6) = -(p_7 - p_6) + g\rho_0(s_7 - s_6) \qquad - K_{\delta_{6,7}} \dot{m}_K^{\delta}(s_7 - s_6) \tag{2.273}$$

$s_7 \leqslant s \leqslant s_8$:

$$\frac{\dot{m}_K}{A}(u_8 - u_7) = -(p_8 - p_7) \qquad - K_{\delta_{7,8}} \dot{m}_K^{\delta}(s_8 - s_7) \tag{2.274}$$

mit $\quad \Delta\rho_H(s) = \rho_0 - \rho_H(s), \quad \Delta\rho_K = \rho_0 - \rho_K(s), \quad \Delta\rho_2 = \rho_0 - \rho_2, \quad \rho_2 = \rho_H(s_2) = \rho_K(s_5)$

die insgesamt aufaddiert schließlich auf den Zusammenhang

$$\frac{\dot{m}_K}{A}(u_8 - u_0) = -(p_8 - p_0) + g\rho_0[(s_7 - s_4) - s_3]$$
$$+ g\left[\int_{s_1}^{s_2} \Delta\rho_H(s)\,ds - \int_{s_5}^{s_6} \Delta\rho_K(s)\,ds + \Delta\rho_2\{(s_3 - s_2) - (s_5 - s_4)\}\right]$$
$$- \dot{m}_K^\delta \sum_{i=0}^{n=7} K_{\delta_{i,\,i+1}}(s_{i+1} - s_i) \qquad (2.275)$$

führen, der sich noch weiter vereinfacht, wenn wir beachten, daß beim Schließen der Masche (vollständiger Umlauf von $s = 0$ bis $s = s_8 = L$)

$$\rho_8 = \rho_0, \qquad p_8 = p_0, \qquad u_8 = u_0 \qquad (2.276)$$

gelten muß. Mit dieser Schließbedingung, die bei in sich geschlossenen Systemen (Stetigkeit der Dichte an der Anschlußstelle wie in Bild 37 vorausgesetzt) an die Stelle der Abströmbedingung bei Kaminen in unendlich ausgedehnter Umgebung tritt, ergibt sich aus (2.275) die Umlaufgleichung des Systems:

$$F = 0 = -g\left[\int_{s_1}^{s_2} \Delta\rho_H(s)\,ds - \int_{s_5}^{s_6} \Delta\rho_K(s)\,ds + \Delta\rho_2\{(s_3 - s_2) - (s_5 - s_4)\}\right]$$
$$+ \dot{m}_K^\delta \sum_{i=0}^{n=7} K_{\delta_{i,\,i+1}}(s_{i+1} - s_i) \qquad (2.277)$$

mit $\Delta\rho_H(s) = \rho_0 - \rho_H(s), \quad \Delta\rho_K(s) = \rho_0 - \rho_K(s), \quad \Delta\rho_2 = \rho_0 - \rho_2$

Dabei ist neben der Hydrostatik ($s_7 - s_4 = s_3 = H$) auch der die konvektive Beschleunigung beschreibende Term entfallen, da sich die Volumenausdehnung in einem geschlossenen, stationär arbeitenden System nach Bild 36 insgesamt voll kompensiert[1]).

Zur weiteren Vereinfachung betrachten wir nun die beiden Integrale in (2.277) im Zusammenhang mit der Dichteverteilung $\rho(s)$ nach Bild 37 und erkennen, daß das 1. Integral zweifelsohne den Auftrieb $\sim \rho_0 - \rho_H(s)$ durch den Dichteabfall $\rho_0 \to \rho_2 < \rho_0$ im Bereich $s_1 \leqslant s \leqslant s_2$ des Steigrohrs beschreibt, dagegen das 2. Integral neben dem Abtrieb $\sim \rho_2 - \rho_K(s)$ durch den Dichteanstieg $\rho_2 \to \rho_0 > \rho_2$ im Bereich $s_5 \leqslant s \leqslant s_6$ des Fallrohrs noch einen Zusatzanteil enthält. Wir erhalten diesen Zusatzanteil durch Abspalten des Abtriebs:

$$\int_{s_5}^{s_6} \Delta\rho_K(s)\,ds = \int_{s_5}^{s_6} [\rho_0 - \rho_K(s)]\,ds = \int_{s_5}^{s_6} [\rho_0 - \rho_2 + \rho_2 - \rho_K(s)]\,ds$$
$$= \int_{s_5}^{s_6} [\rho_2 - \rho_K(s)]\,ds + \Delta\rho_2(s_6 - s_5) \qquad (2.278)$$

[1]) Im Gegensatz zum oben und unten offenen Kamin entfällt hier der Effekt der Volumenausdehnung des Fluids exakt, wird also nicht nur näherungsweise für $\Delta\rho/\rho_0 \ll 1$ (s. Abschn. 1 und 2.1) vernachlässigt.

Durch Einsetzen von (2.278) in (2.277) nimmt die Umlaufgleichung dann die Form

$$F = 0 = \underbrace{g\left[\int_{s_1}^{s_2} [\rho_0 - \rho_H(s)]\,ds + \int_{s_5}^{s_6} [\rho_K(s) - \rho_2]\,ds + (\rho_0 - \rho_2)\Delta H\right]}_{\text{Antrieb}} \underbrace{- \dot{m}_K^{\delta} \sum_{i=0}^{n=7} K_{\delta_{i,\,i+1}}(s_{i+1} - s_i)}_{\text{Widerstand}} \tag{2.279}$$

mit $\Delta H = (s_3 - s_2) - (s_5 - s_4) - (s_6 - s_5)$

an, die sich sowohl für laminare (δ = 1) als auch für turbulente (δ = 2) Strömungsverhältnisse nach dem gesuchten Massenstrom $\dot{m}_K$ auflösen

$$\dot{m}_K = \left[\frac{g\left[\int_{s_1}^{s_2} [\rho_0 - \rho_H(s)]\,ds + \int_{s_5}^{s_6} [\rho_K(s) - \rho_2]\,ds + (\rho_0 - \rho_2)\Delta H\right]}{\sum_{i=0}^{n=7} K_{\delta_{i,\,i+1}}(s_{i+1} - s_i)}\right]^{1/\delta} \tag{2.280}$$

und leicht interpretieren läßt. Wir erkennen, daß ein Beitrag zum Antrieb der Konvektionsströmung nur geliefert wird, wenn in horizontalen Schnitten durch das System die Dichte des Fluids im Fallrohr von der im Steigrohr abweicht. Der Hauptanteil kommt deshalb vom Zwischenstück der Länge ΔH (Bild 36), da in diesem Bereich die maximale Dichtedifferenz $\Delta\rho_2 = \rho_0 - \rho_2$ des Systems anliegt. Wird die Dichte im Steigrohr stetig verringert und im Fallrohr ebenso stetig wieder auf den Anfangs- oder Ausgangswert ρ_0 gesteigert, erhöht sich der Antrieb noch um das Auftriebs- und Abtriebsintegral (Bild 37). Nach oben begrenzt wird die Strömung durch die Summe aller Teilwiderstände, die allein durch die Fluidreibung bestimmt sind, wenn wir unterstellen, daß noch vorhandene Umlenkverluste in der Rohrleitung klein gegen die Reibungsverluste bleiben.

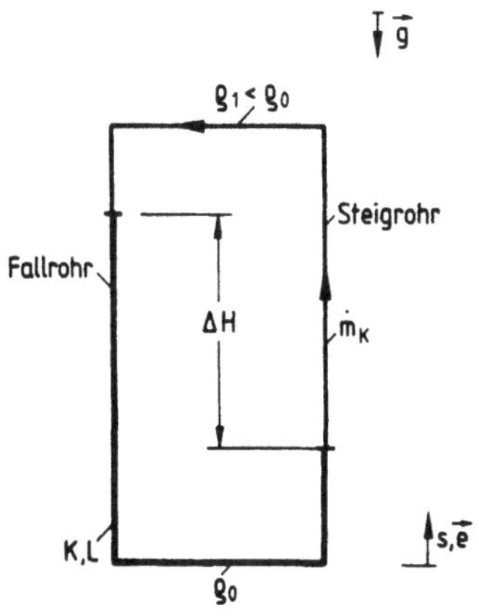

Bild 38
Einfacher Kreislauf mit Dichtesprung $\Delta\rho = \rho_0 - \rho_1$

Besonders einfach werden die Verhältnisse, wenn wir die Dichte längs des Kreislaufs allein sprunghaft verändern (Bild 38) und außerdem einen überall konstanten Reibungskoeffizienten $K_{\delta_{i,\,i+1}} = K_\delta$ voraussetzen. Die Umlaufgl. (2.279) reduziert sich in diesem Fall auf

$$F = 0 = g(\rho_0 - \rho_1)\Delta H - \dot{m}_K^\delta K_\delta L \tag{2.281}$$

so daß sich der Massenstrom $\dot{m}_K$ im System zu

$$\dot{m}_K = \left[\frac{g(\rho_0 - \rho_1)\Delta H}{K_\delta L}\right]^{1/\delta} \tag{2.282}$$

ergibt. Dieses Ergebnis hätten wir auch sofort ohne längere Rechnung angeben können, denn es beruht schlicht (s. a. Abschn. 1) auf dem Kräftegleichgewicht ($F = 0 = \Sigma F_i$) zwischen der Antriebskraft $F_A \sim g(\rho_0 - \rho_1)\Delta H$ (Differenz der Gewichtskräfte der beiden Flüssigkeitssäulen mit der Höhe ΔH und den Dichten ρ_0, ρ_1) und der Reibungskraft $F_W \sim -K_\delta L \dot{m}_K^\delta$. Bei der Behandlung von komplizierteren Systemen (verzweigte Systeme mit vielen parallel- und reihegeschalteten Rohrstücken und beliebiger Lage im Schwerefeld) ist jedoch die hier skizzierte methodische Vorgehensweise dringend angeraten, da man sonst einerseits schnell den Überblick verliert und sich andererseits derartige Probleme sonst nicht allgemein zur Erzielung numerischer Ergebnisse programmieren lassen.

Wir denken uns nun die Dichteänderungen wieder konkret durch Heizen und entsprechendes Kühlen des Systems (Bild 36) verursacht und fragen nach dem Massenstrom $\dot{m}_K$, der sich aufgrund der angelegten Heiz- und Kühlleistungsverteilung

$$q_H(s) = f(s), \qquad q_K(s) = -h(s) \quad \text{mit} \quad f(s) > 0, \;\; h(s) > 0 \tag{2.283}$$

einstellt. Dabei ist zu beachten, daß nur dann stationäres Verhalten zu erwarten ist, wenn insgesamt die dem System zugeführte Energie/Zeiteinheit auch gerade wieder abgeführt wird. Zwischen Wärmequelle und -senke muß also die Beziehung

$$\dot{Q} = \int_{s_1}^{s_2} f(s)\, ds = \int_{s_5}^{s_6} h(s)\, ds \tag{2.284}$$

erfüllt sein. Zur Beantwortung unserer Fragestellung verwenden wir das Ergebnis (2.280), das ja für beliebige Mechanismen zur Erzeugung von Dichteunterschieden gültig ist, und spezialisieren dieses durch Umrechnung der Dichtedifferenzen in adäquate Heiz- bzw. Kühlleistungsterme. Dazu benötigen wir, wie bereits ausgeführt, die Energie- und die Zustandsgleichung, die stückweise auf die einzelnen Systemteile anzuwenden sind. Einfachheitshalber beschränken wir uns dabei wieder allein auf „Flüssigkeitsströmungen“, so daß gilt:

(Energie): $$\dot{m}_K c \frac{dT}{ds} = q_{i,\,i+1} \tag{2.285}$$

(Zustandsgl.): $$\rho = \rho_0[1 - \beta_0(T - T_0)] \tag{2.286}$$

Für die Heizstrecke (Bild 36) $s_1 \leqslant s \leqslant s_2$ mit der Heizleistungsverteilung $q_{12} = q_H(s) = f(s)$ ergibt sich dann durch Integration von (2.285) sofort

$$T(s) - T_0 = T_H(s) - T_0 = \frac{1}{\dot{m}_K c} \int_{s_1}^{s} f(\xi)\, d\xi \tag{2.287}$$

und durch Einsetzen von (2.287) in (2.286) ebenso

$$\rho_0 - \rho(s) = \rho_0 - \rho_H(s) = \frac{\rho_0 \beta_0}{\dot{m}_K c} \int_{s_1}^{s} f(\xi)\, d\xi \tag{2.288}$$

bzw. $$\rho_0 - \rho_2 = \frac{\rho_0 \beta_0}{\dot{m}_K c} \int_{s_1}^{s_2} f(\xi)\, d\xi = \frac{\rho_0 \beta_0}{\dot{m}_K c} \dot{Q} \tag{2.289}$$

für $s = s_2$, wenn man noch (2.284) beachtet. Eine Wiederholung der Rechnung für die Kühlstrecke (Bild 36) $s_5 \leqslant s \leqslant s_6$ mit $q_{56} = q_K(s) = -h(s)$ liefert

$$T(s) - T_5 = T_K(s) - T_5 = -\frac{1}{\dot{m}_K c} \int_{s_5}^{s} h(\xi)\, d\xi \tag{2.290}$$

wobei wegen $q_{23} = q_{34} = q_{45} = 0$ (isolierte Systemteile)

$$T_5 = T_2 \tag{2.291}$$

gilt, so daß mit Hilfe der Zustandsgl. (2.286) unmittelbar

$$\begin{aligned} \rho(s) - \rho_2 &= \rho_K(s) - \rho_2 = \rho_0[1 - \beta_0\{T_K(s) - T_0\}] - \rho_0[1 - \beta_0(T_2 - T_0)] \\ &= -\rho_0\beta_0\{T_K(s) - T_2\} = \frac{\rho_0 \beta_0}{\dot{m}_K c} \int_{s_5}^{s} h(\xi)\, d\xi \end{aligned} \tag{2.292}$$

geschrieben werden kann. Setzen wir schließlich die so berechneten Dichtedifferenzen (2.288), (2.292), (2.289) in die allgemeine Gl. (2.280) zur Berechnung des Massenstroms $\dot{m}_K$ ein, lautet diese:

$$\dot{m}_K = \left[\frac{g\rho_0\beta_0 \left[\int_{s_1}^{s_2} \int_{s_1}^{s} f(\xi)\, d\xi\, ds + \int_{s_5}^{s_6} \int_{s_5}^{s} h(\xi)\, d\xi\, ds + \dot{Q}\Delta H \right]}{c \sum_{i=0}^{n=7} K_{i,\,i+1}(s_{i+1} - s_i)} \right]^{1/(1+\delta)} \tag{2.293}$$

Durch Verwendung von Formparametern (s. Abschn. 2.1, Gl. (2.41)) für die dem System aufgeprägten Leistungsverteilungen

$$\text{Heizung:} \quad \Gamma_H = \frac{2}{\dot{Q}(s_2 - s_1)} \int_{s_1}^{s_2} \int_{s_1}^{s} f(\xi)\, d\xi\, ds \tag{2.294}$$

$$\text{Kühlung:} \quad \Gamma_K = \frac{2}{\dot{Q}(s_6 - s_5)} \int_{s_5}^{s_6} \int_{s_5}^{s} h(\xi)\, d\xi\, ds \tag{2.295}$$

und Zusammenfassen zu einem resultierenden Parameter

$$\tilde{\Gamma} = \frac{1}{2}\left[\frac{(s_2 - s_1)}{H}\Gamma_H + \frac{(s_6 - s_5)}{H}\Gamma_K\right] + \frac{\Delta H}{H} \tag{2.296}$$

läßt sich (2.293) schließlich in adäquater Form zu den Ergebnissen für Einzelkamine schreiben:

$$\dot{m}_K = \left[\frac{g\rho_0\beta_0\dot{Q}\tilde{\Gamma}}{c\sum\limits_{i=0}^{n=7} K_{i,\,i+1}(s_{i+1} - s_i)/H}\right]^{1/(1+\delta)} \tag{2.297}$$

Im Grenzfall der Fußpunktheizung/Kopfpunktkühlung ($s_2 - s_1 = 0$, $s_6 - s_5 = 0$, $\Delta H = H$, $\tilde{\Gamma} = 1$) stellt sich der maximal mögliche Massenstrom ein, der speziell bei gleicher Rohrgeometrie aller Teilstücke ($K_{\delta_{i,\,i+1}} = K_\delta$) und Vernachlässigung der horizontalen Rohrteile ($s_4 - s_3 = s_8 - s_7 = 0$, $L = 2H$) den Wert

$$\dot{m}_{K_{max}} = \left[\frac{g\rho_0\beta_0\dot{Q}}{2cK_\delta}\right]^{1/(1+\delta)} \tag{2.298}$$

annimmt. Der Vergleich dieses wichtigen Ergebnisses mit dem sich einstellenden Massenstrom $\dot{m} = \dot{m}_{max}$ in einem Einzelkamin gleicher Beheizung ($\Gamma = \Gamma_{max} = 2$) und gleicher Geometrie nach Gl. (2.74)

$$\frac{\dot{m}_{K_{max}}}{\dot{m}_{max}} = \left(\frac{1}{2}\right)^{1/(1+\delta)} \tag{2.299}$$

zeigt, daß der Konvektionsmassenstrom in einem geschlossenen Kreislauf um den Faktor

$$\left(\frac{1}{2}\right)^{1/(1+\delta)} = \begin{cases} \dfrac{1}{\sqrt{2}}: & \text{laminar}, \quad \delta = 1 \\[2ex] \dfrac{1}{\sqrt[3]{2}}: & \text{turbulent}, \quad \delta = 2 \end{cases} \tag{2.300}$$

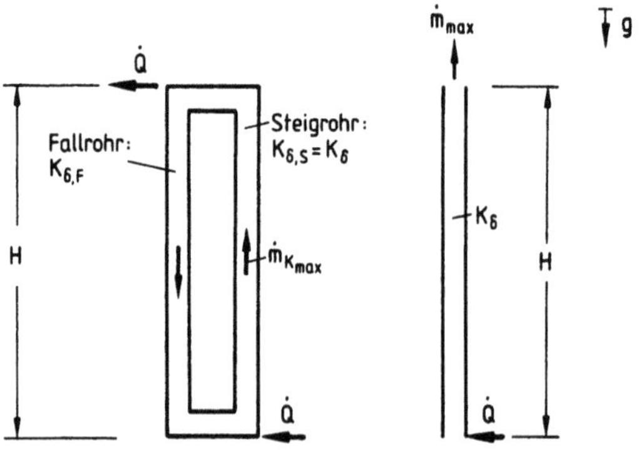

Bild 39
Zum Grenzübergang vom geschlossenen Kreislauf zum Einzelkamin

gegenüber dem in einem Einzelkamin gedrosselt ist. Dieses Ergebnis läßt sich auch durch Grenzübergang vom geschlossenen Kreislauf auf den Einzelkamin finden (Bild 39). Dazu machen wir einerseits den Querschnitt des Fallrohrs beliebig groß und identifizieren andererseits den Querschnitt des Steigrohrs mit dem des Einzelkamins. Das bedeutet, daß wir anstelle des Fallrohrs einen sehr großen Speicher mit einem verschwindenden Reibungskoeffizienten ($K_{\delta,F} \to 0$) anbringen und somit die Situation des Einzelkamins simulieren. Wie wir uns im folgenden überzeugen

$$\lim_{\substack{K_{\delta,F}\to 0\\ K_{\delta,S}\to K_\delta}} (\dot{m}_{K_{max}}) = \lim_{\substack{K_{\delta,F}\to 0\\ K_{\delta,S}\to K_\delta}} \left[\frac{g\rho_0\beta_0\dot{Q}}{c(K_{\delta,F}+K_{\delta,S})}\right]^{1/(1+\delta)} = \left[\frac{g\rho_0\beta_0\dot{Q}}{cK_\delta}\right]^{1/(1+\delta)} = \dot{m}_{max} \tag{2.301}$$

wandelt der Grenzprozeß (2.301) in der Tat (2.297) in (2.74) um.

Ein anderer bemerkenswerter Grenzfall liegt vor, wenn die Heizung und die Kühlung derart aufgeprägt werden, daß der Gesamtparameter $\tilde{\Gamma}$ verschwindet. Dies ist der Fall bei allen zum Schwerefeld punktsymmetrischen Heiz- und Kühlleistungsverteilungen. Ein leicht überschaubarer Sonderfall aus dieser Klasse von Leistungsverteilungen ist die gleichmäßige Beheizung und Kühlung des Steig- und Fallrohrs (Bild 40).

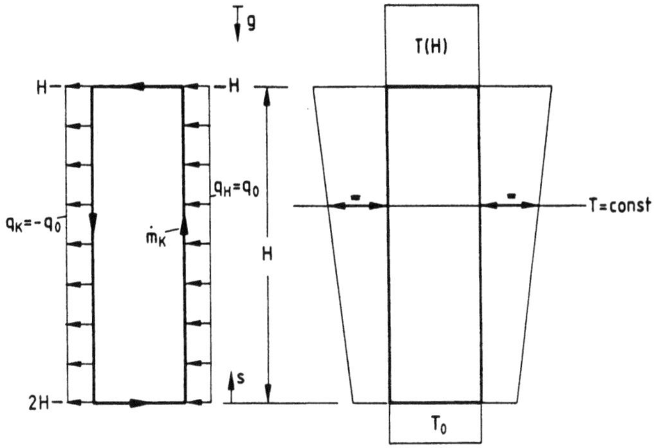

Bild 40 Fiktive Temperaturverteilung bei formal stagnierender Konvektionsströmung infolge gleichmäßiger Beheizung und Kühlung

Einerseits liefert die Energiegl. (2.285) hierfür die ebenfalls in Bild 40 dargestellte punktsymmetrische Temperaturverteilung

$$\begin{aligned} 0 \leqslant s \leqslant H: &\quad T(s) = T_0 + \frac{q_0}{\dot{m}_K c}\, s \\ H \leqslant s \leqslant 2H: &\quad T(s) = T(H) - \frac{q_0}{\dot{m}_K c}(s-H) = T_0 - \frac{q_0}{\dot{m}_K c}(s-2H) \end{aligned} \tag{2.302}$$

wenn wir eine stationäre Konvektionsströmung voraussetzen. Andererseits gilt aber mit $\Gamma_H = \Gamma_K = 1$, $s_2 - s_1 = s_6 - s_5 = H$, $\Delta H = -H$ für den Gesamtparameter (2.296)

$$\tilde{\Gamma} = \frac{1}{2} + \frac{1}{2} - 1 = 0 \tag{2.303}$$

so daß nach (2.297) der Massenstrom $\dot{m}_K$ verschwindet. Der Widerspruch löst sich dadurch, daß die Strömung instationär wird, wenn wir an der eindimensionalen Modellierung (homogen über den Rohrquerschnitt aufgeprägte Wärmequellen und -senken) festhalten, denn eine stationäre Konvektionsströmung kann gar nicht entstehen, wenn in jedem Horizontalschnitt durch das System die Temperatur des Fluids im Steigrohr mit der im Fallrohr identisch ist (Bild 40).

Der statische Druck tritt bei der Berechnung des Massenstroms $\dot{m}_K$ vollkommen in den Hintergrund, weil dieser bei der Aufstellung der Umlaufgleichung F = 0 eliminiert wird. Vollständigkeitshalber ist deshalb in Bild 41 der Druckverlauf längs der geschlossenen Rohrleitung für das in Bild 36 skizzierte Naturumlaufsystem qualitativ aufgetragen, den man bei bekanntem Massenstrom $\dot{m}_K$ nach (2.293) bzw. (2.297) aus den integrierten Impulsgleichungen (2.267) bis (2.274) für die Teilabschnitte des Kreislaufs entnimmt.

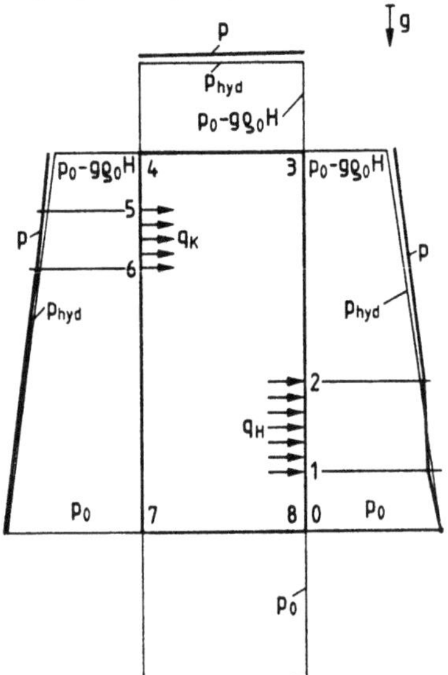

Bild 41
Zum Verlauf des statischen Drucks in einem geschlossenen Kreislaufsystem

2.4.2 Strömung zwischen Behältern unterschiedlicher Temperatur

Eine andere Konvektionsströmung von fundamentaler Bedeutung ist die Strömung zwischen zwei mit Fluid unterschiedlicher Dichte bzw. Temperatur gefüllten Behältern, die entsteht, wenn man die Behälter hydraulisch miteinander verbindet. Wir stoßen zwangsläufig auf diese Problemstellung, wenn wir das Fall- und Steigrohr im zuvor studierten, geschlossenen System durch große Behälter ersetzen (Bild 42), und mögliche Anwendungen reichen bei Berücksichtigung von freien Oberflächen in den Behältern bis hin zu marinen Strömungen.

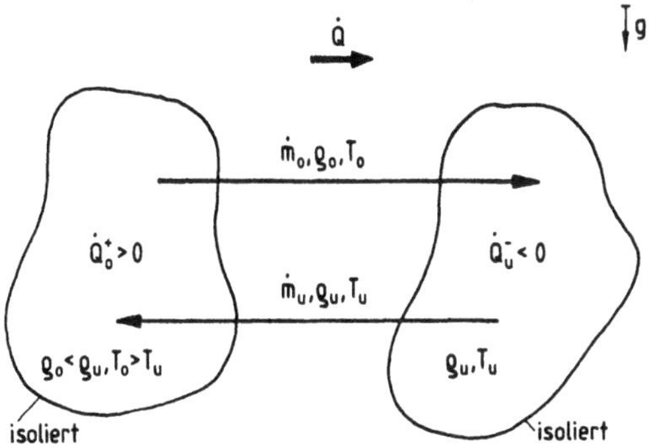

Bild 42
Massen- und Energietransport zwischen zwei Behältern unterschiedlicher Temperatur

Ohne zunächst Aussagen über die spezielle technische Ausführung der hydraulischen Verbindung zwischen den Behältern machen zu müssen, läßt sich das stationäre Verhalten global durch die Erhaltungssätze charakterisieren:

(Masse): $\dot{m}_o = \dot{m}_u = \dot{m}$ (2.304)

Damit weder der eine Behälter entleert wird, noch der andere überläuft, darf global keine Masse transportiert werden. Die einander entgegengerichteten Massenströme $\dot{m}_o$, $\dot{m}_u$ sind deshalb gleich groß.

(Impuls): $\vec{F} = 0$ (2.305)

Auf das System darf keine resultierende Kraft wirken. Nur wenn der Gesamtschwerpunkt in Ruhe bleibt, ist das System kein Perpetuum mobile.

(Energie): $\dot{Q}_o = \dot{Q}_u = \dot{Q}$ (2.306)

Wird der Dichteunterschied $\Delta\rho = \rho_u - \rho_o$ durch Heizen und Kühlen bewerkstelligt, muß die dem System insgesamt zugeführte Energie/Zeiteinheit auch gerade wieder abgeführt werden. Gekoppelt mit den partiellen Massenströmen $\dot{m}_o$, $\dot{m}_u$ wird aufgrund der unterschiedlichen Temperaturen T_o, T_u zwischen den Behältern gerade die Heizleistung $\dot{Q}$ von der Wärmequelle ($\dot{Q}_o^+$) zur -senke ($\dot{Q}_u^-$) transportiert.

In den Behältern setzen wir hydrostatische Fluidzustände voraus. Diese lassen sich realisieren, indem wir einerseits die Behälter hinreichend groß machen und andererseits die Durchflußquerschnitte der hydraulischen Verbindung klein gegen die Behälterabmessungen wählen[1]). Im Fall des Heizens und Kühlens sei das System außerdem thermisch isoliert.

[1]) Unter den genannten Voraussetzungen wird selbst in Behältern mit inneren Wärmequellen bzw. -senken der hydrostatische Zustand weitgehend erreicht, denn die dann in den Behältern zirkulierenden Massenströme sind einerseits so groß gegenüber den gerichteten Massenströmen zwischen den Gefäßen, daß, wie beim mechanischen Rühren, das Fluid homogenisiert wird, andererseits bleiben aber die zugehörigen Strömungsgeschwindigkeiten dabei so klein, daß die Druckverteilung nur unwesentlich von der Druckverteilung in einer ruhenden Flüssigkeit abweicht.

Je nach Wahl der Geometrie der hydraulischen Verbindung lassen sich zwischen den Behältern mannigfaltige Strömungen realisieren: ein- und zweischichtige Rohrströmungen, zweischichtige Strömungen mit freier Oberfläche (Gerinne- oder Wehrströmungen) und Kombinationen dieser Strömungen. Zum Verständnis des Antriebsmechanismus dieser Konvektionsströmungen genügt jedoch das Studium der hydraulisch einfachsten Verbindung, die aus zwei im Schwerefeld vertikal versetzt angeordneten Verbindungsrohren mit Borda-Geometrie besteht (Bild 43).

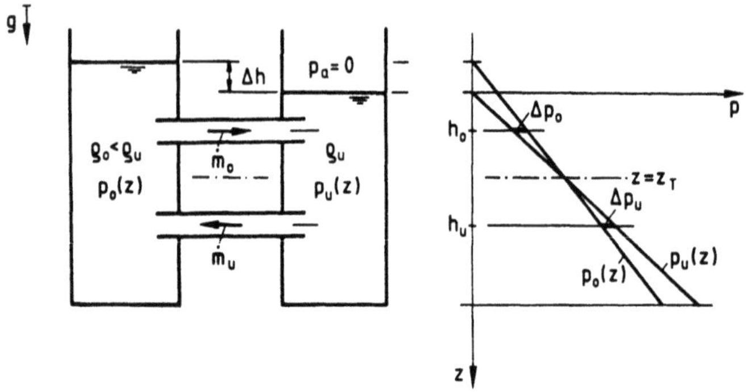

Bild 43 Einschichtige Konvektionsströmung durch Doppelrohrverbindung

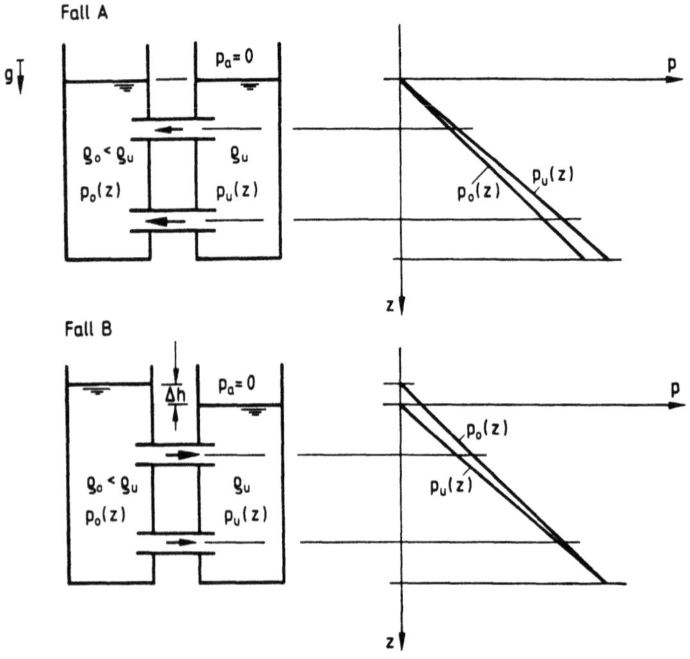

Bild 44 Charakteristische instationäre Anlaufströmungen

Bevor wir die interessierende stationäre Strömung in dieser Anordnung explizit berechnen, werden zwei charakteristische Anlaufströmungen betrachtet (Bild 44), die bereits unmittelbar das stationäre Verhalten verstehen lassen.

Die hydraulische Verbindung zwischen den Behältern mit gleicher Grundfläche A_B sei zur Zeit t = 0 zunächst gesperrt. Im linken Behälter befinde sich das leichtere, im rechten das schwerere Fluid. Bei gleichen Ausgangsspiegelhöhen (Fall A) fließt beim Öffnen der Versperrung dann die schwere Flüssigkeit in das Nachbargefäß, dessen Flüssigkeitsspiegel dabei angehoben wird. Ausgehend von gleichen Flüssigkeitsmengen (Fall B), mit einem aufgrund der geringeren Dichte erhöhten Flüssigkeitsspiegel im linken Behälter, strömt dagegen beim Öffnen allein die leichtere Flüssigkeit über, so daß sich die zu Beginn maximale Spiegelüberhöhung Δh_{max} dabei vermindert. Da beide betrachteten Anfangsströmungen dem stationären Zustand zustreben, wenn die Anfangsdichten in beiden Behältern konstant gehalten werden, muß im stationären Zustand

$$0 < \Delta h < \Delta h_{max} = \left(\frac{\rho_u}{\rho_o} - 1\right) \cdot H, \quad \text{H: Anfangsfüllhöhe im rechten Behälter} \tag{2.307}$$

gelten, der Flüssigkeitsspiegel der leichteren Flüssigkeit immer etwas über dem der schwereren liegen. Für hinreichend große Behälter und hinreichend kleine Querschnitte der Verbindungsleitungen existieren somit die in Bild 43 dargestellten hydrostatischen Druckverteilungen:

$$p_o(z) = g\rho_o(z + \Delta h) \tag{2.308}$$

$$p_u(z) = g\rho_u z \tag{2.309}$$

Dabei ist $p_o(z)$ die Druckverteilung im linken Behälter mit dem Fluid der Dichte ρ_o und $p_u(z)$ die Druckverteilung im rechten Behälter mit dem Fluid der Dichte $\rho_u > \rho_o$, wobei die Ortskoordinate z immer von der freien Oberfläche des schweren Fluids im rechten Behälter gezählt wird und der Druck p_a der Umgebung ohne Einschränkung der Allgemeinheit (Fluid sei inkompressibel → Flüssigkeit) zu null gesetzt wurde.

Wir studieren nun die Strömungen durch die horizontalen Verbindungsrohre bei $z = h_o$ und $z = h_u$ (Bild 45), die sich aufgrund der unterschiedlichen hydrostatischen Druckver-

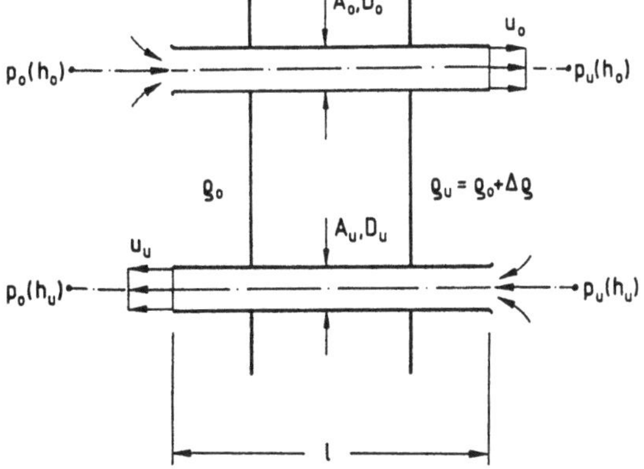

Bild 45
Zur Strömung durch die Verbindungsrohre bei $z = h_o$ und $z = h_u$

teilungen in den Behältern (Bild 43) einstellen. Sind die Rohrquerschnitte, wie bereits zuvor vorausgesetzt, hinreichend klein und außerdem die Rohre nicht zu dicht unter der am tiefsten liegenden freien Oberfläche im rechten Behälter (Bild 43) angebracht, so daß die Variationen der hydrostatischen Drücke im Bereich der Rohrquerschnitte immer klein gegenüber den zugehörigen Mittelwerten bleiben ($\delta p_{hyd}/\bar{p}_{hyd} \ll 1$), lassen sich die interessierenden Rohrströmungen jeweils mit einer um ein Verlustglied erweiterten Bernoullischen Gleichung beschreiben.

Für das obere Rohr bei $z = h_o$ gilt dann längs einer Stromlinie vom Inneren des linken Behälters bis zum Rohrende

$$p_o(h_o) = p_u(h_o) + \frac{\rho_o}{2} u_o^2 + \Delta p_{V,o} \tag{2.310}$$

und für das untere Rohr bei $z = h_u$ entsprechend

$$p_u(h_u) = p_o(h_u) + \frac{\rho_u}{2} u_u^2 + \Delta p_{V,u} \tag{2.311}$$

mit den Rohrreibungsverlusten

$$\Delta p_{V,o} = K_{\delta,o} \ell \dot{m}_o^\delta, \qquad \Delta p_{V,u} = K_{\delta,u} \ell \dot{m}_u^\delta \tag{2.312}$$

in Massenstromschreibweise nach Abschn. 2.2. Etwaige Stoßverluste beim Einströmen in die Rohre denken wir uns dabei durch ausreichende Profilierung bzw. Kantenrundung (Bild 45) beseitigt, und durch formales Umschreiben der Staudruckterme in (2.310), (2.311) mit Hilfe der Kontinuitätsgleichung $\dot{m}_o = \rho_o u_o A_o$ bzw. $\dot{m}_u = \rho_u u_u A_u$ in Massenstromterme erhält man:

$$\Delta p_o = p_o(h_o) - p_u(h_o) = \frac{\dot{m}_o^2}{2\rho_o A_o^2} + K_{\delta,o} \ell \dot{m}_o^\delta > 0 \tag{2.313}$$

$$\Delta p_u = p_u(h_u) - p_o(h_u) = \frac{\dot{m}_u^2}{2\rho_u A_u^2} + K_{\delta,u} \ell \dot{m}_u^\delta > 0 \tag{2.314}$$

Setzen wir in diese beiden Gleichungen die hydrostatischen Druckverteilungen (2.308), (2.309) in den Behältern ein und beachten, daß im stationären Fall $\dot{m}_o = \dot{m}_u = \dot{m}$ gilt, stehen zwei Gleichungen zur Berechnung des sich jeweils in den Verbindungsrohren einstellenden Massenstroms $\dot{m}$ und der die Strömung antreibenden stationären Höhenspiegeldifferenz Δh bereit:

$$\Delta p_o = g\rho_o \left[h_o \left(1 - \frac{\rho_u}{\rho_o} \right) + \Delta h \right] = \frac{\dot{m}^2}{2\rho_o A_o^2} + K_{\delta,o} \ell \dot{m}^\delta \tag{2.315}$$

$$\Delta p_u = g\rho_o \left[h_u \left(\frac{\rho_u}{\rho_o} - 1 \right) - \Delta h \right] = \frac{\dot{m}^2}{2\rho_u A_u^2} + K_{\delta,u} \ell \dot{m}^\delta \tag{2.316}$$

Ein Zusammenhang zwischen Δh und $\dot{m}$ läßt sich aber auch noch auf eine ganz andere Art und Weise herleiten, indem wir den Impulssatz für stationäre Strömungen auf das

Gesamtsystem anwenden. Dabei wird sich zeigen, daß die Verträglichkeit beider Aussagen nicht in allen Fällen gegeben ist und hieraus ein erster Hinweis bezüglich der Stabilität eines Naturumlaufsystems abgeleitet werden kann. Wir beginnen mit der Formulierung des Impulssatzes, wobei nur die x-Komponente benötigt wird. Da über die Systemgrenze (Kontrollvolumen nach Bild 46) weder ein Massenstrom ein- noch ausfließt, gilt (s. Satz 2, Abs. 1)

$$0 = \Sigma F_i = \Sigma F_p + \Sigma F_\tau + F_x \tag{2.317}$$

mit den Kräften ΣF_p, ΣF_τ an der Oberfläche des Kontrollvolumens infolge Druck- bzw. Schubspannungen und einer zunächst unbekannten im Inneren des Kontrollvolumens auf die Flüssigkeit einwirkenden Kraft F_x.

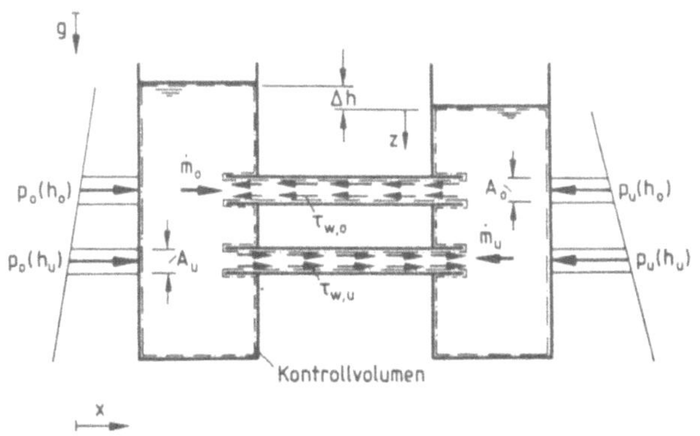

Bild 46 Kontrollvolumen zur Anwendung des Impulssatzes bei einer Doppelrohrverbindung mit Borda-Geometrie

Aus Bild 46 läßt sich einerseits aufgrund der nur aus beweistechnischen Gründen gewählten Borda-Geometrie (die Druckverteilung an der Behälterwand bleibt dann auch unmittelbar neben dem eingesteckten Rohr hydrostatisch) direkt

$$\Sigma F_p = [p_o(h_o) - p_u(h_o)]A_o + [p_o(h_u) - p_u(h_u)]A_u = \Delta p_o A_o - \Delta p_u A_u \tag{2.318}$$

und andererseits bei ausgeprägter Fluidreibung in den Rohren

$$\Sigma F_\tau = -\tau_{W,o} O_o + \tau_{W,u} O_u \tag{2.319}$$

ablesen. Beachtet man noch, daß bei stationärer Rohrströmung die mit der Wandschubspannung $\tau_{W,i}$ und der benetzten Rohroberfläche O_i gebildete Reibungskraft auch durch den zugehörigen Druckverlust $\Delta p_{V,i}$ sowie den Rohrquerschnitt A_i und damit wiederum mit (2.312) in Massenstromschreibweise dargestellt werden kann

$$\tau_{W,i} O_i = \Delta p_{V,i} A_i = K_{\delta,i} \ell A_i \dot{m}^\delta \quad \text{mit} \quad i = o, u \tag{2.320}$$

läßt sich der Impulssatz (2.317) in der Form

$$F_x = -\Delta p_o A_o + \Delta p_u A_u + \ell \dot{m}^\delta (A_o K_{\delta,o} - A_u K_{\delta,u}) \tag{2.321}$$

oder
$$F_x = -g\rho_o\left[\left\{h_o\left(1-\frac{\rho_u}{\rho_o}\right)+\Delta h\right\}A_o+\left\{h_u\left(\frac{\rho_u}{\rho_o}-1\right)-\Delta h\right\}A_u\right]$$
$$+\ell\dot{m}^\delta(A_oK_{\delta,o}-A_uK_{\delta,u}) \tag{2.322}$$

schreiben, wenn außerdem die hydrostatischen Druckverteilungen (2.308), (2.309) der Behälter in (2.321) eingesetzt werden. Wir erinnern uns jetzt, daß auf das Gesamtsystem keine resultierende Kraft wirken darf, denn sonst wäre unser System ein Perpetuum mobile. Um diese Bedingung zu veranschaulichen, denken wir uns die mit den Rohren verbundenen Behälter auf einem Wagen befestigt, der sich in x-Richtung reibungsfrei bewegen kann. Bei vorhandener Kraft F_x würde sich der Wagen immer schneller bewegen, ohne daß dabei dem System Energie zugeführt würde. Da dies nicht sein kann, muß die Kraft F_x verschwinden. Mit $F_x = 0$ wird (2.321) bzw. (2.322) übrigens zur Umlaufgleichung des Problems, denn die Umlaufgleichung beschreibt nichts anderes – wie wir bereits schon früher erkannt haben, zuletzt in Abschn. 2.4.1 – als das Gleichgewicht ($\vec{F} = \Sigma\,\vec{F}_i = 0$) zwischen den am System wirkenden Kräften. Hier benötigen wir jedoch gegenüber den zuvor behandelten Problemen noch eine Zusatzinformation, da sich nicht nur die Strömung, sondern auch noch die Höhenspiegel der beiden sich in den Behältern befindlichen Flüssigkeitssäulen frei zueinander einstellen können. Diese Zusatzinformation haben wir uns durch die Betrachtung eines Verbindungsrohres als Teilsystem bereits beschafft. Da aber die Behälter durch zwei Verbindungsrohre miteinander verbunden sind, haben wir nicht nur eine Zusatzgleichung, sondern gleich zwei erhalten: (2.315) und (2.316). Zur Berechnung der Höhenspiegeldifferenz Δh und des Massenstroms $\dot{m}$ benutzen wir deshalb direkt diese beiden Gleichungen, überprüfen aber zuvor, ob Verträglichkeit mit der Impuls- bzw. Umlaufgleichung gewährleistet ist.

Wir betrachten zunächst den Fall sehr großer Fluidreibung

$$\frac{\dot{m}^2}{2\rho_i A_i^2} \ll K_{\delta,i}\ell\dot{m}^\delta \quad \text{mit} \quad i = o, u \tag{2.323}$$

bei dem die sich einstellende Konvektionsströmung allein durch die Reibungsverluste in den Verbindungsrohren begrenzt wird. Mit (2.323) vereinfachen sich die Gleichungen (2.315), (2.316) auf

$$\Delta p_o = K_{\delta,o}\ell\dot{m}^\delta \tag{2.324}$$

$$\Delta p_u = K_{\delta,u}\ell\dot{m}^\delta \tag{2.325}$$

und durch Einsetzen von (2.324), (2.325) in (2.321) stellt man das Verschwinden der Kraft F_x fest:

$$F_x = 0 \tag{2.326}$$

Für hinreichend stark gedämpfte Systeme beliebiger Geometrie besteht somit Verträglichkeit zwischen der durch Anwendung des Impulssatzes auf das Gesamtsystem gefundenen Gl. (2.321) bzw. (2.322) und den beiden Gleichungen (2.315), (2.316), die sich aus der Betrachtung der Verbindungsrohre als Teilsysteme ergeben haben. Anders ist die Situation, wenn wir die Reibung im System gänzlich wegnehmen und uns die Beschränkung der Strömung allein durch die permanente Beschleunigung der Fluidteilchen aus den Ruhezuständen in den Behältern heraus

$$\frac{\dot{m}^2}{2\rho_i A_i^2} \gg K_{\delta,i} \ell \dot{m}^\delta \quad \text{mit} \quad i = o, u \tag{2.327}$$

verursacht denken. In diesem Fall reduzieren sich die Gleichungen (2.315), (2.316) auf

$$\Delta p_o = \frac{\dot{m}^2}{2\rho_o A_o^2} \tag{2.328}$$

$$\Delta p_u = \frac{\dot{m}^2}{2\rho_u A_u^2} \tag{2.329}$$

und durch Einsetzen in (2.321) erhält man:

$$F_x = 0 = \frac{\dot{m}^2}{2}\left[\frac{1}{\rho_o A_o} - \frac{1}{\rho_u A_u}\right] = \frac{\dot{m}^2}{2\rho_o A_o}\left[1 - \frac{A_o}{A_u}\frac{1}{(1 + \Delta\rho/\rho_o)}\right] \tag{2.330}$$

Jetzt verschwindet F_x nur noch für

$$\rho_o A_o = \rho_u A_u \tag{2.331}$$

oder $$A_o = A_u \tag{2.332}$$

wenn wir uns auf kleine Dichteunterschiede $\Delta\rho/\rho_o \ll 1$ beschränken. Die betrachtete wandreibungsfreie Idealisierung läßt offensichtlich nur noch sehr eingeschränkte Geometrien der Verbindungsrohre zu. Weicht man von der Vorschrift (2.331) bzw. (2.332) ab, stellen sich im ungedämpften System unterschiedliche Massenströme ($\dot{m}_o \neq \dot{m}_u$) ein. Da sich jedoch weder der eine Behälter vollständig entleeren noch der andere ganz auffüllen kann, ist nur noch eine instationäre Strömung (Schwingung in den kommunizierenden Gefäßen) denkbar. Hieraus ziehen wir den Schluß, daß im allgemeinen nur in einem System mit hinreichend großen Strömungsverlusten eine stationäre, stabile Konvektionsströmung erwartet werden kann und berechnen unter diesem Vorhalt nun aus (2.315), (2.316) die sich bei vorgegebener Dichtedifferenz $\Delta\rho = \rho_u - \rho_o$ stationär einstellende Höhenspiegeldifferenz Δh und den zugehörigen Wert des Massenstroms $\dot{m}$ in den Verbindungsrohren. Dabei ergibt sich:

$$\Delta h = (\Delta\rho/\rho_o) h_{K_\delta} > 0 \quad \text{mit} \quad h_{K_\delta} = \frac{h_o + h_u \dfrac{K_{\delta,o}}{K_{\delta,u}}}{1 + \dfrac{K_{\delta,o}}{K_{\delta,u}}} \tag{2.333}$$

$$\dot{m} = \left[(\Delta\rho/\rho_o)\frac{2g\rho_o}{K_\delta}\right]^{1/\delta} \quad \text{mit} \quad \frac{1}{K_\delta} = \frac{1}{2\ell K_{\delta,o}}\,\frac{(h_u - h_o)\dfrac{K_{\delta,o}}{K_{\delta,u}}}{1 + \dfrac{K_{\delta,o}}{K_{\delta,u}}} \tag{2.334}$$

Werden die Dichteunterschiede thermisch durch Heizen bzw. Kühlen der Behälter verursacht, sind die von der Art der Dichteerzeugung unabhängigen Ergebnisse (2.333), (2.334) mit Hilfe der Zustandsgleichung für Flüssigkeiten

$$\rho_o = \rho_u[1 - \beta_u \Delta T] \tag{2.335}$$

umzurechnen. Man erhält dann bei Beachtung von $\beta_u \Delta T \ll 1$:

$$\Delta h = (\beta_u \Delta T) h_{K_\delta} \tag{2.336}$$

$$\dot{m} = \left[(\beta_u \Delta T) \frac{2 g \rho_u}{K_\delta} \right]^{1/\delta} \tag{2.337}$$

Ersetzen wir schließlich noch in (2.237) die Temperaturdifferenz $\Delta T = T_o - T_u > 0$ durch die global transportierte Wärmeleistung

$$\dot{Q} = \dot{m} c_F \Delta T \tag{2.338}$$

und vergleichen das so gewonnene Resultat

$$\dot{m} = \left[\frac{g \rho_u \beta_u}{2 c_F} \frac{\dot{Q}}{\frac{1}{4} K_\delta} \right]^{1/(1+\delta)} \tag{2.339}$$

mit dem für den beheizten Einzelkamin (2.74), ist qualitativ das gleiche Verhalten festzustellen. Dem entnehmen wir, daß die Eigenart eines speziellen Systems wesentlich durch dessen Widerstandsverhalten charakterisiert wird. Bleibt noch zu bemerken, daß bei der Herleitung von (2.333), (2.334) stillschweigend gleiche Strömungsformen in den beiden Verbindungsrohren ($\delta_o = \delta_u = \delta$: laminar ($\delta = 1$) oder turbulent ($\delta = 2$)) unterstellt wurden und sich wegen der ebenfalls vorausgesetzten einschichtigen Rohrströmung die Verbindungsgeometrie nicht mehr vollkommen frei wählen läßt. Ein Maß zur Beurteilung der Einschichtigkeit ist der Ort $z = z_T$, für den die Differenz

$$p_o(z_T) - p_u(z_T) = 0 \tag{2.340}$$

zwischen den hydrostatischen Drücken in den Behältern verschwindet (Bild 43). Mit $p_o(z)$, $p_u(z)$ nach (2.308), (2.309) erhält man aus (2.340) sofort

$$z_T = \frac{\rho_o}{\Delta \rho} \Delta h \tag{2.341}$$

und mit Δh nach (2.333) schließlich:

$$z_T = h_{K_\delta} = \frac{h_o + h_u \dfrac{K_{\delta,o}}{K_{\delta,u}}}{1 + \dfrac{K_{\delta,o}}{K_{\delta,u}}} \tag{2.342}$$

Insbesondere für gleiche Rohrwiderstände $K_{\delta,o} = K_{\delta,u}$ ergibt sich der Schnittpunkt $z = z_T$ der hydraulischen Behälterdruckverteilungen als arithmetisches Mittel

$$z_T = \frac{h_o + h_u}{2} \tag{2.343}$$

und liegt damit gerade in der geometrischen Mitte zwischen den beiden Verbindungsrohren. Vergrößert oder verkleinert man den Widerstand allein eines Rohres der Doppelverbindung ($k_{\delta,o} \neq K_{\delta,u}$) immer mehr, wird die Symmetrie zerstört, und der Ort z_T wandert schließlich in den Öffnungsbereich des oberen oder unteren Rohrs, so daß die Strömung dort in eine zweischichtige Rohrströmung überwechselt. Ein exemplarisches Beispiel für eine solche zweischichtige Strömung, das nicht nur technisch große Bedeutung besitzt, ist die Konvektionsströmung zwischen zwei über eine Schleuse hydraulisch miteinander verbundenen Wasserbecken, die sich einstellt, wenn z. B. die externe Kühlung eines der beiden Becken ausfällt, in denen wir uns Wärmequellen (z. B. abgebrannte Brennelemente aus Kernreaktoren) gelagert denken (Bild 47). Über die offene Schleuse wird in diesem Fall durch eine zweischichtige Konvektionsströmung mit freier Oberfläche das ungekühlte Becken von der intakten Kühlung des Nachbarbeckens mitversorgt, ohne daß sich dabei eine gravierende Temperaturerhöhung des extern ungekühlten Beckens einstellt.

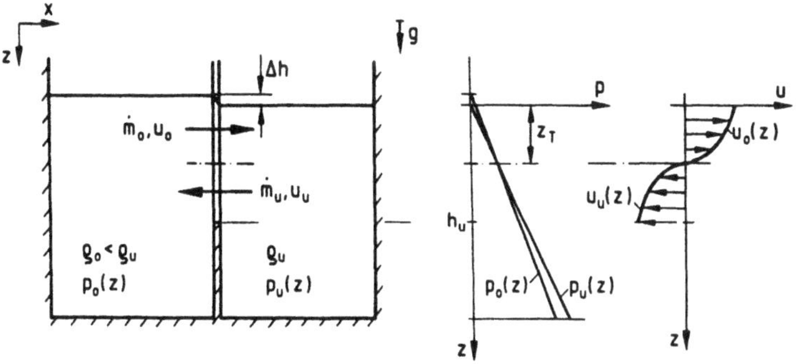

Bild 47 Zweischichtige Konvektionsströmung durch schlitzförmige Schleuse

Da die Tiefe des Schleusenschlitzes jetzt von der Größenordnung der Behälterhöhe selbst ist, sind die Überströmgeschwindigkeiten je nach Höhenlage verschieden. In gröbster Näherung lassen sich diese durch die Bernoullische Gleichung beschreiben, die wir auf eine Stromlinie in einer beliebigen Höhenschicht z = const anwenden. Die betrachtete Stromlinie führt dabei vom hydrostatischen Behälterzustand bis hin zum voll kontrahierten Flüssigkeitsstrahl (Bild 48).

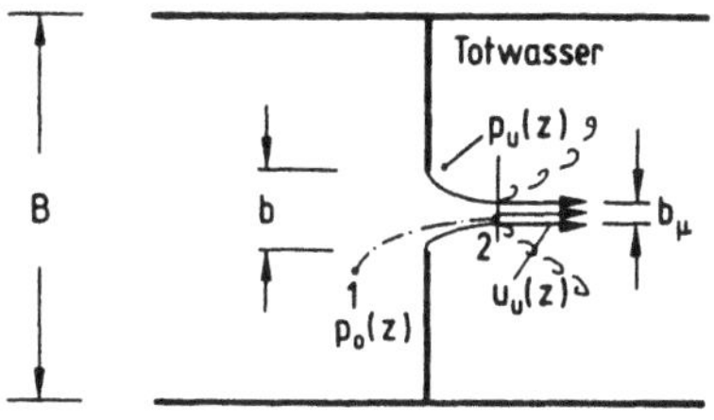

Bild 48
Strömung durch die schlitzförmige Blende in einer Höhenschicht z = const oberhalb der Trennstromfläche $z = z_T$

Dabei ist zu beachten, daß einerseits von $1 \rightarrow 2$ nahezu keine Strömungsverluste auftreten und andererseits der statische Druck im voll kontrahierten Strahl gerade mit dem hydrostatischen Druck des Behälters übereinstimmt, in den er einströmt, denn bevor eine Vermischung und damit ein signifikanter Strömungsverlust entstehen kann, werden die Stromlinien des sich kontrahierenden Flüssigkeitsstrahls zueinander gerade parallel. Damit ist der statische Druck $p_2(z) = p_u(z)$ im Strahl identisch mit dem hydrostatischen Druck des ihn umgebenden Totwassers. Beachten wir noch die entgegengesetzten Strömungsrichtungen ober- und unterhalb der Trennstromfläche bei $z = z_T$, gilt:

$$z < z_T: \quad p_o(z) = p_u(z) + \frac{\rho_o}{2} u_o^2(z) \tag{2.344}$$

$$z > z_T: \quad p_u(z) = p_o(z) + \frac{\rho_u}{2} u_u^2(z) \tag{2.345}$$

Die Lage der Trennstromfläche ergibt sich jetzt aus dem lokalen Verschwinden der Geschwindigkeit (Bild 47)

$$u_o(z_T) = u_u(z_T) = 0 \tag{2.346}$$

woraus mit (2.345), (2.344) wieder

$$p_o(z_T) = p_u(z_T) \tag{2.347}$$

und durch Einsetzen der hydrostatischen Druckverteilungen (2.308), (2.309) für beide Behälter ebenso wie im Fall der zuvor untersuchten Doppelrohrverbindung

$$z_T = \frac{\rho_o}{\Delta\rho} \Delta h \tag{2.348}$$

folgt. Anders gestaltet sich dagegen die Berechnung der Höhenspiegeldifferenz Δh, die wir aus der Gleichheit der Massenströme

$$\dot{m}_o = \dot{m}_u = \dot{m} \tag{2.349}$$

mit

$$\dot{m}_o = \mu\rho_o b \int_{z_T}^{-\Delta h} u_o(z)\, dz > 0 \tag{2.350}$$

$$\dot{m}_u = \mu\rho_u b \int_{z_T}^{h_u} u_u(z)\, dz > 0 \tag{2.351}$$

nach Bild 47 ausrechnen. Dabei wird ein über die ganze Schleuse konstantes Kontraktionsverhältnis μ vorausgesetzt, was zulässig ist, da die Kontraktion des Strahls allein vom Öffnungsverhältnis b/B der Schleuse und nicht etwa auch von den jeweils in unterschiedlichen Höhenschichten verschiedenen Geschwindigkeiten abhängt:

$$\mu = \frac{b_\mu}{b} = \mu(b/B) \tag{2.352}$$

Die formale Integration zur Erlangung der Massenströme $\dot{m}_o$, $\dot{m}_u$ nach (2.350), (2.351) mit den Geschwindigkeiten $u_o(z)$, $u_u(z)$, die entsprechend den Bernoullischen Gleichungen (2.344), (2.345) durch die hydrostatischen Behälterdruckverteilungen nach (2.308), (2.309) ersetzt werden, liefert

$$\dot{m}_o = \frac{2}{3}\mu b\sqrt{2g}(\Delta h)^{3/2}\rho_o \frac{(1+\Delta\rho/\rho_o)^{3/2}}{\Delta\rho/\rho_o} \tag{2.353}$$

$$\dot{m}_u = \frac{2}{3}\mu b\sqrt{2g}(\Delta h)^{3/2}\frac{\rho_u}{\sqrt{1+\Delta\rho/\rho_o}}\frac{\left(\frac{\Delta\rho}{\rho_o}\frac{h_u}{\Delta h}-1\right)^{3/2}}{\Delta\rho/\rho_o} \tag{2.354}$$

und durch Gleichsetzen der beiden Massenströme folgt die Bestimmungsgleichung für die Höhenspiegeldifferenz Δh, die insbesondere für kleine Dichtedifferenzen $\Delta\rho/\rho_o \ll 1$, auf die wir uns hier beschränken wollen, die einfache Form

$$\Delta h = (\Delta\rho/\rho_o)\frac{h_u}{2} > 0 \tag{2.355}$$

annimmt. Für die Austauschmassenströme $\dot{m}_o = \dot{m}_u = \dot{m}$ zwischen den Becken gilt dann

$$\dot{m} = \frac{1}{3}\mu b h_u \rho_u \sqrt{2gh_u}\left(\frac{1}{2}\frac{\Delta\rho}{\rho_o}\right)^{1/2} \tag{2.356}$$

oder

$$\dot{m} = \frac{1}{3}\mu b h_u \rho_u \sqrt{2gh_u}\left(\frac{1}{2}\beta_u\Delta T\right)^{1/2} \tag{2.357}$$

wenn wir uns die Dichtedifferenz $\Delta\rho$ durch eine nach (2.335) entsprechende Temperaturdifferenz ΔT ersetzt denken. Mit der durch die Konvektionsströmung über die Schleuse transportierten Wärmeleistung

$$\dot{Q} = \dot{m}c_F\Delta T \tag{2.358}$$

läßt sich schließlich zusammen mit (2.357) noch eine Gleichung zur Berechnung der Temperaturdifferenz ΔT zwischen den Becken angeben, die sich einstellt, wenn eine bestimmte zu transportierende Wärmeleistung $\dot{Q}$ vorgeschrieben wird. Es gilt:

$$\Delta T = \frac{2}{h_u}\left[\frac{2}{3}\mu b\sqrt{2g\beta_u}\,\rho_u c_F\right]^{-2/3}\dot{Q}^{2/3} \tag{2.359}$$

Durch Ausnutzen der berechneten Konvektionsströmung ist die Kühlung ganzer Beckenketten durch die externe Kühlung irgendeines einzelnen Beckens der Kette möglich (Bild 49).

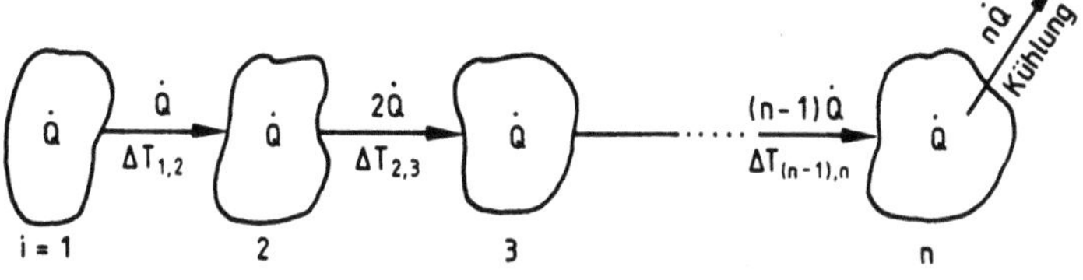

Bild 49 Kette thermisch und hydraulisch gleichwertiger Becken mit externer Kühlung eines Randbeckens

Da die Temperaturdifferenzen längs der Kette dabei degressiv anwachsen

$$\frac{\Delta T_{i,\,i+1}}{\Delta T_{1,2}} = i^{2/3} \tag{2.360}$$

ist sogar die Realisierung sehr langer Beckenketten denkbar.

Zur Kontrolle unserer Überlegungen prüfen wir nach, ob Verträglichkeit mit der globalen Impulsbedingung (2.305) bzw. (2.317) besteht. Wie im vorangegangenen Beispiel formulieren wir hierzu den Impulssatz zunächst für eine Schleuse mit Borda-Geometrie.

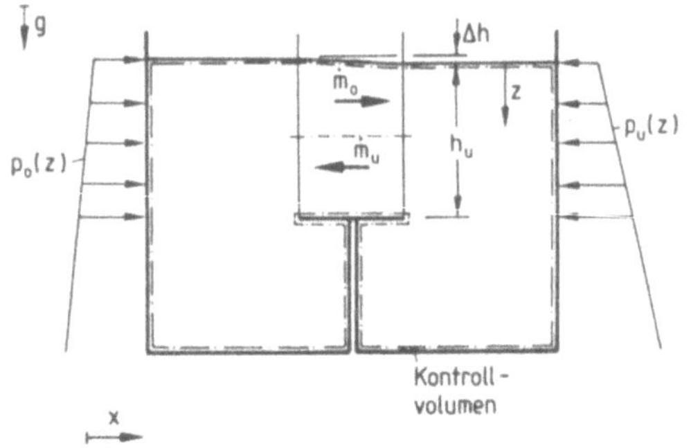

Bild 50
Kontrollvolumen zur Anwendung des Impulssatzes bei einer Schleuse mit Borda-Geometrie

Aus Bild 50 läßt sich dann sofort

$$0 = \int_{-\Delta h}^{h_u} p_o(z)\,dz - \int_0^{h_u} p_u(z)\,dz + F_x \tag{2.361}$$

ablesen, und aus der Forderung $F_x = 0$ (System ist kein Perpetuum mobile) folgt durch Ausrechnen der Integrale mit den Integranden $p_o(z)$, $p_u(z)$ nach (2.308), (2.309) die Höhenspiegeldifferenz

$$\Delta h = h_u\left(\sqrt{\frac{\rho_u}{\rho_o}} - 1\right) = h_u\left(\sqrt{1 + \frac{\Delta\rho}{\rho_o}} - 1\right) = h_u\left(1 + \frac{1}{2}\frac{\Delta\rho}{\rho_o} + \ldots - 1\right) \tag{2.362}$$

die, entwickelt für kleine Dichteunterschiede $\Delta\rho/\rho_o \ll 1$, gerade mit der Herleitung (2.355) identisch ist. Für $\Delta\rho/\rho_o \ll 1$ gilt somit auch $\Delta h/h_u \ll 1$. Damit ist für kleine Dichtedifferenzen einerseits die Anwendung der Bernoullischen Gleichung auf Höhenschichten $z = \text{const}$ legitimiert, und andererseits gilt dann (2.361) auch für Schleusen ohne Borda-Geometrie, denn die Änderung des Druckfeldes vor den Einströmöffnungen ist dann beidseits der Trennwand in gröbster Näherung gleich, so daß sich dieser Einfluß eliminiert und das Resultat (2.362) unverändert gültig bleibt. Unsere Überlegungen sind also für kleine Dichteunterschiede konsistent. Die Trennstromfläche stellt mit $z_T = h_u/2$ nach (2.348) und (2.355) bzw. (2.362) gerade symmetrisch ein und entspricht damit der stationär möglichen Doppelrohrströmung bei Reibungsfreiheit. Da es sich bei praktischen Anwendungen meist um Schleusen mit einem sehr kleinen Öffnungsverhältnis $b/B \ll 1$ handelt, kann bei expliziten Rechnungen als Kontraktionsverhältnis der potentialtheoretische Grenzwert[1])

$$\mu(b/B = 0) = \frac{\pi}{\pi + 2} = 0{,}611 \tag{2.363}$$

verwendet werden, der auch gut mit dem experimentell an Wehren mit schlitzförmigen Durchlaß gewonnenen Wert $\mu = 1/\sqrt{3} = 0{,}577$ übereinstimmt.

2.5 Boussinesq-Approximation

2.5.1 Stationäre Strömung

Wie bereits in Abschn. 2.1 gezeigt wurde, einfachheitshalber für eine zunächst reibungsfreie Strömung, kann die stationäre eindimensionale freie Kaminströmung ohne die Einschränkung

$$\beta_0 \Delta T = \frac{\beta_0 \dot{Q}}{\dot{m} c} \ll 1 \tag{2.364}$$

für die Aufheizung des Fluids exakt berechnet werden. Der sich frei einstellende Massenstrom $\dot{m}$ ergibt sich dann für einen Kamin mit homogener Beheizung $q_0 = \dot{Q}/H$ aus der Umlaufgl. (2.43) zu

$$\dot{m}^3 = \frac{g \rho_0^2 \beta_0 \dot{Q} H A^2}{2c} \, \frac{1}{\dfrac{1}{2} + \left(\dfrac{1}{1 - \dfrac{\beta_0 \dot{Q}}{\dot{m} c}} - 1 \right)} \tag{2.365}$$

und für die Geschwindigkeit u(x), die Dichte $\rho(x)$, die Temperatur T(x) und den statischen Druck p(x) im Kamin gilt

$$u(x) = \frac{\dot{m}}{\rho_0 A} \, \frac{1}{1 - \dfrac{\beta_0 \dot{Q}}{\dot{m} c} \dfrac{x}{H}} \tag{2.366}$$

$$\rho(x) = \rho_0 \left[1 - \frac{\beta_0 \dot{Q}}{\dot{m} c} \frac{x}{H} \right] \tag{2.367}$$

---

[1]) Für die Strömung durch einen ebenen Schlitz in einer geometrischen Anordnung nach Bild 48 liefert die Potentialtheorie allgemein $\mu = \mu(m = b/B)$ in impliziter Form: $m = m\mu + \frac{2}{\pi} [1 - (m\mu)^2] \arctan(m\mu)$. In den Grenzfällen m = 0, m = 1 ergeben sich hieraus die Kontraktionsverhältnisse $\mu(0) = \pi/(\pi + 2)$, $\mu(1) = 1$.

$$T(x) = T_0 + \frac{\dot{Q}}{\dot{m}c}\frac{x}{H} \tag{2.368}$$

$$p(x) = \underbrace{p_0 - g\rho_0 x}_{p_{hyd}} - \frac{\dot{m}^2}{\rho_0 A^2}\left[\frac{1}{2} + \left(\frac{1}{1 - \frac{\beta_0 \dot{Q}}{\dot{m}c}\frac{x}{H}} - 1\right)\right] + \frac{g\rho_0\beta_0\dot{Q}H}{2\dot{m}c}\left(\frac{x}{H}\right)^2 \tag{2.369}$$

entsprechend (2.34), (2.31), (2.30), (2.36). Unterstellen wir nun kleine Aufheizspannen, lassen sich die für beliebig große Aufheizspannen[1]) gültigen Ergebnisse (2.365) bis (2.369) durch Reihenentwicklungen für $\beta_0\Delta T = \beta_0\dot{Q}/(\dot{m}c) \ll 1$ darstellen. In gröbster Näherung gilt:

$$\dot{m}^3 = \frac{g\rho_0^2\beta_0\dot{Q}HA^2}{c}(1 - \ldots) = \dot{m}_0^3(1 - \ldots) \tag{2.370}$$

$$u(x) = \left(\frac{\beta_0\dot{Q}}{c\rho_0 A\sqrt{gH}}\right)^{1/3} \underline{\sqrt{gH}} + \ldots = u_0 + \ldots \tag{2.371}$$

$$\rho(x) - \rho_0 = -\left(\frac{\beta_0\dot{Q}}{c\rho_0 A\sqrt{gH}}\right)^{2/3} \underline{\rho_0}\frac{x}{H} + \ldots = -\frac{\beta_0\dot{Q}}{\dot{m}_0 c}\rho_0\frac{x}{H} + \ldots \tag{2.372}$$

$$T(x) - T_0 = \left(\frac{\beta_0\dot{Q}}{c\rho_0 A\sqrt{gH}}\right)^{-1/3} \underline{\frac{\dot{Q}}{c\rho_0 A\sqrt{gH}}}\frac{x}{H} + \ldots = \frac{\dot{Q}}{\dot{m}_0 c}\frac{x}{H} + \ldots \tag{2.373}$$

$$\begin{aligned} p(x) - p_{hyd} &= -\frac{1}{2}\left(\frac{\beta_0\dot{Q}}{c\rho_0 A\sqrt{gH}}\right)^{2/3} \underline{g\rho_0 H}\left[1 - \left(\frac{x}{H}\right)^2\right] + \ldots \\ &= -\frac{1}{2}\left[\frac{\dot{m}_0^2}{\rho_0 A^2} - \frac{g\rho_0\beta_0\dot{Q}H}{\dot{m}_0 c}\left(\frac{x}{H}\right)^2\right] + \ldots \end{aligned} \tag{2.374}$$

Wir entnehmen aus diesen ersten Termen der Reihenentwicklungen nach kleinen Aufheizspannen den gemeinsamen Entwicklungsparameter

$$\epsilon = \frac{\beta_0\dot{Q}}{c\rho_0 A\sqrt{gH}} \sim \beta_0\Delta T \ll 1 \tag{2.375}$$

und schreiben die Entwicklungen (2.371) bis (2.374) unter Verwendung der ebenfalls sichtbar gewordenen charakteristischen Bezugsgrößen $\sqrt{gH} \sim u_0, \rho_0, \dot{Q}/(c\rho_0 A\sqrt{gH}) \sim \Delta T$, $g\rho_0 H$ zum späteren Gebrauch in dimensionsfreier Form auf:

$$u^* = \frac{u}{\sqrt{gH}} = \epsilon^{1/3} + \ldots \tag{2.376}$$

---

[1]) Es wird formal vorausgesetzt, daß das Fluid auch bei großen Aufheizspannen der verkürzten Zustandsgleichung $\rho = \rho_0[1 - \beta_0(T - T_0)]$ gehorcht. Diese Beschränkung ist für die hier geführte Diskussion zur Boussinesq-Approximation jedoch nebensächlich, da die mit einer erweiterten Zustandsgleichung $\rho = \rho_0[1 - \beta_0(T - T_0) + \gamma_0(T - T_0)^2 + \ldots]$ gewonnenen Ergebnisse für $\beta_0\Delta T \ll 1$ mit denen identisch sind, die unter Verwendung der verkürzten Gleichung erzielt werden.

$$\rho^* = \frac{\rho - \rho_0}{\rho_0} = -\epsilon^{2/3}\,\frac{x}{H} + \ldots \tag{2.377}$$

$$T^* = \frac{T - T_0}{\dot{Q}/(c\rho_0 A\sqrt{gH})} = \epsilon^{-1/3}\left(\frac{x}{H}\right) + \ldots \tag{2.378}$$

$$p^* = \frac{p - p_{hyd}}{g\rho_0 H} = -\epsilon^{2/3}\,\frac{1}{2}\left[1 - \left(\frac{x}{H}\right)^2\right] + \ldots \tag{2.379}$$

Diese gröbsten Glieder der einzelnen Entwicklungen erhält man aber auch, wenn nicht vom für beliebige Aufheizspannen gültigen Gleichungssystem

(Impuls): $$\rho u\,\frac{du}{dx} = -\frac{dp}{dx} - g\rho \tag{2.380}$$

(Masse): $$\frac{d}{dx}(\rho u A) = 0 \quad \text{oder} \quad \dot{m} = \rho u A = \text{const} \tag{2.381}$$

(Energie): $$\rho c u\,\frac{dT}{dx} = \frac{q_0}{A} \tag{2.382}$$

ausgegangen wird, sondern von einem vereinfachten System, in dem man nach Boussinesq die Dichteänderung infolge Temperaturänderung allein im Dichteterm $g\rho$ der Impulsgleichung berücksichtigt und ansonsten überall die Dichte ρ_0 des Referenzzustandes einsetzt:

(Impuls): $$\rho_0 u\,\frac{du}{dx} = -\frac{dp}{dx} - g\rho \tag{2.383}$$

(Masse): $$\frac{d}{dx}(\rho_0 u A) = 0 \quad \text{oder} \quad \dot{m} = \rho_0 u A = \text{const} \tag{2.384}$$

(Energie): $$\rho_0 c u\,\frac{dT}{dx} = \frac{q_0}{A} \tag{2.385}$$

Aus der Massenerhaltung folgt dann sofort, daß die Geschwindigkeit u gleich der konstanten Geschwindigkeit $u_0 = \dot{m}/(\rho_0 A)$ ist, und hieraus folgt wiederum, daß die konvektive Beschleunigung in dieser Näherung verschwindet, die in Wirklichkeit infolge Fluidausdehnung beschleunigte Strömung näherungsweise unbeschleunigt behandelt werden darf. Damit reduziert sich das System zur Beschreibung eindimensionaler freier Konvektionsströmungen schließlich auf

(Impuls): $$0 = -\frac{dp}{dx} - g\rho \tag{2.386}$$

(Masse): $$u = u_0 = \text{const} \tag{2.387}$$

(Energie): $$\rho_0 c u_0\,\frac{dT}{dx} = \frac{q}{A} \tag{2.388}$$

woraus sich unter Beachtung der Zustandsgleichung

$$\rho = \rho_0[1 - \beta_0(T - T_0)] \tag{2.389}$$

direkt die Lösungen ergeben, die mit den gröbsten Gliedern der zuvor aufgelisteten Entwicklungen identisch sind. Wegen der zentralen Bedeutung dieser Näherung, die allgemein unter dem Namen Boussinesq-Approximation bekannt ist, wollen wir deren Berechtigung streng am Beispiel der Kaminströmung nachweisen. Um dabei die Darstellung möglichst übersichtlich halten zu können, werden die allgemeinen Erhaltungsgleichungen (2.380), (2.381), (2.382) nebst der Zustandsgl. (2.389) zunächst dimensionsfrei formuliert. Dazu verwenden wir die bereits als sinnvoll erkannten dimensionsfreien Größen[1])

$$u^* = \frac{u}{\sqrt{gH}} \qquad \text{Geschwindigkeit} \tag{2.390}$$

$$\rho^* = \frac{\rho - \rho_0}{\rho_0} \qquad \text{Dichtedifferenz} \tag{2.391}$$

$$T^* = \frac{T - T_0}{\dot{Q}/(c\rho_0 A\sqrt{gH})} \qquad \text{Temperaturdifferenz} \tag{2.392}$$

$$p^* = \frac{p - p_{hyd}}{g\rho_0 H} \qquad \text{Druckdifferenz} \tag{2.393}$$

die noch durch die dimensionsfreie Ortskoordinate

$$x^* = \frac{x}{H} \tag{2.394}$$

ergänzt werden, und erhalten:

(Impuls): $$\rho_0 gH(\rho^* + 1)u^* \frac{du^*}{dx^*}\frac{dx^*}{dx} = -\left[g\rho_0 H \frac{dp^*}{dx^*}\frac{dx^*}{dx} - g\rho_0\right] - g\rho_0(\rho^* + 1) \tag{2.395}$$

(Masse): $$\rho_0 \sqrt{gH}\, A \frac{d}{dx^*}[(\rho^* + 1)u^*]\frac{dx^*}{dx} = 0 \tag{2.396}$$

(Energie): $$\rho_0 c\sqrt{gH}\, \frac{\dot{Q}}{c\rho_0 A\sqrt{gH}}(\rho^* + 1)u^* \frac{dT^*}{dx^*}\frac{dx^*}{dx} = \frac{q_0}{A} \tag{2.397}$$

(Zustandsgl.): $$\rho_0(\rho^* + 1) = \rho_0\left[1 - \frac{\beta_0\dot{Q}}{c\rho_0 A\sqrt{gH}}T^*\right] \tag{2.398}$$

---

[1]) Die charakteristische Geschwindigkeit $\sqrt{gH}$ ergibt sich wegen der Reibungsfreiheit des Problems auch unmittelbar aus der verallgemeinerten Torricelli-Formel (1.24), Abschn. 1, und die charakteristische Aufheizspanne $\dot{Q}/(c\rho_0 A\sqrt{gH})$ folgt dann unmittelbar aus der globalen Energiegleichung, in die der Massenstrom $\rho_0 A\sqrt{gH}$, gebildet mit der charakteristischen Geschwindigkeit, eingeht.

Beachten wir zudem $dx^*/dx = 1/H$, ersetzen ρ^* in (2.395), (2.396), (2.397) mit Hilfe von (2.398) durch T^* und schreiben für den Entwicklungsparameter $\beta_0\dot{Q}/(c\rho_0 A\sqrt{gH})$ die Abkürzung ϵ nach (2.375), ergeben sich die Erhaltungsgleichungen (2.399), (2.400), (2.401) in der gewünschten dimensionsfreien Schreibweise:

$$\text{(Impuls):}\qquad (1-\epsilon T^*)u^*\frac{du^*}{dx^*} = -\underbrace{\left(\frac{dp^*}{dx^*}-1\right)}_{\substack{\text{Druck-}\\ \text{term}}} - \underbrace{(1-\epsilon T^*)}_{\substack{\text{Dichte-}\\ \text{term}}} = -\underbrace{\frac{dp^*}{dx^*}}_{\substack{\text{red.}\\ \text{Druck-}\\ \text{term}}} + \underbrace{\epsilon T^*}_{\substack{\text{Auf-}\\ \text{triebs-}\\ \text{term}}} \tag{2.399}$$

$$\text{(Masse):}\qquad \frac{d}{dx^*}[(1-\epsilon T^*)u^*] = 0 \tag{2.400}$$

$$\text{(Energie):}\qquad (1-\epsilon T^*)u^*\frac{dT^*}{dx^*} = 1 \tag{2.401}$$

Da einerseits die Impulsgl. (2.399) durch die Verwendung von p^* nach (2.393) bereits vom für die Konvektionsströmung unwesentlichen hydrostatischen Zustand befreit ist und andererseits der Entwicklungsparameter ϵ in den Erhaltungsgleichungen nur in der Kombination ϵT^* auftaucht, erkennen wir sofort, daß für

$$\epsilon T^* = \beta_0(T - T_0) \ll 1 \tag{2.402}$$

in der Tat die dimensionsfreie Dichteänderung ϵT^* in allen Termen $1 - \epsilon T^*$ gegenüber der Referenzdichte $\rho_0/\rho_0 = 1$ weggelassen werden kann. Die Dichteänderung ist somit allein im Auftriebsglied der Impulsgl. (2.399) zu berücksichtigen, und genau dies ist aber das Rezept der Boussinesq-Approximation. Das Auftriebsglied in der Impulsgleichung, das in der dimensionsfreien Darstellung die treibende Dichteänderung selbst beschreibt, muß berücksichtigt werden, weil sich die Referenzdichte vom Wert 1 im Dichteterm mit der im Druckterm gerade weghebt, die dort den hydrostatischen Druck wiedergibt. Damit ist der Partnerterm entfallen, gegen den die Dichteänderung vernachlässigbar gewesen wäre. Aus dem Dichteterm wird so der Auftriebsterm, der ebenso wie der reduzierte Druckterm nur noch die Abweichung vom Ruhezustand des Fluids beschreibt, die allein für die sich einstellende Konvektionsströmung von Bedeutung ist. In diesem Sinne erhalten wir für $\epsilon T^* \ll 1$ das nach Boussinesq vereinfachte Gleichungssystem:

$$\text{(Impuls):}\qquad u^*\frac{du^*}{dx^*} = 0 = -\frac{dp^*}{dx^*} + \epsilon T^* \tag{2.403}$$

$$\text{(Masse):}\qquad \frac{du^*}{dx^*} = 0 \tag{2.404}$$

$$\text{(Energie):}\qquad u^*\frac{dT}{dx^*} = 1 \tag{2.405}$$

Dieses läßt sich besonders leicht lösen, denn, wie schon zuvor diskutiert, verschwindet wegen (2.404) auch noch der Term der konvektiven Beschleunigung in (2.403), und es ergibt sich die konstante Fluidgeschwindigkeit

$$u^* = C_1 \tag{2.406}$$

im Kamin. Mit (2.406) folgt dann aus (2.405)

$$T^* = \frac{1}{C_1} x^* + C_2 \tag{2.407}$$

wobei wir die Integrationskonstante C_2 aus der thermischen Randbedingung am Kaminfuß

$$T(0) = T_0 \rightarrow T^*(0) = 0 \tag{2.408}$$

zu $C_2 = 0$ bestimmen. In der Impulsgl. (2.403) sind damit alle Größen allein in Abhängigkeit von der Ortskoordinate x^* dargestellt

$$0 = -\frac{dp^*}{dx^*} + \frac{\epsilon}{C_1} x^* \tag{2.409}$$

und durch Integration längs einer Stromlinie erhält man dann:

$$p^* = \frac{\epsilon}{C_1} \frac{x^{*2}}{2} + C_3 \tag{2.410}$$

Die beiden noch offenen Konstanten C_1, C_3 ergeben sich wieder aus den Randbedingungen für den Druck am Kaminfuß und Kaminkopf. Da die dimensionsfreie Druckdifferenz $p^*(0)$ am Kaminfuß der Bernoullischen Druckabsenkung beim Einströmen in den Kamin (s. a. Abschn. 2.1) entspricht, gilt

$$p(0) - p_0 = -\frac{\rho_0}{2} u_0^2 \rightarrow p^*(0) = -\frac{1}{2} u^{*2} = -\frac{1}{2} C_1^2 \tag{2.411}$$

und wir erhalten für $x^* = 0$ aus (2.410) die Konstante $C_3 = -C_1^2/2$. Außerdem ist am Kaminkopf $x^* = 1$ wiederum die Abströmbedingung (statischer Druck im Kaminaustritt ist gleich dem hydrostatischen Druck in der Umgebung) zu erfüllen. Aus dieser Bedingung

$$p(H) - p_{hyd}(H) = 0 \rightarrow p^*(1) = 0 \tag{2.412}$$

folgt für $x^* = 1$ nach (2.410) eine weitere Bestimmungsgleichung

$$0 = \frac{\epsilon}{C_1} \frac{1}{2} - \frac{C_1^2}{2} \tag{2.413}$$

die der Umlaufgl. (2.43) bei vernachlässigter Volumenausdehnung des Fluids entspricht, durch die schließlich auch noch C_1 zu $C_1 = \epsilon^{1/3}$ festgelegt wird.

Die nach dem Boussinesq-Rezept berechneten Lösungen lauten insgesamt

$$\begin{aligned} u_B^* &= \epsilon^{1/3}, \qquad \rho_B^* = -\epsilon^{2/3} x^* \\ T_B^* &= \epsilon^{-1/3} x^*, \qquad p_B^* = \epsilon^{2/3} \frac{1}{2}(x^{*2} - 1) \end{aligned} \tag{2.414}$$

und der Vergleich mit den entwickelten exakten Lösungen (2.376) bis (2.379) zeigt, daß die Boussinesq-Approximation gerade die ersten nichttrivialen Glieder der asymptotischen Entwicklungen für kleine Dichte- bzw. Temperaturunterschiede

$$\begin{aligned}
u^* &= \underbrace{0}_{\text{Ruhe}} + \overbrace{\underbrace{\epsilon^{1/3}}_{}}^{\text{Boussinesq-Approx.}} + \dots \\
\rho^* &= 0 - \epsilon^{2/3} x^* + \dots \\
T^* &= 0 + \epsilon^{-1/3} x^* + \dots \\
p^* &= \underbrace{0}_{\text{Ruhe}} + \underbrace{\epsilon^{2/3} \frac{1}{2}(x^{*2} - 1)}_{\text{Konvektion}} + \dots
\end{aligned} \tag{2.415}$$

liefert. In dimensionsbehafteter Schreibweise ist der auf die Werte null normierte dimensionsfreie Ruhezustand mit den entsprechenden hydrostatischen Gliedern besetzt. Es gilt:

$$\begin{aligned}
u &= 0 && + \overbrace{\epsilon^{1/3} \sqrt{gH}}^{\text{Boussinesq-Approx.}} + \dots \\
\rho &= \rho_0 && - \epsilon^{2/3} \rho_0 \frac{x}{H} + \dots \\
T &= T_0 && + \epsilon^{-1/3} \frac{\dot{Q}}{c\rho_0 A \sqrt{gH}} \frac{x}{H} + \dots \\
p &= \underbrace{p_0 - g\rho_0 x}_{\text{Hydrostatik}} && + \underbrace{\epsilon^{2/3} g\rho_0 H \frac{1}{2}\left[\left(\frac{x}{H}\right)^2 - 1\right]}_{\text{Konvektion}} + \dots
\end{aligned} \tag{2.416}$$

Dem entnehmen wir, daß die uns interessierende Konvektionsströmung als Störung des hydrostatischen Ruhezustandes aufzufassen ist und daß das für beliebige Aufheizspannen gültige Gleichungssystem (2.380), (2.381), (2.382) allgemein durch eine reguläre Störungsrechnung in Form der asymptotischen Entwicklungen (2.416) gelöst werden kann. Diese Erkenntnis ist wichtig, da nicht für jedes beliebige Problem auch eine exakte Lösung gefunden werden kann. In den weitaus meisten Fällen wird dies durch unüberwindliche mathematische Schwierigkeiten verhindert, so daß nur noch der Weg einer rein numerischen Lösung oder aber der einer Entwicklung bleibt.

2.5.2 Instationäre Strömung

Zur Untersuchung der Stabilität der bisher studierten stationären Konvektionsströmungen, die wir im folgenden Abschn. 2.6 durchführen wollen, werden die eindimensionalen Erhaltungsgleichungen für den Impuls, die Energie und die Masse in instationärer Form benötigt. Wir erweitern deshalb jetzt das Gleichungssystem (2.380), (2.381), (2.382) in diesem Sinne und vereinfachen es dann nach Boussinesq, was zulässig ist, wenn wir unsere Stabilitätsbetrachtungen einfachheitshalber auf „Flüssigkeitsströmungen" mit geringen Aufheizspannen begrenzen. Da die Strömungskinematik bei den meisten technischen Anwendungen sehr beschränkt ist (zylindrische Geometrie mit konstanter Querschnittsfläche), nutzen wir diese Einfachheit bei der Herleitung der verallgemeinerten Erhaltungsgleichungen aus, merken dabei aber an, daß die so gewonnenen Ergebnisse unabhängig vom Herleitungsweg auch für beliebige Kinematiken ihre Gültigkeit behalten.

Wir beginnen mit der Verallgemeinerung des Impulssatzes (2.380) und beachten, daß im instationären Fall die Geschwindigkeit u der Fluidteilchen sowohl vom Ort x als auch von der Zeit t abhängig ist.

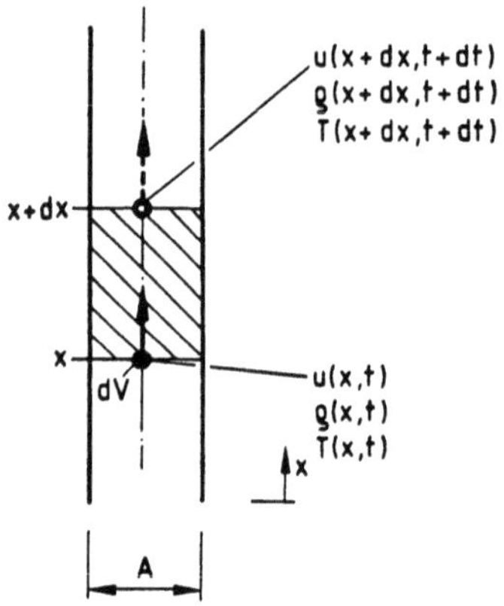

Bild 51
Zur Verallgemeinerung des Impuls- und Energiesatzes

Längs seiner Bahnlinie[1]) bewegt sich das in Bild 51 betrachtete Fluidteilchen in der Zeit dt vom Ort x zum Nachbarort x + dx und ändert dabei seine Geschwindigkeit um den Betrag

$$du = u(x + dx, t + dt) - u(x, t) \tag{2.417}$$

den wir auch als die totale Änderung der Geschwindigkeit u = u(x, t) darstellen können:

$$du = \frac{\partial u}{\partial x} dx + \frac{\partial u}{\partial t} dt \tag{2.418}$$

Beachten wir noch, daß sich das Fluidteilchen momentan mit der Geschwindigkeit u(x, t) bewegt und der in der Zeit dt zurückgelegte Weg in linearer Näherung durch dx = u(x, t) dt beschrieben wird, ergibt sich schließlich

$$du = \frac{\partial u}{\partial x} u\, dt + \frac{\partial u}{\partial t} dt \tag{2.419}$$

[1]) Wegen der hier stark eingeschränkten Strömungskinematik sind Bahn- und Stromlinien auch im instationären Fall identisch.

und für die totale Ableitung der Geschwindigkeit nach der Zeit, die der Bahnbeschleunigung des Teilchens entspricht, gilt dann:

$$a_x = \frac{du}{dt} = \underbrace{u \frac{\partial u}{\partial x}}_{\text{kon-vektiv}} + \underbrace{\frac{\partial u}{\partial t}}_{\text{lokal}} \tag{2.420}$$

Neben der bewegungsbedingten Beschleunigung $u \cdot \partial u/\partial x$ tritt demnach bei instationärer Strömung zusätzlich die lokale Beschleunigung $\partial u/\partial t$ hinzu, so daß mit dem Grundgesetz der Mechanik (Masse x Beschleunigung = Summe aller Kräfte), angewandt auf das betrachtete Fluidteilchen vom Volumen dV, sofort die gegenüber (2.380) verallgemeinerte Impulsgleichung

$$\rho \left(\frac{\partial u}{\partial t} + u \frac{\partial u}{\partial x} \right) = - \frac{\partial p}{\partial x} - g\rho \tag{2.421}$$

angeschrieben werden kann. In gleicher Weise verallgemeinern wir die Energiegl. (2.382). Für die Änderung der Temperatur T(x, t) der Fluidteilchen im Beobachtungsraum A dx schreiben wir wiederum

$$dT = T(x + dx, t + dt) - T(x, t) = \frac{\partial T}{\partial x} dx + \frac{\partial T}{\partial t} dt \tag{2.422}$$

und erhalten hieraus mit dx = u dt unmittelbar die totale Ableitung der Temperatur nach der Zeit

$$\frac{dT}{dt} = u \frac{\partial T}{\partial x} + \frac{\partial T}{\partial t} \tag{2.423}$$

die in die Energiegleichung für die betrachteten Fluidteilchen der Masse $\delta M = \rho\, \delta V$ einzusetzen ist. Dient die zugeführte Wärmeenergie $\delta(dQ)$ allein der Erhöhung der inneren Energie und damit allein der Erhöhung der Temperatur der Teilchen, gilt nach dem 1. Hauptsatz der Thermodynamik

$$(\rho\, \delta V) c\, dT = \delta(dQ) \tag{2.424}$$

oder
$$(\rho\, \delta V) c \frac{dT}{dt} = \delta(dQ/dt) = \delta \dot{Q} \tag{2.425}$$

wenn mit der den Teilchen zugeführten Heizleistung $\delta \dot{Q}$ operiert wird. Durch Einsetzen von (2.423) in (2.425) ergibt sich so bei Beachtung von $\delta V = A\, \delta x$ die gegenüber (2.382) verallgemeinerte Energiegleichung

$$\rho c A \left(\frac{\partial T}{\partial t} + u \frac{\partial T}{\partial x} \right) = \frac{\delta \dot{Q}}{\delta x} = q \tag{2.426}$$

für instationäre Verhältnisse. Dabei ist anzumerken, daß in der Energiegl. (2.426) wiederum (vgl. Abschn. 2.1) die Terme für die Kompressionsarbeit und den Wärmetransport durch Wärmeleitung weggelassen sind, da im allgemeinen die Kompressibilität selbst bei Gasen ($Ma^2 \ll 1$) keine nennenswerte Rolle spielt und außerdem der Wärmetransport durch Konvektion gegenüber dem durch Leitung dominiert. Zur Verallgemeinerung der Kontinuitätsgl. (2.382) betrachten wir das in Bild 52 schraffierte, raumfeste Volumen dV = A dx.

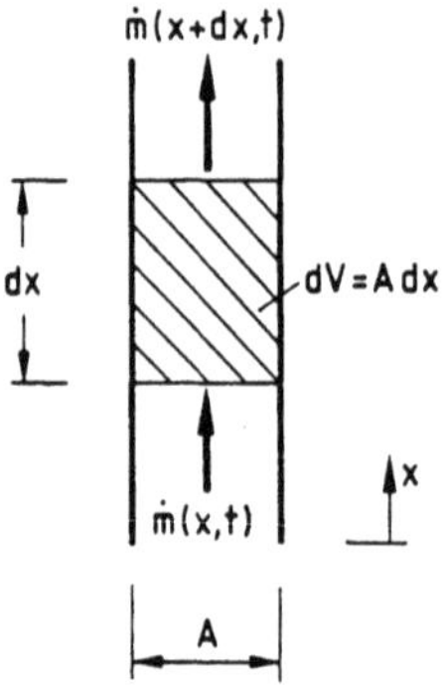

Bild 52
Zur Verallgemeinerung der Kontinuitätsgleichung

Weicht der aus diesem Volumen ausfließende Massenstrom $\dot{m}(x + dx, t)$ von dem einfließenden Massenstrom $\dot{m}(x, t)$ zu irgend einem Zeitpunkt t ab, gilt:

$$\dot{m}(x, t) - \dot{m}(x + dx, t) = \frac{\partial}{\partial t}(\rho \, dV) \tag{2.427}$$

Die Differenz der Massenströme beschreibt dabei die zeitliche Änderung der Masse $dm = \rho \, dV$ im festen Volumen dV, die nur bei einer zusätzlich sich zeitlich verändernden Dichte möglich ist: $\rho = \rho(x, t)$. Durch einfaches Umschreiben von (2.427) bei Beachten von dV = A dx folgt dann

$$\frac{\partial \rho}{\partial t} = -\frac{1}{A}\frac{\partial \dot{m}}{\partial x} \tag{2.428}$$

und mit $\dot{m}(x, t) = \rho(x, t)u(x, t)A$ kann auch

$$\frac{\partial \rho}{\partial t} + \frac{\partial(\rho u)}{\partial x} = 0 \tag{2.429}$$

geschrieben werden.

Wir wollen jetzt eine einfachere Schreibweise für die partiellen Ableitungen vereinbaren und bedienen uns dabei der Indexschreibweise, die für eine Stellvertreterfunktion $\Phi = \Phi(x, t)$ wie folgt definiert wird:

$$\frac{\partial \Phi}{\partial t} = \Phi_t, \qquad \frac{\partial \Phi}{\partial x} = \Phi_x, \qquad \frac{\partial^2 \Phi}{\partial x^2} = \Phi_{xx}, \qquad \ldots \tag{2.430}$$

In dieser Schreibweise nehmen die verallgemeinerten Erhaltungsgleichungen die Form

(Impuls): $$\rho(u_t + uu_x) = -p_x - g\rho \tag{2.431}$$

(Energie): $\rho c A(T_t + uT_x) = q$ (2.432)

(Masse): $\rho_t + (\rho u)_x = 0$ (2.433)

an, die wir sogleich in die (2.399), (2.400), (2.401) entsprechende dimensionsfreie Darstellung umschreiben. Dabei wird die neu hinzugekommene Zeitvariable t mit einer charakteristischen Zeit $\tau = \sqrt{H/g}$ dimensionsfrei gemacht

$$t^* = \frac{t}{\sqrt{H/g}} \tag{2.434}$$

die sich aus der Transportzeit $\tau = H/u$ eines Fluidteilchens längs des Kamins der Höhe H bei der charakteristischen Geschwindigkeit $u = \sqrt{gH}$ ergibt. Mit dieser dimensionsfreien Zeit t^* und den bereits zuvor definierten dimensionsfreien Größen u^*, ρ^*, T^*, p^*, x^* nach (2.390), (2.391), (2.392), (2.393), (2.394) erhält man die dimensionsfreien Erhaltungsgleichungen bei Instationarität des Problems

(Impuls): $(1 - \epsilon T^*)(u^*_{t^*} + u^* u^*_{x^*}) = -p^*_{x^*} + \epsilon T^*$ (2.435)

(Energie): $(1 - \epsilon T^*)(T^*_{t^*} + u^* T^*_{x^*}) = 1$ (2.436)

(Masse): $(1 - \epsilon T^*)_{t^*} + [(1 - \epsilon T^*)u^*]_{x^*} = 0$ (2.437)

aus denen für hinreichend kleine Werte des Entwicklungsparameters $\epsilon \ll 1$ schließlich das vereinfachte Gleichungssystem für instationäre Konvektionsströmungen

(Impuls): $u^*_{t^*} + u^* \underline{u^*_{x^*}} = -p^*_{x^*} + \epsilon T^*$ (2.438)

(Energie): $T^*_{t^*} + u^* T^*_{x^*} = 1$ (2.439)

(Masse): $\underline{u^*_{x^*} = 0}$ (2.440)

hervorgeht, das man nach Boussinesq ebenso wie bei Stationarität auch formal erhält, wenn die Dichte- bzw. Temperaturänderung gegenüber dem Ruhezustand allein im Auftriebsterm der Impulsgleichung berücksichtigt wird.

Da die Konvektionsströmungen, deren Stabilitätsverhalten wir in Abschn. 2.6 studieren wollen, im allgemeinen reibungsbehaftet sind, um überhaupt Stabilität erreichen zu können, ist zusätzlich die Fluidreibung zu berücksichtigen. Wir simulieren diesen Effekt wieder (vgl. Abschn. 2.2) durch die Hinzunahme der Volumenkraft $f_R = K \cdot \dot{m}^\delta$ in der Impulsgleichung. Der Reibungskoeffizient ist dabei im allgemeinen dichte- bzw. temperaturabhängig. Für eine Gasströmung nach (2.222) gilt z. B.:

$$K = K_{0,\delta} \cdot \left(\frac{T}{T_0}\right)^{2-(\delta/2)} \tag{2.441}$$

Da im Rahmen der Boussinesq-Approximation aber nur kleine Temperaturänderungen $\beta_0(T - T_0) = (T - T_0)/T_0 \ll 1$ zugelassen sind, denken wir uns (2.441) entsprechend entwickelt

$$K = K_{0,\delta}\left[1 + \frac{T - T_0}{T_0}\right]^{2-(\delta/2)} = K_{0,\delta}\left[1 + \left(2 - \frac{\delta}{2}\right)\frac{T - T_0}{T_0} + \ldots\right] \tag{2.442}$$

und entnehmen aus (2.442), daß im Rahmen dieser Approximation der Temperatureinfluß im Reibungskoeffizienten zu vernachlässigen ist. In gröbster Näherung ist deshalb sowohl bei Gasen als auch bei Flüssigkeiten jeweils der konstante Koeffizient $K = K_{0,\delta}$ nach (2.65) für den laminaren ($\delta = 1$) und nach (2.66) für den turbulenten ($\delta = 2$) Anwendungsfall einzusetzen. Bleibt noch anzumerken, daß bei Reibung im Fluid zusätzlich Wärme produziert wird. Dieser Dissipationseffekt ist jedoch bei freien Konvektionsströmungen im allgemeinen so unwesentlich, daß wir ihn hier – ebenso wie die Kompressionsarbeit und die Wärmeleitung – in der Energiegleichung unberücksichtigt lassen. In Abschn. 3 werden wir in einem allgemeineren Zusammenhang hierauf noch einmal zurückkommen.

2.5.3 Gültigkeitsbereich

Unsere bisherigen Aussagen basieren auf zwei grundlegenden Vereinfachungen, zu denen jetzt noch die Boussinesq-Approximation hinzugekommen ist:

– 1 Die Druckänderung hat keinen Einfluß auf die Dichte:
$\rho = \rho(p_0, T) \rightarrow$ Inkompressibilität

– 2 Die durch die Konvektionsströmung transportierte Wärmeleistung $\dot{Q}$ dominiert gegenüber der Wärmeleistung $\dot{Q}_L$ infolge Wärmeleitung: $\dot{Q} \gg \dot{Q}_L$

– 3 Die Dichte- bzw. Temperaturänderung bleibt so klein, daß diese allein im Auftriebsglied der Impulsgleichung zu berücksichtigen ist:
$\beta_0 \Delta T \ll 1 \rightarrow$ Boussinesq-Approximation

Die Vereinfachung 1 ist nur relevant für ein Gas, da eine Flüssigkeit sich a priori inkompressibel verhält. Damit die Dichteänderung eines Gases allein durch die Aufheizung bestimmt wird, muß nach (2.9)

$$\frac{H}{H^*} = \frac{g \rho_0 H}{p_0} \ll \beta_0 \Delta T \tag{2.443}$$

erfüllt sein. Nur bei Erfüllung dieser Bedingung, die bei Beachtung von (1.29) im Fall eines idealen Gases auch mit der Mach-Zahl in der Form

$$\kappa \mathrm{Ma}_0^2 \ll \beta_0 \Delta T \tag{2.444}$$

geschrieben werden kann, ist die Änderung der Dichte infolge des Drucks gegenüber der Änderung infolge der Temperatur vernachlässigbar. Dies hat zwei Konsequenzen. Einerseits kann dann keine Kompressionsarbeit geleistet werden, so daß der entsprechende Term für die Kompressionswärme in der Energiegleichung wie im Fall einer Flüssigkeit fehlt, und andererseits ist der Gültigkeitsbereich unserer Überlegungen nach unten (Bild 53) beschränkt. Mit der Vereinfachung 3 wird dann dieser Gültigkeitsbereich auch nach oben begrenzt, so daß dann Aussagen nur in einem Aufheizfenster

$$\kappa \mathrm{Ma}_0^2 \ll \beta_0 \Delta T \ll 1 \tag{2.445}$$

gemacht werden können. Bei Aufgabenstellungen, die eine direkte Berechnung der

Konvektionsströmung auch bei großen Aufheizspannen zulassen (s. Abschn. 2.3.2), wird die Boussinesq-Approximation natürlich nicht benötigt, so daß für ein Gas dann nur die untere Grenze $\kappa \mathrm{Ma}_0^2 \ll \beta_0 \Delta T$ existent ist.

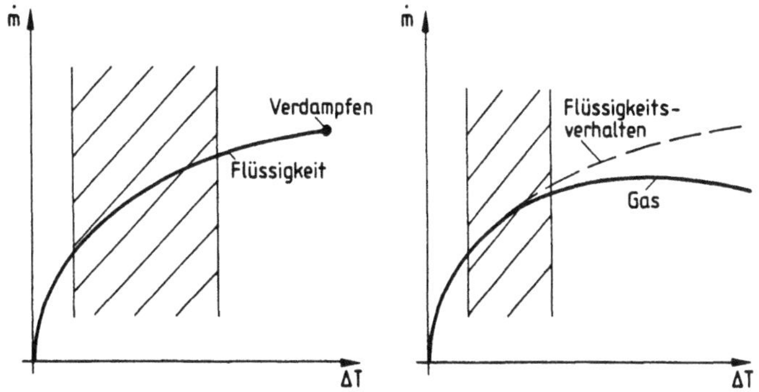

Bild 53 Zum Gültigkeitsbereich für Gas- und Flüssigkeitsströmungen

Der Gültigkeitsbereich ist aber auch noch wegen der Vereinfachung 2 nach unten begrenzt, und zwar für Gase ebenso wie für Flüssigkeiten. Nur bei hinreichend großer Aufheizspanne ist im allgemeinen sichergestellt, daß der Wärmetransport durch Konvektion den durch Leitung überwiegt und so die Vernachlässigung der Wärmeleitung in der Energiegleichung gerechtfertigt ist. Sowohl für Flüssigkeiten als auch für Gase muß also der Bereich sehr kleiner Aufheizspannen ausgespart werden. Bleibt noch zu bemerken, daß bei Anwendung der Boussinesq-Approximation das gültige Aufheizfenster bei Flüssigkeiten größer ausfällt als bei Gasen (Bild 53), da der Volumenausdehnungskoeffizient von Flüssigkeiten prinzipiell wesentlich kleiner ist als der von Gasen:

$$(\beta_0)_{\mathrm{Fl.}} \ll (\beta_0)_{\mathrm{Gas}} = \frac{1}{T_0} \qquad (2.446)$$

2.6 Systemstabilität

Die bisher berechneten stationären Konvektionsströmungen lassen sich in der Praxis nur dann realisieren, wenn sie auch stabil sind. Daß dem nicht immer so ist, zeigten bereits die elementaren Untersuchungen in Abschn. 2.4, die einige Indizien erkennen ließen, die auf mögliche Instabilitäten in Naturumlaufsystemen hinweisen. Für die Auslegung solcher Systeme ist deshalb ein Stabilitätsnachweis unerläßlich, der im folgenden exemplarisch für ein geschlossenes Naturumlaufsystem und für ein offenes System (Einzelkamin) durchgeführt wird.

2.6.1 Geschlossenes Naturumlaufsystem

Wir betrachten das für Naturumlaufsysteme beliebiger Geometrie repräsentative und mathematisch einfach handhabbare Modell eines mit dem Radius R kreisförmig geschlossenen Kanals mit der Kanalbreite D, dem Querschnitt A und dem Umfang $L = 2\pi R$ nach Bild 54.

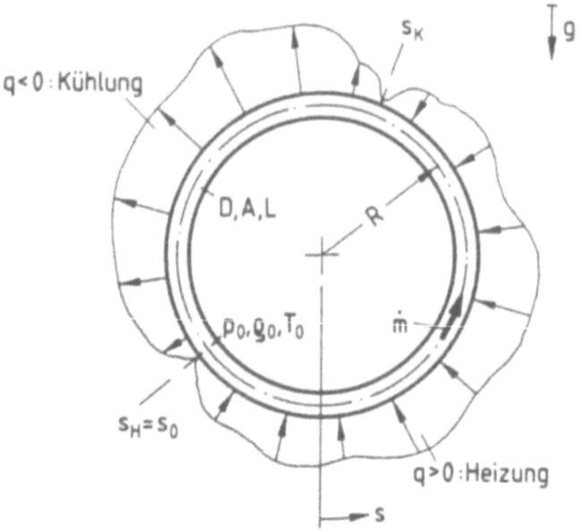

Bild 54
Modellkreislauf zur Stabilitätsuntersuchung geschlossener Naturumlaufsysteme

Setzt man zudem $D/R \ll 1$ voraus, entfallen bei der Beschreibung alle Krümmungseffekte, und es gelten im einfachsten Fall die instationären, eindimensionalen Erhaltungsgleichungen (2.431: ergänzt durch Volumenkraft $f_R = K_\delta \dot{m}^\delta$ zur Simulation der Fluidreibung), (2.432), (2.433), die in Abschn. 2.5.2 bereitgestellt wurden:

$$\text{(Impuls):} \qquad \rho(u_t + uu_s) = -p_s - \underbrace{\rho g \sin\left(2\pi \frac{s}{L}\right)}_{g^*} - \underbrace{K_\delta \dot{m}^\delta}_{f_R} \qquad (2.447)$$

$$\text{(Energie):} \qquad \rho c A(T_t + uT_s) = q(s) = q_0 F(s) \qquad (2.448)$$

$$\text{(Masse):} \qquad \rho_t + (\rho u)_s = 0, \qquad \dot{m} = \rho u A \qquad (2.449)$$

Dabei ist s die längs des Kreisumfangs gezählte Ortskoordinate, $g^* = g \sin(2\pi\, s/L)$ die lokal wirksame, effektive Schwerebeschleunigung, und der Parameter δ im Reibungsterm charakterisiert wieder die jeweils im System vorliegende Strömungsform ($\delta = 1$: laminar, $\delta = 2$: turbulent) der sich frei einstellenden stationären Konvektionsströmung, deren Existenz gezeigt werden soll. Damit prinzipiell Stationarität herrschen kann, ist zu beachten, daß Heizung und Kühlung des geschlossenen Systems so ausgelegt sein müssen, daß die zugeführte Wärmeleistung gerade auch wieder abgeführt wird. Das Integral über die Wärmeleistungsverteilung $q(s) = q_0 F(s)$ mit der Amplitude q_0 verschwindet deshalb längs des Kreisumfangs:

$$\int_0^L F(s)\, ds = 0 \qquad (2.450)$$

Beschränken wir uns auf das Studium von „Flüssigkeitsströmungen", genügt die Hinzunahme der Zustandsgleichung in der einfachsten Form

$$\rho = \rho_0[1 - \beta_0(T - T_0)] \tag{2.451}$$

mit den Referenzgrößen ρ_0, T_0 für die Dichte und die Temperatur, die wir uns am Anfang $s = s_0$ der Heizstrecke (Bild 54) vorgegeben denken. Mit der Beschränkung auf „Flüssigkeitsströmungen" haben wir uns auf kleine Dichteunterschiede ($\Delta\rho/\rho_0 = \beta_0 \Delta T \ll 1$) festgelegt, so daß die instationären Erhaltungsgleichungen sich nach Boussinesq (s. Abschn. 2.5.2) ganz wesentlich vereinfachen. Durch Berücksichtigung der Dichteänderung allein im Dichteterm der Impulsgl. (2.447), (Einsetzen von (2.451) im Dichteterm ρg^* der Impulsgl.), sonstigem Ersetzen der Dichte durch die Referenzdichte ρ_0 und Beachten des Verschwindens der konvektiven Beschleunigung in dieser Näherung, degenerieren die Erhaltungsgleichungen zu:

(Impuls): $$\rho_0 u_t = -p_s - g\rho_0[1 - \beta_0(T - T_0)] \sin\left(2\pi \frac{s}{L}\right) - K_\delta \dot{m}^\delta \tag{2.452}$$

(Energie): $$\rho_0 c A(T_t + u T_s) = q_0 F(s) \tag{2.453}$$

(Masse): $$\rho_0 u_s = 0 \to u = u(t), \qquad \dot{m}(t) = \rho_0 u(t) A \tag{2.454}$$

Aus der Kontinuitätsgl. (2.454) entnehmen wir sofort, daß im hier diskutierten instationären Fall die Geschwindigkeit u dann nur von der Zeit t abhängen kann

$$u = u(t) \tag{2.455}$$

und die Energiegl. (2.453) zeigt, daß bezüglich der Temperatur ein sowohl orts- als auch zeitabhängiges Verhalten

$$T = T(s, t) \tag{2.456}$$

zu erwarten ist. Nutzen wir noch die Periodizität des Drucks (Schließbedingung in Abschn. 2.4.1) aus, der entsprechend der Impulsgleichung ebenfalls Orts- und Zeitabhängigkeit zeigt, indem wir (2.452) über den geschlossenen Kreislauf integrieren

$$p(0, t) = p(L, t): \quad \int_0^L p_s \, ds = 0 \tag{2.457}$$

und schreiben außerdem die Geschwindigkeitsterme in (2.452), (2.453) unter Beachtung von

$$\dot{m} = \rho_0 u(t) A = \dot{m}(t) \tag{2.458}$$

in Massenstromterme um, folgt:

(Impuls): $$\frac{1}{A} \dot{m}_t + K_\delta \dot{m}^\delta = \frac{g\rho_0\beta_0}{L} \int_0^L (T(s, t) - T_0) \sin\left(2\pi \frac{s}{L}\right) ds \tag{2.459}$$

(Energie): $$T_t + \frac{1}{\rho_0 A} \dot{m} T_s = \frac{q_0 F(s)}{\rho_0 c A} \tag{2.460}$$

Diese beiden Gleichungen lassen sich mit Hilfe der charakteristischen Größen Umfang L, Zeit τ, Fluidmasse $M = \rho_0 AL$, Wärmeleistungsamplitude q_0 wiederum dimensionsfrei darstellen. Durch Einsetzen von

$$s^* = \frac{s}{L}, \quad t^* = \frac{t}{\tau}, \quad \dot{m}^* = \frac{\dot{m}}{(M/\tau)}, \quad T^* = \frac{T - T_0}{q_0 L/(cM/\tau))}, \quad q^* = \frac{q(s)}{q_0} = F(s^*) \quad (2.461)$$

in (2.459), (2.460) erhält man nach einiger Rechnung (s. hierzu die entsprechenden Umrechnungen auf dimensionsfreie Darstellungen in Abschn. 2.5) dann

(Impuls): $$\dot{m}^*_{t^*} + \alpha_R \dot{m}^{*\delta} = \alpha_A \int_0^1 T^* \sin(2\pi s^*)\, ds^* \quad (2.462)$$

(Energie): $$T^*_{t^*} + \dot{m}^* T^*_{s^*} = F(s^*) \quad (2.463)$$

ein System von zwei miteinander gekoppelten Differentialgleichungen. Dabei ist die aus der Bewegungsgleichung durch Integrieren längs des Kreislaufs entstandene Gl. (2.462) eine Integro-Dgl., die zunächst zwei charakteristische Parameter

Auftriebsparameter: $$\alpha_A = \frac{g\beta_0 q_0 \tau^3}{cM} \quad (2.464)$$

Reibungsparameter: $$\alpha_R = K_\delta A M^{\delta - 1} \tau^{2 - \delta} \quad (2.465)$$

enthält. Da die charakteristische Zeit τ in (2.461) jedoch noch nicht explizit festgelegt ist, lassen sich die Parameter α_A, α_R noch frei zueinander wählen. Mit der einfachsten Wahl

$$\frac{\alpha_A}{\alpha_R} = 1 \quad (2.466)$$

ergibt sich aus (2.464), (2.465) dann die charakteristische Zeit zu

$$\tau = \frac{M}{(g\rho_0 \beta_0 q_0 L/cK_\delta)^{1/(1+\delta)}} \sim \frac{L}{u_0} \quad (2.467)$$

die im wesentlichen als die Umlaufzeit eines Fluidteilchens bei Stationarität (s. Abschn. 2.4.1, (2.297): $(g\rho_0\beta_0 q_0 L/cK_\delta)^{1/(1+\delta)} \sim \dot{m}$) gedeutet werden kann, und wir können feststellen, daß das Systemverhalten allein von beiden Parametern $\alpha_R = \alpha_A = \alpha$, δ und von der Wärmeleistungsverteilung $F(s^*)$ abhängt.

2.6.1.1 Stationäre Lösung. Mit der jetzt erweiterten Theorie berechnen wir nochmals den Sonderfall der stationären Strömung, die wir auf Stabilität untersuchen wollen. Hierbei entfallen die nach der Zeit abgeleiteten Glieder ($\partial/\partial t = 0$) im Gleichungssystem (2.462), (2.463), und bei Beachtung des dann konstanten Massenstroms $\dot{m}^* = \dot{m}^*_0$ liefert die Energiegl. (2.463) in stationärer Form

$$\dot{m}^*_0 T^*_{0_{s^*}} = F(s^*) \quad (2.468)$$

durch einmaliges Integrieren sofort die Temperaturverteilung

$$T_0^*(s^*) = \frac{1}{\dot{m}_0^*} \int_{s_0^*}^{s^*} F(\xi)\, d\xi \quad \text{mit} \quad T_0^*(s_0^*) = 0 \tag{2.469}$$

die nur eine Funktion des Ortes ist. Und durch Einsetzen dieses Ergebnisses in die Impulsgl. (2.462), die im stationären Fall

$$\dot{m}_0^{*\delta} = \int_0^1 T_0^* \sin(2\pi\, s^*)\, ds^* \tag{2.470}$$

lautet, erhält man explizit den noch unbekannten Massenstrom, der sich für eine beliebig aufgeprägte Leistungsverteilung $F(s^*)$ einstellt:

$$\dot{m}_0^{*1+\delta} = \int_0^1 \left(\int_{s_0^*}^{s^*} F(\xi)\, d\xi \right) \sin(2\pi\, s^*)\, ds^* \tag{2.471}$$

Wie sich noch zeigen wird, vereinfacht sich die Stabilitätsbetrachtung ganz außerordentlich, wenn wir die in Bild 55 skizzierte spezielle Leistungsverteilung

$$F = \sin 2\pi\,(s^* - s_0^*) \tag{2.472}$$

zugrunde legen. Dabei wird durch die erste Halbwelle der Sinus-Funktion (2.472) die Beheizung und durch die zweite Halbwelle die Kühlung beschrieben, so daß die Bedingung (2.450) für Stationarität automatisch erfüllt wird. Außerdem kann durch Variation des Parameters s_0^* die Leistungsverteilung auch noch im Schwerefeld verdreht werden.

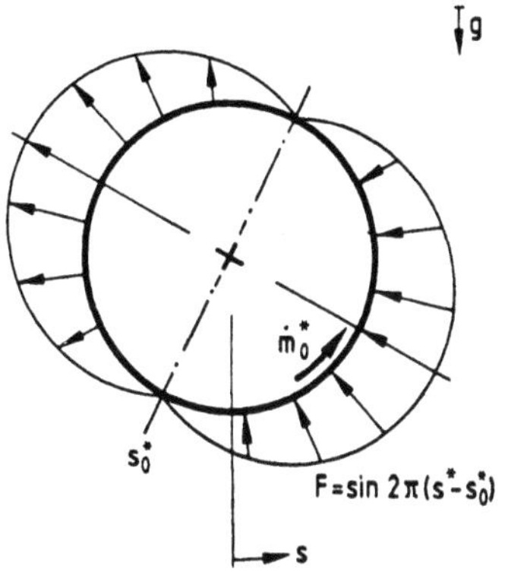

Bild 55
Spezielle im Schwerefeld drehbare Leistungsverteilung F

Die zugehörige stationäre Lösung ergibt sich unmittelbar durch Einsetzen von (2.472) in (2.469), (2.471)

$$T_0^* = \frac{1}{2\pi\, \dot{m}_0^*} [1 - \cos 2\pi\,(s^* - s_0^*)] \tag{2.473}$$

$$\dot{m}_0^{*1+\delta} = -\frac{1}{4\pi} \sin 2\pi\, s_0^* > 0 \tag{2.474}$$

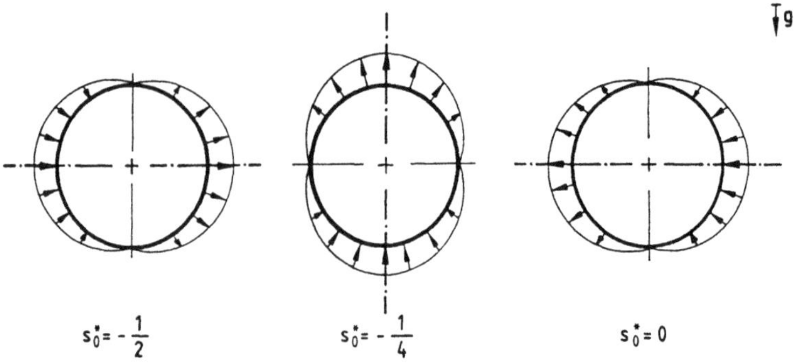

Bild 56 Dem Parameter s_0^* zugeordnete Leistungsverteilungen $F = \sin 2\pi (s^* - s_0^*)$

und man erkennt sofort, daß der stationäre Massenstrom $\dot{m}_0^*$ im allgemeinen nur für Werte $-1/2 \leqslant s_0^* \leqslant 0$ reell bleibt. Diese Bedingung wird unmittelbar verständlich, wenn wir die s_0^* zugeordneten Leistungsverteilungen betrachten (Bild 56) und uns erinnern (Abschn. 2.4.1), daß bei zum Schwerefeld punktsymmetrischen Heiz- und Kühlleistungsverteilungen keine stationäre Konvektionsströmung entstehen kann. Dies ist gerade der Fall für $s_0^* = 0$ bzw. $s_0^* = -1/2$. Und da man bei weiterem Verdrehen zu Werten $-1 < s_0^* < -1/2$ hin schließlich in den Bereich stabiler Schichtung (Beheizung von oben, Kühlung von unten) gerät, sind stationäre Strömungen offensichtlich nur im Bereich $-1/2 < s_0^* < 0$ zu erwarten. Weiterhin erkennen wir, daß der Massenstrom für $s_0^* = -1/4$ maximal wird und Nachbarverteilungen mit $s_0^* = -1/4 + \Delta s_0^*$ und $s_0^* = -1/4 - \Delta s_0^*$ bei allerdings entgegengesetzter Strömungsrichtung gleiche Massenströme induzieren (Bild 57). Die Massenströme verhalten sich also bezüglich der Leistungsverteilung um $s_0^* = -1/4$ symmetrisch, so daß im folgenden das Studium des Verdrehbereichs $-1/4 < s_0^* < 0$ genügt. Im besonders ausgezeichneten Fall $s_0^* = -1/4$ wird der Massenstrom deshalb maximal, weil die Heizleistung hier gerade vollständig im unteren Teil des Kreisrings zugeführt wird und sich damit am wirkungsvollsten zeigt. Dabei bleibt aber in diesem speziellen Fall die Strömungsrichtung unbestimmt, da infolge Symmetrie beide Strömungsrichtungen gleichberechtigt sind (indifferentes Verhalten).

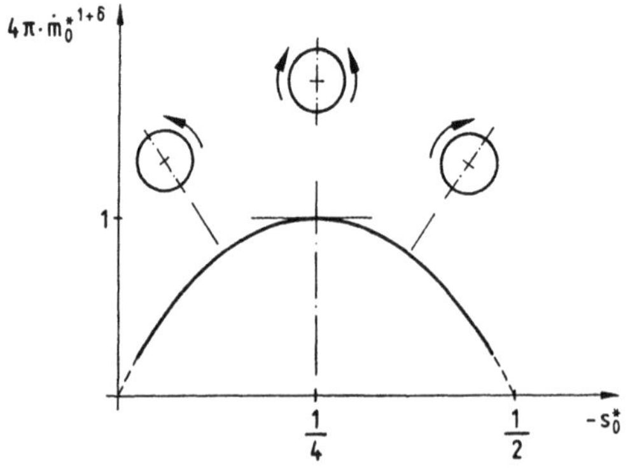

Bild 57
Stationärer Massenstrom $\dot{m}^*$ in Abhängigkeit von der Orientierung der sinusförmigen Wärmeleistungsverteilung $F = \sin 2\pi (s^* - s_0^*)$ im Schwerefeld

2.6.1.2 Stabilität der stationären Lösung. Um Stabilitätsaussagen machen zu können, denken wir uns den stationären Zustand gestört:

$$\dot{m}^*(t^*) = \dot{m}_0^* + \dot{m}_1^*(t^*) \tag{2.475}$$

$$T^*(s^*, t^*) = T_0^*(s^*) + T_1^*(s^*, t^*) \tag{2.476}$$

Die Störung des Massenstroms sei $\dot{m}_1^*(t^*)$ und die Temperatur $T_1^*(s^*, t^*)$. Da nicht die instationäre Strömung selbst, sondern nur die Stabilität der stationären Strömung studiert werden soll, genügt im folgenden die Berücksichtigung allein der linearen Störanteile. Wir setzen also so kleine Störungen voraus

$$\frac{\dot{m}_1^*}{\dot{m}_0^*} \ll 1, \qquad \frac{T_1^*}{T_0^*} \ll 1 \tag{2.477}$$

daß linearisiert werden kann, und schauen nach, ob die von außen auf das System aufgeprägten Störungen mit der Zeit anwachsen (instabil) oder abklingen (stabil). Durch Einsetzen von (2.475), (2.476) in die integrierte Impulsgl. (2.462) und die Energiegl. (2.463) erhält man mit $\alpha_A = \alpha_R = \alpha$ nach (2.466) zunächst:

$$\text{(Impuls):} \qquad \dot{m}_{1_{t^*}}^* + \alpha(\dot{m}_0^* + \dot{m}_1^*)^\delta = \alpha \int_0^1 (T_0^* + T_1^*) \sin(2\pi s^*)\, ds^* \tag{2.478}$$

$$\text{(Energie):} \qquad T_{1_{t^*}}^* + (\dot{m}_0^* + \dot{m}_1^*)(T_{0_{s^*}}^* + T_{1_{s^*}}^*) = F(s^*) \tag{2.479}$$

Beachten wir nun noch die stationäre Lösung $\dot{m}_0^*$, T_0^* nach (2.471), (2.469), verschwinden die stationären Anteile in (2.478), (2.479), die ja gerade aus den stationären Gliedern der Impuls- und Energiegleichung berechnet wurden. Durch Linearisieren entfallen außerdem alle Störanteile von quadratischer und höherer Ordnung, so daß die linearen Differentialgleichungen (2.480), (2.481) für die Störungen $\dot{m}_1^*$, T_1^* bei bekanntem stationären Zustand übrig bleiben:

$$\text{(Impuls):} \qquad \dot{m}_{1_{t^*}}^* + \alpha\delta\dot{m}_0^{*\delta-1}\dot{m}_1^* = \alpha \int_0^1 T_1^* \sin(2\pi s^*)\, ds^* \tag{2.480}$$

$$\text{(Energie):} \qquad T_{1_{t^*}}^* + \dot{m}_0^* T_{1_{s^*}}^* + T_{0_{s^*}}^* \dot{m}_1^* = 0 \tag{2.481}$$

Da die Koeffizienten dieser beiden linearen Gleichungen Konstante oder allenfalls reine Ortsfunktionen sind, kann die allgemeine Lösung dieser Gleichungen als die Summe spezieller Teillösungen dargestellt werden, die nur über einen Faktor von der Zeit t^* abhängen[1]). Für die entsprechenden Teilstörungen machen wir deshalb jeweils einen Exponentialansatz

$$\dot{m}_1^*(t^*) = K^* \cdot e^{\sigma t^*} \tag{2.482}$$

$$T_1^*(s^*, t^*) = f(s^*) \cdot e^{\sigma t^*} \tag{2.483}$$

---

[1]) Beliebige Störungen denke man sich nach Fourier additiv durch Teilstörungen der Form (2.482) bzw. (2.483) zusammengesetzt.

mit komplexem Störparameter $\sigma = r + iw$, der qualitativ beliebige Störungen erfaßt und erhalten damit aus (2.480), (2.481) schließlich:

$$\text{(Impuls):} \qquad [\sigma + \alpha\delta \dot{m}_0^{*\delta-1}]K^* = \alpha \int_0^1 f(s^*) \sin(2\pi s^*)\, ds^* \qquad (2.484)$$

$$\text{(Energie):} \qquad \frac{df}{ds^*} + \frac{\sigma}{\dot{m}_0^*} f(s^*) = -\frac{K^*}{\dot{m}_0^*}\frac{dT_0^*}{ds^*} = -\frac{K^*}{\dot{m}_0^{*2}} F(s^*) \qquad (2.485)$$

Die aus der Energiegl. (2.463) gewonnene Gl. (2.485) zur Bestimmung der ortsabhängigen Amplitude $f(s^*)$ der Temperaturstörung $T_1^*(s^*, t^*)$ ist eine gewöhnliche Dgl. 1. Ordnung, die als Inhomogenität (rechte Seite der Dgl.) im wesentlichen die Ortsableitung der stationären Temperaturfunktion $T_0^*(s^*)$ bzw. die entsprechend (2.468) aufgeprägte Leistungsverteilung $F(s^*)$ besitzt. Mit der Methode der Variation der Konstanten kann die allgemeine Lösung von (2.485)

$$f(s^*) = e^{-\frac{\sigma}{\dot{m}_0^*} s^*} \left[C - \frac{K^*}{\dot{m}_0^{*2}} \int_0^{s^*} F(\xi^*) e^{\frac{\sigma}{\dot{m}_0^*}\xi^*} d\xi^* \right] \qquad (2.486)$$

angegeben werden, und die noch freie Konstante C läßt sich aus der Periodizität der Temperatur $T(0, t) = T(L, t)$ bestimmen. In dimensionsfreier Formulierung lautet diese Bedingung für Periodizität

$$T_0^*(0) + T_1^*(0, t^*) = T_0^*(1) + T_1^*(1, t^*) \qquad (2.487)$$

und da wegen der stetigen Leistungsverteilung $F(s^*)$ die stationäre Temperaturfunktion keinen Sprung haben kann, gilt $T_0^*(0) = T_0^*(1)$ und somit

$$T_1^*(0, t^*) = T_1^*(1, t^*) \qquad (2.488)$$

oder $\qquad f(0) = f(1) \qquad (2.489)$

wenn man noch den Störansatz (2.483) beachtet. Die so gefundene Bedingung (2.489) ist erfüllt für

$$C = \frac{K^*}{\dot{m}_0^{*2}} \frac{\int_0^1 F(\xi^*) e^{\frac{\sigma}{\dot{m}_0^*}\xi^*} d\xi^*}{1 - e^{\sigma/\dot{m}_0^*}} \qquad (2.490)$$

und durch Einsetzen der dann restlos bekannten Amplitudenfunktion $f(s^*)$ in die noch nicht benutzte Impulsgl. (2.484) – wobei die im Rahmen dieser Überlegungen nicht bestimmbare Amplitude K^* des Störmassenstroms herausfällt – erhalten wir schließlich die charakteristische Gleichung

$$S(\sigma) = 0 = \sigma + \alpha\delta \dot{m}_0^{*\delta-1}$$

$$-\frac{\alpha}{\dot{m}_0^{*2}} \cdot \int_0^1 e^{-\frac{\sigma}{\dot{m}_0^*} s^*} \left[\frac{\int_0^1 F(\xi^*) e^{\frac{\sigma}{\dot{m}_0^*}} d\xi^*}{1 - e^{\sigma/\dot{m}_0^*}} - \int_0^{s^*} F(\xi^*) e^{\frac{\sigma}{\dot{m}_0^*}\xi^*} d\xi^* \right] \sin(2\pi s^*)\, ds^* \qquad (2.491)$$

zur Bestimmung der dem System eigenen Werte σ zur Beurteilung der Stabilität, die wir Stabilitätsgleichung nennen wollen. Durch Bestimmen der Wurzeln dieser Gleichung kann gezeigt werden, für welche Leistungsverteilungen F Stabilität zu erwarten ist. Dies ist der Fall, wenn keine Wurzeln mit positivem Realteil existieren. Nur dann werden beliebige, einmal aufgetretene Störungen mit der Zeit abklingen, und es wird wieder die stationäre Ausgangssituation erreicht (asymptotische Stabilität). Die Bestimmung der σ-Werte ist aufwendig und im allgemeinen nur numerisch machbar. Wir beschränken deshalb die weitere explizite Untersuchung auf unsere bereits eingeführte spezielle Heizleistungsverteilung $F = \sin 2\pi\,(s^* - s_0^*)$. Hierfür reduziert sich die für beliebige Leistungsverteilungen gültige charakteristische Gl. (2.491) auf ein Polynom 3. Grades:

$$P_3(\sigma) = \sigma^3 + a_2\sigma^2 + a_1\sigma + a_0 = 0 \tag{2.492}$$

mit $a_2 = \alpha\delta\dot{m}_0^{*\delta-1} > 0$

$$a_1 = (2\pi\,\dot{m}_0^*)^2 + \frac{\alpha}{2\dot{m}_0^*}\cos 2\pi\, s_0^* > 0$$

$$a_0 = (2\pi\,\dot{m}_0^*)^2\alpha\delta\dot{m}_0^{*\delta-1} - \alpha\pi\sin 2\pi\, s_0^* > 0$$

$$\text{für}\quad -\frac{1}{4} < s_0^* < 0$$

Für den Bereich existenter stationärer Lösungen sind die Konstanten des Polynoms a_2, a_1, a_0 alle positiv, so daß keine rein positiv reelle Nullstellen möglich sind. Ein allein exponentielles Anwachsen der Störung ist damit ausgeschlossen, und es sind allenfalls noch instabile Schwingungen möglich.

Benutzen wir zudem den Satz von Hurwitz, der besagt, daß bei Erfüllung der Ungleichung

$$a_1a_2 - a_0 > 0 \tag{2.493}$$

auch keine komplexe Wurzeln mit positivem Realteil vorliegen, ergibt sich das spezielle Stabilitäts-Kriterium:

$$\frac{1}{2\pi}\alpha\delta\left[\frac{1}{4\pi}\,|\sin 2\pi\, s_0^*|\right]^{(\delta-2)/(\delta+1)} > |\tan 2\pi\, s_0^*| \tag{2.494}$$

Offensichtlich wird die Stabilität durch 3 Parameter gesteuert: δ (Strömungsform), s_0^* (Orientierung im Schwerefeld), α (Systemeigenschaft). Dabei ist jedoch der Systemparameter α wiederum von δ abhängig, denn nach (2.465) und (2.467) gilt:

$$\alpha = K_\delta AM(cK_\delta/g\rho_0\beta_0q_0L)^{(2-\delta)/(1+\delta)} \tag{2.495}$$

Für turbulente Konvektionsströmungen mit $\delta = 2$ wird die Stabilitätsaussage besonders einfach. Da sowohl in (2.495) als auch (2.494) der Exponent verschwindet, hängt die Stabilität schließlich im wesentlichen allein vom Reibungskoeffizienten ab.

$$\delta = 2:\quad \alpha = K_{\delta=2}AM > \pi\,|\tan 2\pi\, s_0^*| \tag{2.496}$$

Wie in Bild 58 dargestellt, liegt Stabilität vor, wenn der Reibungskoeffizient $K_{\delta=2}^*$ $= K_{\delta=2}/(1/AM)$ für eine durch s_0^* im Schwerefeld fixierte Leistungsverteilung

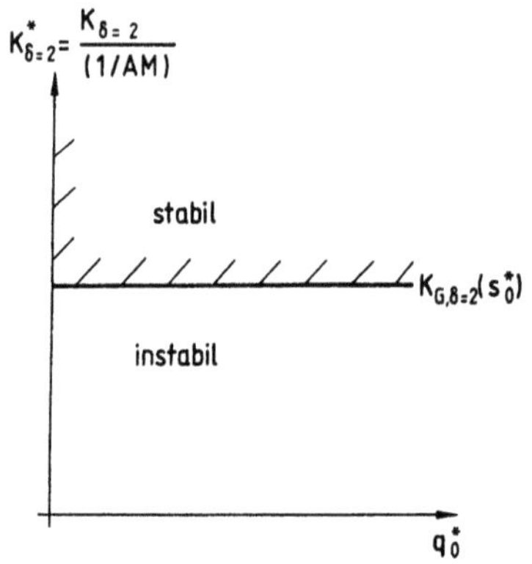

Bild 58 Stabilitätskarte für turbulente ($\delta = 2$) Strömung

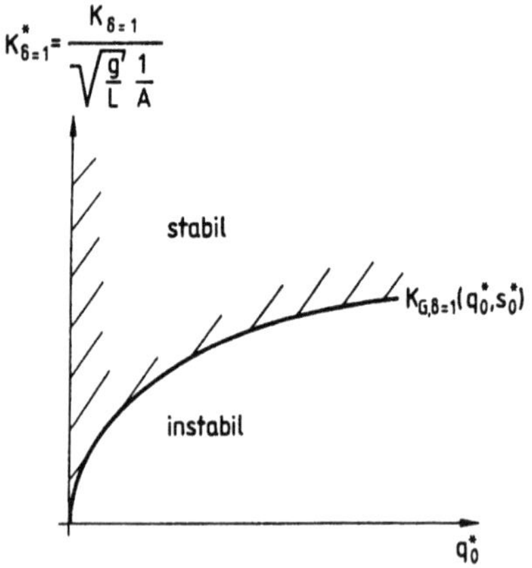

Bild 59 Stabilitätskarte für laminare ($\delta = 1$) Strömung

größer als $\pi|\tan 2\pi\, s_0^*|$ bleibt. Bei Gleichheit befindet man sich gerade auf der Stabilitätsgrenze $K_G = \pi|\tan 2\pi\, s_0^*|$.

Im Fall laminarer Strömung mit $\delta = 1$ ist dagegen die Stabilitätsbedingung auch noch von der Leistungsamplitude q_0 abhängig. Für Stabilität ist jetzt die kompliziertere Ungleichung

$$\delta = 1: \quad \alpha = K_{\delta=1}^{3/2} AM \sqrt{\frac{c}{g\rho_0\beta_0 q_0 L}} > 2\pi\,|\tan 2\pi\, s_0^*| \sqrt{\frac{1}{4\pi}\,|\sin 2\pi\, s_0^*|} \qquad (2.497)$$

zu erfüllen, die auch in der Form

$$K_{\delta=1}^* = \frac{K_{\delta=1}}{\sqrt{\dfrac{g}{L}\,\dfrac{1}{A}}} > \left(2\pi\,|\tan 2\pi\, s_0^*| \sqrt{\frac{1}{4\pi}\,|\sin 2\pi\, s_0^*|}\right)^{2/3} q_0^{*\,1/3} = K_G \qquad (2.498)$$

mit der dimensionsfreien Leistungsamplitude

$$q_0^* = \frac{q_0}{c\rho_0 A\sqrt{g/L}/\beta_0} \qquad (2.499)$$

geschrieben werden kann. Bei laminarer Strömung (Bild 59) ist somit Stabilität gegeben, wenn der Reibungskoeffizient $K_{\delta=1}^*$ größer als K_G (Stabilitätsgrenze) nach (2.498) bleibt.

Unabhängig von der Strömungsform rückt im Grenzfall $s_0^* = -1/4$ die Stabilitätsgrenze K_G ins Unendliche. Für beschränkte Reibungskoeffizienten herrscht deshalb in der Umgebung von $s_0^* = -1/4$ immer Instabilität. Dieser Sachverhalt läßt sich geometrisch noch besser als in den Bildern 58, 59 darstellen, wenn wir die Stabilitätsgrenze K_G nicht über q_0^*, sondern über $-s_0^*$ auftragen (Bild 60). Die Konvektionsströmung ist in diesem Fall immer instabil, weil im Rahmen des eindimensionalen Modells bezüglich des

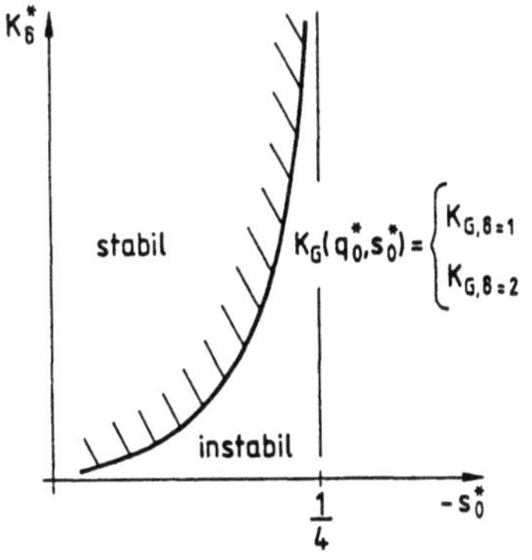

Bild 60
Stabilitätskarte für laminare ($\delta = 1$) und turbulente ($\delta = 2$) Strömung

Schwerefeldes (Bild 56) vollkommene Symmetrie vorliegt und damit beide Strömungsrichtungen gleichberechtigt (indifferentes Verhalten) sind. Im anderen Grenzfall $s_0^* = 0$ ist zu beachten, daß der stationäre Lösungsanteil gerade verschwindet. Damit wird die unseren Aussagen zugrunde liegende Störungsrechnung unbrauchbar (Voraussetzung (2.477) nicht mehr erfüllt), so daß für $s_0^* \to 0$ keine Aussage gemacht werden kann. Dies schmälert aber die gewonnenen Stabilitätsaussagen nur wenig, da alle technischen Realisierungen im Bereich $0 > s_0^* > -1/4$ zwischen den beiden Grenzfällen zu finden sind. Nur in diesem Bereich existieren stationäre Konvektionsströmungen, die auch stabil sind. Will man aber dennoch einen Einblick in das Systemverhalten bei verschwindendem stationären Massenstrom $\dot{m}_0^*$ im Fall $s_0^* = 0$, muß das Gleichungssystem (2.462), (2.463) explizit gelöst werden, was wegen des nichtlinearen Terms $\dot{m}^* T_{s*}^*$ in der Energiegleichung nur noch numerisch möglich ist. Dies wird durch das Ergebnis einer solchen Rechnung (Differenzenverfahren) bestätigt, denn das System verhält sich für $s_0^* = 0$ chaotisch. Die instationäre Lösung reproduziert sich zu keinem Zeitpunkt, so daß hier mit analytischen Methoden (etwa Fourierdarstellung) nichts mehr auszurichten ist. Das Rechenbeispiel für chaotisches Verhalten wurde mit den in Bild 61 angegebenen Daten

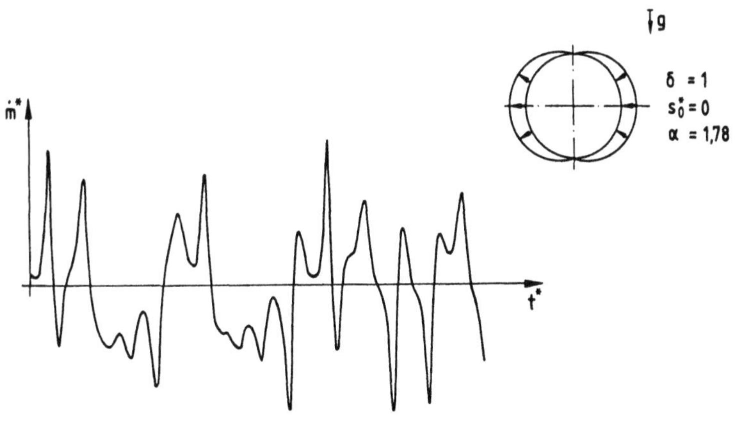

Bild 61 Numerisches Rechenbeispiel für chaotisches Verhalten im Fall $s_0^* = 0$

durchgeführt und zeigt, daß die Konvektionsströmung nach einer Anlaufphase immer wieder zusammenbricht, um schließlich einen erneuten Anlauf in entgegengesetzter Richtung zu versuchen, wobei diese Phasen mehr oder weniger stark ausgeprägt sind und vollkommen unsystematisch (chaotisch) aufeinander folgen.

Wir betrachten abschließend zwei weitere Rechenbeispiele (Bild 62). Sowohl im Fall I als auch im Fall II ist dabei die dem System aufgeprägte Leistungsverteilung durch $q_0^* = 3{,}13 \cdot 10^{-7}$, $s_0^* = -0{,}1$ gegeben. Da für diese Leistungsverteilung der stationäre Lösungsanteil nicht verschwindet (Bild 57), ist ein Vergleich möglich zwischen dem Verhalten der rein numerisch (Differenzenverfahren) berechneten instationären Lösungen und den Stabilitätsaussagen, die wir mit der Methode der kleinen Störungen gewonnen haben.

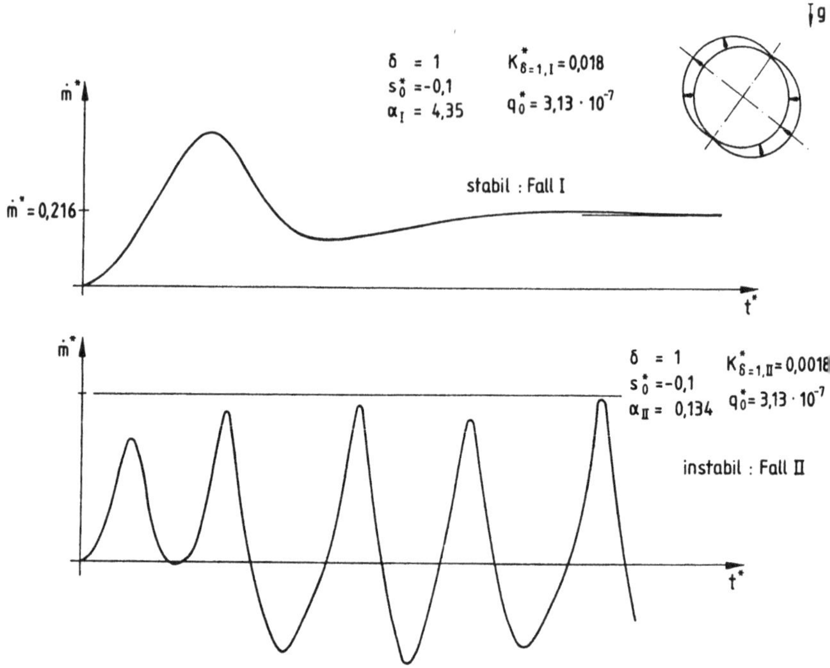

Bild 62 Numerisches Rechenbeispiel für stabiles bzw. instabiles Verhalten im Fall $s_0^* = -0{,}1$

Wir entnehmen aus Bild 62, daß das System sich für $\alpha_I = 4{,}350$, $K^*_{\delta=1,I} = 0{,}018$ stabil (es wird asymptotisch der stationäre Massenstrom $\dot m_0^*$ angenommen) und für $\alpha_{II} = 0{,}134$, $K^*_{\delta=1,II} = 0{,}0018$ instabil (Phasen mit aufklingendem Verhalten) verhält. Dieses unterschiedliche Verhalten wird dadurch erreicht, daß im Fall II etwa ein Fluid verwendet wird, dessen kinematische Zähigkeit bei sonst unveränderten Stoffwerten um den Faktor 10 kleiner ist als im Fall I:

$$\frac{\nu_I}{\nu_{II}} = 10 \tag{2.500}$$

Aus (2.467), (2.464) ergibt sich dann bei der hier vorliegenden laminaren Strömung ($\delta = 1$) und Beachtung des Reibungskoeffizienten $K_{\delta=1}$ nach (2.65) für Kreisrohrgeometrie ($A = D^2\pi/4$) der Systemparameter zu

$$\alpha = \frac{g\beta_0 q_0 M^2}{c}\left(\frac{cK_{\delta=1}}{g\rho_0\beta_0 q_0 L}\right)^{3/2} \sim \nu^{3/2} \quad \text{mit} \quad K_{\delta=1} = \frac{128\nu}{\pi D^4} \sim \nu \tag{2.501}$$

so daß

$$\frac{\alpha_I}{\alpha_{II}} = \left(\frac{\nu_I}{\nu_{II}}\right)^{3/2} = 10^{3/2} = 31{,}623 \tag{2.502}$$

und mit (2.498) für die dimensionsfreien Reibungskoeffizienten

$$\frac{K^*_{\delta=1,I}}{K^*_{\delta=1,II}} = \frac{\nu_I}{\nu_{II}} = 10 \tag{2.503}$$

gilt. Wir berechnen schließlich noch die Stabilitätsgrenze $K_G(q_0^*, s_0^*)$ nach (2.498) für die in beiden Fällen gleiche Leistungsverteilung und vergleichen das Ergebnis mit $K^*_{\delta=1,I}$, $K^*_{\delta=1,II}$ nach (2.503), erhalten somit

$$K^*_{\delta=1,II} = 0{,}0018 < K_G(q_0^* = 3{,}13 \cdot 10^{-7}, s_0^* = -0{,}1) = 0{,}0067 < K^*_{\delta=1,I} = 0{,}018 \tag{2.504}$$

und stellen diesen Sachverhalt in einer Stabilitätskarte entsprechend etwa Bild 60 (jetzt speziell für die Daten der beiden Rechenbeispiele I, II) dar (Bild 63).

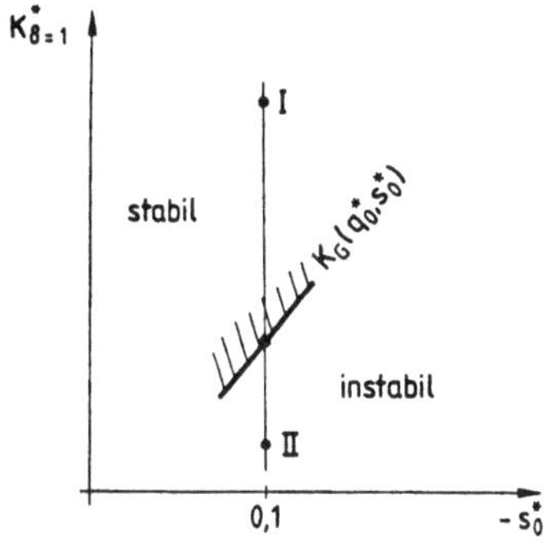

Bild 63
Stabilitätskarte für die beiden Rechenbeispiele I, II

Aus dieser Darstellung entnehmen wir, daß im Fall I wegen $K^*_{\delta=1,I} > K_G$ stabiles und im Fall II wegen $K^*_{\delta=1,II} < K_G$ instabiles Verhalten vorliegt. Damit ist beispielhaft gezeigt, daß die mit der Methode der kleinen Störungen gewonnenen Aussagen zum Stabilitätsverhalten mit dem Verhalten der rein numerisch berechneten Konvektionsströmungen übereinstimmen. Im Fall II ist offensichtlich die Reibung im System so stark herabgesetzt, daß deren stabilisierende Wirkung nicht mehr ausreicht, um die stationäre Konvektionsströmung stabil halten zu können.

2.6.2 Einzelkamin

Die gewonnenen Stabilitätsaussagen für geschlossene Naturumlaufsysteme lassen sich nicht direkt auf Einzelkamine (Bild 64) übertragen, da an die Stelle der Periodizität (Störung läuft im System um) jetzt wieder die Abströmbedingung am Kaminende (Störung verliert sich in der unendlich großen Umgebung) tritt und das System dadurch rückwirkungsfrei wird.

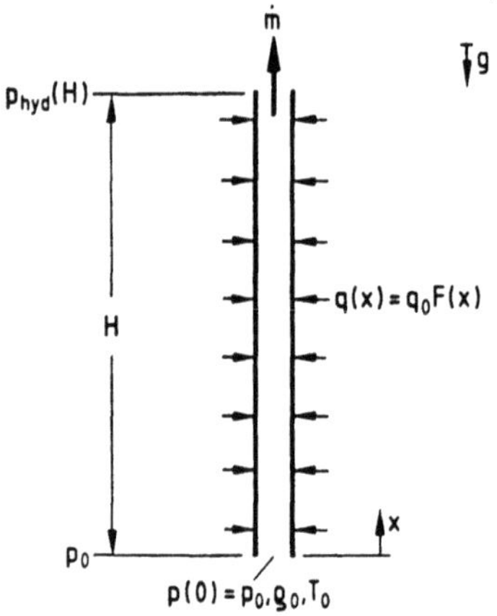

Bild 64
Zur Stabilitätsuntersuchung eines beliebig beheizten Einzelkamins

Unter den gleichen Voraussetzungen (Boussinesq-Approximation) wie in Abschn. 2.6.1 gelten bei Verwendung der jetzt wieder geradlinigen Kaminkoordinaten x die vereinfachten Erhaltungsgleichungen

(Impuls): $$\rho_0 u_t = -p_x - g\rho - K_\delta \dot{m}^\delta \qquad (2.505)$$

(Energie): $$\rho_0 c A (T_t + u T_x) = q_0 F(x) \qquad (2.506)$$

(Masse): $$\rho_0 u_x = 0 \;\rightarrow\; \dot{m}(t) = \rho_0 u(t) A \qquad (2.507)$$

die sich unter Ausnutzung der Abströmbedingung am Kaminende

$$p(H, t) = p_0 - g\rho_0 H = p_{hyd}(H) \qquad (2.508)$$

Vernachlässigung der Druckabsenkung am Kaminfuß (s. Abschn. 2.2: Strömungsbegrenzung durch Fluidreibung)

$$p(0) = p_0 \qquad (2.509)$$

und Ersetzen der Geschwindigkeitsterme durch Massenstromterme mit Hilfe der Massenstrombeziehung

$$\dot{m} = \rho_0 u(t) A = \dot{m}(t) \qquad (2.510)$$

nach (2.507) auf die (2.459), (2.460) entsprechende Form umschreiben lassen

(Impuls): $$\frac{1}{A}\dot{m}_t + K_\delta \dot{m}^\delta = \frac{g\rho_0\beta_0}{H}\int_0^H [T(x, t) - T_0]\, dx \qquad (2.511)$$

(Energie): $$T_t + \frac{1}{\rho_0 A}\dot{m}T_x = \frac{q_0 F(x)}{\rho_0 c A} \tag{2.512}$$

und dimensionsfrei schließlich die Gestalt

(Impuls): $$\dot{m}^*_{t^*} + \alpha\dot{m}^{*\delta} = \alpha\int_0^1 T^*\,dx^* \tag{2.513}$$

(Energie): $$T^*_{t^*} + \dot{m}^* T^*_{x^*} = F(x^*) \tag{2.514}$$

annehmen. Dabei haben die dimensionsfreien Größen nach (2.461) und der Systemparameter α die gleiche Bedeutung wie im vorherigen Abschn. 2.6.1.2, nur ist anstelle der zuvor verwendeten Länge L jetzt die charakteristische Kaminhöhe H zu verwenden.

2.6.2.1 Stationäre Lösung. Wir notieren uns zur weiteren Verwendung wiederum die stationäre Lösung, die sich durch Wegfall der nach der Zeit abgeleiteten Glieder ($\partial/\partial t = 0$) aus (2.514), (2.513) ergibt

$$T^*_0(x^*) = \frac{1}{\dot{m}^*_0}\int_0^{x^*} F(\xi^*)\,d\xi^* \tag{2.515}$$

$$\dot{m}_0^{*\,1+\delta} = \int_0^1\int_0^{x^*} F(\xi^*)\,d\xi^*\,dx^* \tag{2.516}$$

und mit der bereits in Abschn. 2.1/2.2 berechneten dimensionsbehafteten Kaminlösung (2.30), (2.74) identisch ist.

2.6.2.2 Stabilität der stationären Lösung. Wie zuvor in Abschn. 2.6.1.2, denken wir uns wieder hinreichend kleine Störungen des stationären Zustandes und erhalten durch Linearisieren und die Störansätze (2.482), (2.483) im Fall des Einzelkamins die (2.484), (2.485) entsprechenden Gleichungen (2.517), (2.518):

(Impuls): $$[\sigma + \alpha\delta\dot{m}_0^{*\delta-1}]K^* = \alpha\int_0^1 f(x^*)\,dx^* \tag{2.517}$$

(Energie): $$\frac{df}{dx^*} + \frac{\sigma}{\dot{m}^*_0}f(x^*) = -\frac{K^*}{\dot{m}^*_0}\frac{dT^*_0}{dx^*} = -\frac{K^*}{\dot{m}_0^{*2}}F(x^*) \tag{2.518}$$

Die allgemeine Lösung von (2.518) lautet wie zuvor

$$f(x^*) = e^{-\frac{\sigma}{\dot{m}^*_0}x^*}\left[C - \frac{K^*}{\dot{m}_0^{*2}}\int_0^{x^*} F(\xi^*)e^{\frac{\sigma}{\dot{m}^*_0}\xi^*}\,d\xi^*\right] \tag{2.519}$$

wobei sich die noch freie Konstante C jetzt aus der aufgeprägten Einströmbedingung für die Temperatur $T(0, t) = T_0$ (Umgebung ist so groß, daß als Einströmtemperatur immer T_0 herrscht → keine Rückwirkung) ergibt, die in dimensionsfreier Form

$$T^*(0, t^*) = T^*_0(0) + T^*_1(0, t^*) = 0 \tag{2.520}$$

mit $T^*_0(0) = 0, \quad T^*_1(0, t^*) = 0$

lautet und mit dem Störansatz für die Temperatur (2.483) auf

$$f(0) = 0 \tag{2.521}$$

führt. Mit (2.521) bestimmt sich die Konstante C in (2.519) dann zu

$$C = 0 \tag{2.522}$$

und durch Einsetzen der so rückwirkungsfreien Lösung $f(x^*)$ in die integrierte Impulsgl. (2.517) erhält man schließlich die zu (2.491) analoge Stabilitätsgleichung für den Einzelkamin beliebiger Beheizung

$$S(\sigma) = \sigma + \alpha\delta\dot{m}_0^{*\delta-1} + \frac{\alpha}{\dot{m}_0^{*2}}\int_0^1 e^{-\frac{\sigma}{\dot{m}_0^*}x^*}\left[\int_0^{x^*} F(\xi^*)e^{\frac{\sigma}{\dot{m}_0^*}\xi^*}\,d\xi^*\right]dx^* = 0 \tag{2.523}$$

zur Beurteilung der Stabilität stationärer Lösungen.

Wir wollen nun nur noch den physikalisch einfachsten Fall der Fußpunktbeheizung weiter behandeln, da sich die Stabilitätsgl. (2.523) dann wiederum wesentlich vereinfacht. Da es sich dabei um einen singulären Fall handelt, muß die zugehörige Stabilitätsgleichung entweder durch Grenzübergang oder durch eine separate Herleitung gewonnen werden. Um den Grenzübergang vollziehen zu können, genügt die Betrachtung einer homogenen Kaminbeheizung $\dot{Q} = \int_0^H q_0 F(x)\,dx = q_0 H$. Wird die Heizleistung $\dot{Q}$ komplett am Kaminfuß $x = 0$ zugeführt, ist $\dot{Q} = \lim_{H\to 0}\int_0^H q_0 F(x)\,dx = q_0 H$ oder in dimensionsfreier Darstellung mit den dimensionsfreien Größen nach (2.461)

$$\lim_{x^*\to 0}\int_0^{x^*} F(\xi^*)\,d\xi^* = 1 \tag{2.524}$$

zu setzen. Weiter können wir für den inneren Integralterm der Stabilitätsgl. (2.523)

$$\lim_{x^*\to 0}\int_0^{x^*} F(\xi^*)e^{\frac{\sigma}{\dot{m}_0^*}\xi^*}\,d\xi^* = 1 \tag{2.525}$$

schreiben, da die Exponentialfunktion $\exp[(\sigma/m_0^*)\xi^*]$ im Grenzfall den Wert 1 annimmt. Beachten wir außerdem noch, daß bei Fußpunktbeheizung sich auch die stationäre Lösung nach (2.516), (2.515) extrem einfach

$$\dot{m}_0^* = 1, \qquad T_0^* = 1 \tag{2.526}$$

darstellt, vereinfacht sich die Stabilitätsgl. (2.523) auf

$$S(\sigma) = \sigma + \alpha\delta + \alpha\int_0^1 e^{-\sigma x^*}\,dx^* = 0 \tag{2.527}$$

und durch Ausrechnen des verbliebenen Integrals erhalten wir schließlich

$$S(\sigma) = \sigma + \alpha\left(\delta + \frac{1}{\sigma} - \frac{e^{-\sigma}}{\sigma}\right) = 0 \tag{2.528}$$

Das identische Ergebnis erhalten wir natürlich auch, wenn wir uns einen entsprechenden Temperatursprung $\Delta T = \dot{Q}/(\dot{m}c)$ am Kaminfuß vorgegeben und den Kamin sonst unbeheizt behandeln. In der dimensionsfreien Beschreibung gilt für den Temperatursprung

$$T^*(0, t^*) = \frac{1}{\dot{m}^*(t^*)} \tag{2.529}$$

und mit der stationären Lösung $m_0^* = 1$, $T_0^* = 1$ nehmen die Gleichungen (2.517), (2.518) die einfache Gestalt

(Impuls): $$[\sigma + \alpha\delta]K^* = \alpha \int_0^1 f(x^*)\, dx^* \tag{2.530}$$

(Energie): $$\frac{df}{dx^*} + \sigma f = 0 \tag{2.531}$$

an. Die allgemeine Lösung von (2.531) ist dann auch extrem einfach

$$f(x^*) = Ce^{-\sigma x^*} \tag{2.532}$$

und die Konstante C berechnet sich unter der Voraussetzung kleiner Störungen aus dem gestörten thermischen Zustand (s. Abschn. 2.6.1.2)

$$T^*(0, t^*) = T_0^*(0) + T_1^*(0, t^*) + \ldots \tag{2.533}$$

den wir mit der Entwicklung von (2.529) bei Beachtung von $\dot{m}_0^* = 1$

$$T^*(0, t^*) = \frac{1}{\dot{m}_0^*\left(1 + \dfrac{\dot{m}_1^*}{\dot{m}_0^*}\right)} = \frac{1}{1 + \dot{m}_1^*} = 1 - \dot{m}_1^* + \ldots \tag{2.534}$$

vergleichen. Der Vergleich liefert

$$T_1^*(0, t^*) = -\dot{m}_1^* \tag{2.535}$$

oder $$f(0) = -K^* \tag{2.536}$$

wenn wir die Störansätze (2.482), (2.483) beachten. Die Konstante C bestimmt sich dann mit (2.536) aus (2.532) zu

$$C = -K^* \tag{2.537}$$

so daß sich (2.530) in der Form

$$[\sigma + \alpha\delta]K^* = -\alpha K^* \int_0^1 e^{-\sigma x^*}\, dx^* \tag{2.538}$$

ergibt, die mit (2.527) identisch ist.

Eine Rückschau auf das spezielle Ergebnis ((2.492): Stabilitätsgleichung als reines Polynom bei sinusförmiger Leistungsverteilung) des zuvor untersuchten geschlossenen Naturumlaufs zeigt, daß die Stabilitätsgleichung des Kamins mit Fußpunktbeheizung jetzt additiv noch um einen für Systeme mit Totzeiten typischen exponentiellen Term ergänzt ist. Um hier allgemeine Aussagen bezüglich Stabilität machen zu können, bedarf es erweiterter Hurwitz-Kriterien[1]). Ohne solche zusätzlichen Hilfsmittel bleibt allein der mühsame numerische Weg zum Auffinden der gesuchten Wurzeln σ der Stabilitätsgleichung, der durch Aufspalten von σ in Real- und Imaginärteil

$$\sigma = r + iw \quad r, w \text{ reell} \tag{2.539}$$

beschritten wird. Durch Einsetzen von (2.539) in die Stabilitätsgl. (2.528), wird diese ebenfalls aufgespalten, und wir erhalten

$$S(r + iw) = f(r, w) + ig(r, w) = 0 \tag{2.540}$$

mit den beiden reellen Funktionen f, g. Die so aufgespaltene Stabilitätsgl. (2.540) ist dann und nur dann erfüllt, wenn sowohl der Real- als auch der Imaginärteil verschwindet

$$\mathrm{Re}\,(S) = f(r, w) = 0 \qquad \mathrm{Im}\,(S) = g(r, w) = 0 \tag{2.541}$$

was genau für diejenigen Wertepaare (r, w) zutrifft, die wir als Schnittpunkte der beiden in einer (r, w)-Ebene (Bild 66) dargestellten impliziten Funktionen $f = 0$, $g = 0$ finden. Liegen alle Schnittpunkte, die Wurzeln der Stabilitätsgl. (2.528) sind, im Bereich $r = \mathrm{Re}\,(\sigma) < 0$, sind die Strömungsverhältnisse stabil. Finden wir dagegen auch Schnittpunkte im Bereich $r = \mathrm{Re}\,(\sigma) > 0$, wird sich die Kaminströmung im allgemeinen instabil verhalten.

Zur Untersuchung einer konkreten Kaminströmung auf Stabilität beschränken wir uns im folgenden auf den Fall der turbulenten Strömungsform mit $\delta = 2$. In diesem Fall erhalten wir mit (2.539) aus der Stabilitätsgl. (2.528) die beiden reellen Funktionen f, g in der Form[2])

$$f = r + \alpha \left[2 + \frac{r}{r^2 + w^2} - e^{-r} \frac{r \cos w - w \sin w}{r^2 + w^2} \right] = 0 \tag{2.542}$$

$$g = w + \alpha \left[- \frac{w}{r^2 + w^2} + e^{-r} \frac{r \sin w + w \cos w}{r^2 + w^2} \right] = 0 \tag{2.543}$$

und erkennen, daß sich beide Funktionen bezüglich w symmetrisch verhalten: $f(r, w) = f(r, -w)$, $g(r, w) = -g(r, -w)$. Werden die beiden Bedingungen (2.542), (2.543) von einem Wertepaar (r, w) erfüllt, ist auch das Wertepaar (r, −w) Lösung, so daß die Suche nach den Wurzeln der Stabilitätsgleichung in der (r, w)-Ebene auf etwa die obere Halbebene beschränkt werden kann (Bild 65).

Außerdem zeigt die Kurvendiskussion, daß Asymptoten für $r \to -\infty$ existieren. Die asymptotisch angenommenen Werte w sind gerade die Nullstellen der trigonometrischen Funktionen $\cos w = 0$, $\sin w = 0$:

$$\lim_{r \to -\infty} f = 0 \;\rightarrow\; \cos w = 0 \;\rightarrow\; w = \pi(2n - 1)/2, \quad n \in \mathbf{N} \tag{2.544}$$

---

[1]) Das Hurwitz-Kriterium (s. Abschn. 2.6.1.2) ist nur anwendbar, wenn es sich bei der Stabilitätsgleichung um ein reines Polynom handelt: $S(\sigma) = P_n(\sigma)$.

[2]) Bei der Berechnung von f, g ist der Totzeitterm $e^{-\sigma}$ mit Hilfe der Eulerschen Formel umzuschreiben: $e^{-\sigma} = e^{-(r + iw)} = e^{-r}(\cos w - i \sin w)$.

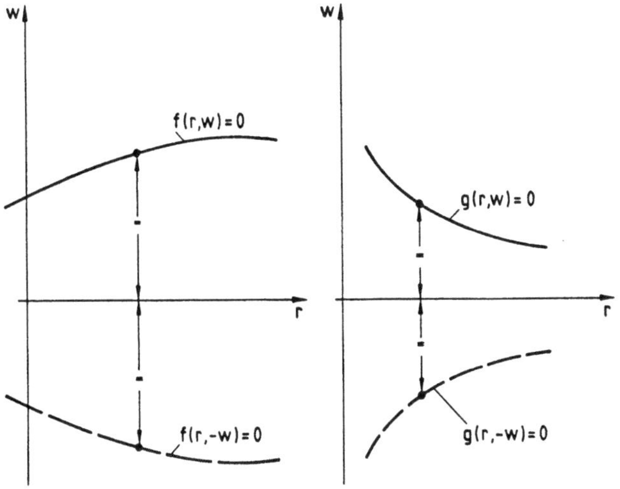

Bild 65 Zur Symmetrie der beiden reellen Funktionen f, g

$$\lim_{r \to -\infty} g = 0 \;\rightarrow\; \sin w = 0 \;\rightarrow\; w = n\pi, \quad n \in \mathbf{N} \qquad (2.545)$$

Deshalb existieren die Kurven f, g asymptotisch in zur r-Achse horizontalen Streifen der Breite π, die sich so überlappen, daß es zu Schnittstellen zwischen f und g kommt. Wie die numerische Rechnung für einen durch den Systemparameter $\alpha = 1$ gekennzeich-

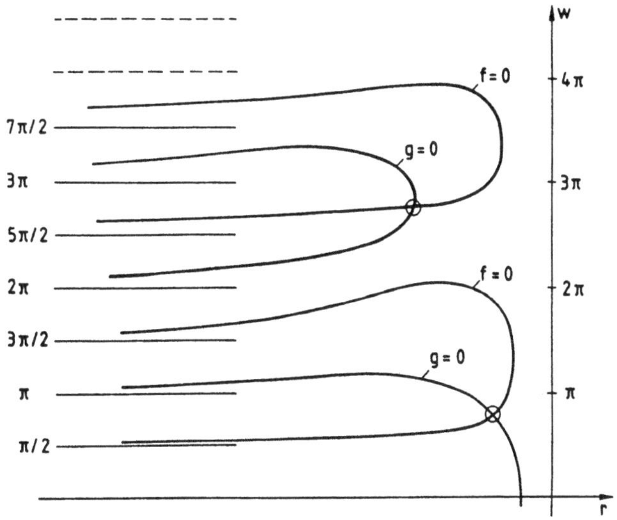

Bild 66 Wurzeln der Stabilitätsgleichung als Schnittpunkte der Kurven f, g für einen Einzelkamin mit Fußpunktbeheizung und $\alpha = 1$

neten Einzelkamin zeigt (Bild 66), liegen alle Wurzeln der Stabilitätsgl. (2.528) im Bereich $r = \mathrm{Re}(\sigma) < 0$, so daß für einen Kamin mit Fußpunktbeheizung im Fall $\delta = 2$, $\alpha = 1$ sich eine stabile Konvektionsströmung einstellen wird.

2.6.3 Allgemeines Stabilitätskriterium

Liegt die zu untersuchende Stabilitätsgleichung als reines Polynom vor, läßt sich (s. Abschn. 2.6.1.2) das Hurwitz-Kriterium anwenden. Danach besitzt ein Polynom n-ten Grades

$$S(\sigma) = P_n(\sigma) = a_n\sigma^n + \ldots + a_3\sigma^3 + a_2\sigma^2 + a_1\sigma + a_0 \quad \text{mit} \quad a_0 > 0 \tag{2.546}$$

dann und nur dann allein Wurzeln mit negativem Realteil, wenn alle Determinanten

$$D_1 = a_1, \quad D_2 = \begin{vmatrix} a_1 & a_0 \\ a_3 & a_2 \end{vmatrix}, \quad D_3 = \begin{vmatrix} a_1 & a_0 & 0 \\ a_3 & a_2 & a_1 \\ a_5 & a_4 & a_3 \end{vmatrix}, \ \ldots,$$

$$D_n = \begin{vmatrix} a_1 & a_0 & 0 & \ldots & 0 \\ a_3 & a_2 & a_1 & \ldots & 0 \\ \cdot & \cdot & \cdot & \ldots & \cdot \\ a_{2n-1} & a_{2n-2} & a_{2n-3} & \ldots & a_n \end{vmatrix} \tag{2.547}$$

mit $\quad a_m = 0 \quad \text{für} \quad m > n, m < 0$

positiv sind. In unserem speziellen Anwendungsfall in Abschn. 2.6.1.2 war das Polynom von 3. Grade

$$S(\sigma) = P_3(\sigma) = a_3\sigma^3 + a_2\sigma^2 + a_1\sigma + a_0 \tag{2.548}$$

so daß mit den zugehörigen Determinanten

$$D_1 = a_1, \quad D_2 = \begin{vmatrix} a_1 & a_0 \\ a_3 & a_2 \end{vmatrix} = a_1a_2 - a_0a_3, \quad D_3 = \begin{vmatrix} a_1 & a_0 & 0 \\ a_3 & a_2 & a_1 \\ 0 & 0 & a_3 \end{vmatrix} = a_3(a_1a_2 - a_0a_3) \tag{2.549}$$

Stabilität zu erwarten ist, wenn

$$a_1 > 0, \quad a_1a_2 - a_0a_3 > 0, \quad a_3(a_1a_2 - a_0a_3) > 0 \tag{2.550}$$

gilt. Hieraus folgt dann mit $a_3 = 1$ und der Voraussetzung $a_0 > 0$ auch noch $a_2 > 0$, so daß sich gerade die bei der Behandlung des Modellkreislaufs geforderten Stabilitätsbedingungen $a_2 > 0$, $a_1 > 0$, $a_0 > 0$, $a_1a_2 - a_0 > 0$ ergeben. Enthält dagegen die Stabilitätsgleichung zusätzlich noch Totzeitglieder (Einzelkamin, Abschn. 2.6.2.2), ist das Hurwitz-Kriterium nicht anwendbar. Wir benötigen dann ein allgemeineres Stabilitätskriterium, das im folgenden beschrieben wird.

Ganz allgemein (s. Abschn. 2.6.1.2 und Abschn. 2.6.2.2) hat die auf Nullstellen zu untersuchende Stabilitätsgleichung immer die Darstellung

$$S(\sigma) = 0 = \underbrace{\sigma + \alpha\delta\dot{m}_0^{*\delta-1}} + \underbrace{\alpha G(\sigma; \dot{m}_0^*, F)} \tag{2.551}$$

mit dem für alle Systeme gleichartigen Anteil $\sigma + \alpha\delta\dot{m}_0^{*\delta-1}$, der aus der lokalen Beschleunigung und der Fluidreibung herrührt, und dem von System zu System verschiedenen Anteil $\alpha G(\sigma; \dot{m}_0^*, F)$, der aus dem Auftriebsintegral hinzukommt. Für konkrete Leistungsverteilungen F kann (2.551) immer durch Ausintegrieren und Beseitigung aller der dabei in den Nennern stehenden Störpotenzen $(\sigma^j, e^{\ell\sigma})$ durch entsprechendes Durchmultiplizieren (s. Anwendungen in Abschn. 2.6.3.1) in die Form

$$S^*(\sigma) = 0 = \underbrace{\sigma^M e^{N\sigma}}_{\text{Hauptterm}} + \sum_{i=1}^{M} \sigma^{M-i}\left(\sum_{k=0}^{N} a_{k,i} e^{k\sigma}\right) \qquad (2.552)$$

gebracht werden, wobei die Nullstellen von $S(\sigma)$ auch solche von $S^*(\sigma)$ sind. Tritt dabei die größte vorkommende σ-Potenz M mit der größten e^σ-Potenz N gemeinsam in einem Term auf, so heißt dieser Hauptterm von $S^*(\sigma)$, und mit Hilfe funktionentheoretischer Methoden kann gezeigt werden, daß gilt:

Satz 1. $S^*(\sigma)$ *besitze keinen Hauptterm. Dann hat* $S^*(\sigma)$ *unendlich viele Nullstellen mit positivem Realteil. Es existieren keine stationären Strömungen, da diese alle instabil sind.*

Satz 2. $S^*(\sigma)$ *besitze einen Hauptterm* $\sigma^M e^{N\sigma}$. *Dann erfüllt jede Nullstelle* σ *von* $S^*(\sigma)$ *die Bedingung* $|\sigma| \leq \max(1, c)$ *mit* $c = \sum_{i=1}^{M} \sum_{k=0}^{N} |a_{k,i}|$.

Voraussetzung für die Existenz stabiler Lösungen ist also die Existenz eines Hauptterms in (2.552). Ist diese Bedingung erfüllt, liegen alle Nullstellen σ von $S^*(\sigma)$ und damit auch die von $S(\sigma)$ im Inneren eines Kreises mit dem Radius $R > \max(1, c)$ um den Koordinatenursprung in der (r, iw)-Ebene nach Bild 67. Dabei ist der Radius des alle Nullstellen umschließenden Kreises entsprechend Satz 2 aus der Vorschrift max (1, c)[1]) und c nach den Koeffizienten $a_{k,i}$ der Stabilitätsgl. (2.552) in Haupttermschreibweise zu bestimmen.

Wir interessieren uns insbesondere für die Nullstellen σ von $S(\sigma)$ mit positivem Realteil $r = \mathrm{Re}(\sigma) > 0$, da diese Instabilität signalisieren. Sie liegen, wenn vorhanden, in der rechten Halbebene (Bild 67) und werden von der Kurve K (geschlossen, stückweise regulär, doppeltpunktfrei, positiv orientiert) umschlossen. Besitzt nun $S(\sigma)$ keine rein imaginären Nullstellen ($S(\sigma) \neq 0$ für $\sigma = iw_K \in K$) und außerdem sowohl im Inneren des von K umschlossenen Gebiets G als auch auf K selbst keine Pole ($S(\sigma) \neq \infty$ für $\sigma \in G \cup K$), was für die hier betrachteten Konvektionsströmungen zutrifft, kann die Existenz solcher Nullstellen leicht anhand des Argumentprinzips (praktische Anwendung des Residuensatzes der Funktionentheorie) ermittelt werden. Unter den genannten Voraussetzungen ist hierzu lediglich die Abbildung $Z = S(K)$ aufzutragen (Bild 67), die aus K durch Einsetzen aller $\sigma \in K$ in die Stabilitätsgl. $S(\sigma)$ entsteht, und deren Windungsindex nach der „Vorfahrtsregel" zu bestimmen, der hier gerade gleich der Anzahl der Nullstellen mit positivem Realteil im Inneren von K ist. Insbesondere ist der Windungsindex gleich Null, wenn die abgebildete Kurve S(K) den Nullpunkt (Bild 67) gar nicht einschließt.

---

[1]) max (1, c): Es ist diejenige Zahl 1 oder c zu nehmen, die am größten ist.

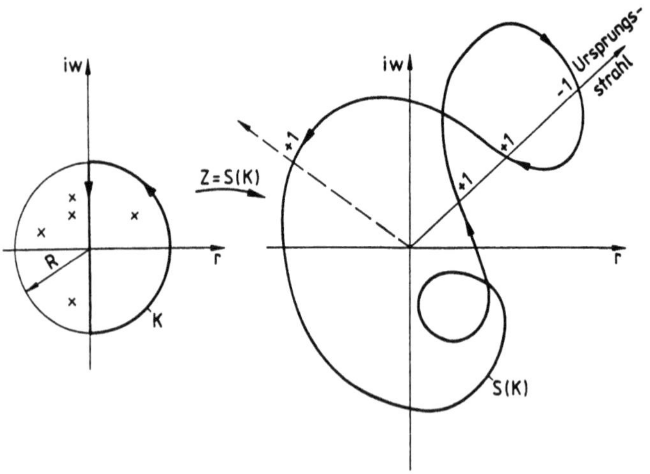

Bild 67 Eingrenzung der Nullstellen der Stabilitätsgleichung bei Existenz eines Hauptterms

Die dabei anzuwendende „Vorfahrtsregel" besteht darin, daß an den Schnittstellen eines beliebig nach außen gerichteten Ursprungstrahls, der die abgebildete positiv orientierte Kurve Z = S(K) doppeltpunktfrei schneidet, bei Vorfahrt der abgebildeten Kurve +1 und bei Vorfahrt des Ursprungstrahls −1 gezählt wird. Liefert die Addition dieser Werte +1 bzw. −1 an den Schnittstellen eines beliebigen Ursprungstrahls einen Wert größer null, liegt Instabilität vor, existiert zumindest eine Nullstelle mit positivem Realteil. Nur im Fall null existiert gar keine Nullstelle σ von $S(\sigma)$ in der rechten Halbebene. Dann und nur dann ist Stabilität gegeben.

2.6.3.1 Anwendungen. Das soeben bereitgestellte allgemeine Stabilitätskriterium (Einschließen aller möglichen Nullstellen der Stabilitätsgleichung mit positivem Realteil und Nachprüfung deren Existenz mit dem Argumentprinzip durch Bestimmen des Windungsindexes) gilt insbesondere auch dann, wenn die Stabilitätsgleichung als reines Polynom vorliegt. Es bietet sich somit zur Kontrolle des neuen Kriteriums der Vergleich mit dem zuvor in Abschn. 2.6.1.2 angewandten Hurwitz-Kriterium an.

Ausgehend von der Stabilitätsgl. (4.492) für den geschlossenen Naturumlauf nach Bild 54

$$S(\sigma) = P_3(\sigma) = 0 = \sigma^3 + a_2\sigma^2 + a_1\sigma + a_0 \tag{2.553}$$

mit den Koeffizienten

$$a_2 = \alpha = 4{,}35$$

$$a_1 = (2\pi\,\dot{m}_0^*)^2 + \frac{\alpha}{2\dot{m}_0^*}\cos 2\pi\, s_0^* = 9{,}99$$

$$a_0 = [(2\pi\,\dot{m}_0^*)^2 - \pi \sin 2\pi\, s_0^*]\alpha = 16{,}05$$

für die in Bild 62 dargestellte laminare ($\delta = 1$) Konvektionsströmung (Fall I: stabil) mit dem stationären Massenstrom $\dot{m}_0^* = 0{,}216$ nach (2.474), die sich bei einer angelegten sinusförmigen Leistungsverteilung mit $s_0^* = -0{,}1$ und einem Systemparameter $\alpha = \alpha_I = 4{,}35$ einstellt, schließen wir zunächst die Nullstellen von (2.553) ein. Da die Stabilitätsgl. (2.553) sich bereits in Haupttermform nach (2.552)

$$S(\sigma) = S^*(\sigma) = 0 = \sigma^3 + \sum_{i=1}^{3} \sigma^{3-i} a_{0,i} = \sigma^3 + a_{0,1}\sigma^2 + a_{0,2}\sigma + a_{0,3} \qquad (2.554)$$

mit $M = 3, \quad N = 0, \quad a_{0,1} = a_2, \quad a_{0,2} = a_1, \quad a_{0,3} = a_0$

befindet und ein Hauptterm existiert, kann Satz 2 (S. 133) unmittelbar angewendet werden. Aus den Koeffizienten der Stabilitätsgl. (2.554) erhält man dann

$$c = \sum_{i=1}^{3} |a_{0,i}| = a_2 + a_1 + a_0 = 30{,}39 \qquad (2.555)$$

und damit

$$|\sigma| \leqslant \max(1, c) = 30{,}39 \qquad (2.556)$$

D. h., daß alle Nullstellen σ von $S^*(\sigma) = S(\sigma)$ im Inneren eines Kreises in Ursprungslage mit dem nach oben abgeschätzten Radius

$$R = 31 > 30{,}39 \qquad (2.557)$$

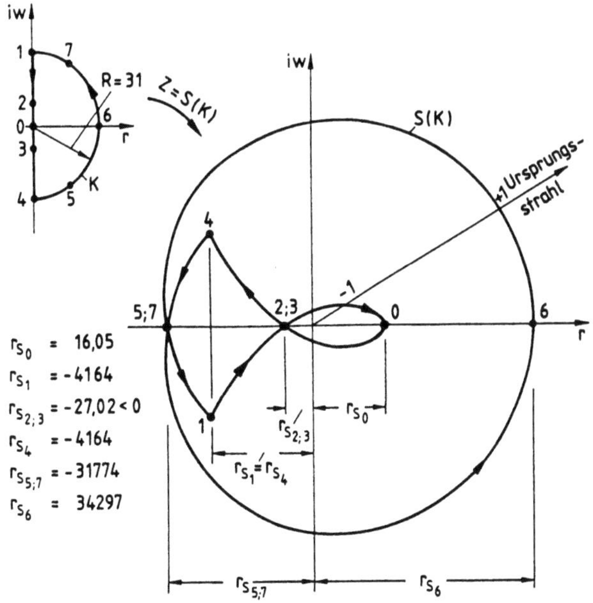

Bild 68 Abbildung Z = S(K) zur Beurteilung der Stabilität durch Bestimmen des Windungsindexes: Fall I, stabil

liegen. Alle Nullstellen σ mit positivem Realteil $r = \text{Re}(\sigma) > 0$ befinden sich dann, wenn überhaupt vorhanden, im Inneren des von der Kurve K halbkreisförmig umschlossenen Gebiets G nach Bild 68.

Zur Beurteilung der Stabilität benötigen wir die Abbildung $Z = S(K)$, die sich beim positiv orientierten Durchlaufen der Kurve K durch Einsetzen aller Kurvenpunkte $\sigma = \sigma_K \in K$ in die Stabilitätsgl. $S(\sigma)$ ergibt. Mit (2.553) gilt

$$S(K) = \sigma_K^3 + a_2\sigma_K^2 + a_1\sigma_K + a_0 \tag{2.558}$$

oder $$S(K) = r_S + iw_S \tag{2.559}$$

mit $$r_S = \text{Re}\,S(K) = r_K(r_K^2 - 3w_K^2 + a_2r_K + a_1) - a_2w_K^2 + a_0$$

$$w_S = \text{Im}\,S(K) = r_K(3r_Kw_K + 2a_2w_K) - w_K(w_K^2 - a_1)$$

wenn (2.558) durch Einsetzen von $\sigma_K = r_K + iw_K$ in Real- und Imaginärteil aufgespalten wird. Die numerische Ausrechnung liefert dann die ebenfalls in Bild 68 qualitativ dargestellte Abbildung $Z = S(K)$. Da die Stabilitätsgl. (2.553), wie vorausgesetzt, einerseits keine Pole besitzt und andererseits auf K auch keine Nullstellen liegen (Abbildung S(K) führt nicht durch Ursprung hindurch), kann aus dem Windungsindex, den wir aus Bild 68 zu null ablesen $(-1 + 1 = 0)$, in Konsistenz mit dem Hurwitz-Kriterium auf Stabilität geschlossen werden. Wir erkennen weiter, daß die Abbildung S(K) bei positiver Laufrichtung längs K (1 → 2, 0, 3, 4, 5, 6, 7 → 1) wie skizziert durchfahren wird, die Punkte 2, 3 und 5, 7 von K dabei aufeinander abgebildet werden (Doppelpunkte) und Symmetrie bezüglich der reellen Achse herrscht:

$$\begin{aligned} &\text{Re}\,S(K)\colon\ r_S(r_K, w_K) = r_S(r_K, -w_K) \\ &\text{Im}\,S(K)\colon\ w_S(r_K, w_K) = -w_S(r_K, -w_K) \end{aligned} \tag{2.560}$$

Aufgrund der Symmetrieeigenschaft (2.560) muß nicht die ganze Kurve K abgebildet werden, sondern nur derjenige Teil, der sich in der oberen (Im > 0) oder unteren Halbebene (Im < 0) befindet. Die Vervollständigung von S(K) kann dann durch einfache Spiegelung an der reellen Achse $w = 0$ erfolgen. Qualitativ bleibt die Abbildung nach Bild 68 für den Modellkreislauf mit sinusförmiger Leistungsverteilung für beliebige Parameterwerte δ, s_0^*, α (aus denen sich die Koeffizienten a_2, a_1, a_0 der Stabilitätsgleichung berechnen) unverändert, denn die Stabilitätsgleichung ist stets von der Form $S(\sigma) = P_3(\sigma)$. Für konkrete Parameter-Kombinationen verschieben sich jedoch die Schnittpunkte der Abbildung S(K) mit der reellen Achse $w = 0$ derart, daß sowohl Stabilität als auch Instabilität vorliegen kann. Um das zeigen zu können, werden diese Schnittpunkte jetzt berechnet. Da alle Punkte der Abbildung, die auf $w = 0$ liegen, rein reell sind, muß gelten:

$$\text{Im}\,S(K) = 0 \quad \text{oder} \quad w_S = r_K(3r_Kw_K + 2a_2w_K) - w_K(w_K^2 - a_1) = 0 \tag{2.561}$$

Für den Punkt 0 und den Doppelpunkt 2;3 der Abbildung folgt hieraus sofort die Bestimmungsgleichung

$$w_K(w_K^2 - a_1) = 0 \tag{2.562}$$

mit den Lösungen

$$w_{K_0} = 0, \qquad w^2_{K_{2;3}} = a_1 \tag{2.563}$$

wenn man beachtet, daß die Urpunkte 0, 2;3 von K Punkte der imaginären Achse $r_K = 0$ sind. Durch Einsetzen von (2.563) in den Realteil von (2.559)

$$\text{Re } S(K) = r_S = -a_2 w_K^2 + a_0 \tag{2.564}$$

erhalten wir schließlich zusätzlich zu $w_S = 0$ auch noch den 2. geometrischen Ort der Punkte 0, 2;3 der Abbildung S(K):

$$r_{S_0} = a_0, \qquad r_{S_{2;3}} = -a_2 a_1 + a_0 \tag{2.565}$$

Wir erkennen, daß der Punkt 0 der Abbildung wegen $r_{S_{2;3}} < r_{S_0}$ unter der Voraussetzung $a_2 > 0$, $a_1 > 0$, $a_0 > 0$ stets rechts des Doppelpunktes 2;3 in der rechten Halbebene (Re > 0) zu finden ist. Der Doppelpunkt 2;3 kann dagegen im allgemeinen sowohl in der rechten als auch der linken Halbebene liegen. Die geometrische Lage dieses Doppelpunktes entscheidet hier über Stabilität, denn hinter dem Abstand $r_{S_{2;3}} = -(a_2 a_1 - a_0)$ verbirgt sich nichts anderes als die Hurwitz-Bedingung (2.493). Im Fall der Stabilität mit $a_2 a_1 - a_0 > 0$ liegt dieser Doppelpunkt dann mit $r_{S_{2;3}} < 0$ in der linken Halbebene und im Fall der Instabilität mit $a_2 a_1 - a_0 < 0$ und $r_{S_{2;3}} > 0$ in der rechten Halbebene. Zur Sichtbarmachung dieses Sachverhalts ist in Bild 69 die Abbildung Z = S(K) für den ebenfalls in Abschn. 2.6.1.2 durchgerechneten instabilen Fall II dargestellt.

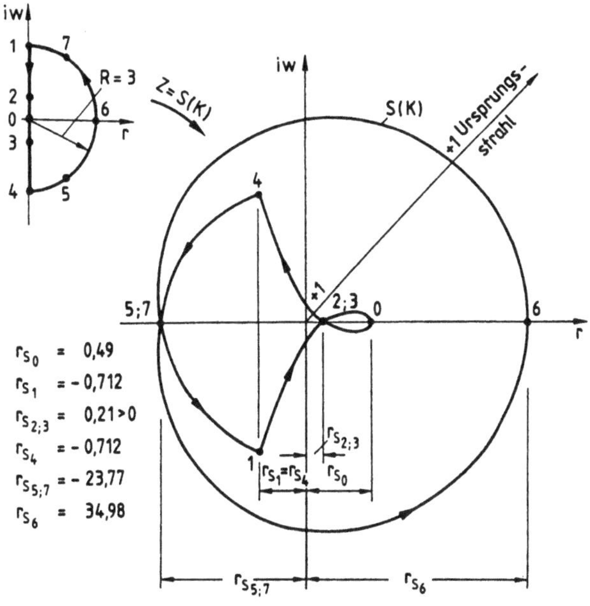

Bild 69 Abbildung Z = S(K) zur Beurteilung der Stabilität durch Bestimmen des Windungsindexes: Fall II, instabil

Dadurch, daß aufgrund der in diesem Fall stark herabgesetzten Fluidreibung und den damit kleiner ausfallenden Koeffizienten der Stabilitätsgleichung jetzt der Doppelpunkt 2;3 in die rechte Halbebene rückt, ergibt sich mit der „Vorfahrtsregel" $(+1+1=2>0)$ ein von null abweichender Windungsindex, der uns Instabilität signalisiert. Liegt der Doppelpunkt 2;3 gerade im Ursprung, gilt

$$r_{S_{2;3}} = 0 = -a_2 a_1 + a_0 \tag{2.567}$$

oder

$$\alpha = -2\pi \dot{m}_0^* \tan 2\pi s_0^* = 2\pi \dot{m}_0^* |\tan 2\pi s_0^*| \tag{2.568}$$

wenn man in (2.567) die Koeffizienten a_2, a_1, a_0 der Stabilitätsgl. (2.553) einsetzt und $-1/4 < s_0^* < 0$ beachtet. Die so erhaltene Bedingung (2.568) für den Systemparameter α beschreibt dann gerade die Stabilitätsgrenze $\alpha = \alpha_G$, was bei Beachtung von $\dot{m}_0^* = \sqrt{\frac{1}{4\pi} |\sin 2\pi s_0^*|}$ nach (2.474) durch (2.497) bestätigt wird.

Vollständigkeitshalber berechnen wir auch noch die geometrische Lage der Punkte 6 und 5;7 der Abbildung. Für den Punkt 6 kann mit $r_{K_6} = R$, $w_{K_6} = 0$ sofort

$$r_{S_6} = R^3 + a_2 R^2 + a_1 R + a_0 > 0 \tag{2.569}$$

geschrieben werden, der immer in der rechten Halbebene rechts von $r_{S_0} < r_{S_6}$ zu liegen kommt. Die Berechnung des zweiten Doppelpunktes 5;7 gestaltet sich dagegen schwieriger, da dessen Ursprung auf der Kurve K sowohl einen von null verschiedenen Real- als auch Imaginärteil besitzt. Da die Urpunkte auf einem Kreis mit dem Radius R liegen, erhält man hier mit $r_{K_{5;7}} = R \cos \varphi_{K_{5;7}}$, $w_{K_{5;7}} = R \sin \varphi_{K_{5;7}}$ und der Forderung $w_{S_{5;7}} = 0$ zunächst eine transzendente Bestimmungsgleichung für die Winkel φ_{K_5}, $\varphi_{K_7} = -\varphi_{K_5}$. Damit ist der Realteil $r_{K_{5;7}}$ und der Imaginärteil $w_{K_{5;7}}$ bekannt, und durch Einsetzen in $r_S(r_K, w_K)$ nach (2.559) erhält man schließlich $r_{S_{5;7}}$.

Bevor wir das jetzt ausgetestete allgemeine Stabilitätskriterium auf einen Fall anwenden, der mit dem Hurwitz-Kriterium nicht zu behandeln ist, wollen wir festhalten, daß man zur Beurteilung der Stabilität die Nullstellen der Stabilitätsgleichung gar nicht explizit zu berechnen braucht. Die in Abschn. 2.6.2.2 aufgezeigte numerische Berechnung der Nullstellen, die sich nicht nur als sehr aufwendig, sondern auch numerisch als sehr diffizil erweist, ist überflüssig. Ebenso ist im allgemeinen, wenn man nur stabile Strömungen realisieren will (Normalfall in der Praxis) und damit die Voraussetzungen der Stabilitätsuntersuchung erfüllt sind, auch eine numerische Berechnung (z. B. Differenzenverfahren zur Integration der Erhaltungsgleichungen), die nichts anderes als die unvollkommene Simulierung eines realen Experimentes sein kann, nicht besonders sinnvoll. Denn bei den vielen Einflußgrößen muß man ebenso wie bei einem Experiment ohne theoretischen Hinterhalt unglaublich viele Einzelergebnisse zusammentragen, um einen Überblick über das Stabilitätsverhalten eines einzigen Systems zu erhalten, der dann dennoch meist auf wackligen Füßen steht. Dieser unwissenschaftlichen Vorgehensweise kann man nur dann entkommen, wenn man über ein allgemeines Stabilitätskriterium verfügt, das zudem direkte konstruktive Aussagen über die Stabilisierung eines untersuchten Systems zuläßt. Das Hurwitz-Kriterium ist in diesem Sinne ein Idealfall, kann aber nur auf Stabilitätsgleichungen angewendet werden, die Polynomform besitzen. Unser allgemeines Stabilitätskriterium, das auch Totzeitglieder in der Stabilitätsgleichung zuläßt, ist dagegen auf den ersten Blick nicht so universell, denn das auf funktionentheoretische Methoden basierende Abbildungsverfahren mit Auszählen des zugehörigen Windungsindexes kann zunächst explizit nur auf eine ganz bestimmte Konfiguration angewendet werden. Bei sturer Anwendung wäre die Situation in der Tat dann die gleiche wie bei einer numerischen Ausintegration oder einem Experiment. Wie jedoch die Diskussion am Beispiel des Modellkreislaufs mit sinusförmiger Leistungsverteilung gezeigt hat, kann man bei geschickter Anwendung ebenso wie mit dem Hurwitz-Kriterium dennoch leicht universelle Aussagen ableiten. Genau dies wird abschließend anhand der gegenüber Abschn. 2.6.2.2 allgemeineren Stabilitätsuntersuchung für den Einzelkamin exemplarisch gezeigt.

Für einen Einzelkamin mit Fußpunktbeheizung gilt bei turbulenter Strömung ($\delta = 2$) nach (2.528) die Stabilitätsgleichung

$$S(\sigma) = 0 = \sigma + \alpha\left(2 + \frac{1}{\sigma} - \frac{e^{-\sigma}}{\sigma}\right) \tag{2.570}$$

die nur einen einzigen Koeffizienten, den Systemparameter $\alpha > 0$, enthält. Wir multiplizieren (2.570) mit $\sigma \cdot e^{\sigma}$ und erhalten somit die Stabilitätsgleichung in Hauptterm-form nach (2.552)

$$S^*(\sigma) = 0 = \underbrace{\sigma^2 e^{\sigma}}_{\text{Haupt-term}} + 2\alpha \cdot \sigma e^{\sigma} + \alpha \cdot e^{\sigma} - \alpha \tag{2.571}$$

so daß Satz 2 (S. 133) anwendbar wird und erhalten:

$$|\sigma| \leqslant \max(1, c) \tag{2.572}$$

mit
$$c = 2\alpha + \alpha + |-\alpha| = 4\alpha \tag{2.573}$$

Alle etwa vorhandenen Nullstellen σ von $S(\sigma)$ mit positivem Realteil liegen also im Inneren des von der Kurve K halbkreisförmig umschlossenen Gebiets G nach Bild 70 mit dem nach oben entsprechend (2.572), (2.573) abgeschätzten Radius $R > 4\alpha$.

Bevor wir nun die Abbildung für einen konkreten Wert des Systemparameters α numerisch ausrechnen und aufzeichnen, soll die zur Beurteilung der Stabilität erforderlichen Abbildung $Z = S(K)$ allgemein untersucht werden. In jedem Fall benötigen wir hierzu die Abbildung

$$S(K) = \sigma_K + \alpha\left(2 + \frac{1}{\sigma_K} - \frac{e^{-\sigma_K}}{\sigma_K}\right) \tag{2.574}$$

die sich wieder durch Einsetzen aller Kurvenpunkte $\sigma = \sigma_K \in K$ in die Stabilitätsgl. (2.570) ergibt, und durch Aufspalten in Real- und Imaginärteil mit $\sigma_K = r_K + iw_K$ die Form

$$S(K) = r_S + iw_S \tag{2.575}$$

mit
$$r_S = r_K + \alpha\left[2 + \frac{r_K}{r_K^2 + w_K^2} - e^{-r_K}\,\frac{r_K \cos w_K - w_K \sin w_K}{r_K^2 + w_K^2}\right]$$

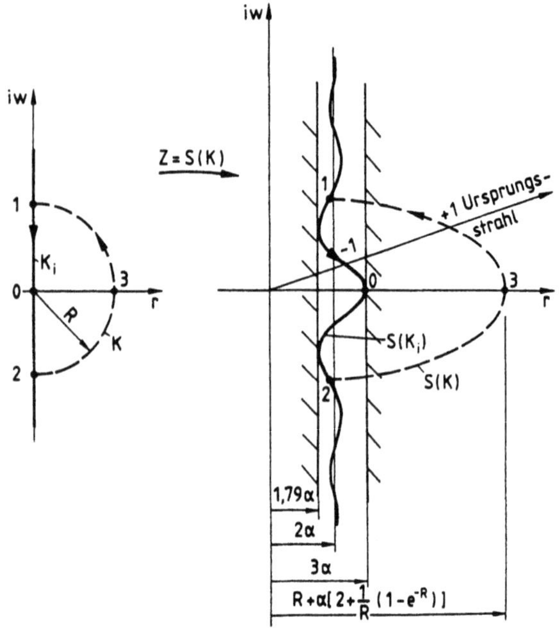

Bild 70 Zur allgemeinen Diskussion der Abbildung Z = S(K) im Fall des Einzelkamins mit Fußpunktbeheizung

$$w_S = w_K + \alpha \left[-\frac{w_K}{r_K^2 + w_K^2} + e^{-r_K} \frac{r_K \sin w_K + w_K \cos w_K}{r_K^2 + w_K^2} \right]$$

annimmt. Da ein Teilstück K_i der abzubildenden Kurve K auf der imaginären Achse $r_K = 0$ liegt (Bild 70), betrachten wir zunächst deren Abbildung, die sich unmittelbar aus (2.575) durch Einsetzen von $r_K = 0$ ergibt:

$$\text{Re}\, S(\tilde{K}) = r_S = \alpha \left[2 + \frac{\sin w_K}{w_K} \right] \tag{2.576}$$

$$\text{Im}\, S(\tilde{K}) = w_S = w_K + \frac{\alpha}{w_K} [\cos w_K - 1] \tag{2.577}$$

Aus (2.576) erkennt man sofort, daß für große Werte w_K eine Asymptote $r_{S_\infty} = 2\alpha$ existiert, um welche die Funktion $\sin w_K / w_K$ oszilliert, deren Amplitude für $w_K \to \infty$ verschwindet (Bild 70). Auch der Bereich, in dem r_S oszilliert, läßt sich leicht abstecken. Hierzu betrachten wir die Maxima und Minima von r_S. Diese berechnen sich aus dem Verschwinden der Ableitung von r_S nach der Variablen w_K:

$$\frac{dr_S}{dw_K} = \frac{w_K \cos w_K - \sin w_K}{w_K^2} = 0 \tag{2.578}$$

Für $w_K \neq 0$ verschwindet (2.578), wenn der Zähler verschwindet. Dies ist gerade für diejenigen Werte w_K der Fall, die Lösung von

$$\tan w_K = w_K \tag{2.579}$$

sind. Die Lösungen $w_K > 0$, die in der Nähe von $(2n+1)\pi/2$ mit $n \in \mathbf{N}$ liegen, entnehmen wir aus Bild 71. Eine Besonderheit ist die Lösung $w_k = 0$, die zunächst ausgeschlossen wurde. Daß $w_K = 0$ aber auch Lösung von (2.578) ist, wird sofort ersichtlich, wenn man für kleine Werte w_K entwickelt:

$$\frac{dr_S}{dw_K} = \frac{w_K(1 - w_K^2/2 + \ldots) - (w_K - w_K^3/6 + \ldots)}{w_K^2} = -w_K/3 + \ldots \tag{2.580}$$

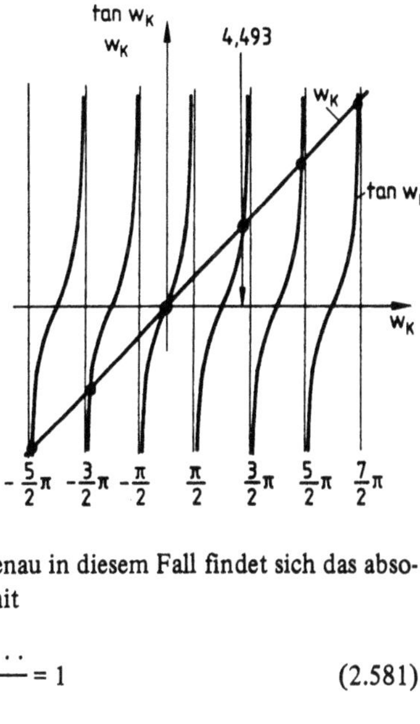

Bild 71
Lösungen der transzendenten Gleichung $\tan w_K = w_K$ als Schnittpunkte von $\tan w_K$ und w_K

Auch für $w_K = 0$ verschwindet also dr_S/dw_K. Genau in diesem Fall findet sich das absolute Maximum von r_S, denn dann wird gerade mit

$$\lim_{w_K \to 0} \frac{\sin w_K}{w_K} = \lim_{w_K \to 0} \frac{w_K - w_K^3/6 + \ldots}{w_K} = 1 \tag{2.581}$$

der größtmögliche Wert max $(\sin w_K/w_K) = 1$ in (2.576) hinzuaddiert:

$$r_S(r_K = 0, w_K = 0) = r_{S_{max}} = 3\alpha \tag{2.582}$$

Das absolute Minimum von r_S erhält man entsprechend, wenn in (2.576) maximal viel abgezogen wird. Diese Situation ist im Fall der 2. Nullstelle von (2.579) gegeben. Aus Bild 71 entnehmen wir hierzu $\pi/2 < w_K = 4{,}493 < 3\pi/2$, errechnen damit min $(\sin w_K/w_K) = -0{,}217$ und erhalten:

$$r_S(r_K = 0, w_K = 4{,}493) = r_{S_{min}} = 1{,}79 \cdot \alpha \tag{2.583}$$

Den 2. geometrischen Ort w_S zum Auftragen der abgebildeten Punkte erhält man aus (2.577) durch Einsetzen der entsprechenden Werte w_K. Zur Beurteilung der Stabilität wird dieser aber gar nicht benötigt, denn wir wissen bereits, daß die Abbildung des Teilstücks $K_i \subset K$, das auf der imaginären Achse $r_K = 0$ liegt, sich nur in dem berechneten Streifen $1{,}79 \cdot \alpha \leqslant r_S \leqslant 3\alpha$ befinden kann (Bild 70). Wichtig ist dagegen noch die Information über das Schließen der Abbildung. Dazu muß aber keineswegs die gesamte Halbkreisstruktur von K abgebildet werden, sondern es genügt nachzuschauen, in welcher Halbebene (Re $\gtrless 0$) der Punkt 3 von K (Bild 70) sich wiederfindet. Da der Urpunkt 3 einerseits auf der reellen Achse $w_K = 0$ und andererseits auf K im Abstand $r_K = R$ liegt, erhalten wir aus (2.575) sofort:

$$r_S(r_K = R, w_K = 0) = R + \alpha\left[2 + \frac{1}{R}(1 - e^{-R})\right] \tag{2.584}$$

$$w_S(r_K = R, w_K = 0) = 0 \tag{2.585}$$

Hieraus entnehmen wir, daß der Punkt 3 der Kurve K gerade auf die reelle Achse in der rechten Halbebene (Re > 0) im Abstand $r_S > 0$ für $R > 0$ nach (2.584) abgebildet wird (Bild 70). Zusammen mit der Symmetriebedingung (2.560), (2.561), die natürlich auch hier gilt, ist klar, daß die Gesamtabbildung S(K) den Nullpunkt gar nicht einschließt. Der Windungsindex hat damit automatisch den Wert null, so daß sich auch noch dessen Bestimmung nach der „Vorfahrtsregel" erübrigt. Damit ist gezeigt, daß die Konvektionsströmung in einem Einzelkamin mit Fußpunktbeheizung sich für beliebige Systemparameter $\alpha > 0$ stabil verhält. Im Vergleich zu rein numerischen Methoden wird hier die Mächtigkeit der analytischen Vorgehensweise sichtbar. Hatten wir doch in Abschn. 2.6.2.2 dasselbe Problem mit großem numerischen Aufwand zur Erstellung des Bildes 66 einzig und allein für den Fall $\alpha = 1$ gelöst, hat sich jetzt durch geschicktes Anwenden des allgemeinen Stabilitätskriteriums ein universelles Ergebnis ergeben.

Vollständigkeitshalber ist abschließend in Bild 72 die konkret ausgerechnete Abbildung S(K) für den in Abschn. 2.6.2.2 behandelten Sonderfall $\alpha = 1$ dargestellt.

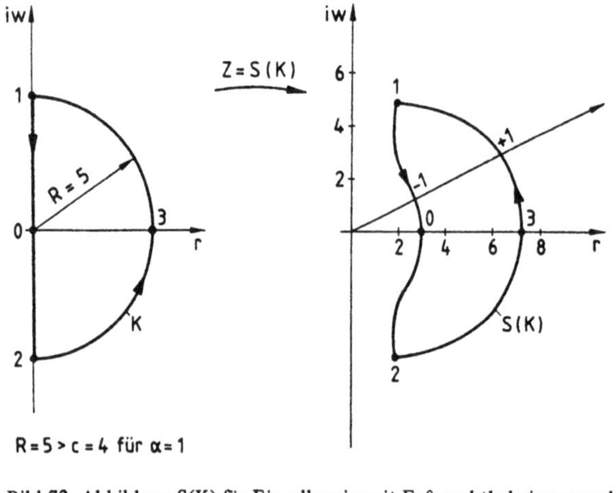

Bild 72 Abbildung S(K) für Einzelkamin mit Fußpunktbeheizung und Systemparameter $\alpha = 1$

3 Zweidimensionale freie Konvektionsströmung

Im Rahmen der bisher ausschließlich eindimensionalen Überlegungen bleiben einige technisch wichtige Fragen unbeantwortet. So ist die Wahl des richtigen Widerstandsgesetzes (s. Abschn. 2.2) und auch die Berechnung der Oberflächentemperatur der Wärmequelle offen. Da zur Beantwortung dieser Fragen das Geschwindigkeits- und Temperaturprofil der Strömung bekannt sein muß, ist zumindest eine zweidimensionale Theorie erforderlich. Dabei sind insbesondere zwei Lösungsklassen von Bedeutung: die ausgebildeten freien Kanalströmungen und die Ähnlichkeits- oder Grenzschichtströmungen für freie Konvektion. Glücklicherweise sind diese technisch wichtigen Lösungsklassen die mathematisch einfachsten, denn es gelingt in beiden Fällen die Reduktion der allgemeinen Erhaltungsgleichungen auf gewöhnliche Differentialgleichungen, wenn wir zudem laminares Verhalten unterstellen. Sind die beiden beheizten Wände des in Bild 73 dargestellten Kamins soweit voneinander entfernt ($h/L \gg 1$), daß die erzeugten Konvektionsströmungen auf die Umgebung dieser Wärmequellen beschränkt bleiben, sich also nicht gegenseitig beeinflussen, liegt Grenzschichtverhalten (Bild 74) vor.

Es gibt dann keine das Problem beeinflussende charakteristische Länge, so daß sich Ähnlichkeitslösungen (Abschn. 3.2) konstruieren lassen. Denken wir uns nun den Abstand h zwischen den Wänden immer mehr verkleinert, wachsen die an den beiden beheizten Wänden entstehenden Grenzschichten bereits am Kanalanfang ($L_e/L \ll 1$) zusammen, und es herrscht nahezu im ganzen Kanal ($h/L \ll 1$) eine ausgebildete freie Konvektionsströmung. Im Gegensatz zur nicht ausgebildeten Grenzschichtströmung mit einem Geschwindigkeitsprofil $u = u(x, y)$ in Hauptströmungsrichtung bleibt hier das zu beobachtende Geschwindigkeitsprofil unabhängig vom Ort x längs des Kanals. Es gilt $u = u(y)$. Bei dieser Art von Strömung bleibt ein Fluidteilchen immer in derselben Schicht $y = \text{const}$, so daß wir hier auch von Schichtenströmungen sprechen.

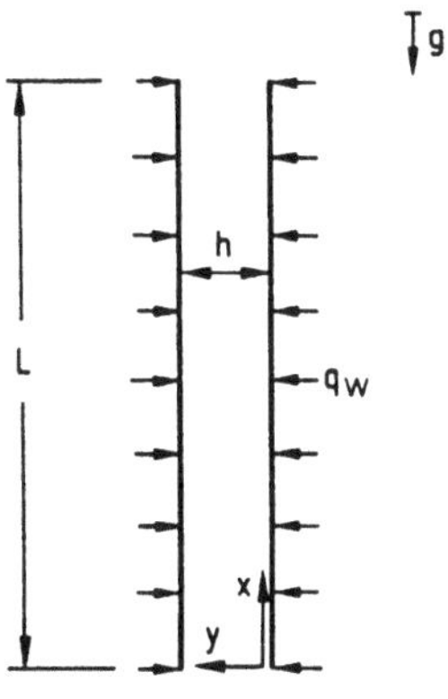

Bild 73 Ebener Kamin mit beheizten Wänden

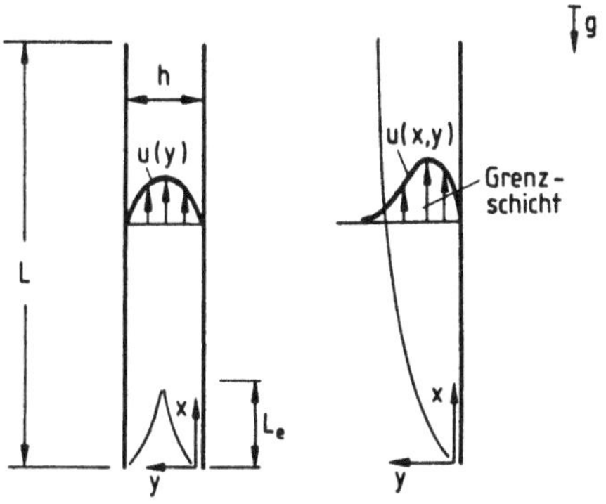

Bild 74 Grenzschicht- und Kanalströmung

Durch die Verfeinerung der Theorie (Erweiterung auf zweidimensionale Betrachtung) erhalten wir zwar einerseits mehr Einblick in die thermohydraulischen Vorgänge, verlieren aber andererseits die Universalität der eindimensionalen Theorie bezüglich der Anwendbarkeit. So lassen sich zwar Geschwindigkeits- und Temperaturprofile und damit exakte Widerstandsgesetze sowie Oberflächentemperaturen der Wärmequellen berechnen, doch sind diese Aussagen beschränkt auf spezielle Geometrien, Heizleistungsverteilungen und laminare Strömungsformen, da nur unter diesen einschränkenden Bedingungen die allgemeinen Erhaltungsgleichungen mathematisch einfach handhabbare Lösungen zulassen. Für beliebige praktische Anwendungen und insbesondere in den Fällen mit turbulentem Strömungscharakter ist deshalb meist nur eine eindimensionale Beschreibung (s. a. Abschn. 6.1) sinnvoll. Nur unsere eindimensionalen Überlegungen sind allgemein anwendbar, und dies ist auch der Grund für die sehr detaillierte Darstellung der eindimensionalen Konvektionsströmungen in Abschn. 2. Für die im Rahmen der eindimensionalen Theorie unbekannten Koeffizienten, wie etwa die Reibungskoeffizienten K, sind dann in der Regel experimentell ermittelte Daten zu verwenden.

Ausgehend von den allgemein bekannten Erhaltungsgleichungen für ebene Strömungen – die wir hier nicht im einzelnen herleiten, da sich diese in allen Lehrbüchern der Hydromechanik finden lassen und außerdem die wesentlichen Zusammenhänge bereits bei der eindimensionalen Betrachtung deutlich wurden – wollen wir die Gleichungen für die beiden uns interessierenden Lösungsklassen (Schichten- und Grenzschichtströmung) ableiten. Dabei nutzen wir aber die Gelegenheit und zeigen einerseits noch allgemeiner als in Abschn. 2, daß in der Tat Kompression bzw. Expansion ebenso wie die Dissipation (Wärmeproduktion durch innere Reibung) bei freien Konvektionsströmungen keine Rolle spielen und berücksichtigen andererseits erstmalig die bisher immer vernachlässigte Wärmeleitung im Fluid. Damit möglichst weitgehende Aussagen über das Verhalten dieser ebenen freien Konvektionsströmungen möglich sind, lassen wir zunächst beliebig zum Schwerefeld orientierte Strömungen (Bild 75) zu.

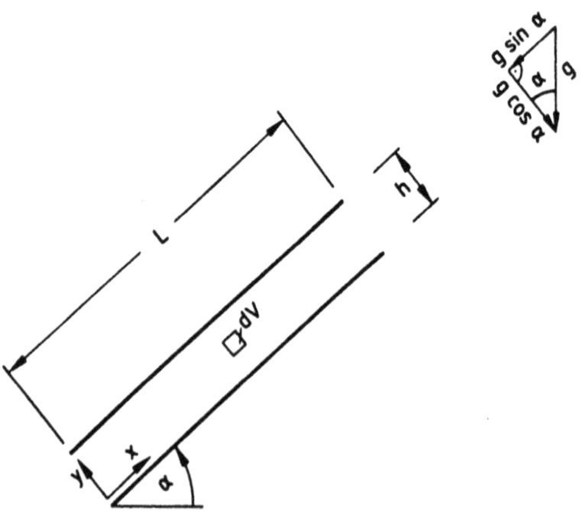

Bild 75
Ebener Strömungskanal beliebiger Orientierung im Schwerefeld

Die allgemeinen Erhaltungsgleichungen in Indexschreibweise (Abschn. 2.5.2) für ebene Strömungen eines kompressiblen bzw. inkompressiblen Fluids lauten dann:

(Impuls):
$$\rho(uu_x + vu_y) = -p_x + \underbrace{\rho\nu(u_{xx} + u_{yy})} - \underbrace{g\rho \sin\alpha} \tag{3.1}$$

$$\rho(uv_x + vv_y) = -p_y + \underbrace{\rho\nu(v_{xx} + v_{yy})}_{\text{Reibungs-}} - \underbrace{g\rho \cos\alpha}_{\text{Dichte-}} \tag{3.2}$$

Term

(Masse):
$$(\rho u)_x + (\rho v)_y = 0 \tag{3.3}$$

(Energie):
$$\rho c(uT_x + vT_y) = \frac{q}{A} + \underbrace{\lambda(T_{xx} + T_{yy})} + \underbrace{\pi} + \underbrace{\rho\nu\Phi} \tag{3.4}$$

Dissipations-
Kompressions-Term
Wärmeleitungs-

mit
$$\pi = \begin{cases} up_x + vp_y & \text{kompressibel} \\ 0 & \text{inkompressibel} \end{cases}$$

$$c = \begin{cases} c_p & \text{kompressibel} \\ c_F & \text{inkompressibel} \end{cases}$$

$$\Phi = 2(u_x^2 + v_y^2) + (v_x + u_y)^2 - \frac{2}{3}(u_x + v_y)^2$$

Für das jetzt zweidimensionale Problem ist zur x-Komponente der Impulsgl. (3.1) (u Geschwindigkeitskomponente in x-Richtung) die y-Komponente (3.2) (v Geschwindigkeitskomponente in y-Richtung) hinzugekommen. Dabei beschreiben die Dichteterme in x- bzw. y-Richtung die auf ein Fluidteilchen vom Volumen dV einwirkenden Volumenkräfte im Schwerefeld und die Reibungsterme die entsprechenden Reibungskräfte/Volumen. Den Reibungskräften liegt das auf den hier zweidimensionalen Anwendungsfall verallgemeinerte Materialgesetz einer Newtonschen Flüssigkeit zugrunde, dessen Ableitung man in den Lehrbüchern der Kontinuumsmechanik findet, das sich im besonders einfachen Fall einer Schichtenströmung mit $u = u(y)$ auf die Schubspannung $\tau = \rho\nu\, du/dy$ proportional zur Schergeschwindigkeit du/dy reduziert und experimentell mit Hilfe eines einfachen Scherversuchs in einem Viskosimeter gefunden wird. In der Energiegl. (3.4) ist jetzt zusätzlich zu früher die Wärmeleitung im Fluid berücksichtigt. Die Entstehung dieses Terms zeigen wir kurz, indem wir unsere eindimensionale Vorstellung (2.17) erweitern. Bei Berücksichtigung der Wärmeleitung nur in x-Richtung gilt

$$d\dot{Q} = \dot{m}c\, dT + d\dot{Q}_L \quad (3.5) \tag{3.5}$$

oder
$$\frac{d\dot{Q}}{dx} = \dot{m}c\frac{dT}{dx} + \frac{d\dot{Q}_L}{dx} \tag{3.6}$$

und mit dem Wärmeleitungsgesetz nach Fourier (λ Wärmeleitfähigkeit)

$$\dot{Q}_L = -\lambda A \frac{dT}{dx} \tag{3.7}$$

folgt bei Beachtung der Heizleistung/Länge $q = d\dot{Q}/dx$ (s. Abschn. 2.1) und des Massenstroms $\dot{m} = \rho u A$ sofort in Indexschreibweise:

$$\rho c u T_x = \frac{q}{A} + \lambda T_{xx} \tag{3.8}$$

Die Terme π, Φ (Kompressionsarbeit, Dissipation) in der Energiegleichung wollen wir nicht gesondert diskutieren, da diese bei freien Konvektionsströmungen ohnehin entfallen. Wie bereits vorausgeschickt, soll aber das Wegfallen hier allgemein gezeigt werden. Einfachheitshalber beschränken wir uns hierbei auf „Flüssigkeitsströmungen" mit $\beta_0 \Delta T \ll 1$, so daß einerseits die vereinfachte Zustandsgleichung

$$\rho = \rho_0[1 - \beta_0(T - T_0)] \tag{3.9}$$

gilt und andererseits die Idee der Boussinesq-Approximation ausgenutzt werden kann.

Um ganz allgemein entscheiden zu können, welche Terme in den Erhaltungsgleichungen (3.1), (3.2), (3.3), (3.4) für freie Konvektionsströmungen von Bedeutung sind, formulieren wir diese Gleichungen zunächst dimensionsfrei und führen dazu die dimensionsfreien Größen

$$\begin{aligned}
&x^* = \frac{x}{h}, \qquad y^* = \frac{y}{h}, \qquad L^* = \frac{L}{h} \\
&u^* = \frac{u}{\dfrac{\lambda}{\rho_0 c h}}, \qquad v^* = \frac{v}{\dfrac{\lambda}{\rho_0 c h}} \\
&T^* = \frac{T - T_0}{\Delta T} \\
&p^* = \frac{p - p_{hyd}}{\rho_0 \dfrac{\lambda}{\rho_0 c h} \dfrac{\nu}{h}} \quad \text{mit} \quad p_{hyd} = p_0 - g\rho_0(x \sin\alpha + y \cos\alpha)
\end{aligned} \tag{3.10}$$

ein. Als charakteristische Größen werden dabei die Kanalhöhe h, die Geschwindigkeiten $\lambda/(\rho_0 c h)$, ν/h und die längs des Kanals anliegende Temperaturdifferenz ΔT verwendet. Da die hier betrachteten Strömungen nicht etwa durch eine Pumpe erzeugt werden, ist a priori keine Bezugsgeschwindigkeit vorhanden, so daß man mit Hilfe von Dimensionsbetrachtungen zunächst die benutzten charakteristischen Geschwindigkeiten aufspüren muß, die sich aus den Stoff- und Geometriedaten des Problems ergeben. Durch Umrechnen auf die soeben definierten dimensionsfreien Größen erhält man unter Beachtung der Zustandsgl. (3.9) für $\beta_0 \Delta T \ll 1$ schließlich die Erhaltungsgleichungen in dimensionsfreier Form:

(Impuls):
$$\frac{1}{Pr_0}(u^* u^*_{x^*} + v^* u^*_{y^*}) = -p^*_{x^*} + (u^*_{x^*x^*} + u^*_{y^*y^*}) + Ra_0 T^* \sin\alpha \tag{3.11}$$

$$\frac{1}{Pr_0}(u^* v^*_{x^*} + v^* v^*_{y^*}) = -p^*_{y^*} + (v^*_{x^*x^*} + v^*_{y^*y^*}) + Ra_0 T^* \cos\alpha \tag{3.12}$$

(Masse): $u^*_{x^*} + v^*_{y^*} = 0$ (3.13)

(Energie): $u^* T^*_{x^*} + v^* T^*_{y^*} = q^* + (T^*_{x^*x^*} + T^*_{y^*y^*}) + \pi^* + \Phi^*$ (3.14)

$$\text{mit} \quad q^* = \frac{h^2}{A\lambda \cdot \Delta T} q$$

$$\pi^* = \begin{cases} 2 \cdot Ec_0 \left[Pr_0 (u^* p^*_{x^*} + v^* p^*_{y^*}) - \dfrac{1}{Fr_0}(u^* \sin\alpha + v^* \cos\alpha) \right] & \text{kompressibel} \\ 0 & \text{inkompressibel} \end{cases}$$

$$\Phi^* = 2 \cdot Ec_0 Pr_0 \left[2(u^{*2}_{x^*} + v^{*2}_{y^*}) + (v^*_{x^*} + u^*_{y^*})^2 - \frac{2}{3}(u^*_{x^*} + v^*_{y^*})^2 \right]$$

$$Ec_0 = \frac{u_c^2}{2c\Delta T} = \frac{\frac{1}{2}\dot{m}_c u_c^2}{\dot{m}_c c \Delta T} = \frac{\dot{E}_{c,\,kin}}{\dot{Q}_c} \quad \text{Eckert-Zahl}$$

$$Fr_0 = \frac{u_c^2}{gh} \quad \text{Froude-Zahl}$$

$$Pr_0 = \frac{\nu}{\chi} \quad \text{Prandtl-Zahl}$$

$$Ra_0 = \frac{g\beta_0 h^3 \Delta T}{\nu\chi} \quad \text{Rayleigh-Zahl}$$

$$\chi = \frac{\lambda}{\rho_0 c} \quad \text{Temperaturleitzahl}$$

$$u_c = \frac{\chi}{h} \text{ bzw. } \frac{\nu}{h} \quad \text{Bezugsgeschwindigkeiten}$$

Wir betrachten zunächst den allgemeinen Fall eines Gases und entnehmen aus der Energiegl. (3.14), daß sowohl der Kompressions- bzw. Expansionsterm π^* als auch der Dissipationsterm Φ^* keine Rolle spielen, wenn nur die Eckert-Zahl, die wir auch als das Verhältnis zwischen der kinetischen Energie/Zeiteinheit $\dot{E}_{c,\,kin}$ der Strömung und der von ihr transportierten Wärmeenergie/Zeiteinheit $\dot{Q}_c$ deuten können, hinreichend klein bleibt. Daß dies bei freien Konvektionsströmungen immer der Fall ist, zeigen wir exemplarisch durch Ausrechnen der Eckert-Zahl für die einfachste in Abschn. 1 berechnete Kaminströmung, die sich in einem Kamin der Höhe H bei einem Dichtesprung $\Delta\rho$ am Kaminfuß nach der dichtemodifizierten Torricelli-Formel einstellt. Für die Eckert-Zahl

$$Ec_0 = \frac{\frac{1}{2}\dot{m}_0 u_0^2}{\dot{m}_0 c \Delta T} \tag{3.15}$$

erhält man dann mit $u_0^2 = 2gH(\Delta\rho/\rho_0)$ nach (1.19) und bei Beachtung von $\Delta\rho/\rho_0 = \beta_0\Delta T$ entsprechend der Zustandsgl. (3.9) und der Massenstrombeziehung $\dot{m}_0 = \rho_0 u_0 A$ sofort

$$Ec_0 = \frac{g\beta_0 H}{c} \ll 1 \tag{3.16}$$

für technisch typische Daten[1]). Die Eckert-Zahlen sind bei freien Konvektionsströmungen deshalb so klein, weil die in der Strömung steckende Bewegungsenergie immer klein gegen deren Wärmeenergie bleibt. Deshalb kann an einem Gas weder eine nennenswerte Kompressions- bzw. Expansionsarbeit verrichtet werden, noch eine fühlbare Wärmeproduktion durch innere Reibung (Dissipation) entstehen. Den bereits bekannten Zusammenhang mit der Mach-Zahl stellen wir durch Erweitern der Eckert-Zahl mit der Referenztemperatur T_0 her

$$Ec_0 = \frac{1}{2}\frac{u_c^2}{c_p\Delta T}\frac{T_0}{T_0} \tag{3.17}$$

die sich bei idealem Gasverhalten auch in Abhängigkeit von der Schallgeschwindigkeit $a_0^2 = \kappa p_0/\rho_0$ schreiben läßt, wenn man die thermische Zustandsgleichung $p_0/\rho_0 = RT_0$ zu Hilfe nimmt. Mit

$$T_\theta = \frac{1}{R}\frac{p_0}{\rho_0} = \frac{1}{\kappa R} a_0^2 \tag{3.18}$$

oder auch

$$T_0 = \frac{1}{c_p(\kappa - 1)} a_0^2 \tag{3.19}$$

wenn man $R = c_p - c_v$, $\kappa = c_p/c_v$ beachtet, gilt schließlich

$$Ec_0 = \frac{1}{2}\frac{c_p(\kappa - 1)T_0}{c_p\Delta T} Ma_0^2 \tag{3.20}$$

und wir sehen, wie bereits in Abschn. 1 und Abschn. 2.1 gezeigt wurde, daß für kleine Mach-Zahlen $Ma_0 = u_c/a_0 \ll 1$, die bei freien Konvektionsströmungen stets vorliegen, die Terme π^*, Φ^* in der Energiegl. (3.14) weggelassen werden können. Kompressionsarbeit und Dissipation spielen also keine Rolle.

Im Fall einer Flüssigkeit ist einerseits a priori keine Kompressionsarbeit möglich ($\pi^* = 0$), andererseits wird die Definition der Mach-Zahl bedeutungslos. Die Eckert-Zahl bleibt dagegen aussagekräftig und zeigt, daß der auch für eine Flüssigkeit gültige Dissipationsterm Φ^* in (3.14) ebenso wie bei einem Gas vernachlässigbar ist.

Da wir im folgenden nur noch Probleme mit Energiezufuhr bzw. -abfuhr über die Kanalwände behandeln wollen, ist auch noch der Wärmeproduktionsterm q^* gleich null zu

---

[1]) Z. B. für eine Luft-Konvektion $\left(\beta_0 = \frac{1}{3} \cdot 10^{-2} K^{-1}\right.$ für $T_0 = 300$ K, $\left. c = c_p = 1 \text{ kWs/kgK}\right)$ in einem Kamin der Höhe H = 100 m gilt $Ec_0 = 3{,}3 \cdot 10^{-3} \ll 1$.

setzen, durch den im Rahmen unseres eindimensionalen Modells die Energiezufuhr im Fluidinneren beschrieben wurde. Die Erhaltungsgleichungen, auf denen alle folgenden zweidimensionalen Überlegungen aufbauen, lauten dann

$$\text{(Impuls):} \quad \frac{1}{Pr}(uu_x + vu_y) = -p_x + (u_{xx} + u_{yy}) + Ra\,T\sin\alpha$$

$$\frac{1}{Pr}(uv_x + vv_y) = -p_y + (v_{xx} + v_{yy}) + Ra\,T\cos\alpha \qquad (3.21)$$

$$\text{(Masse):} \quad u_x + v_y = 0 \qquad (3.22)$$

$$\text{(Energie):} \quad uT_x + vT_y = T_{xx} + T_{yy} \qquad (3.23)$$

und enthalten als Kennzahlen nur noch die Prandtl- und die Rayleigh-Zahl. Die Sterne zur Kennzeichnung der dimensionsfreien Größen sind weggelassen. In den folgenden Abschn. 3.1, 3.2 wird durchweg dimensionsfrei gearbeitet, so daß keine Gefahr der Verwechslung mit den zugehörigen dimensionsbehafteten Größen besteht. Bei der Diskussion der möglichen Randbedingungen (Abschn. 3.1), die zusammen mit den Erhaltungsgleichungen (3.21), (3.22), (3.23) die gesuchten Schichten- bzw. Grenzschichtströmungen erst vollständig festlegen (Randwertproblem), wird im Text deutlich darauf hingewiesen, wenn die Darstellung noch nicht entdimensioniert ist. Ebenso wird zukünftig einfachheitshalber der Index der Kennzahlen weggelassen. Anstelle Pr_0, Ra_0 schreiben wir Pr, Ra, halten aber in Gedanken fest, daß die Kennzahlen für ein Problem immer Konstante sind, die mit den festen Stoffdaten des Referenz- oder Ruhezustands gebildet werden.

3.1 Laminare Schichtenströmungen

Für die betrachteten ausgebildeten Kanal- oder Schichtenströmungen ($h/L \ll 1$) gilt:

$$u = u(y), \qquad v = 0 \qquad (3.24)$$

Damit vereinfacht sich das aufgeschriebene Gleichungssystem (3.21), (3.22), (3.23) ganz wesentlich. Die Massenerhaltung ist erfüllt und kann im folgenden keine neue Information liefern. Künftig sind deshalb nur noch die Energie- und die Bewegungsgleichung zu beachten. Da wegen (3.24) unter Beachtung von (3.22) jeweils der konvektive Trägheitsterm in den beiden Komponenten der Bewegungsgleichung verschwindet, entfällt auch der explizite Einfluß der Prandtl-Zahl. Die Rayleigh-Zahl ist deshalb für ausgebildete Konvektionsströmungen die beherrschende Kennzahl. Die x-Komponente der Bewegungsgleichung beschreibt die jetzt stark eingeschränkte Bewegung (Schichtenströmung) in Kanalrichtung, während die y-Komponente zu einer Beschreibung der Schichtung im Kanal degeneriert:

$$\text{(Impuls):} \quad 0 = -p_x + u_{yy} + Ra\,T\sin\alpha \qquad (3.25)$$

$$0 = -p_y + Ra\,T\cos\alpha \qquad (3.26)$$

Eliminieren wir noch den Druck p durch Ausnutzen der Gleichheit der gemischten Ableitungen $p_{xy} = p_{yx}$, ergibt sich die Impulsgleichung in der Form (3.27), wobei weiterhin die Energiegleichung, jetzt aber in der wegen v = 0 vereinfachten Form (3.28), zu beachten ist:

(Impuls): $$u'''(y) + Ra\,(\sin\alpha \cdot T_y - \cos\alpha \cdot T_x) = 0 \qquad (3.27)$$

(Energie): $$uT_x = T_{xx} + T_{yy} \qquad (3.28)$$

Im Sonderfall isothermer Strömung ohne Auftriebseffekt ist die Energiegleichung identisch erfüllt, und die Impulsgleichung liefert nur die Klasse der Schlepp- und Druckströmungen mit Geschwindigkeitsprofilen in der Form von Polynomen 2. Grades: T = const $\rightarrow u'''(y) = 0 \rightarrow u = P_2(y)$. Bei alleiniger Abhängigkeit der Temperatur von der Ortskoordinaten y senkrecht zur Kanalrichtung ergibt sich ein über die Kanalhöhe linearer Temperaturverlauf: $T = T(y) \rightarrow T_{yy} = 0 \rightarrow T = P_1(y)$. Das zugehörige Geschwindigkeitsprofil ist dann mit Ausnahme des horizontalen Kanals ein Polynom 3. Grades: $u'''(y) = -Ra \cdot \sin\alpha \cdot P_1'(y) \rightarrow u = P_3(y)$ für $\alpha > 0$, $u = P_2(y)$ für $\alpha = 0$. Die Eigenschaft des Lösungspolynoms $P_3(y)$ gestattet auch bei feststehenden Kanalwänden einen verschwindenden Nettomassenstrom, so daß mit dieser Lösung Konvektionsprobleme beschrieben werden können, wie sie etwa bei doppelwandigen Isolierglasfenstern (Abschn. 3.1.4) auftreten. Im Grenzfall des horizontalen Kanals ($\alpha = 0$) verschwindet wie im isothermen Fall der Auftriebseffekt in Kanalrichtung. Mit dem dann um ein Grad erniedrigten Lösungspolynom $P_2(y)$ lassen sich deshalb wiederum nur erzwungene Schlepp- und Druckströmungen beschreiben, doch ist jetzt eine konstante Temperaturdifferenz zwischen den sonst konstanten Kanalwandtemperaturen zugelassen.

Abgesehen von den bisher diskutierten sehr stark eingeschränkten Lösungsklassen wird im allgemeinen die Temperatur T von den beiden Ortskoordinaten x, y abhängig sein. Aufgrund der Beschränkung auf ausgebildete Konvektionsströmungen ist jedoch auch eine Einschränkung für die Temperaturfunktion zu erwarten. Wir suchen deshalb nun nach einer solchen Einschränkung der Temperaturfunktion T(x, y) und differenzieren zu diesem Zweck die Impulsgleichung (3.27) nochmals nach x, damit die abgeleitete Geschwindigkeitsfunktion entfällt. Was bleibt, ist die lineare partielle Dgl. 2. Ordnung

(Impuls): $$\tan\alpha \cdot T_{yx} - T_{xx} = 0 \qquad (3.29)$$

die für Kanalneigungswinkel $0 < \alpha \leqslant \pi/2$ hyperbolischen und für horizontalen Spalt mit $\alpha = 0$ parabolischen Charakter besitzt. Wir erkennen dies am Vorzeichen der Diskriminante $\Delta = ac - b^2$ der zugehörigen allgemeinen linearen partiellen Dgl. 2. Ordnung:

$$aT_{xx} + 2bT_{xy} + cT_{yy} = 0 \qquad (3.30)$$

mit $\Delta > 0$: elliptisch

$\Delta = 0$: parabolisch

$\Delta < 0$: hyperbolisch

Im speziellen Fall (3.29) mit $a = -1$, $2b = \tan\alpha$, $c = 0$ lautet die Diskriminante

$$\Delta = -\frac{1}{4}\tan^2\alpha \tag{3.31}$$

so daß für $\alpha = 0$ mit $\Delta = 0$ parabolisches und für $0 < \alpha \leqslant \pi/2$ mit $\Delta < 0$ hyperbolisches Verhalten vorliegt.

Wir betrachten zunächst den hyperbolischen Fall und transformieren (3.29) auf die hyperbolische Normalform

$$T: \begin{cases} \xi = y \\ \eta = \tan\alpha \cdot x + y \end{cases} \rightarrow T_{\xi\eta} = 0 \tag{3.32}$$

mit der allgemeinen Lösung:

$$T = F(\xi) + G(\eta) = F(y) + G(\tan\alpha \cdot x + y) \tag{3.33}$$

Durch Einsetzen dieses aus der Impulsgleichung gewonnenen Ergebnisses (3.33) in die noch zu befriedigende Energiegleichung (3.28) wird die Temperaturfunktion weiter eingeschränkt. Denn die so gewonnene Gleichung

$$G_{\eta\eta}(1 + \tan^2\alpha) - G_\eta \tan\alpha \cdot u(y) = -F''(y) \tag{3.34}$$

läßt sich für geforderte Funktionen $u = u(y)$ nur erfüllen, wenn G eine lineare Funktion in η ist. Daß diese Bedingung nicht nur hinreichend, sondern auch notwendig ist, läßt sich durch nochmaliges Differenzieren von (3.34) nach η leicht einsehen. Da bei dieser Rechenoperation die rechte Seite von (3.34) entfällt, erhält man:

$$\frac{G_{\eta\eta\eta}}{G_{\eta\eta}}\,\frac{1 + \tan^2\alpha}{\tan\alpha} = u(y) \tag{3.35}$$

Diese Gleichung ist für Funktionen u(y) nur erfüllbar, wenn $G_{\eta\eta\eta}/G_{\eta\eta}$ die unbestimmte Form 0/0 annimmt. Dies ist aber gerade der Fall, wenn G eine in η lineare Funktion ist. Die allgemeine Temperaturfunktion für ausgebildete freie ebene Konvektion lautet somit für Neigungswinkel $0 < \alpha \leqslant \pi/2$ des Kanals:

$$T(x, y) = K_1 \cdot x + g(y) \tag{3.36}$$

Im Sonderfall des horizontalen Kanals ($\alpha = 0$) verkürzt sich die Impulsgleichung (3.29) auf

$$T_{xx} = 0 \tag{3.37}$$

und besitzt damit bereits parabolische Normalform. Die zugehörige allgemeine Lösung läßt sich deshalb direkt ohne Transformation angeben.

$$T = m(y) \cdot x + n(y) \tag{3.38}$$

Durch Einsetzen in die Energiegleichung (3.28) folgt jetzt

$$u(y) \cdot m(y) = m''(y) \cdot x + n''(y) \tag{3.39}$$

und da diese Gleichung für beliebige Werte x nur durch

$$m''(y) = 0 \rightarrow m(y) = E_1 y + E_2 \tag{3.40}$$

zu erfüllen ist, führt dies auf die Temperaturfunktion in der Form:

$$T(x, y) = (E_1 y + E_2) \cdot x + g(y) \tag{3.41}$$

Der Vergleich mit (3.36) zeigt, daß jetzt, im Fall des horizontalen Kanals mit $\alpha = 0$, auch Temperaturgradienten in Kanalrichtung zugelassen sind, die zusätzlich noch linear von der Schichthöhe y abhängen. Für konkrete technische Probleme hat diese zusätzliche Freiheit jedoch keine Bedeutung, wenn an den Kanalenden allein konstante Temperaturen durch die Umgebung aufgeprägt werden. Wir setzen deshalb $E_1 = 0$, $E_2 = K_1$, so daß die weiteren Überlegungen für den gesamten Winkelbereich $0 \leqslant \alpha \leqslant \pi/2$ ohne Fallunterscheidung vorgenommen werden können.

Ausgehend von der nun bekannten Form der Temperaturfunktion $T(x, y) = K_1 x + g(y)$ ergibt sich durch Einsetzen in die Energiegl. (3.28) die Geschwindigkeit u in Abhängigkeit von der noch unbekannten Funktion g(y)

$$\text{(Energie):} \qquad u = \frac{1}{K_1} g''(y) \tag{3.42}$$

und unter Verwendung dieses Zwischenergebnisses folgt aus der Impulsgl. (3.27) die lineare Dgl. 5. Ordnung zur Bestimmung dieser Funktion g(y):

$$g^{(5)}(y) + \operatorname{sign}\epsilon \cdot |\epsilon| g'(y) = \mathrm{Ra}\, K_1^2 \cos\alpha \quad \text{mit} \quad \epsilon = \mathrm{Ra}\, K_1 \sin\alpha \tag{3.43}$$

In der so gewonnenen Dgl. (3.43) tritt der Parameter ϵ auf, der eine mit dem konstanten Temperaturgradienten in Kanalrichtung $\partial T/\partial x = K_1$ und dem Neigungswinkel α modifizierte Rayleigh-Zahl ist. Wir erkennen sofort, daß sich die Lösung der Dgl. für kleine Parameter $|\epsilon| \ll 1$ regulär und für große $|\epsilon| \gg 1$ singulär verhält, denn im zweiten Fall steht mit $1/|\epsilon|$ ein kleiner Parameter bei der höchsten Ableitung und signalisiert Grenzschichtverhalten: Es existieren ausgebildete Grenzschichten! Das Vorzeichen des Parameters ϵ wird durch den Temperaturgradienten in Kanalrichtung K_1 gesteuert, und dementsprechend hat die Dgl. (3.43) unterschiedliche Lösungen. Diese Lösungen für $K_1 = \partial T/\partial x \gtreqless 0$ bzw. $\epsilon \gtreqless 0$ lauten:

$$\begin{aligned} \epsilon > 0: \quad g = {} & a_1 \cos\gamma y \operatorname{Cosh}\gamma y + a_2 \cos\gamma y \operatorname{Sinh}\gamma y \\ & + a_3 \sin\gamma y \operatorname{Cosh}\gamma y + a_4 \sin\gamma y \operatorname{Sinh}\gamma y \\ & + K_1 \cdot \cot\alpha \cdot y + K_2, \qquad \gamma = (\epsilon/4)^{1/4} \end{aligned} \tag{3.44}$$

$$\begin{aligned} \epsilon < 0: \quad g = {} & a_1 \operatorname{Cosh}\gamma y + a_2 \operatorname{Sinh}\gamma y + a_3 \cos\gamma y + a_4 \sin\gamma y \\ & + K_1 \cdot \cot\alpha \cdot y + K_2, \qquad \gamma = |\epsilon|^{1/4} \end{aligned} \tag{3.45}$$

$$\begin{aligned} \epsilon = 0: \quad g = {} & P_5(y) = a_1 y^4/24 + a_2 y^3/6 + a_3 y^2/2 \\ & + a_4 y + \mathrm{Ra}\, K_1^2 \cdot \cos\alpha \cdot y^5/120 + K_2 \end{aligned} \tag{3.46}$$

Im Fall $\epsilon > 0$ treten Produkte aus den trigonometrischen und hyperbolischen Funktionen auf, im Fall $\epsilon < 0$ sind es diese Funktionen selbst und im Sonderfall $\epsilon = 0$, der auch für horizontale Kanäle bei beliebigen Temperaturgradienten K_1 angenommen wird, entartet die Lösung zu einem Polynom.

Zur Bestimmung der Konstanten a_1, a_2, a_3, a_4 stehen insgesamt vier Randbedingungen an den Kanalwänden $y = 0$ und $y = 1$ zur Verfügung. Neben der Haftbedingung

$$u(0) = u(1) = 0 \rightarrow g''(0) = g''(1) = 0 \tag{3.47}$$

ist entweder noch die Wandtemperatur oder der Wärmestrom durch die Wand vorzugeben. Da allein die Klasse der ausgebildeten Konvektionsströmungen untersucht wird, sind entsprechend der dadurch eingeschränkten Temperaturfunktion $T(x, y) = K_1 x + g(y)$ nach (3.36) nur bestimmte Wandtemperaturen bzw. Wärmeströme zugelassen. Die Wandtemperaturen dürfen nur lineare Funktionen von x

$$\begin{aligned} T(x, 0) &= K_1 x + g(0) \rightarrow g(0) = A \\ T(x, 1) &= K_1 x + g(1) \rightarrow g(1) = B \end{aligned} \tag{3.48}$$

und die Wärmeströme $q_W \sim T_y$ nach Fourier nur Konstanten sein:

$$\begin{aligned} T_y(x, 0) &= g'(0) \rightarrow g'(0) = C \\ T_y(x, 1) &= g'(1) \rightarrow g'(1) = D \end{aligned} \tag{3.49}$$

Schreibt man die 4 Randbedingungen für die Funktion g(y)

$$\begin{aligned} g''(0) = 0, \quad g(0) = A \quad \text{oder} \quad g'(0) = C \\ g''(1) = 0, \quad g(1) = B \quad \text{oder} \quad g'(1) = D \end{aligned} \tag{3.50}$$

explizit in Matrixform

$$\begin{pmatrix} \\ \mathbf{A} \\ \\ \end{pmatrix} \begin{pmatrix} a_1 \\ a_2 \\ a_3 \\ a_4 \end{pmatrix} = \begin{pmatrix} b_1 \\ b_2 \\ b_3 \\ b_4 \end{pmatrix} \tag{3.51}$$

wobei wieder die Fallunterscheidung nach $\epsilon \gtrless 0$ notwendig wird, erkennt man, daß bei Verschwinden der Inhomogenität b ein Eigenwertproblem vorliegt. Für $\epsilon \lesssim 0$ mit

$$b = \begin{pmatrix} 0 \\ 0 \\ A - K_2 \\ B - K_2 - K_1 \cot\alpha \end{pmatrix} \quad \text{oder} \quad b = \begin{pmatrix} 0 \\ 0 \\ C - K_1 \cot\alpha \\ D - K_1 \cot\alpha \end{pmatrix} \tag{3.52}$$

ist dies z. B. bei isolierten Kanalwänden mit $C = D = 0$ und einem Neigungswinkel $\alpha = \pi/2$ (senkrechter Kanal: Abschn. 3.1.3) der Fall. Es verschwinden dann auch die beiden Komponenten b_3, b_4 der Inhomogenität b, so daß nichttriviale Lösungen nur möglich sind, wenn gleichzeitig die Determinante der Matrix $\mathbf{A} = \mathbf{A}(\gamma)$ verschwindet:

$$\det \mathbf{A}(\gamma) = 0 \rightarrow \text{Eigenwerte } \gamma = \gamma_n \tag{3.53}$$

Aus dieser Bedingung ergeben sich Eigenwerte $\gamma = \gamma_n$ bzw. $\epsilon = \epsilon_n$. Es liegt Benard-Verhalten vor: die Strömung läuft erst oberhalb einer kritischen Rayleigh-Zahl an.

Im Sonderfall $\epsilon = 0$, der insbesondere auch mit dem Neigungswinkel $\alpha = 0$ (horizontaler Kanal: Abschn. 3.1.2) zusammenfällt, ist die Determinante **A** dagegen unabhängig vom Parameter ϵ:

$$\det \mathbf{A} = \text{const} \rightarrow \text{keine Eigenwerte} \tag{3.54}$$

Da dann keine Eigenwerte existieren, liegt in diesem Sonderfall prompte Konvektion vor: die Strömung läuft bei jeder noch so kleinen Rayleigh-Zahl sofort an.

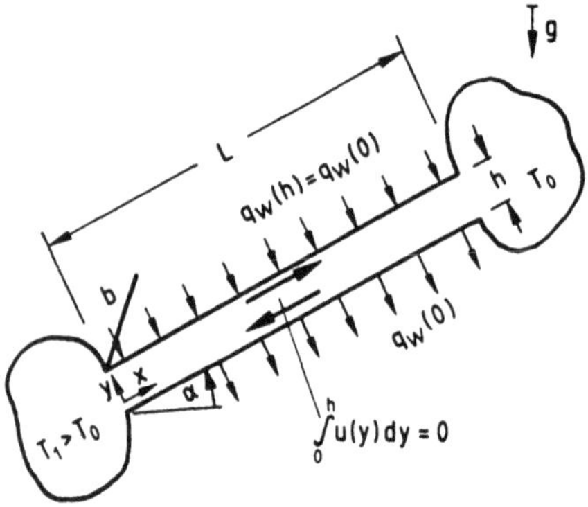

Bild 76
Geschlossenes System: Kanal zwischen zwei Behältern unterschiedlicher Temperatur

Während alle bisher gemachten Aussagen weitgehend systemunabhängig sind, kommen wir nun zu systembedingten Unterschieden. Dabei unterscheiden wir geschlossene und offene Systeme. Der wesentliche Unterschied ist, daß in einem geschlossenen System (Bild 76) der Nettomassenstrom

$$\dot{m} = \rho_0 b \int_0^h u(y)\,dy \tag{3.55}$$

verschwindet, während in einem offenen (Bild 77) System im allgemeinen ein resultierender Nettomassenstrom verbleibt. Aus der Eigenschaft des verschwindenden Nettomassenstroms (Bild 76) folgt sofort, daß für geschlossene Systeme keine Nettowärmezufuhr über die Kanalwände möglich ist. Wir sehen dies ein, wenn wir den Massenstrom

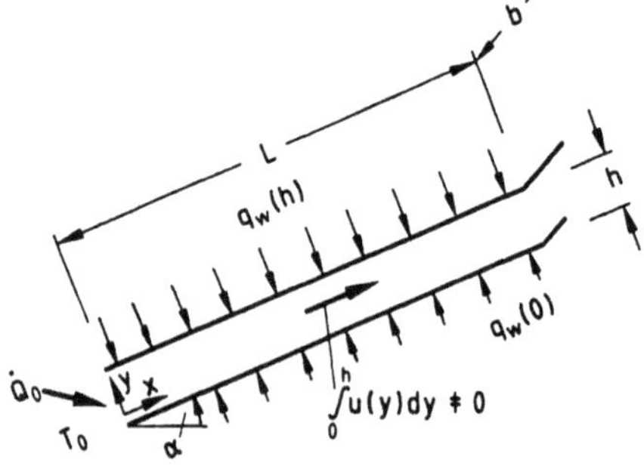

Bild 77
Offenes System: Homogen beheizter Kamin

nach (3.55) gleich null setzen, der sich dimensionfrei in der Form

$$\dot{m} = \frac{1}{K_1} \int_0^1 g''\, dy = \frac{1}{K_1} [g'(1) - g'(0)] \quad \text{mit} \quad \dot{m} := \frac{\dot{m}}{\rho_0 b \chi} \tag{3.56}$$

schreibt. Mit $\dot{m} = 0$ folgt dann

$$\int_0^1 g''\, dy = 0 \quad \text{oder} \quad g'(1) = g'(0) \tag{3.57}$$

so daß wegen $T_y = g'$ an den Kanalwänden $y = 0$ und $y = 1$ jeweils nur der gleiche Temperaturgradient T_y anliegen kann. Der über die eine Kanalwand einfließende Wärmestrom ist also gleich dem, der über die andere Kanalwand abfließt. Der isolierte Kanal ist dabei als Trivialfall mit $g'(1) = g'(0) = 0$ in (3.56) enthalten. Trotz des verschwindenden Nettomassenstroms findet in geschlossenen Systemen ein Wärmetransport in Kanalrichtung statt. Die transportierte Wärmeleistung berechnet sich zu

$$\dot{Q} = \rho_0 bc \int_0^h u(y) T(x, y)\, dy = \text{const} \tag{3.58}$$

und in der entsprechenden dimensionsfreien Darstellung gilt:

$$\dot{Q} = \frac{1}{K_1} \int_0^1 g g''\, dy \quad \text{mit} \quad \dot{Q} := \frac{\dot{Q}}{\rho_0 u_c bhc \Delta T} = \frac{\dot{Q}}{b \lambda \Delta T} \tag{3.59}$$

Für offene Systeme (Kamine) sind dagegen nach (3.49) beliebig homogene Wärmezufuhren über die Kanalwände zugelassen. Die von der Strömung an einer beliebigen Stelle x abtransportierte Wärmeleistung muß gleich der separat am Kaminfuß zugeführten konstanten Leistung $\dot{Q}_0$ einschließlich der bis zu dieser Stelle über die Kanalwände zugeflossenen Leistung $q_{ges} bx$ mit der Heizleistung/Fläche $q_{ges} = q_W(h) + q_W(0)$ sein (Bild 77):

$$\dot{Q}_0 + q_{ges} bx = \rho_0 bc \int_0^h u(y) [T(x, y) - T_0]\, dy \tag{3.60}$$

In der entsprechend entdimensionierten Schreibweise gilt

$$\dot{Q}_0 + q_{ges} x = x \int_0^1 g''\, dy + \frac{1}{K_1} \int_0^1 g g''\, dy \tag{3.61}$$

mit $\quad q_{ges} := \dfrac{q_{ges}}{\lambda \cdot \Delta T / h}, \qquad \dot{Q}_0 := \dfrac{\dot{Q}_0}{b \lambda \Delta T}$

und wir erkennen, daß Gl. (3.61) für beliebige Werte x offensichtlich nur zu befriedigen ist, wenn gilt:

$$q_{ges} = \int_0^1 g''\, dy \tag{3.62}$$

$$\int_0^1 g g''\, dy = \dot{Q}_0 K_1 \tag{3.63}$$

Die Aussage (3.62) läßt sich mit $\dot{m} = (1/K_1) \int_0^1 g'' \, dy$ nach (3.56) auch in die Form

$$q_{ges} x = (K_1 x) \frac{1}{K_1} \int_0^1 g'' \, dy = K_1 x \dot{m} \tag{3.64}$$

bringen, die etwas umgeschrieben die Temperaturverteilung T(x) des eindimensionalen Modells

$$K_1 x = \frac{q_{ges}}{\dot{m}} x = T(x) \tag{3.65}$$

erkennen läßt. Dies wird offenkundig, wenn wir (3.65) wieder auf die dimensionsbehafteten Größen zurücktransformieren und das so erhaltene Ergebnis

$$T(x) = T_0 + \frac{q_{ges}}{\dot{m}c} bx \tag{3.66}$$

bei Beachtung von $q_{ges} = q/b$ mit (2.30) vergleichen. Die außerdem gefundene Integralbedingung (3.63) wird bei der Berechnung der noch unbekannten Konstanten K_1, K_2 der Lösung g(y) benötigt, wie wir gleich sehen werden.

Während sich die Konstanten $a_1, \ldots, a_4$ aus den aufgeprägten Bedingungen (3.50) an den beiden Kanalwänden ergeben, sind die noch offenen Konstanten K_1, K_2 im wesentlichen aus den jeweils an den Kanalenden x = 0 und x = L herrschenden Verhältnissen zu bestimmen. Die Konstanten K_1, K_2 sind damit systemabhängig. Für offene Systeme (Kamine) ist wie beim eindimensionalen Modell die Zu- und Abströmbedingung zu beachten. Und da ausschließlich schlanke Kamine betrachtet werden, genügt es, wenn der Druck an beiden Kanalenden x = 0 und x = L im Mittel mit dem Umgebungsdruck übereinstimmt. Beachten wir, daß bei der Definition (3.10) des dimensionslosen Drucks bereits der hydrostatische Druckanteil abgezogen wurde, sind so die beiden Druckbedingungen

$$x = 0: \quad \int_0^1 p(0, y) \, dy = 0 \tag{3.67}$$

$$x = L: \quad \int_0^1 p(L, y) \, dy = 0 \tag{3.68}$$

zu erfüllen. Da sich bei der Berechnung des Drucks durch Integration der Impulsgl. (3.25) noch eine weitere freie Konstante ergibt, werden aber insgesamt drei Bedingungen benötigt, um Kaminprobleme vollständig lösen zu können. Diese dritte Bedingung ist gerade die aus der energetischen Überlegung (3.60) gewonnene Integralbedingung (3.63), die hier benötigt wird, um die Konstanten K_1, K_2 endgültig bestimmen zu können (s. Abschn. 3.1.1). Einfacher ist der Fall der geschlossenen Systeme. Hier kann man sich immer eine Temperaturdifferenz ΔT zwischen den Kanalenden vorgegeben denken, und eine Berechnung des Druckfeldes ist überhaupt nicht erforderlich. Die beiden Konstanten K_1, K_2 ergeben sich dann aus der Bedingung, daß die mittleren Temperaturen an den Kanalenden mit den konstanten Temperaturen $T(0) = T_0 + \Delta T$ bzw. $T(L) = T_0$ der anschließenden Behälter identisch sind. Wieder dimensionsfrei formuliert, ist deshalb

$$x = 0: \quad \int_0^1 T(0, y)\, dy = 1 \tag{3.69}$$

$$x = L: \quad \int_0^1 T(L, y)\, dy = 0 \tag{3.70}$$

zu fordern. Sind für ein geschlossenes System dagegen die Wandtemperaturen vorgegeben (Abschn. 3.1.5), lassen sich die Konstanten K_1, K_2 ohne Benutzung der Bedingungen (3.69), (3.70) unmittelbar berechnen.

3.1.1 Beheizter senkrechter Kamin

In einem Kamin (offenes System) ist der Temperaturgradient in Strömungsrichtung positiv. Es gilt somit

$$\epsilon = \mathrm{Ra}\, K_1 > 0 \tag{3.71}$$

und die das Problem beschreibende Dgl. (3.43) hat die Lösung (3.44). Für das sich einstellende Geschwindigkeitsprofil gilt nach Gleichung (3.42)

$$u(y) = \frac{2\gamma^2}{K_1} [\cos \gamma y(a_3 \operatorname{Sinh} \gamma y + a_4 \operatorname{Cosh} \gamma y) - \sin \gamma y(a_1 \operatorname{Sinh} \gamma y + a_2 \operatorname{Cosh} \gamma y)] \tag{3.72}$$

und für die Temperaturverteilung nach Gleichung (3.36):

$$T(x, y) = K_1 \cdot x + [\cos \gamma y(a_1 \operatorname{Cosh} \gamma y + a_2 \operatorname{Sinh} \gamma y) + \sin \gamma y(a_3 \operatorname{Cosh} \gamma y + a_4 \operatorname{Sinh} \gamma y) + K_2] \tag{3.73}$$

mit $\gamma = (\epsilon/4)^{1/4}$

Einfachheitshalber betrachten wir im folgenden nur homogen beheizte Kamine (Bild 78).

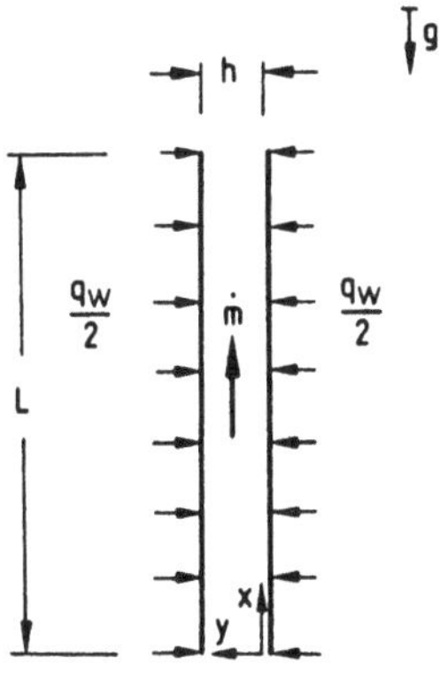

Bild 78 Homogen beheizter senkrechter Kamin

Neben den beiden Haftbedingungen

$$u(0) = 0 \rightarrow g''(0) = 0, \qquad u(1) = 0 \rightarrow g''(1) = 0 \tag{3.74}$$

ist dann noch der aufgeprägte Wärmestrom an beiden Wänden nach dem Gesetz von Fourier vorgeschrieben:

$$\left.\frac{\partial T}{\partial y}\right|_{y=0} = g'(0) = -q_W/2, \qquad \left.\frac{\partial T}{\partial y}\right|_{y=1} = g'(1) = q_W/2 \tag{3.75}$$

Um beliebig homogene Beheizungen gemeinsam behandeln zu können, korrigieren wir die Funktion g um den Faktor $2/q_W$

$$\Theta(y) = \frac{2}{q_W}\, g(y) \tag{3.76}$$

so daß die Randbedingungen in der normierten Form

$$\Theta''(0) = \Theta''(1) = 0, \qquad \Theta'(0) = -1, \qquad \Theta'(1) = 1 \tag{3.77}$$

erscheinen. Die Dgl. (3.43) geht dann über in

$$\Theta^{(5)} + \epsilon\Theta' = 0 \quad \text{oder} \quad \Theta'''' + \epsilon\Theta = \text{const} \tag{3.78}$$

und hat formal wieder die Lösung (3.44). Lediglich die Konstanten sind infolge der jetzt universellen Randbedingungen andere:

$$\begin{aligned}\Theta(y) = {} & \cos\gamma y[\tilde{a}_1 \operatorname{Cosh}\gamma y + \tilde{a}_2 \operatorname{Sinh}\gamma y] \\ & + \sin\gamma y[\tilde{a}_3 \operatorname{Cosh}\gamma y + \tilde{a}_4 \operatorname{Sinh}\gamma y] + K_2\end{aligned} \tag{3.79}$$

Geschwindigkeit u und Temperatur T berechnen sich dann nach

$$u(y) = \frac{q_W}{2K_1}\Theta'' \tag{3.80}$$

$$T(x, y) = K_1 x + \frac{q_W}{2}\Theta \tag{3.81}$$

und die zugehörigen Konstanten $\tilde{a}_1, \ldots, \tilde{a}_4$ lauten:

$$\tilde{a}_1 = (\cos\gamma + \operatorname{Cosh}\gamma)/N, \qquad \tilde{a}_2 = -\operatorname{Sinh}\gamma/N \tag{3.82}$$

$$\tilde{a}_3 = \sin\gamma/N, \qquad \tilde{a}_4 = 0$$

mit $N = \gamma(\operatorname{Sinh}\gamma - \sin\gamma)$

Neben den Randbedingungen an den Kanalwänden ist die Zu- und Abströmbedingung

$$\int_0^1 p(0, y)\, dy = 0 \tag{3.83}$$

$$\int_0^1 p(L, y)\, dy = 0 \tag{3.84}$$

zu beachten. Zur Ausführung dieser beiden Vorschriften muß zunächst der Druck p aus den beiden Komponenten (3.25), (3.26) der Bewegungsgleichung bestimmt werden. Aus der y-Komponente folgt, daß im Fall des senkrechten Kamins der Druck allein eine Funktion von x ist:

$$p_y = 0 \rightarrow p = p(x) \tag{3.85}$$

Die integrale Zu- und Abströmbedingung reduziert sich daher auf:

$$p(0) = p(L) = 0 \tag{3.86}$$

Die x-Komponente

$$p_x = u_{yy} + \text{Ra}\,T = \frac{q_W}{2K_1}[\Theta'''' + \epsilon\Theta] + \text{Ra}\,K_1 x \tag{3.87}$$

liefert bei Beachtung der Dgl. (3.78)

$$\Theta'''' + \epsilon\Theta = \text{Ra}\,K_1 K_2 \tag{3.88}$$

schließlich

$$p = \text{Ra}\left[\frac{q_W K_2}{2}x + K_1\frac{x^2}{2}\right] + f(y) \tag{3.89}$$

und aus (3.86) folgt neben f(y) = 0 ein Zusammenhang zwischen den beiden noch offenen Konstanten K_1, K_2:

$$p(0) = 0 \rightarrow f(y) = 0 \tag{3.90}$$

$$p(L) = 0 \rightarrow K_1 = -q_W K_2/L \tag{3.91}$$

Wie bereits zuvor allgemein gezeigt, ist zusätzlich die aus energetischen Überlegungen gewonnene Integralbedingung, hier für $\dot{Q}_0 = 0$, erforderlich

$$\int_0^1 \Theta\Theta''\,dy = 0 \rightarrow K_1 = K_1(K_2) \tag{3.92}$$

um die Konstanten K_1, K_2 endgültig bestimmen zu können. Bedingt durch den Integranden in Produktform ist die Auswertung von (3.92) mühsam und unübersichtlich. Etwas einfacher werden die Verhältnisse, wenn wir (3.92) nochmals umformen. Durch partielles Integrieren ergibt sich

$$0 = \int_0^1 \Theta\Theta''\,dy = \Theta\Theta'|_0^1 - \int_0^1 \Theta'^2\,dy \tag{3.93}$$

und unter Beachtung von

$$\Theta'(0) = -1, \qquad \Theta'(1) = 1, \qquad \Theta(0) = \Theta(1) = \tilde{a}_1 + K_2 \tag{3.94}$$

folgt schließlich:

$$K_2 = -\tilde{a}_1 + \frac{1}{2}\int_0^1 \Theta'^2\,dy \tag{3.95}$$

$$\text{mit} \quad \int_0^1 \Theta'^2 \, dy > 0 \quad \text{und} \quad \tilde{a}_1 = \frac{\cos\gamma + \operatorname{Cosh}\gamma}{\gamma(\operatorname{Sinh}\gamma - \sin\gamma)} > 0$$

Denken wir uns $\gamma = (\text{Ra}\, K_1/4)^{1/4}$ und damit im wesentlichen das Produkt $(\Delta T \cdot K_1)$ vorgegeben, ergibt sich $K_2(\gamma)$ aus Gleichung (3.95) und durch Einsetzen in Gleichung (3.91) auch $K_1(\gamma)$. Legen wir zudem etwa die Aufheizspanne ΔT bzw. die Ra-Zahl fest, ist K_1 selbst determiniert, und Gleichung (3.91) wird zur Bestimmungsgleichung für die dann nicht mehr frei wählbare Beheizung des Kamins:

$$q_W = -\frac{K_1}{K_2} L = -\frac{4\gamma^4/\text{Ra}}{K_2(\gamma)} L \tag{3.96}$$

In den beiden folgenden Bildern sind die numerischen Ergebnisse für verschiedene Werte des Parameters $\gamma = \gamma(\text{Ra})$ aufgetragen. Bild 79 zeigt die sich einstellenden Geschwindigkeitsprofile $\Theta''(y)$ und Bild 80 die y-abhängigen Temperaturanteile $\Theta(y)$, die der mittleren Aufheizung des Fluids überlagert sind.

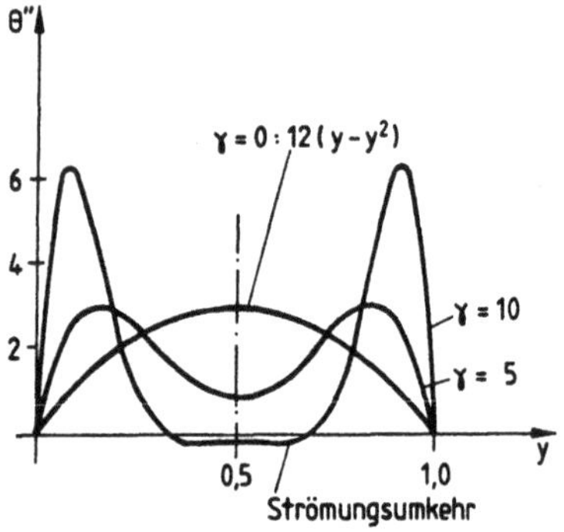

Bild 79 Geschwindigkeitsprofile in homogen beheizten Kaminen

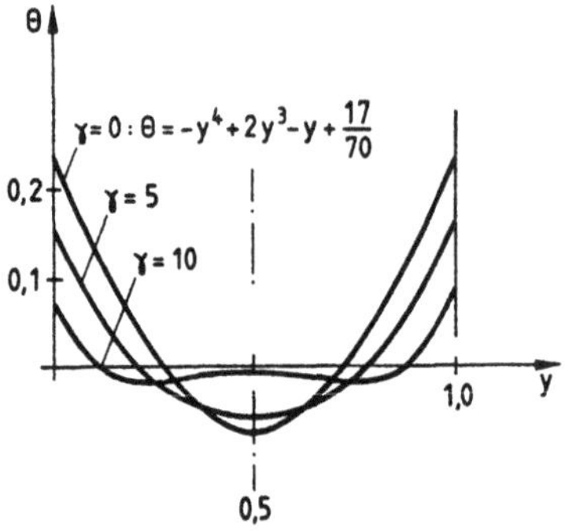

Bild 80 Temperaturprofile in homogen beheizten Kaminen

Die Geschwindigkeits- und Temperaturprofile zeigen deutlich reguläres Verhalten bei kleinen Ra-Zahlen und singuläres Grenzschichtverhalten bei großen Ra-Zahlen in der Nähe der Kaminwände. Der Grenzfall kleiner Ra-Zahlen, der anschließend noch gesondert studiert wird, ist mit eingetragen. Für diesen durch besondere Einfachheit ausgezeichneten Grenzfall ergibt sich ein parabolisches Geschwindigkeitsprofil und ein Polynom 4. Grades als Temperaturprofil. Für größere Ra-Zahlen kommt es in der Kaminmitte zur Strömungsumkehr. Ursache dieser Erscheinung ist die innere Reibung. Es werden Fluidteilchen von der Strömung mit nach oben geschleppt, die aufgrund ihrer Temperatur gar nicht aufsteigen dürften. Damit aber die Energiebilanz wieder stimmt, muß dann zwangsläufig in der Kanalmitte eine Strömungsumkehr einsetzen. Vollständigkeitshalber wird auf ein verwandtes Problem der Meteorologie – der Hangwind an aufgeheizten Bergwänden – hingewiesen, das bereits von Prandtl behandelt wurde.
In diesem Zusammenhang haben nur Grenzschichtlösungen Bedeutung, und es tritt

deshalb auch in diesem Fall Strömungsumkehr auf. Wir entwickeln nun die Lösung Θ nach kleinen Ra-Zahlen bzw. kleinen Parametern ϵ:

$$\Theta(y;\epsilon) = \Theta_0(y) + \Theta_1(y) \cdot \epsilon + \dots \quad \text{mit} \quad \epsilon = \mathrm{Ra}\, K_1 \tag{3.97}$$

Das Einsetzen der Entwicklung in (3.78) und Ordnen nach Potenzen des Parameters ϵ führt in gröbster Näherung auf die vereinfachte Dgl.

$$\Theta_0^{(5)} = 0 \tag{3.98}$$

mit der Polynomlösung

$$\Theta_0 = \tilde{a}_1 y^4/24 + \tilde{a}_2 y^3/6 + \tilde{a}_3 y^2/2 + \tilde{a}_4 y + \tilde{K}_2. \tag{3.99}$$

und durch Anpassen an die Randbedingungen

$$\Theta_0''(0) = \Theta_0''(1) = 0, \qquad \Theta_0'(0) = -1, \qquad \Theta_0'(1) = 1 \tag{3.100}$$

ergeben sich die Wandkonstanten

$$\tilde{a}_1 = -24, \qquad \tilde{a}_2 = 12, \qquad \tilde{a}_3 = 0, \qquad \tilde{a}_4 = -1 \tag{3.101}$$

so daß die Geschwindigkeit u und die Temperatur T durch

$$u = \frac{q_W}{2K_1}\Theta_0'' = \frac{6q_W}{K_1}(y - y^2) \tag{3.102}$$

$$T = K_1 x + \frac{q_W}{2}\Theta_0 = K_1 x + \frac{q_W}{2}(-y^4 + 2y^3 - y + \tilde{K}_2) \tag{3.103}$$

beschrieben werden können. Die Konstante $\tilde{K}_2$ ergibt sich jetzt ohne komplizierte Rechnung direkt aus der energetischen Integralbedingung (3.92)

$$\int_0^1 \Theta_0\Theta_0''\, dy = 0 \;\rightarrow\; \tilde{K}_2 = \frac{17}{70} \tag{3.104}$$

und die andere noch offene Konstante K_1 folgt aus der Abströmbedingung am Kaminende $x = L$, die wir wieder durch Integration längs des Kamins aus (3.87) erhalten. Mit $\Theta_0'''' = -24$ gilt in gröbster Näherung[1]):

$$p(L) = 0 = \frac{q_W}{2K_1}\Theta_0''''L + \mathrm{Ra}\, K_1 \frac{L^2}{2} \;\rightarrow\; K_1 = \sqrt{\frac{24 q_W}{L\,\mathrm{Ra}}} \tag{3.105}$$

Zum späteren Vergleich mit unseren anfänglich eindimensionalen Überlegungen stellen wir noch das Ergebnis in dimensionsbehafteter Form bereit:

$$u = \left(\frac{3}{2}\,\frac{g\beta_0 h}{\rho_0 c\nu b}\,\dot{Q}\right)^{1/2}\left[\frac{y}{h} - \left(\frac{y}{h}\right)^2\right] \tag{3.106}$$

---

[1]) In Abschn. 4.1, Gl. (4.25), wird unter Berücksichtigung der nächst feineren Näherung ausführlich gezeigt, daß der in (3.105) fehlende Term $[q_W L/(2K_1)]\,\mathrm{Ra}\, K_1\Theta_0$ in gröbster Näherung zu vernachlässigen ist.

$$T = T_0 + \frac{\dot{Q}}{c\dot{m}}\frac{x}{L} + \frac{\dot{Q}}{2b\lambda}\frac{h}{L}\left[-\left(\frac{y}{h}\right)^4 + 2\left(\frac{y}{h}\right)^3 - \frac{y}{h} + \frac{17}{70}\right] \tag{3.107}$$

$$\dot{m} = \left(\frac{g\rho_0\beta_0}{2c}\frac{\dot{Q}}{\frac{12\nu}{bh^3}}\right)^{1/2} \tag{3.108}$$

mit $\dot{Q} = q_W bL$

Während die Darstellung für beliebige Ra-Zahlen nur in impliziter Form möglich war, sind die gewonnenen Ergebnisse für kleine Ra-Zahlen explizit. Der im wesentlichen interessierende Massenstrom $\dot{m}$ und die Temperatur T kann bei vorgegebener Geometrie des Kamins und den bekannten Stoffwerten des betrachteten Fluids direkt in Abhängigkeit von der aufgeprägten Heizleistung $\dot{Q}$ berechnet werden.

3.1.2 Horizontaler Kanal zwischen Behältern unterschiedlicher Temperatur

Für einen horizontalen Kanal (Bild 81) zwischen zwei Behältern unterschiedlicher Temperatur (geschlossenes System) verschwindet wegen $\alpha = 0$ der charakteristische Parameter:

$$\epsilon = \text{Ra}\, K_1 \sin\alpha = 0 \tag{3.109}$$

Damit ist die das Problem im wesentlichen beschreibende Funktion g unabhängig vom Vorzeichen des Temperaturgradienten (Vertauschung der Behälter darf keinen Einfluß haben), und aus (3.43) folgt die stark vereinfachte Dgl.

$$g^{(5)} = \text{Ra}\, K_1^2 \tag{3.110}$$

mit der Polynomlösung (3.46) in der Form:

$$g(y) = a_1 y^4/24 + a_2 y^3/6 + a_3 y^2/2 + a_4 y + \text{Ra}\, K_1^2 y^5/120 + K_2 \tag{3.111}$$

Wie bereits in Abschn. 3.1 allgemein diskutiert, ist längs des Kanals keine Nettowärmezufuhr zugelassen, wenn sich eine ausgebildete Strömung einstellen soll. An den Kanalwänden ist demnach neben Haften zu fordern, daß der durch eine Kanalwand einfließende Wärmestrom gerade wieder durch die gegenüberliegende Wand austritt. Die Randbedingungen zur Bestimmung der Wandkonstanten $a_1, \ldots, a_4$ lauten somit:

$$g''(0) = g''(1) = 0, \qquad g'(0) = g'(1) = q_W \tag{3.112}$$

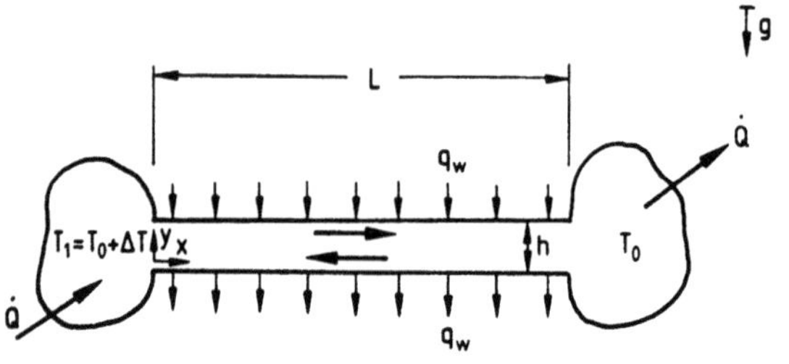

Bild 81
Horizontaler Kanal zwischen zwei Behältern unterschiedlicher Temperatur

In expliziter Form können wir diese auch in der (3.51) entsprechenden Matrixform

$$\underbrace{\begin{pmatrix} 0 & 0 & 1 & 0 \\ 1/2 & 1 & 1 & 0 \\ 0 & 0 & 0 & 1 \\ 1/6 & 1/2 & 1 & 1 \end{pmatrix}}_{\mathbf{A}} \underbrace{\begin{pmatrix} a_1 \\ a_2 \\ a_3 \\ a_4 \end{pmatrix}}_{a} = \underbrace{\begin{pmatrix} 0 \\ -\mathrm{Ra}\, K_1^2/6 \\ q_W \\ q_W - \mathrm{Ra}\, K_1^2/24 \end{pmatrix}}_{b} \tag{3.113}$$

schreiben und erhalten schließlich durch Ausrechnen die gesuchten Wandkonstanten:

$$a_1 = -\mathrm{Ra}\, K_1^2/2, \qquad a_2 = \mathrm{Ra}\, K_1^2/12, \qquad a_3 = 0, \qquad a_4 = q_W \tag{3.114}$$

Für die Bestimmung der beiden noch offenen Konstanten K_1, K_2 stehen wiederum zwei Bedingungen an den Kanalenden $x = 0$ und $x = L$ bereit. Wie in Abschn. 3.1 ausführlich erläutert, ist für das jetzt vorliegende geschlossene System

$$\int_0^1 T(0, y)\, dy = \int_0^1 g(y)\, dy = 1, \qquad \int_0^1 T(L, y)\, dy = K_1 L + \int_0^1 g(y)\, dy = 0 \tag{3.115}$$

bei Beachtung der allgemeinen Temperaturfunktion $T(x, y) = K_1 x + g(y)$ für ausgebildete Konvektion zu erfüllen. Hieraus folgt unmittelbar:

$$K_1 = -1/L, \qquad K_2 = 1 - q_W/2 - (\mathrm{Ra}/L^2)/1440 \tag{3.116}$$

Von technischem Interesse ist insbesondere der Kanal mit isolierten Wänden: $q_W = 0$. Hierfür gilt dann explizit das Geschwindigkeitsprofil

$$u(y) = -\frac{\mathrm{Ra}}{L}\left(\frac{y^3}{6} - \frac{y^2}{4} + \frac{y}{12}\right) \tag{3.117}$$

und die Temperaturverteilung:

$$T(x, y) = 1 \underbrace{- \frac{x}{L}}_{\text{Leitung}} + \underbrace{\frac{\mathrm{Ra}}{L^2}\tau(y)}_{\text{Konvektion}} \tag{3.118}$$

mit $\tau = y^5/120 - y^4/48 + y^3/72 - 1/1440, \quad g(y) = 1 + \mathrm{Ra} \cdot \tau(y)/L^2$

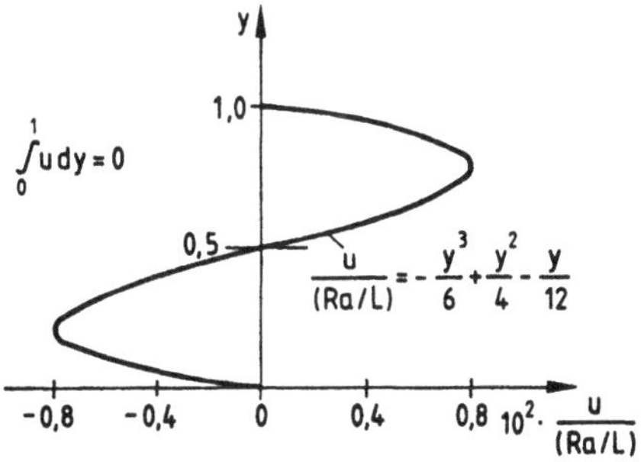

Bild 82
Universelles Geschwindigkeitsprofil

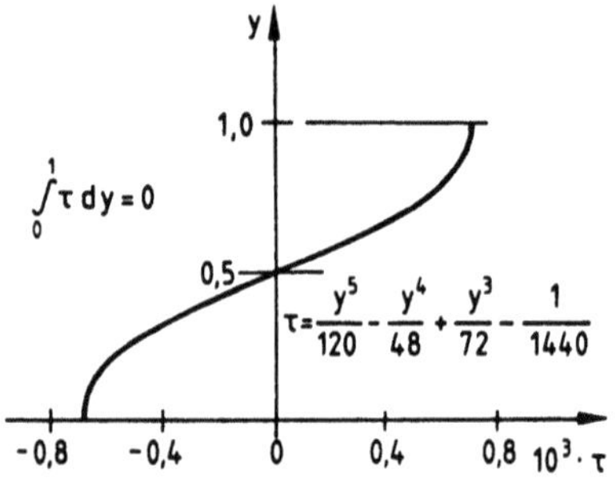

Bild 83
Universelles Temperaturprofil

In den Bildern 82 und 83 ist das Geschwindigkeitsprofil u und das durch die Konvektionsströmung verursachte Temperaturprofil τ universell dargestellt.

In vielen Fällen ist es wichtig, auch den transportierten Wärmestrom zu kennen. Dieser berechnet sich bei Vernachlässigung des Wärmestroms durch Wärmeleitung ($\dot{Q}_L \ll \dot{Q}$) nach (3.59) zu

$$\dot{Q} = -L \int_0^1 g g'' \, dy = \frac{Ra}{L^2} \int_0^1 u\tau \, dy \tag{3.119}$$

und für den isolierten Kanal liefert die Rechnung explizit:

$$\dot{Q} = \frac{Ra^2}{L^3} \frac{1}{362\,880} \tag{3.120}$$

3.1.3 Senkrechter Kanal zwischen Behältern unterschiedlicher Temperatur

Wir betrachten nochmals den Kanal zwischen zwei Behältern unterschiedlicher Temperatur. Dies ist erforderlich, da dieses System ein grundsätzlich anderes Verhalten zeigt, wenn wir dessen Lage zum Schwerefeld ändern.

Unter der Voraussetzung $T_1 > T_0$ (sonst liegt stabile Schichtung vor) ist der Temperaturgradient in Kanalrichtung negativ, so daß für den charakteristischen Parameter

$$\epsilon = Ra\, K_1 < 0 \tag{3.121}$$

gilt. Dann ist die Lösung g(y) nach (3.45) gültig

$$g(y) = a_1 \operatorname{Cosh} \gamma y + a_2 \operatorname{Sinh} \gamma y + a_3 \cos \gamma y + a_4 \sin \gamma y + K_2 \quad \text{mit} \quad \gamma = |\epsilon|^{1/4} \tag{3.122}$$

und die zugehörigen hydraulischen und thermischen Randbedingungen an den Wänden y = 0 und y = 1 lauten

$$g''(0) = g''(1) = 0, \qquad g'(0) = g'(1) = 0 \tag{3.123}$$

wenn wir uns einfachheitshalber von vornherein auf den technisch wichtigsten Fall des isolierten Kanals beschränken. Mit (3.122) lassen sich die Randbedingungen (3.123)

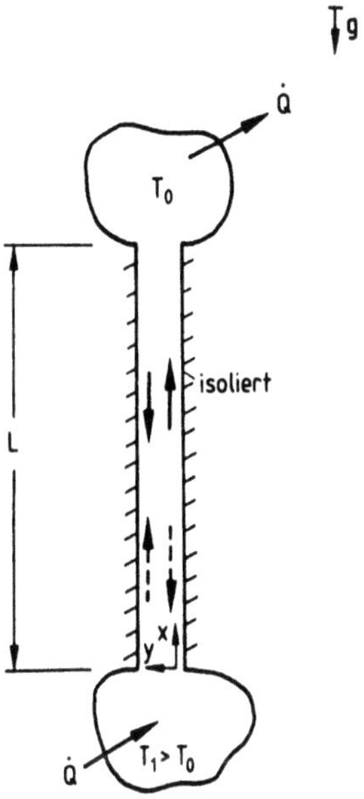

Bild 84
Senkrechter, isolierter Kanal zwischen zwei Behältern unterschiedlicher Temperatur

wieder explizit in Matrixform schreiben

$$\underbrace{\begin{pmatrix} 1 & 0 & -1 & 0 \\ \operatorname{Cosh}\gamma & \operatorname{Sinh}\gamma & -\cos\gamma & -\sin\gamma \\ 0 & 1 & 0 & 1 \\ \operatorname{Sinh}\gamma & \operatorname{Cosh}\gamma & -\sin\gamma & \cos\gamma \end{pmatrix}}_{\mathbf{A}} \underbrace{\begin{pmatrix} a_1 \\ a_2 \\ a_3 \\ a_4 \end{pmatrix}}_{a} \underbrace{= 0}_{b} \tag{3.124}$$

und wir erkennen aus (3.124), daß jetzt die Inhomogenität b verschwindet. Während im Fall des horizontalen Kanals mit $\alpha = 0$ die Inhomogenität b nach (3.113) für Ra > 0 einen endlichen Wert besitzt und die Determinante der Koeffizientenmatrix **A** invariant bleibt, verschwindet b, wenn wir den Kanal um $\alpha = \pi/2$ drehen. Durch das Aufrichten des Kanals im Schwerefeld wird erreicht, daß die Konvektionsströmung nicht mehr wie im Fall des horizontalen Kanals prompt anläuft, sondern erst oberhalb einer kritischen Ra-Zahl einsetzt. Das Fluid verhält sich ähnlich wie in einem horizontalen Spalt, der von unten homogen beheizt wird (Benard-Verhalten). Es liegt somit ein Eigenwertproblem vor, und nichttriviale Lösungen existieren nur, wenn gleichzeitig mit der Inhomogenität b auch die Determinante der Koeffizientenmatrix **A** verschwindet, die vom Parameter ϵ bzw. $\gamma = |\epsilon|^{1/4}$ abhängig ist:

$$\det \mathbf{A}(\gamma) = 0 \rightarrow \gamma = \gamma_n \tag{3.125}$$

Aus dieser Bedingung ergeben sich die Eigenwerte $\gamma = \gamma_n$. Explizit lautet die Eigenwertgleichung

$$\det \mathbf{A}(\gamma) = 2(1 - \cos\gamma \cdot \operatorname{Cosh}\gamma) = 0 \tag{3.126}$$

und die Eigenwerte können in guter Näherung durch

$$\gamma_n = \{0, (2n+1)\cdot\pi/2; n \in \mathbf{N}\} \quad (3.127)$$

dargestellt werden. Für die Geschwindigkeits- und die Temperaturverteilung im senkrechten Kanal gilt dann

$$u(y) = \frac{g''(y)}{K_1} = \frac{\gamma_n^2}{K_1}[a_{1,n}\operatorname{Cosh}\gamma_n y + a_{2,n}\operatorname{Sinh}\gamma_n y - a_{3,n}\cos\gamma_n y - a_{4,n}\sin\gamma_n y] \quad (3.128)$$

$$T(x, y) = K_1 x + g(y) \quad (3.129)$$

mit $g(y) = \tau(y) + K_2$

$$\tau(y) = a_{1,n}\operatorname{Cosh}\gamma_n y + a_{2,n}\operatorname{Sinh}\gamma_n y + a_{3,n}\cos\gamma_n y + a_{4,n}\sin\gamma_n y$$

entsprechend den allgemeinen Ausführungen in Abschn. 3.1. Wie für Eigenwertprobleme charakteristisch, lassen sich die Wandkonstanten $a_{1,n}, \ldots, a_{4,n}$ aus den Randbedingungen (3.123) nur bis auf eine noch frei wählbare Konstante bestimmen, so daß zunächst nur die Verhältnisse

$$\begin{aligned} a_{1,n}/a_{4,n} &= (\operatorname{Sinh}\gamma_n + \sin\gamma_n)/(\operatorname{Cosh}\gamma_n - \cos\gamma_n) \\ a_{2,n}/a_{4,n} &= -1 \\ a_{3,n}/a_{4,n} &= a_{1,n}/a_{4,n} \end{aligned} \quad (3.130)$$

zwischen den Wandkonstanten bekannt sind. Die aus den Bedingungen (3.69), (3.70) an den Kanalenden x = 0 und x = L zu bestimmenden Konstanten K_1, K_2 ergeben sich hier zu

$$K_1 = -1/L, \qquad K_2 = 1 - \int_0^1 \tau\,dy \quad (3.131)$$

womit die gefundenen Lösungen (3.128), (3.129) bis auf die noch freie Konstante $a_{4,n}$ bestimmt sind. Durch Vorgabe der zu transportierenden Wärmeleistung

$$\dot{Q} = \int_0^1 uT\,dy = \frac{1}{K_1}\int_0^1 gg''\,dy \quad (3.132)$$

$$= -L\int_0^1 \tau(y; \gamma_n, a_{4,n})\cdot g''(y; \gamma_n, a_{4,n})\,dy = \gamma_n L a_{4,n}^2 F(\gamma_n)/4$$

mit
$$F(\gamma_n) = -\left[\frac{\operatorname{Sinh}\gamma_n + \sin\gamma_n}{\operatorname{Cosh}\gamma_n - \cos\gamma_n}\right]^2 \cdot (\operatorname{Sinh}2\gamma_n - \sin 2\gamma_n) + 4\,\frac{\operatorname{Sinh}\gamma_n + \sin\gamma_n}{\operatorname{Cosh}\gamma_n - \cos\gamma_n}(\operatorname{Sinh}^2\gamma_n - \sin^2\gamma_n) - (\operatorname{Sinh}2\gamma_n + \sin 2\gamma_n) + 4\gamma_n > 0$$

wird schließlich die zunächst einparametrische Lösungsschar endgültig festgelegt. Die noch unbestimmte Konstante $a_{4,n}$ ergibt sich zu

$$a_{4,n} = \pm \sqrt{\frac{4\dot{Q}}{L\gamma_n F(\gamma_n)}} \tag{3.133}$$

und wir erkennen, daß wegen des sowohl positiven als auch negativen Vorzeichens die zu erwartende Strömungsrichtung nicht eindeutig bestimmt ist:

$$u(y) = \mp \sqrt{\frac{4L\dot{Q}\gamma_n^3}{F(\gamma_n)}} \cdot f(y;\gamma_n) \tag{3.134}$$

mit $$f(y;\gamma_n) = \frac{\operatorname{Sinh}\gamma_n + \sin\gamma_n}{\operatorname{Cosh}\gamma_n - \cos\gamma_n} \cdot (\operatorname{Cosh}\gamma_n y - \cos\gamma_n y) - (\operatorname{Sinh}\gamma_n y + \sin\gamma_n y)$$

Daß dies in der Tat so sein muß, läßt sich insbesondere im Fall des 1. nichttrivialen Eigenwerts $\gamma_1 \approx 3\pi/2$ leicht einsehen. Hierzu denken wir uns den senkrecht stehenden Kanal einmal nach rechts ($\alpha < \pi/2$) und das andere Mal nach links ($\alpha > \pi/2$) gekippt. Dann ist in beiden Fällen hinsichtlich des Schwerefelds eine obere und eine untere Wand definiert, und die vorhandene Konvektionsströmung ist immer so ausgebildet, daß jeweils eine senkrecht zur Kanalachse stabile Schichtung vorliegt (Bild 85).

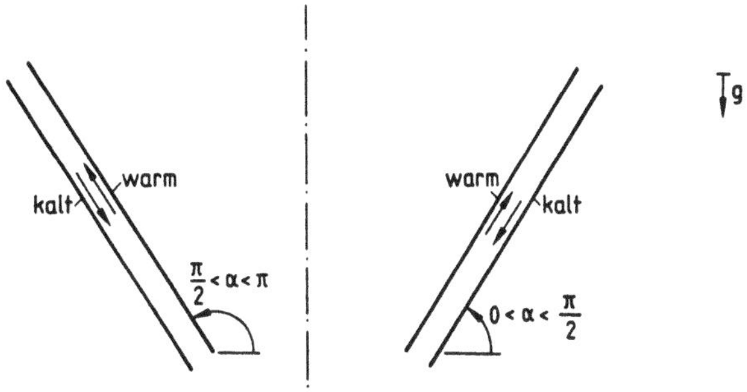

Bild 85 Strömungsrichtung in um $\alpha = \pi/2$ benachbarten Kanälen für den 1. nichttrivialen Eigenwert

Nähern wir uns aus diesen beiden gedachten Nachbar-Konfigurationen wieder dem Grenzfall des betrachteten senkrechten Kanals, ist klar, daß beide Vorzeichen der gefundenen Lösung (3.134) gleichberechtigt sind. Welche Strömung sich in der Realität tatsächlich einstellt, bleibt dem Zufall bzw. der jeweiligen Anfahrprozedur überlassen. Im Vergleich zum Verhalten der Konvektionsströmung des zuvor behandelten horizontalen Kanals ($\alpha = 0$) bestehen, wie bereits erkannt, gravierende Unterschiede[1]). Während für $\alpha = 0$ die Strömung prompt für jede noch so kleine Ra-Zahl anläuft, bleibt das Fluid im

[1]) Zwischen dem hier behandelten Strömungsproblem und dem klassischen Stab-Knick-Problem besteht eine enge Analogie: der senkrechte Kanal entspricht einem druckbelasteten Stab (Eigenwertproblem) und der horizontale Kanal findet sein Analogon im normal belasteten Balken (prompte Durchbiegung).

senkrechten Kanal ($\alpha = \pi/2$) beim Anheizen zunächst in Ruhe. Die Konvektion setzt erst ein, wenn ein gewisser Wert der Ra-Zahl bzw. eine am Kanal anliegenden Temperaturdifferenz ΔT erreicht wird. Dies ist gerade der Fall, wenn der 1. nichttriviale Eigenwert γ_1 oder höhere Eigenwerte γ_n

$$Ra = Ra_n = \gamma_n^4 L \quad \text{für} \quad n \geqslant 1, \quad n \in \mathbf{N} \tag{3.135}$$

angenommen werden, denen nach (3.135) feste Rayleigh-Zahlen Ra_n zugeordnet sind. Entsprechend der gefundenen abzählbar unendlichen Folge $Ra_0 < Ra_1 < Ra_2 \ldots$ sind nur noch ganz bestimmte Eigenströmungen möglich. Durch den trivialen Eigenwert $Ra_0 = 0$ wird der nicht weiter interessierende Zustand der Ruhe beschrieben. Von Interesse sind dagegen die nichttrivialen Eigenwerte und die zugehörigen Geschwindigkeitsprofile, die in Bild 86 für die beiden ersten nichttrivialen Eigenwerte $\gamma_1 \approx 3\pi/2$, $\gamma_2 \approx 5\pi/2$ bzw. $Ra_1 = \gamma_1^4 L$, $Ra_2 = \gamma_2^4 L$ aufgetragen sind.

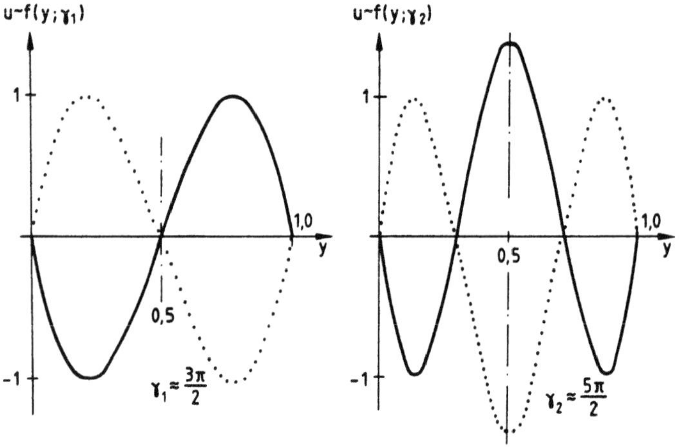

Bild 86 Eigenströmungsformen im senkrechten Kanal zwischen zwei Behältern unterschiedlicher Temperatur

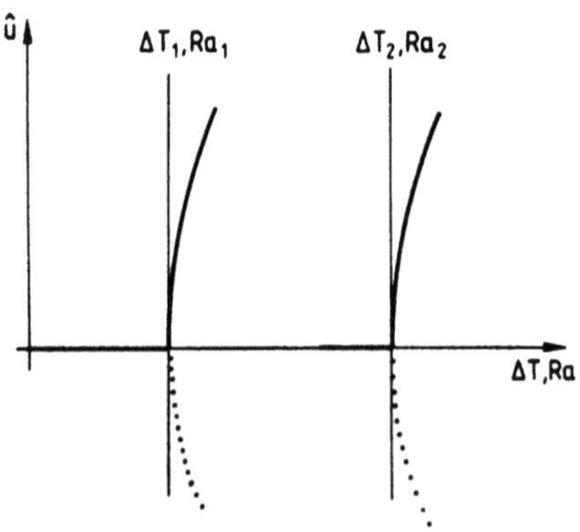

Bild 87
Geschwindigkeitsamplituden û als Funktion der am senkrechten Kanal anliegenden Temperaturdifferenzen ΔT_n bzw. Rayleigh-Zahlen Ra_n

Da eine solche Eigenströmung durch eine ganz bestimmte Ra-Zahl charakterisiert ist, liegt auch die am Kanal anliegende Temperaturdifferenz ΔT_n fest. In der Umgebung der Verzweigungspunkte (Bild 87) wachsen deshalb bei Erhöhung der dem Kanal aufgeprägten Wärmeleistung $\dot{Q}$ (Bild 84) die Geschwindigkeitsamplituden $\hat{u}$ zunächst bei nahezu konstanten Temperaturdifferenzen ΔT_n bzw. Rayleigh-Zahlen Ra_n an.

Nach dem bisher Gesagten könnte der Eindruck entstehen, daß nur für ganz bestimmte Temperaturdifferenzen bzw. Ra-Zahlen Konvektion auftritt und sonst das Fluid in Ruhe bleibt. Dies ist natürlich nicht der Fall. Hierin zeigt sich nur, daß die Strömungen, die nicht exakt den Eigenströmungen entsprechen, keine ausgebildeten Strömungen sein können. Dies läßt sich auch experimentell zeigen. Beim Übergang von der einzelligen Grundströmung auf die nächst höhere, zweizellige Strömungsform – bewerkstelligt durch eine sukzessive Erhöhung der am Kanal anliegenden Temperaturdifferenz bzw. Ra-Zahl – werden eine Reihe von Zwischenströmungen durchlaufen, die alle nicht ausgebildet sind (Bild 88).

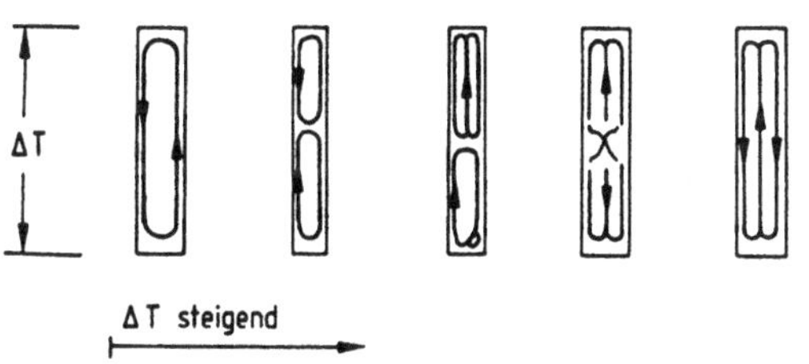

Bild 88 Übergang von der 1. Grundströmungsform zur nächst höheren Eigenströmung

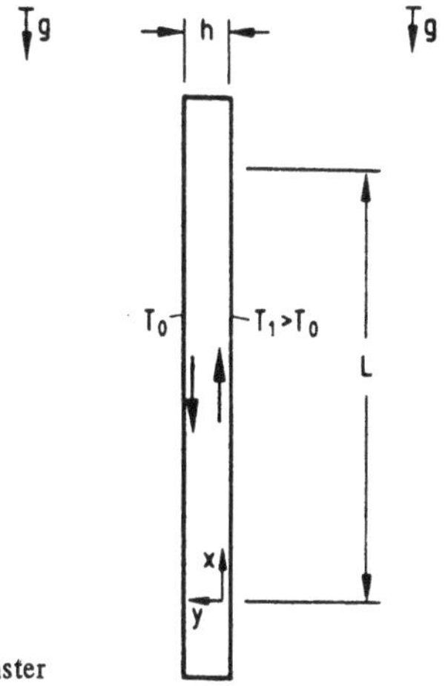

Bild 89 Isolierglasfenster

3.1.4 Isolierglasfenster

Ein anderes geschlossenes System ist das Isolierglasfenster, das nicht nur von großer technischer, sondern auch von eminent wirtschaftlicher Bedeutung ist. Dieses System (Bild 89) besteht aus zwei parallelen Glasscheiben, die durch einen engen Spalt getrennt und an den Enden gegenüber der Umgebung abgeschlossen sind.

Die eine Glasscheibe habe die Temperatur T_0, die andere eine höhere Temperatur $T_1 = T_0 + \Delta T$. Verursacht durch die aufgeprägte Temperaturdifferenz ΔT, wird sich im Spalt, der aus Gründen der Festigkeit nicht beliebig evakuiert werden kann, eine Konvektionsströmung ausbilden, die einen erhöhten Wärmedurchgang und damit eine geringere Isolierwirkung erwarten läßt. Unter der Voraussetzung konstanter Wandtemperaturen T_0, T_1 folgt aus der Form der Temperaturfunktion $T(x, y) = K_1 x + g(y)$ für ausgebildete freie Konvektion nach (3.36), daß der Temperaturgradient in Spaltrichtung K_1 verschwinden muß. In dimensionsfreier Schreibweise gilt nämlich an den Glasscheiben y = 0 und y = 1 einerseits

$$T(x, 0) = K_1 x + g(0), \qquad T(x, 1) = K_1 x + g(1) \tag{3.136}$$

und andererseits nach Voraussetzung

$$T(x, 0) = 1, \qquad T(x, 1) = 0 \tag{3.137}$$

wenn wir ΔT als charakteristische Temperaturdifferenz senkrecht zum Spalt bei der Definition der dimensionsfreien Temperatur nach (3.10) verwenden. Durch Vergleich von (3.137) mit (3.136) folgt dann unmittelbar die obige Behauptung $K_1 = 0$, und außerdem erkennen wir, daß die Temperatur nur allein eine Funktion von der Ortskoordinate y sein kann. Es gilt

$$T = g(y) \tag{3.138}$$

wobei die Randwerte mit

$$g(0) = 1, \qquad g(1) = 0 \tag{3.139}$$

vorgegeben sind. Wegen $K_1 = 0$ verschwindet jetzt nicht nur – wie im Fall des horizontalen Kanals (Abschn. 3.1.2) mit $K_1 \neq 0$, $\alpha = 0$ – der charakteristische Parameter ϵ in (3.43), sondern es wird auch die Bestimmungsgl. (3.42) für die Geschwindigkeit

$$u = \frac{g''(y)}{K_1} \tag{3.1400}$$

unbestimmt. Damit nämlich die Geschwindigkeit endlich bleibt, muß zwangsläufig $g''(y) = 0$ gelten, so daß sich u in die Form 0/0 retten kann. Dies ist wiederum nur möglich, wenn die Temperatur $T = g(y)$ ein Polynom 1. Grades ist:

$$T = P_1(y) = A + By \tag{3.141}$$

Dies läßt sich leicht anhand der Erhaltungsgleichungen (3.27), (3.28) bestätigen, auf die man hier zurückgreifen muß, da die allgemeine Herleitung der Lösung g(y) nach (3.46) für $\epsilon = 0$ in dem hier betrachteten Spezialfall ungültig wird. Unter der Voraussetzung $T = T(y)$ und $\alpha = \pi/2$ gilt jetzt:

(Impuls): $$u'''(y) = -\mathrm{Ra}\, T_y \tag{3.142}$$

(Energie): $$0 = T_{yy} \tag{3.143}$$

Wir erkennen unschwer, daß (3.141) in der Tat Lösung von (3.143) ist und berechnen mit $T_y = B$ das Geschwindigkeitsprofil aus (3.142), das zumindest ein Polynom 3. Grades sein muß, damit der Nettomassenstrom im Isolierglasspalt überhaupt verschwinden kann. Diese Bedingung, die wir in Abschn. 3.1 bereits diskutiert haben, wird erfüllt. Die Rechnung liefert gerade ein Polynom 3. Grades:

$$u = P_3(y) = -\mathrm{Ra}\, B \frac{y^3}{6} + C \frac{y^2}{2} + Dy + E \tag{3.144}$$

Zur Bestimmung der noch freien Konstanten A, B, C, D, E des Geschwindigkeits- bzw. Temperaturprofils stehen die Randbedingungen an den Spaltwänden y = 0 und y = 1 zur Verfügung. Aus den aufgeprägten Temperaturwerten

$$g(0) = 1, \qquad g(1) = 0 \tag{3.145}$$

und den Haftbedingungen

$$u(0) = u(1) = 0 \tag{3.146}$$

erhalten wir:

$$A = 1, \qquad B = -1 \tag{3.147}$$

$$E = 0, \qquad \frac{Ra}{6} + \frac{C}{2} + D = 0 \tag{3.148}$$

Ein weiterer Zusammenhang zwischen C und D ergibt sich aus dem Verschwinden des Massenstroms

$$\int_0^1 u\,dy = 0: \quad \frac{Ra}{24} + \frac{C}{6} + \frac{D}{2} = 0 \tag{3.149}$$

so daß das Problem mit

$$C = -\frac{Ra}{2}, \qquad D = \frac{Ra}{12} \tag{3.150}$$

vollständig bestimmt ist. Explizit gilt dann für das Temperatur- und das zugehörige Geschwindigkeitsprofil:

$$T(y) = 1 - y \tag{3.151}$$

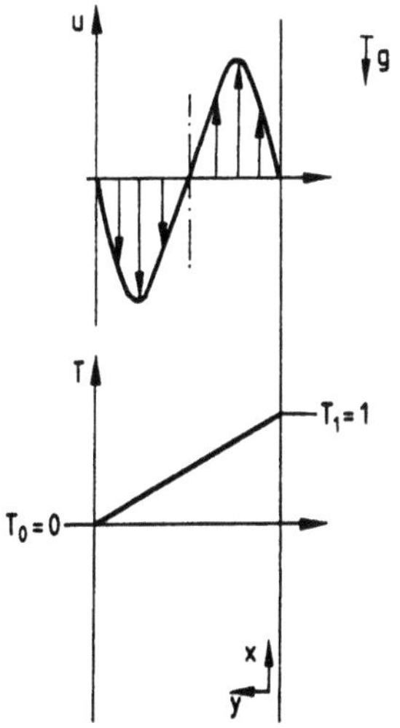

Bild 90
Temperatur- und Geschwindigkeitsprofil im Spalt eines Isolierglasfensters

$$u(y) = Ra\left(\frac{y^3}{6} - \frac{y^2}{4} + \frac{y}{12}\right) \tag{3.152}$$

Dieses einfache in Bild 90 dargestellte Ergebnis zeigt, daß trotz der vorhandenen Konvektionsströmung in Spaltrichtung sich quer zum Spalt ein linearer Temperaturabfall wie in einem ruhenden Medium einstellt. Der Isoliereffekt wird also durch die Strömung nicht geschmälert.

3.1.5 Bergwerksschacht

Wir betrachten die sich infolge der Erdwärme in einem senkrechten Schacht einstellende Konvektionsströmung, die z. B. für die unterirdische Endlagerung brisanter Industrieabfälle von Bedeutung ist. Da solchen Abfällen zumindest Halbwertzeiten von Jahrtausenden eigen sind, ist sicherzustellen, daß innerhalb solcher Zeiträume keine Abfallpartikel in die Biosphäre gelangen. Dies könnte etwa der Fall sein, wenn der zur unterirdischen Lagerstätte führende Bergwerksschacht voll mit Wasser läuft (Absaufen der Grube) und aus dem Lagergut ausgelaugte Teilchen durch die sich dann einstellende Konvektionsströmung mit nach oben geschleppt werden. Hervorgerufen wird diese Strömung durch die mit der Schachttiefe anwachsende Temperatur des Erdkörpers, der den Schacht umschließt. Da der in Bergwerken gemessene Temperaturanstieg einerseits in bester Näherung linear verläuft (Bild 91) und andererseits hinreichend schwach ist, kann auch dieses Problem als ausgebildete Konvektionsströmung behandelt werden.

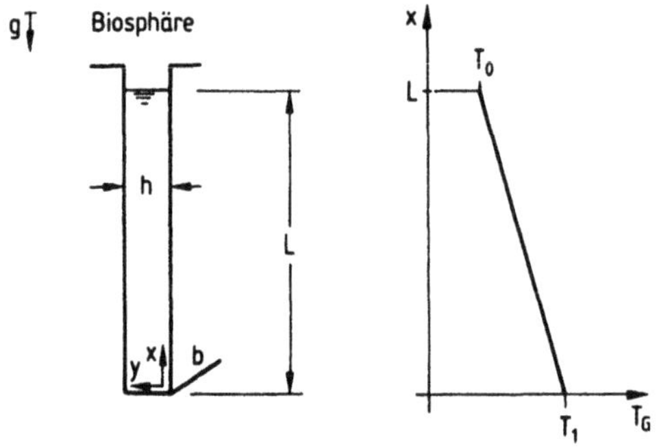

Bild 91
Bergwerksschacht mit aufgeprägter linearer Gebirgstemperatur

Wie im Fall des senkrechten Kanals (Abschn. 3.1.3) ist auch hier der Temperaturgradient negativ, so daß mit

$$\epsilon = Ra\, K_1 < 0 \tag{3.153}$$

die Lösung g(y) nach (3.45) gültig ist. Anders sind die thermischen Randbedingungen an den Schachtwänden y = 0 und y = 1, die sich jetzt aus der vorgegebenen Gebirgstemperatur

$$T_G(x) = T(x, 0) = T(x, 1) = 1 - x/L \tag{3.154}$$

ergeben. Durch Vergleich mit der allgemeinen Temperaturfunktion für ausgebildete Konvektion, die wir in Anlehnung an das Ergebnis (3.129) für den senkrechten Kanal gleich in der die Darstellung vereinfachenden Form

$$T(x, y) = K_1 x + K_2 + \tau(y) \tag{3.155}$$

mit
$$\tau(y) = g(y) - K_2 \tag{3.156}$$

schreiben, finden wir sofort die thermischen Randbedingungen

$$\tau(0) = \tau(1) = 0 \tag{3.157}$$

und außerdem

$$K_1 = -\frac{1}{L}, \qquad K_2 = 1 \tag{3.158}$$

Zusammen mit den hydraulischen Randbedingungen $g''(0) = g''(1) = 0$, die sich wegen $g(y) = \tau(y) + K_2$ auch durch

$$\tau''(0) = \tau''(1) = 0 \tag{3.159}$$

darstellen, lassen sich bei Beachtung der Lösung g(y) nach (3.45) die Randbedingungen insgesamt wiederum explizit formulieren. In Matrixform gilt dann

$$\underbrace{\begin{pmatrix} 1 & 0 & 1 & 0 \\ \operatorname{Cosh}\gamma & \operatorname{Sinh}\gamma & \cos\gamma & \sin\gamma \\ 1 & 0 & -1 & 0 \\ \operatorname{Cosh}\gamma & \operatorname{Sinh}\gamma & -\cos\gamma & -\sin\gamma \end{pmatrix}}_{\mathbf{A}} \underbrace{\begin{pmatrix} a_1 \\ a_2 \\ a_3 \\ a_4 \end{pmatrix}}_{a} \underbrace{= 0}_{b} \tag{3.160}$$

und wir erkennen, daß auch in diesem Fall die Inhomogenität b verschwindet, also ein Eigenwertproblem vorliegt. Die interessierenden Eigenwerte $\gamma = \gamma_n$ erhält man dabei wieder aus dem Verschwinden der Determinante der Koeffizientenmatrix:

$$\det \mathbf{A} = 0 \rightarrow \gamma = \gamma_n \tag{3.161}$$

Die sich aus dieser Bedingung ergebende Eigenwertgleichung lautet

$$\operatorname{Sinh}\gamma \cdot \sin\gamma = 0 \tag{3.162}$$

und hat als Lösung gerade die Nullstellen der Funktion $\sin\gamma$. Für die Eigenwerte gilt deshalb:

$$\gamma = \gamma_n = \{0, n\pi; n \in \mathbf{N}\} \tag{3.163}$$

Die Wandkonstanten erhalten wir dann entsprechend (3.130) in Abschn. 3.1.3 in der Form

$$\begin{aligned} a_{1,n}/a_{4,n} &= 0 \\ a_{2,n}/a_{4,n} &= -\sin\gamma_n/\operatorname{Sinh}\gamma_n \\ a_{3,n}/a_{4,n} &= 0 \end{aligned} \tag{3.164}$$

womit das Geschwindigkeits- und Temperaturprofil bis auf die noch freie Konstante $a_{4,n}$ bekannt ist:

$$u(y) = \gamma_n^2 a_{4,n} L\, f_u(y; \gamma_n) \tag{3.165}$$

mit $$f_u = \frac{\sin \gamma_n}{\operatorname{Sinh} \gamma_n} \operatorname{Sinh} \gamma_n y + \sin \gamma_n y$$

$$T(x, y) = 1 - x/L + a_{4,n} f_T(y; \gamma_n) \tag{3.166}$$

mit $$f_T = -\frac{\sin \gamma_n}{\operatorname{Sinh} \gamma_n} \operatorname{Sinh} \gamma_n y + \sin \gamma_n y$$

Eine weitere Einschränkung der möglichen Eigenwerte γ_n ergibt sich aus der Bedingung, daß der Nettomassenstrom verschwinden muß[1]). Dies ist der Fall (s. Abschn. 3.1: geschlossene Systeme), wenn

$$\int_0^1 u\, dy = 0 \;\rightarrow\; \sin \gamma_n(\operatorname{Cosh} \gamma_n - 1) - \operatorname{Sinh} \gamma_n(\cos \gamma_n - 1) = 0 \tag{3.167}$$

gerade erfüllt wird. Das geforderte Verschwinden von (3.167) ist aber nur für die trigonometrischen Vollperioden möglich, so daß sich die Eigenwerte γ_n nach (3.163) reduzieren. Es gilt:

$$\gamma_n = \{0, 2\pi n; n \in \mathbf{N}\} \tag{3.168}$$

Damit wird $\sin \gamma_n = 0$, und die Eigenformen des Geschwindigkeits- und Temperaturprofils vereinfachen sich zu

$$f_u(y; \gamma_n) = f_T(y; \gamma_n) = \sin \gamma_n y \tag{3.169}$$

und sind sogar identisch (Bild 92).

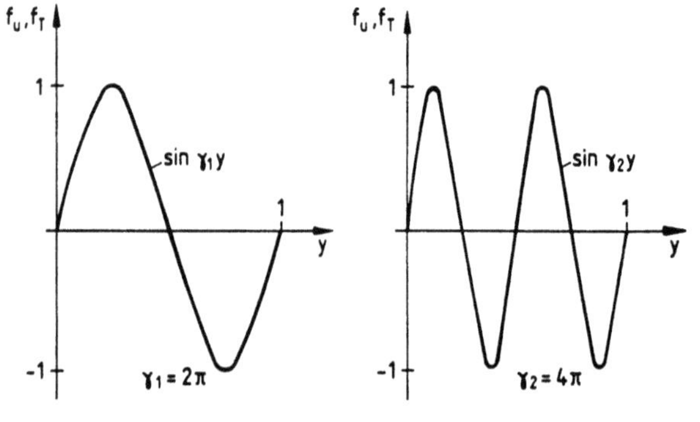

Bild 92
Eigenströmungsformen in ebenen Bergwerksschächten

---

[1]) Die Bedingung für verschwindenden Nettomassenstrom liefert immer dann eine zusätzliche Information, wenn der einem geschlossenen System über die Kanalwände zu- bzw. abgeführte Nettowärmestrom nicht a priori verschwindet. Dieser Fall liegt immer vor, wenn dem Kanal Wandtemperaturen aufgeprägt werden.

Um letztlich wieder eine quantitative Aussage machen zu können, muß noch die offen gebliebene Konstante $a_{4,n}$, wie im Beispiel 3.1.3, durch Vorgabe der im Schacht axial transportierten Wärmeleistung bestimmt werden. Dazu überlegen wir uns, daß nur im Bereich des Schachtfußes die von der Konvektionsströmung abtransportierte Wärmeleistung ins System einfließen kann, da der Nettowärmestrom über die Schachtwände verschwindet, denn es gilt

$$T_y(x, 0) = T_y(x, 1) \tag{3.170}$$

wie man auch aus Bild 92 unmittelbar ablesen kann. Dieser vom Gebirge kommende Wärmefluß kann aufgrund der linearen Gebirgstemperatur (3.154) mit Hilfe des Fourierschen Gesetzes abgeschätzt werden, da im mit Wasser gefüllten Schacht ebensoviel Wärme wie im benachbarten Gebirge nach oben abtransportiert werden wird. In zunächst dimensionsbehafteter Formulierung gilt dann einerseits nach Fourier

$$\dot{Q}_{\text{Gebirge}} = \lambda_{\text{Gebirge}} \frac{bh}{L} \Delta T \quad \text{mit} \quad \Delta T = T_1 - T_0 \quad \text{nach Bild 91} \tag{3.171}$$

und andererseits für den konvektiven Energietransport im Schacht nach (3.58)

$$\dot{Q} = \rho_0 bc \int_0^h uT \, dy \tag{3.172}$$

wenn wir die Wärmeleitung einfachheitshalber vernachlässigen. Durch Gleichsetzen von (3.171) und (3.172) erhalten wir so die Bedingung

$$\int_0^h uT \, dy = \lambda_{\text{Gebirge}} \frac{h}{\rho_0 cL} \Delta T \tag{3.173}$$

die sich unter Verwendung der dimensionsfreien Größen (3.10) bei Beachtung von (3.167) und der Aufspaltung (3.155) in der Gestalt

$$\int_0^1 u\tau \, dy = \frac{\lambda_{\text{Gebirge}}}{\lambda_{\text{Wasser}}} \frac{1}{L} \tag{3.174}$$

schreiben läßt. Die Auswertung des Integrals mit u nach (3.165) und τ nach (3.166) unter Beachtung von $f_u = f_T = \sin \gamma_n y$ liefert

$$\frac{1}{2} \gamma_n^2 a_{4,n}^2 = \frac{\lambda_{\text{Gebirge}}}{\lambda_{\text{Wasser}}} \frac{1}{L^2} \tag{3.175}$$

so daß sich die gesuchte Konstante $a_{4,n}$ zu

$$a_{4,n} = \pm \frac{\sqrt{2}}{\gamma_n} \sqrt{\frac{\lambda_{\text{Gebirge}}}{\lambda_{\text{Wasser}}}} \frac{1}{L} \tag{3.176}$$

ergibt. Wie in Abschn. 3.1.3 diskutiert, besitzen auch hier beide Vorzeichen Existenzberechtigung. Die maximale Aufstiegsgeschwindigkeit u_{max} läßt sich mit (3.176) nach (3.165) bei Beachtung von (3.169) und max $(\sin \gamma_n y) = 1$ in Abhängigkeit von γ_n

berechnen:

$$u_{max} = \sqrt{2}\,\gamma_n \sqrt{\frac{\lambda_{Gebirge}}{\lambda_{Wasser}}} \tag{3.177}$$

Konvektion setzt ein, wenn zumindest der 1. nichttriviale Eigenwert $\gamma_1 = 2\pi$ erreicht ist. Hierfür gilt

$$u_{max} = 2\pi\sqrt{2} \sqrt{\frac{\lambda_{Gebirge}}{\lambda_{Wasser}}} \tag{3.178}$$

oder in dimensionsbehafteter Darstellung

$$u_{max} = \frac{2\pi\sqrt{2}}{\rho_0 ch} \sqrt{\lambda_{Gebirge} \cdot \lambda_{Wasser}} \tag{3.179}$$

wenn man $u := u/[\lambda_{Wasser}/(\rho_0 ch)]$ nach (3.10) beachtet. Wir schätzen mit diesem Ergebnis noch die letztlich interessierende Aufstiegszeit im Schacht $t_{min} = L/u_{max}$ ab:

$$t_{min} = \frac{\rho_0 chL}{2\pi\sqrt{2}} \frac{1}{\sqrt{\lambda_{Gebirge} \cdot \lambda_{Wasser}}} \tag{3.180}$$

Die Aussage (3.180) ist relevant, wenn ein vom Gebirge aufgeprägter Temperaturgradient $\Delta T/L > \gamma_1^4 \nu\lambda/(g\rho_0\beta_0 ch^4)$, $\gamma_1 = 2\pi$ vorliegt (s. a. Abschn. 7.1). Für kleinere Gradienten bleibt das Wasser im Schacht in Ruhe: $t_{min} \rightarrow \infty$. Der Zustand der Ruhe kann immer durch entsprechende Wahl der Schachtbreite h erreicht werden.

3.2 Laminare Grenzschichtströmungen

Wir studieren im folgenden zwei vertikal zum Schwerefeld ($\alpha = \pi/2$) aufsteigende Konvektionsströmungen ohne charakteristische Länge. Wie bereits in Abschn. 3 am Beispiel des beheizten Kanals (Bild 74) diskutiert, verliert die Kanalweite h ihre Bedeutung als charakteristische Länge, wenn wir etwa die Kanalwände immer weiter auseinanderrücken. Denken wir uns einfachheitshalber die eine Kanalwand gleich ins Unendliche verlegt, ist eine gegenseitige Beeinflussung der sich infolge Beheizung an beiden Kanalwänden ausbildenden thermischen und hydraulischen Grenzschichten von vornherein ausgeschlossen. Es kann deshalb stromab nie zu einer ausgebildeten Strömung wie in einem schlanken Kanal ($h/L \ll 1$) kommen. Die Konsequenz hieraus ist, daß jetzt für die Hauptgeschwindigkeitskomponente $u = u(x, y)$ gilt und damit entsprechend der Kontinuitätsgleichung auch eine Geschwindigkeitskomponente $v = v(x, y)$ senkrecht zur Hauptströmungsrichtung existiert. Dies hat wiederum zur Folge, daß dann die konvektive Beschleunigung eine Rolle spielt und damit das Problem nicht mehr allein von der Ra-Zahl, sondern nun auch von der Pr-Zahl beherrscht wird. Ausgangspunkt für die Betrachtung dieser nicht ausgebildeten Strömungen bilden deshalb die vollen Erhaltungsgleichungen (3.21), (3.22), (3.23) für den Neigungswinkel $\alpha = \pi/2$

(Impuls): $$\frac{1}{Pr}(uu_x + vu_y) = -p_x + (u_{xx} + u_{yy}) + Ra\,T \tag{3.181}$$

$$\frac{1}{Pr}(uv_x + vv_y) = -p_y + (v_{xx} + v_{yy}) \tag{3.182}$$

(Masse): $$u_x + v_y = 0 \tag{3.183}$$

(Energie): $$uT_x + vT_y = T_{xx} + T_{yy} \tag{3.184}$$

wobei zur dimensionsfreien Formulierung abweichend von (3.10) jetzt die folgenden Größen zu verwenden sind:

$$x := \frac{x}{L}, \quad y := \frac{y}{L}, \quad u := \frac{u}{\frac{\lambda}{\rho_0 c L}}, \quad v := \frac{v}{\frac{\lambda}{\rho_0 c L}} \tag{3.185}$$

$$T := \frac{T - T_0}{\frac{q_W L}{\lambda}} \quad \text{mit} \quad \dot{Q} = q_W L b$$

$$p := \frac{p - p_{hyd}}{\rho_0 \frac{\lambda}{\rho_0 c L} \frac{\nu}{L}} \quad \text{mit} \quad p_{hyd} = p_0 - g\rho_0 x$$

Da die für ausgebildete Kaminströmungen charakteristische Kaminweite h hier bedeutungslos wird und außerdem auch keine andere ausgezeichnete geometrische Länge existiert, kann zur Entdimensionierung nur irgendeine willkürlich gewählte Bezugslänge verwendet werden[1]). Zweckmäßigerweise nimmt man hierzu etwa die Länge L der für unsere Betrachtungen verbliebenen vertikalen Platte (Bild 93). Ebenso abweichend von (3.10) verwenden wir zur dimensionsfreien Darstellung der Temperatur nicht die sich längs der Platte einstellende Temperaturdifferenz ΔT, sondern eine mit der Heizleistung $\dot{Q} = q_W Lb$ und der Wärmeleitfähigkeit λ des Fluids gebildete charakteristische Temperaturdifferenz. Diese Temperaturdifferenz $q_W L/\lambda$, auf die wir bereits in (3.61) gestoßen sind, wird verwendet, da diese bei vorgegebener Heizleistung a priori bekannt ist, im Gegensatz zu der sich erst einstellenden Temperaturdifferenz ΔT längs der Platte der Länge L. Mit den so entdimensionierten Größen schreiben sich schließlich die beiden charakteristischen Kennzahlen in der Form

$$Pr = \frac{\nu \rho_0 c}{\lambda} \tag{3.186}$$

$$Ra = \frac{g\beta_0 L^4 \rho_0 c q_W}{\nu \lambda^2} = \frac{g\beta_0 L^4 q_W}{\lambda \nu^2} \cdot \frac{\nu \rho_0 c}{\lambda} = Gr \cdot Pr \tag{3.187}$$

---

[1]) Die hier ganz formal gewählte Plattenlänge als Bezugslänge hat keinen Einfluß auf die gesuchten Ähnlichkeitslösungen.

wobei sich die Rayleigh-Zahl auch formal als Produkt aus der Grashof-Zahl und der Prandtl-Zahl schreiben läßt.

Wie in Bild 93 dargestellt, wird die sich einstellende Konvektionsströmung nur Fluid in einem sehr nahen Wandbereich erfassen und nahezu wandparallel verlaufen. Die Strömung in dieser wandnahen Schicht, die wir auch Grenzschicht nennen, ist dadurch geprägt, daß die Änderungen senkrecht zum Schwerefeld (y-Richtung) die Änderungen

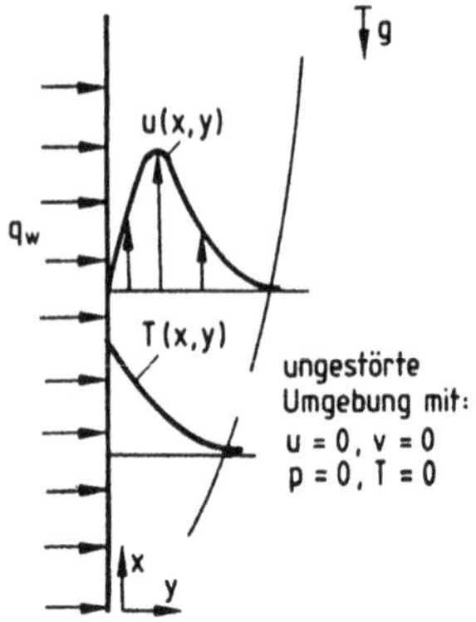

Bild 93
Geschwindigkeits- und Temperaturprofil an einer homogen beheizten Platte in unbegrenzter Umgebung

in Richtung des Schwerefeldes (x-Richtung) bei weitem überwiegen, wenn wir den Anfangsbereich um die Plattenvorderkante außer Betracht lassen. Dieser Sachverhalt wird mathematisch durch die allgemein bekannten und in allen Lehrbüchern über Grenzschichttheorie diskutierten Grenzschichtvereinfachungen

$$|u_{xx}| \ll |u_{yy}|, \qquad |v| \ll |u|, \qquad |T_{xx}| \ll |T_{yy}| \tag{3.188}$$

ausgedrückt, die uns eine mathematisch wesentliche Vereinfachung des Problems gestatten. Mit den Grenzschichtvereinfachungen (3.188) reduzieren sich die Erhaltungsgleichungen (3.181), (3.182), (3.183) nämlich auf

(Impuls): $$\frac{1}{Pr}(uu_x + vu_y) = -p_x + u_{yy} + Ra\,T \tag{3.189}$$

$$0 = -p_y \tag{3.190}$$

(Masse): $$u_x + v_y = 0 \tag{3.191}$$

(Energie): $$uT_x + vT_y = T_{yy} \tag{3.192}$$

und aus (3.190) folgt sofort, daß der Druck p nur eine Funktion von x sein kann. Der Druck in der Grenzschicht kann somit nur der hydrostatische Druck der ungestörten Umgebung sein (Bild 93). Ähnlich wie bei erzwungenen Grenzschichtströmungen wird also auch hier der Druck der Umgebung der Grenzschicht aufgeprägt. Da wir nach (3.185) aber unter p die Änderung des statischen Drucks gegenüber dem hydrostatischen Druck verstehen, verschwindet dieser identisch, so daß das Problem vom Druck vollkommen unabhängig wird. Mit dieser weiteren Vereinfachung gilt schließlich

(Impuls): $$\frac{1}{\mathrm{Pr}}(uu_x + vu_y) = u_{yy} + \mathrm{Ra}\,T \tag{3.193}$$

(Masse): $$u_x + v_y = 0 \tag{3.194}$$

(Energie): $$uT_x + vT_y = T_{yy} \tag{3.195}$$

wobei die Lösungen u, v, T des Systems (3.193), (3.194), (3.195) noch eine Reihe von Bedingungen zu erfüllen haben, die zum Teil vom konkret gestellten Problem abhängig sind. Zusätzlich zu den immer zu erfüllenden Abklingbedingungen treten Rand- bzw. Symmetriebedingungen hinzu (s. Abschn. 3.2.1 bzw. 3.2.2). Durch die Abklingbedingungen wird der schon diskutierte Sachverhalt mathematisch formuliert, daß die um die Heizquelle entstehende Konvektionsströmung als Störung des Ruhezustands mit zunehmender Entfernung von der Heizquelle asymptotisch (Bild 93) verschwindet: $u \to 0$, $v \to 0$, $T \to 0$ für $y \to \infty$. Das schon stark vereinfachte Gleichungssystem (3.193), (3.194), (3.195) ist aber immer noch zu kompliziert, um dies allgemein lösen zu können. Wir erinnern uns deshalb daran, daß für die hier betrachtete Klasse von Strömungen keine charakteristische Länge existiert und somit die Möglichkeit besteht, die Geschwindigkeits- und Temperaturprofile für beliebige Orte x in y-Richtung so zu strecken, daß diese deckungsgleich aufeinander abgebildet werden. Die Geschwindigkeits- und Temperaturprofile sind also ähnlich zueinander, und wir bezeichnen diese Grenzschichtströmungen deshalb auch als Ähnlichkeitsströmungen. Zur Streckung führen wir eine Grenzschicht- oder Ähnlichkeitsvariable ein

$$\eta = \frac{y}{\delta(x)} \tag{3.196}$$

wobei mit $1/\delta(x)$ gestreckt wird und $\delta(x)$ ein Maß für die Grenzschichtdicke nach Bild 93 ist. Reduzieren wir nun unser mathematisches Problem auf diese Grenzschichtvariable η als einzig unabhängige Größe, treten an die Stelle der bisher partiellen Differentialgleichungen schließlich gewöhnliche Differentialgleichungen, die sich mit gängigen Methoden allgemein lösen lassen. Zum Erreichen dieses Ziels führen wir außerdem die Stromfunktion $\psi(x, y)$ mit den beiden Geschwindigkeitskomponenten u, v als Ableitungen dieser Funktion ein

$$u = \frac{\partial\psi}{\partial y}, \qquad v = -\frac{\partial\psi}{\partial x} \tag{3.197}$$

womit die Kontinuitätsgl. (3.194) wegen der Gleichheit der gemischten Ableitungen $\psi_{yx} = \psi_{yx}$ automatisch erfüllt ist. Im folgenden sind deshalb nur noch die Impuls- und die Energiegleichung in der Form

(Impuls): $$\frac{1}{\mathrm{Pr}}(\psi_y\psi_{yx} - \psi_x\psi_{yy}) = \psi_{yyy} + \mathrm{Ra}\,T \tag{3.198}$$

(Energie): $$\psi_y T_x - \psi_x T_y = T_{yy} \tag{3.199}$$

zu berücksichtigen. Mit den Ähnlichkeitsansätzen für die Strom- und Temperaturfunktion

$$\psi = C_2 x^\beta f(\eta) \tag{3.200}$$

$$T = C_3 x^\gamma g(\eta) \tag{3.201}$$

dem Ansatz für die Grenzschichtdicke

$$\delta = C_1 x^\alpha \tag{3.202}$$

und der damit explizit definierten Grenzschichtvariablen

$$\eta = \frac{y}{C_1 x^\alpha} \tag{3.203}$$

gelingt die Reduktion auf gewöhnliche Differentialgleichungen, wenn wir die durch Einsetzen der Ähnlichkeitsansätze in (3.198), (3.199) entstehenden x-Potenzen so abgleichen können, daß die explizite x-Abhängigkeit sowohl in der Impuls- als auch Energiegleichung entfällt. Aus dieser Bedingung erhält man bei Beachtung sonstiger Gegebenheiten des speziellen Problems die Exponenten α, β, γ in den Ansatzfunktionen, und durch das dann mögliche Herauskürzen der x-Potenzen degenerieren Impuls- und Energiegleichung auf gewöhnliche Differentialgleichungen.

3.2.1 Beheizte vertikale Platte

Nach den allgemein gültigen Vorbereitungen in Abschn. 3.2 berechnen wir nun die sich an einer homogen beheizten, vertikalen Platte (Bild 93) einstellende freie Konvektionsströmung im Detail. Durch Einsetzen der Ähnlichkeitsansätze für die Stromfunktion

$$\psi = C_2 x^\beta f(\eta) \tag{3.204}$$

und die Temperaturfunktion

$$T = C_3 x^\gamma g(\eta) \tag{3.205}$$

in die Impuls- und Energiegleichung in Stromfunktion-Schreibweise

$$\text{(Impuls):} \qquad \frac{1}{Pr}(\psi_y \psi_{yx} - \psi_x \psi_{yy}) = \psi_{yyy} + Ra\,T \tag{3.206}$$

$$\text{(Energie):} \qquad \psi_y T_x - \psi_x T_y = T_{yy} \tag{3.207}$$

nach (3.198) und (3.199) erhalten wir bei Beachtung der Grenzschichtvariablen

$$\eta = \frac{y}{C_1 x^\alpha} \tag{3.208}$$

schließlich:

$$\text{(Impuls):} \qquad \frac{1}{Pr} x^{2\beta - 2\alpha - 1} \left(\frac{C_2}{C_1}\right)^2 [(\beta - \alpha)(f')^2 - \beta f f''] = \frac{C_2}{C_1^3} x^{\beta - 3\alpha} f''' + Ra\, C_3 x^\gamma g \tag{3.209}$$

(Energie): $$C_1C_2x^{\beta+\gamma-\alpha-1}[\gamma f'g-\beta g'f]=x^{\gamma-2\alpha}g'' \tag{3.210}$$

Die explizite x-Abhängigkeit dieser beiden Gleichungen entfällt, wenn die x-Potenzen die Bedingungen

$$2\beta-2\alpha-1=\beta-3\alpha, \qquad 2\beta-2\alpha-1=\gamma, \qquad \beta+\gamma-\alpha-1=\gamma-2\alpha \tag{3.211}$$

erfüllen. Dies sind gerade hinreichend viele Bestimmungsgleichungen für die Potenzen α, β, γ in den gemachten Ansätzen. Die somit eindeutig festgelegten Werte berechnen sich aus (3.211) zu

$$\alpha=\frac{1}{5}, \qquad \beta=\frac{4}{5}, \qquad \gamma=\frac{1}{5} \tag{3.212}$$

und die Gleichungen (3.209), (3.210) reduzieren sich dann auf:

(Impuls): $$\frac{1}{5}\frac{1}{Pr}\left(\frac{C_2}{C_1}\right)^2[3(f')^2-4ff'']=\frac{C_2}{C_1^3}f'''+Ra\,C_3g \tag{3.213}$$

(Energie): $$\frac{1}{5}C_1C_2[f'g-4g'f]=g'' \tag{3.214}$$

Die Ähnlichkeitslösungen $f(\eta)$, $g(\eta)$ dieser beiden Gleichungen müssen die Randbedingungen (Haften, Undurchlässigkeit, Wärmestrom) an der Plattenoberfläche $y = 0$

$$u(x,0)=0, \qquad v(x,0)=0, \qquad T_y(x,0)=-1 \tag{3.215}$$

und außerdem die Abklingbedingungen

$$u(x,y\to\infty)=0, \qquad T(x,y\to\infty)=0 \tag{3.216}$$

erfüllen. Unter Beachtung von (3.204), (3.205) schreiben sich diese Bedingungen (3.215), (3.216) explizit in der Form:

$$f'(0)=0, \qquad f(0)=0, \qquad \frac{C_3}{C_1}g'(0)=-1 \tag{3.217}$$

$$f'(\infty)=0, \qquad g(\infty)=0 \tag{3.218}$$

Über die Konstanten C_1, C_2, C_3 können wir noch frei verfügen. Wir wählen diese so, daß die beiden Differentialgleichungen (3.213), (3.214) und die thermische Randbedingung $g'(0)\cdot C_3/C_1=-1$ möglichst einfach werden. Mit

$$\frac{C_3}{C_1}=-1, \qquad \frac{1}{5}\frac{1}{Pr}\left(\frac{C_2}{C_1}\right)^2=\frac{C_2}{C_1^3}, \qquad \frac{1}{5}\frac{1}{Pr}\left(\frac{C_2}{C_1}\right)^2=-Ra\,C_3 \tag{3.219}$$

ergibt sich:

$$g'(0)=1, \qquad C_1=\left(\frac{Gr}{5}\right)^{-1/5} \tag{3.220}$$

$$C_2=Pr\,(5^4Gr)^{1/5}, \qquad C_3=-\left(\frac{Gr}{5}\right)^{-1/5}$$

mit $\quad \mathrm{Gr} = \dfrac{g\beta_0 L^4 q_W}{\lambda \nu^2}$

Damit erhalten wir die Impuls- und Energiegl. (3.213), (3.214) in der endgültigen Darstellung:

$$\text{(Impuls):} \qquad f''' + 4ff'' - 3(f')^2 = g \tag{3.221}$$

$$\text{(Energie):} \qquad \frac{1}{\mathrm{Pr}} g'' + 4fg' - f'g = 0 \tag{3.222}$$

Durch die Streckungstransformation (3.208) wurde also das gesteckte Ziel erreicht, nämlich die Reduktion des Problems auf eine einzige unabhängige Variable. Die erhaltenen Gleichungen (3.221), (3.222), die auch einfach Grenzschichtgleichungen genannt werden, sind deshalb jetzt gewöhnliche Differentialgleichungen. Geblieben ist die Kopplung der beiden Gleichungen und die Abhängigkeit von der Pr-Zahl, die als reine Stoffkonstante ein Parameter des Problems ist. Die Lösung dieser beiden Gleichungen muß deshalb simultan erfolgen, jeweils für eine fest gehaltene Pr-Zahl. Dabei sind die zuvor hergeleiteten Bedingungen

$$f(0) = f'(0) = 0, \qquad f'(\infty) = 0 \tag{3.223}$$

$$g'(0) = 1, \qquad g(\infty) = 0 \tag{3.224}$$

zu beachten. Da das Problem seinen nichtlinearen Charakter nicht verloren hat, ist nur an eine numerische Lösung der miteinander gekoppelten Grenzschichtgleichungen zu denken. Für eine Reihe von Pr-Zahlen sind die numerischen Lösungen für die Geschwindigkeitsfunktion $f'(\eta)$ in Bild 94 und die Temperaturfunktion $g(\eta)$ in Bild 95 dargestellt. Die Ergebnisse zeigen, daß mit wachsender Pr-Zahl die durch die Beheizung induzierte Konvektionsströmung immer schwächer und auch die Ausdehnung der Temperaturverteilung im Fluidraum immer kleiner wird. Dieses Verhalten läßt sich leicht einsehen, denn mit wachsender Pr-Zahl wird einerseits die Zähigkeit des Fluids vergrößert und andererseits dessen Wärmeleitverhalten verschlechtert. Die Zunahme der Zähigkeit hat eine Minderung der Fluidbewegung zum Abtransport der aufgeprägten Heizleistung zur Folge, und das geringere Wärmeleitverhalten bewirkt, daß die hydraulische und thermische Beeinflussung (sind miteinander gekoppelt) der ungestörten Umgebung sich dann auf einen immer engeren Bereich um die Plattenoberfläche reduziert.

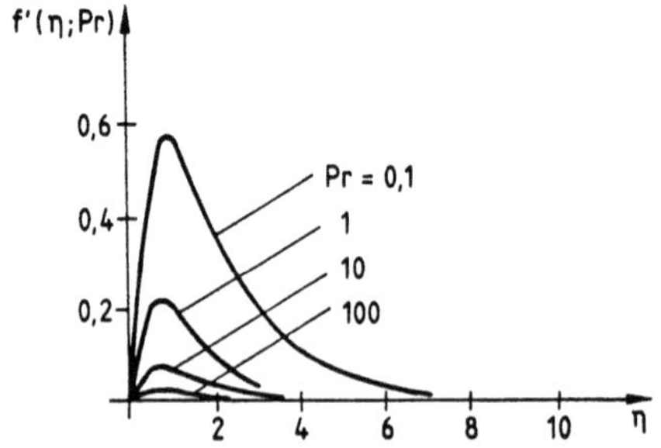

Bild 94
Geschwindigkeitsfunktion $f'(\eta)$ der Hauptgeschwindigkeitskomponenten für verschiedene Pr-Zahlen

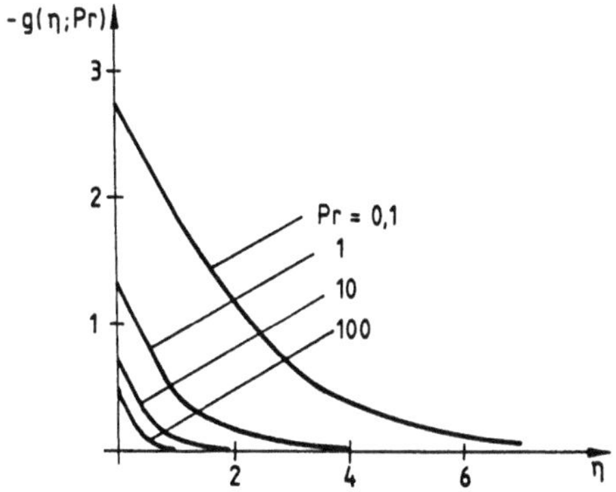

Bild 95
Temperaturfunktion $g(\eta)$ für verschiedene Pr-Zahlen

Zum späteren Vergleich mit dem thermohydraulischen Verhalten der zuvor behandelten ausgebildeten Konvektionsströmungen stellen wir in dimensionsbehafteter Form noch den sich einstellenden Massenstrom $\dot{m}(x)$ und die zugehörige Wandtemperatur $T_W(x) = T(x, 0)$ einschließlich $\dot{m}_{max} = \dot{m}(L)$ und $T_{W_{max}} = T_W(L)$ bereit. Es gilt:

$$\dot{m}(x) = \rho_0 b \int_0^\infty u(x, y)\, dy \tag{3.225}$$

mit $u(x, y) = 5^{3/5} Gr_x^{2/5} \cdot (\nu/x) f'(\eta; Pr)$

Dabei ist $Gr_x = g\beta_0 q_W x^4/(\lambda \cdot \nu^2)$ die lokale Grashof-Zahl längs der Platte und $q_W = \dot{Q}/(Lb)$ die der Platte aufgeprägte homogene Heizleistung/Fläche. Für $x = L$ erhalten wir dann aus (3.225) den maximalen Massenstrom am Ende der Platte

$$\dot{m}_{max} = \dot{m}(L) = 5^{4/5} \cdot \nu b \rho_0\, Gr^{1/5} f(\infty; Pr) \sim \dot{Q}^{1/5} \tag{3.226}$$

mit $$Gr = g\beta_0 q_W L^4/(\lambda \cdot \nu^2) = g\beta_0 (\dot{Q}/b) L^3/(\lambda \cdot \nu^2) \tag{3.227}$$

und der numerisch berechneten Funktion

$$f(\infty; Pr) = \int_0^\infty f'(\eta; Pr)\, d\eta \tag{3.228}$$

die in Bild 96 dargestellt ist.

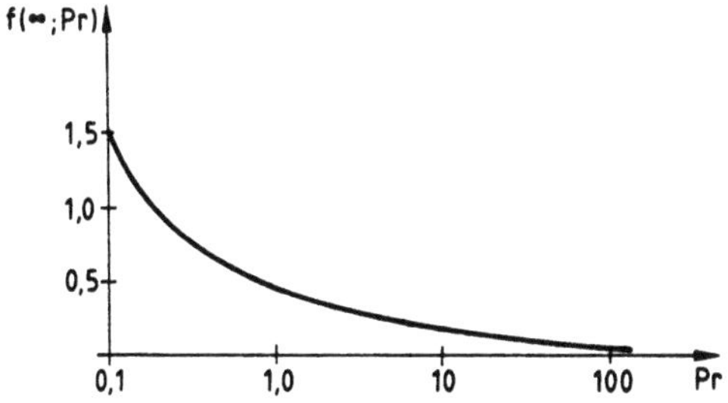

Bild 96
Funktion $f(\infty; Pr)$ zur Beschreibung des Einflusses der Pr-Zahl auf den maximalen Massenstrom $\dot{m}_{max}$

Die zugehörige Wandtemperatur berechnet sich nach

$$T_W(x) = T_0 - 5^{1/5}\left(\frac{q_W L}{\lambda}\right) Gr^{-1/5}\left(\frac{x}{L}\right)^{1/5} g(0; Pr) \tag{3.229}$$

und die maximale Wandtemperatur stellt sich am Plattenende x = L mit

$$T_{W_{max}} = T_W(L) = T_0 - 5^{1/5}(q_W L/\lambda)\, Gr^{-1/5} g(0; Pr) \tag{3.230}$$

ein. Die in Bild 97 dargestellte Funktion g(0; Pr) entspricht dabei den Ordinatenwerten der in Bild 95 allgemein dargestellten Temperaturfunktionen mit dem jeweils konstanten Parameterwert der Pr-Zahl.

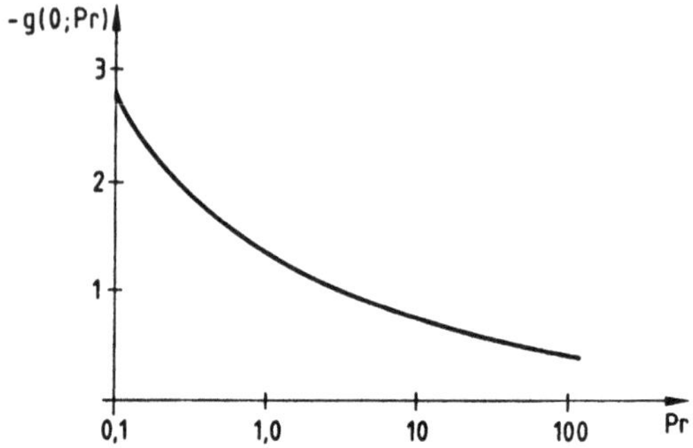

Bild 97
Funktion g(0; Pr) zur Beschreibung des Einflusses der Pr-Zahl auf die Wandtemperatur T_W

3.2.2 Beheizter horizontaler Draht

Das jetzt zu behandelnde Grenzschichtproblem ist frei von jeglicher geometrischer Begrenzung.

An die Stelle der im vorangegangenen Beispiel geforderten Randbedingungen treten zusätzlich zu den Abklingbedingungen nun Symmetriebedingungen (Bild 98), die auf der Symmetrielinie y = 0 zu befriedigen sind:

$$\left.\frac{\partial u}{\partial y}\right|_{y=0} = 0, \qquad v(x, 0) = 0, \qquad u(x, y \to \infty) = 0 \tag{3.231}$$

$$\left.\frac{\partial T}{\partial y}\right|_{y=0} = 0, \qquad T(x, y \to \infty) = 0 \tag{3.232}$$

Wiederum durch Einsetzen der Ähnlichkeitsansätze (3.200), (3.201) für die Strom- und Temperaturfunktion in die Impuls- und Energiegl. (3.206), (3.207) und Beachtung der Tatsache, daß die bei x = 0 zugeführte Wärmeleistung $\dot{Q}$ von der einsetzenden Strömung gerade abtransportiert wird

$$\dot{Q} = \int_{-\infty}^{+\infty} uT\, dy = const = 1 \tag{3.233}$$

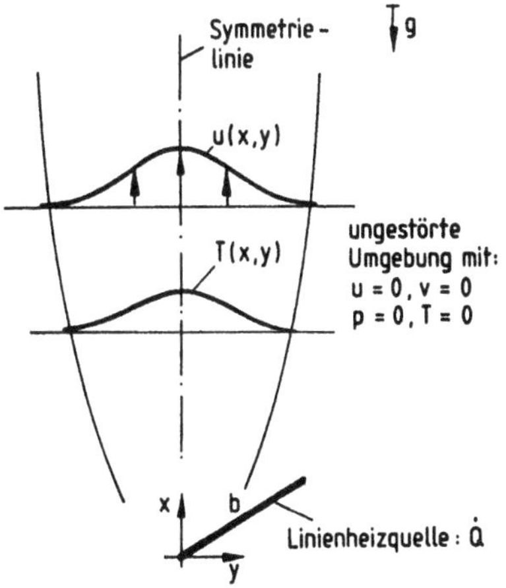

Bild 98
Freie Konvektionsströmung über einem beheizten horizontalen Draht

erhalten wir aus der Forderung nach Ähnlichkeit (verschwindende explizite x-Abhängigkeit) die Werte α, β, γ in den Ansatzfunktionen. Diese lauten jetzt

$$\alpha = 2/5, \qquad \beta = 3/5, \qquad \gamma = -3/5 \tag{3.234}$$

und mit

$$C_1 = Gr^{-1/5}, \qquad C_2 = Pr\,(4^5\,Gr)^{1/5}, \qquad C_3 = (Gr/4^5)^{-1/5} \tag{3.235}$$

erhalten wir schließlich die gekoppelten Grenzschichtgleichungen in der Form

$$f''' + (12/5)ff'' - (4/5)(f')^2 = -g \tag{3.236}$$

$$\frac{1}{Pr}\,g'' + (12/5)(fg)' = 0 \tag{3.237}$$

deren Lösungen die auf die Funktionen $f(\eta)$, $g(\eta)$ umgeschriebenen Symmetrie- und Abklingbedingungen

$$f(0) = f''(0) = 0, \qquad f'(\infty) = 0 \tag{3.238}$$

$$g'(0) = 0, \qquad g(\infty) = 0 \tag{3.239}$$

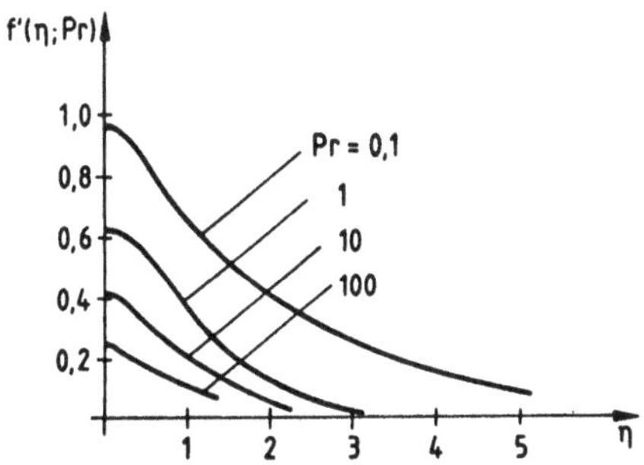

Bild 99
Geschwindigkeitsfunktion $f'(\eta)$ der Hauptgeschwindigkeitskomponente für verschiedene Pr-Zahlen

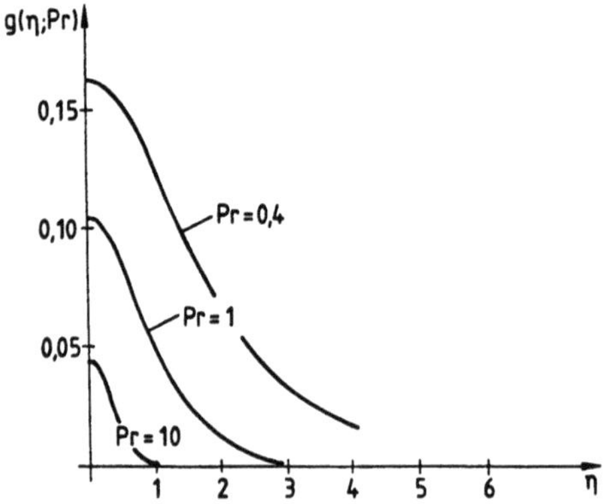

Bild 100
Temperaturfunktion g(η) für verschiedene Pr-Zahlen

erfüllen müssen. Die zugehörigen numerischen Lösungen für verschiedene Pr-Zahlen sind in den Bildern 99, 100 dargestellt.

In dimensionsbehafteter Form ergibt sich für den Massenstrom

$$\dot{m}(x) = \rho_0 b \int_{-\infty}^{+\infty} u(x, y)\, dy \tag{3.240}$$

$$= 64^{1/5} [\lambda \nu^4 \rho_0^4 b^5/c]^{1/5}\, Gr_x^{1/5}\, \frac{J(Pr)}{[I(Pr)]^{1/5}} \sim \dot{Q}^{1/5}$$

mit $J(Pr) = \int_{-\infty}^{+\infty} f'(\eta; Pr)\, d\eta = 2f(\infty; Pr)$

$$I(Pr) = \int_{-\infty}^{+\infty} f'(\eta; Pr) \cdot g(\eta; Pr)\, d\eta$$

$$Gr_x = g\beta_0(\dot{Q}/b)x^3/(\lambda\nu^2)$$

und die für beliebige Abstände x von der Wärmequelle zu registrierende maximale Fluidtemperatur auf der Symmetrielinie y = 0 berechnet sich aus:

$$T_{max}(x) = T(x, 0) = T_0 + \{64 g \beta_0 \rho_0^4 \nu^2 c^4 I^4(Pr)\}^{-1/5} (\dot{Q}/b)^{4/5} x^{-3/5} \tag{3.241}$$

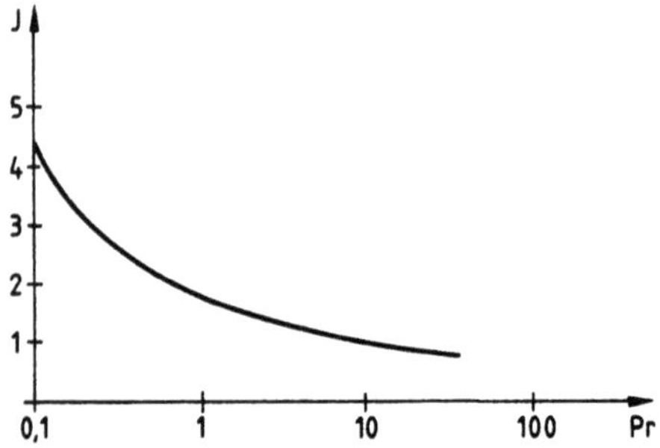

Bild 101
Funktion J zur Beschreibung des Einflusses der Pr-Zahl

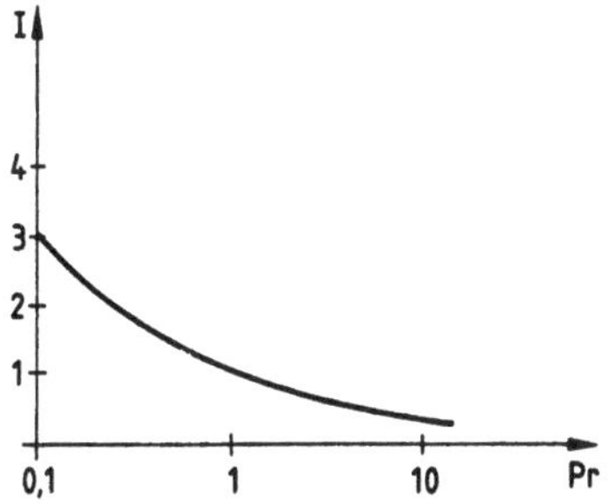

Bild 102
Funktion I zur Beschreibung des Einflusses der Pr-Zahl

Die beiden für die explizite Ausrechnung erforderlichen Funktionen J(Pr), I(Pr) sind in den Bildern 101, 102 aufgetragen.

Die auch in diesem Beispiel verwendete Grashof-Zahl Gr mit der Bezugslänge L, die hier keinerlei Relevanz besitzt – kommt sie doch in diesem Problem gar nicht vor – wurde formal nur wegen der einheitlichen Darstellung verwendet. Anstelle dieser nicht charakteristischen Länge L hätten wir auch irgendeine andere Länge zur Entdimensionierung wählen können. Auf die gefundenen Ähnlichkeitslösungen (3.240), (3.241) hat dies keinerlei Einfluß, denn beim Zurückschreiben auf die letztlich interessierenden dimensionsbehafteten Lösungen entfällt die wie auch immer gewählte Bezugslänge. Wie man sich leicht überzeugt, sind die Lösungen (3.240), (3.241) von der Länge L unabhängig.

4 Widerstandsgesetze

4.1 Vergleich zwischen freien und erzwungenen Strömungen

In Abschn. 2.2 wurde zur Simulation der Fluidreibung eine Volumenkraft eingeführt, die sich bei laminarer Strömung ($\delta = 1$) und Kreisrohrgeometrie mit dem zugehörigen Reibungskoeffizienten $K = K_{\delta = 1}$ nach (2.65) proportional zum Massenstrom verhält:

$$f_R = -\frac{dp_R}{dx} = K\dot{m} \tag{4.1}$$

Diese für erzwungene Strömungen ungewöhnliche Definition wurde für freie Konvektionsströmungen gewählt, da hier im Gegensatz zu erzwungenen Strömungen durch zylindrische Rohre nicht die mittlere Durchflußgeschwindigkeit u(x), sondern allein der Massenstrom $\dot{m} = \rho(x)u(x)A$ konstant bleibt. Für den globalen Reibungsdruckverlust gilt für freie Konvektionsströmungen dann

$$\Delta p_R = KL\dot{m} \tag{4.2}$$

während für erzwungene Strömungen der Druckverlust bekanntlich durch

$$\Delta p_R = \lambda_R \frac{L}{D_h} \frac{\rho_0}{2} u_0^2 \tag{4.3}$$

beschrieben wird. Da wir uns jetzt nicht auf die in Abschn. 2.2 allein betrachtete Kreisrohrgeometrie beschränken wollen, wird anstelle des charakteristischen Durchmessers D des Kreisrohrs in (4.3) der entsprechende hydraulische Durchmesser

$$D_h = \frac{4A}{U} \tag{4.4}$$

verwendet, den man mit dem freien Querschnitt A des durchströmten zylindrischen Rohrs beliebiger Geometrie und dem sich aus der Rohroberfläche ergebenden benetzten Umfang U erhält, der für die Wandreibung des Fluids maßgebend ist. Die Widerstandszahl λ_R kann nun umgekehrt proportional zur Reynolds-Zahl Re_{D_h} geschrieben werden, die mit dem hydraulischen Durchmesser D_h zu bilden ist:

$$\lambda_R = \frac{\xi}{Re_{D_h}} \quad \text{mit} \quad Re_{D_h} = \frac{u_0 D_h}{\nu} \tag{4.5}$$

Die so definierte Widerstandszahl λ_R nach (4.5) ist für beliebige Rohrgeometrien gültig. Für unterschiedliche Rohrgeometrien sind lediglich unterschiedliche Geometriekonstanten ξ zu verwenden. Durch Gleichsetzen von (4.3) mit (4.2) erhalten wir bei Beachtung von (4.5) und dem konstanten Massenstrom im Rohr $\dot{m} = \rho(x)u(x)A = \rho_0 u_0 A$ dann den allgemeinen Zusammenhang zwischen dem Reibungskoeffizienten K und der Geometriekonstanten ξ:

$$K = \frac{\nu}{2D_h^2 A}\,\xi \tag{4.6}$$

Speziell für eine Spalt-Geometrie mit $A = bh$, $h/b \ll 1$, $D_h = 2h$, $\xi = 96$ ergibt sich aus (4.6)

$$K = \frac{12\nu}{bh^3} \tag{4.7}$$

und für eine Kreisrohr-Geometrie mit $A = D^2\pi/4$, $D_h = D$, $\xi = 64$ liefert (4.6) das Ergebnis

$$K = \frac{128}{\pi D^4}\,\nu \tag{4.8}$$

das mit (2.65) identisch ist.

Wir wollen jetzt kontrollieren, ob diese aus dem Reibungsverhalten erzwungener Strömungen hergeleiteten Reibungskoeffizienten K auch tatsächlich für freie Konvektionsströmungen verwendet werden dürfen. Hierzu wird exemplarisch die ebene laminare Konvektionsströmung in einem homogen beheizten senkrechten Kanal betrachtet, die wir in Abschn. 3.1.1 explizit berechnet haben. Bereits aus Bild 79, das die ausgebildeten Geschwindigkeitsprofile zeigt, erkennt man, daß das Widerstandsverhalten wesentlich vom Parameter γ und damit von der jeweiligen Ra-Zahl und der Schlankheit $L := L/h$ des betrachteten Kamins abhängt. Dabei ist bemerkenswert, daß selbst bei beliebig hohen Ra-Zahlen immer parabolische Geschwindigkeitsprofile erreicht werden können, die durch Parameterwerte $\gamma \ll 1$ gekennzeichnet sind, wenn nur die Schlankheit des Kamins entsprechend gesteigert wird. Wir zeigen dies, indem wir entsprechend der Definition in Abschn. 3.1.1

$$\gamma = \left(\frac{\epsilon}{4}\right)^{1/4} = \left(\frac{\mathrm{Ra}\,K_1}{4}\right)^{1/4} \tag{4.9}$$

durch Einsetzen von K_1 nach (3.105) für den Parameter γ explizit

$$\gamma = \left(\frac{3}{2}\,\mathrm{Ra}\,\frac{q_W}{L}\right)^{1/8} \sim \left(\frac{1}{L}\right)^{1/8} \tag{4.10}$$

oder $$\gamma = \left(\frac{3}{2}\,\frac{g\beta_0\rho_0 c h^3\dot{Q}}{\nu\lambda^2 b(L/h)^2}\right)^{1/8} \sim \left(\frac{1}{L/h}\right)^{1/4} \quad \text{mit} \quad \dot{Q} = q_W b L \tag{4.11}$$

schreiben, wenn mit $\mathrm{Ra} := g\beta_0 h^3 \Delta T \rho_0 c/(\nu\lambda)$, $q_W := q_W h/(\lambda \cdot \Delta T)$, $L := L/h$ wieder die dimensionsbehafteten Größen ins Spiel gebracht werden. Für $\gamma \ll 1$ ergibt sich der Massenstrom aus der zweidimensionalen Theorie nach (3.108) zu

$$\dot{m} = \left[\frac{g\rho_0\beta_0}{2c}\,\frac{\dot{Q}}{12\nu/(h^3 b)}\right]^{1/2} \tag{4.12}$$

und der Vergleich mit dem Ergebnis der eindimensionalen Theorie nach (2.74) für den

Fall der homogenen Beheizung ($\Gamma = 1$)

$$\dot{m} = \left[\frac{g\rho_0\beta_0}{2c}\,\frac{\dot{Q}}{K}\right]^{1/2} \tag{4.13}$$

zeigt, daß für parabolische Geschwindigkeitsprofile (Bild 79) freier Konvektionsströmungen in einem ebenen, homogen beheizten Kamin der Reibungskoeffizient den Wert

$$K = \frac{12\nu}{bh^3} \tag{4.14}$$

annimmt. Genau diesen Reibungskoeffizienten findet man aber auch, wenn bei isothermen Verhältnissen durch Aufprägen eines Druckgradienten eine erzwungene Strömung realisiert wird. Für sehr kleine Ra-Zahlen bzw. große Werte des Schlankheitsgrades L/h stimmen also in der Tat die Widerstandsgesetze freier und erzwungener Strömungen überein. Die in beiden Fällen parabolischen Geschwindigkeitsprofile sind einander identisch und damit auch die zugehörigen Widerstandsgesetze (4.14), (4.7). Mit wachsendem Parameter γ ändert sich die Form des Geschwindigkeitsprofils (Bild 79). Die Wandtangente als Maß für das Reibungsverhalten wird steiler, und damit muß auch der Widerstand ansteigen. Der Reibungsbeiwert für erzwungene Strömungen ist also für freie Kaminströmungen bei größeren Werten des Parameters γ nicht mehr gültig. Um auch dies explizit zeigen zu können, ist entweder die allgemeine Lösung (3.72) nach $\gamma = (\epsilon/4)^{1/4}$ zu entwickeln oder die ebenfalls in Abschn. 3.1.1 begonnene Entwicklung (3.97) nach kleinen Ra-Zahlen bzw. kleinen Parametern ϵ

$$\Theta(y;\epsilon) = \Theta_0(y) + \Theta_1(y)\cdot\epsilon + \ldots \quad \text{mit} \quad \epsilon = \text{Ra}\,K_1 = 4\cdot\gamma^4 \tag{4.15}$$

fortzusetzen, um zusätzlich das nächste Glied der Entwicklung, d. h. die Funktion Θ_1, bestimmen zu können. Das letztere ist mit weniger Arbeit verbunden und wird deshalb im folgenden ausgeführt. Wiederum durch Einsetzen der Entwicklung (4.15) in die Dgl. (3.78) des Kaminproblems (Abschn. 3.1.1) und Ordnen nach Potenzen des Entwicklungsparameters ϵ erhalten wir jetzt in der nächst feineren Näherung zusätzlich zur Dgl. der gröbsten Näherung (3.98)

$$\Theta_0^{(5)} = 0 \tag{4.16}$$

die Dgl. zur Berechnung der Funktion Θ_1

$$\Theta_1^{(5)} + \Theta_0' = 0 \tag{4.17}$$

welche die bereits bekannte Funktion Θ_0 in der differenzierten Form Θ_0' enthält. Durch Ausintegrieren erhält man unmittelbar:

$$\begin{aligned}\Theta_1(y) = {} & y^8/1680 - y^7/420 + y^5/120 \\ & + \tilde{b}_1 y^4/24 + \tilde{b}_2 y^3/6 + \tilde{b}_3 y^2/2 + \tilde{b}_4 y + \tilde{K}_3\end{aligned} \tag{4.18}$$

Die noch freien Konstanten $\tilde{b}_1, \ldots, \tilde{b}_4$ ergeben sich aus den hydraulischen Randbedingungen

$$\begin{aligned}\Theta''(0) = 0 = \Theta_0''(0) + \Theta_1''(0)\cdot\epsilon + \ldots \;\rightarrow\; \Theta_0''(0) = \Theta_1''(0) = 0 \\ \Theta''(1) = 0 = \Theta_0''(1) + \Theta_1''(1)\cdot\epsilon + \ldots \;\rightarrow\; \Theta_0''(1) = \Theta_1''(1) = 0\end{aligned} \tag{4.19}$$

und den thermischen Randbedingungen

$$\begin{aligned} \Theta'(0) &= -1 = \Theta_0'(0) + \Theta_1'(0) \cdot \epsilon + \ldots \rightarrow \Theta_0'(0) = -1, \Theta_1'(0) = 0 \\ \Theta'(1) &= 1 = \Theta_0'(1) + \Theta_1'(1) \cdot \epsilon + \ldots \rightarrow \Theta_0'(1) = 1, \Theta_1'(1) = 0 \end{aligned} \tag{4.20}$$

wenn man wieder beachtet, daß diese Bedingungen an den Kaminwänden bei y = 0 und y = 1 für beliebige Ra-Zahlen bzw. ϵ-Werte zu erfüllen sind. Die Rechnung liefert

$$\tilde{b}_1 = -17/70, \qquad \tilde{b}_2 = -31/140, \qquad \tilde{b}_3 = 0, \qquad \tilde{b}_4 = 0 \tag{4.21}$$

und die Konstante $\tilde{K}_3$ ist schließlich aus der ebenfalls zu erfüllenden energetischen Integralbedingung (3.92)

$$\int_0^1 \Theta\Theta'' \, dy = 0 = \int_0^1 [\Theta_0\Theta_0'' + \epsilon(\Theta_0\Theta_1'' + \Theta_1\Theta_0'') + \ldots] \, dy \tag{4.22}$$

zu berechnen, die für die beiden ersten Näherungen die Bedingungen

$$\int_0^1 \Theta_0\Theta_0'' \, dy = 0 \tag{4.23}$$

$$\int_0^1 (\Theta_0\Theta_1'' + \Theta_1\Theta_0'') \, dy = 0 \tag{4.24}$$

liefert. Mit der Bedingung (4.23) für die gröbste Näherung wurde in Abschn. 3.1.1 die Konstante $\tilde{K}_2$ der Lösung Θ_0 berechnet, und ebenso liefert die zweite Bedingung (4.24) jetzt die Konstante $\tilde{K}_3$ der Lösung Θ_1. Die explizite Ausrechnung können wir uns aber ersparen, da hier lediglich das Geschwindigkeitsprofil $u \sim \Theta'' = \Theta_0'' + \Theta_1''\epsilon + \ldots$ und damit nur die 2. Ableitung der Funktion $\Theta_1(y)$ benötigt wird, um den letztlich interessierenden Massenstrom $\dot{m}$ berechnen zu können. Bleibt noch anzumerken, daß der Temperaturgradient $\partial T/\partial x = K_1 = \epsilon/\text{Ra}$ nach (3.105), der sich in Abschn. 3.1.1 aus der Abströmbedingung p(L) = 0 ergab, allein durch die 0. Näherung festgelegt wird, denn es gilt:

$$\begin{aligned} p(L) = 0 &= \frac{q_w L}{2K_1}(\Theta_0'''' + \epsilon\Theta_1'''' + \ldots) + \text{Ra}\left[K_1 \frac{L^2}{2} + \frac{q_w L}{2}(\Theta_0 + \epsilon\Theta_1 + \ldots)\right] \\ &= \left[\frac{q_w L}{2K_1}\Theta_0'''' + \text{Ra}\, K_1 \frac{L^2}{2}\right] + \epsilon \cdot \frac{q_w L}{2K_1}\underbrace{[\Theta_1'''' + \Theta_0]}_{0} + \ldots \end{aligned} \tag{4.25}$$

Der 1. Klammerausdruck ist gerade die Bestimmungsgl. (3.105) für $K_1 = \sqrt{24 q_w/(L\,\text{Ra})}$, während der 2. Klammerterm der höheren Näherung identisch verschwindet, wie man durch Einsetzen der bekannten Funktionen Θ_1, Θ_0 feststellt. Wir überzeugen uns an dieser Stelle durch Einsetzen von K_1, daß (4.25) tatsächlich eine konsequente Entwicklung nach kleinen Ra-Zahlen ist und erkennen, daß in der Tat beide Terme im ersten Klammerausdruck von der Größenordnung $\sqrt{\text{Ra}}$ sind. In gröbster Näherung ist also die Vernachlässigung des Terms $[q_w L/(2K_1)]\epsilon\Theta_0 \sim \text{Ra} \cdot \sqrt{\text{Ra}}$ in (3.105) gerechtfertigt. Mit der nun um einen Grad erhöhten Näherung wird das Geschwindigkeitsprofil im Kamin durch

$$u(y) = \sqrt{q_w L\,\text{Ra}/96}\,[\Theta_0''(y) + \epsilon\Theta_1''(y) + \ldots] \tag{4.26}$$

mit $\Theta_0''(y) = 12(y - y^2)$

$\Theta_1''(y) = y^6/30 - y^5/10 + y^3/6 - 17y^2/140 - 31y/140$

beschrieben. Die Rücktransformation auf die dimensionsbehafteten Größen liefert dann die Darstellung

$$u = \left[\frac{3}{2}\frac{g\beta_0 h}{\rho_0 c\nu b}\dot{Q}\right]^{1/2}\left[\frac{1}{12}\Theta_0''(y/h) + \left(\frac{1}{6}\frac{g\rho_0\beta_0 ch^3}{\nu\lambda^2 b(L/h)^2}\dot{Q}\right)^{1/2}\Theta_1''(y/h) + \ldots\right] \quad (4.27)$$

und durch Integration von (4.27) nach (3.55) erhalten wir schließlich den sich infolge einer homogen angelegten Heizleistung $\dot{Q} = q_W bL$ frei einstellenden Massenstrom

$$\dot{m} = \left[\frac{g\rho_0\beta_0\dot{Q}}{2cK_0}\right]^{1/2} - \frac{51}{35}\left[\frac{g\rho_0\beta_0\dot{Q}}{2cK_0}\right]\frac{c}{\lambda(L/h)b} + \ldots \quad (4.28)$$

mit $K = K_0 = 12\nu/bh^3$. Der 1. Term von (4.28) ist identisch mit dem Massenstrom, der sich mit Hilfe des Widerstandsgesetzes (4.7) für erzwungene Strömungen eindimensional berechnet und sich für kleine Ra-Zahlen bzw. kleine γ-Werte (Bild 79) auch tatsächlich frei einstellt. Dies ist nicht nur der Fall bei großer Schlankheit L/h des Kamins ($L/h \to \infty$, $\gamma \to 0$), wie bereits diskutiert, sondern auch bei großer Wärmeleitfähigkeit λ des Fluids. Daß dies so sein muß, läßt sich unschwer auch durch einen Blick auf die Temperaturverteilung nach (3.107) feststellen. Für $\lambda \to \infty$ verschwindet der y-abhängige Temperaturanteil, so daß die Temperatur über dem Kanalquerschnitt homogen wird. Damit ändert sich die Temperatur allein in x-Richtung. Das zweidimensionale Problem reduziert sich so auf das in Abschn. 2.2 behandelte eindimensionale Modell bei homogener Wärmezufuhr ($\Gamma = 1$):

$$\lim_{\lambda \to \infty} T(x, y) = T(x) = T_0 + \frac{\dot{Q}}{\dot{m}c}\frac{x}{L} \quad \text{mit} \quad \dot{m} = \left[\frac{g\rho_0\beta_0\dot{Q}}{2cK_0}\right]^{1/2} \quad (4.29)$$

Bei unendlich großer Wärmeleitfähigkeit wird eben kein Temperaturgradient $\partial T/\partial y$ benötigt, um die Wärme ins Fluid einfließen zu lassen. In diesem Fall ist die Art der Beheizung ohne Einfluß. Für das Fluid ist es einerlei, ob die Beheizung homogen über den Strömungsquerschnitt verschmiert (eindimensionales Modell) oder aber über die Kanalwände (zweidimensionales Modell) erfolgt. Durch Gleichsetzen von (4.28) mit der globalen Gleichung (4.13) für den Massenstrom

$$\dot{m} = \left[\frac{g\rho_0\beta_0}{2c}\frac{\dot{Q}}{K}\right]^{1/2} \quad (4.30)$$

aus der eindimensionalen Theorie erhalten wir schließlich, ebenfalls in Form einer Entwicklung, den Reibungskoeffizienten für ausgebildete freie Konvektionsströmungen in senkrechten Kaminen homogener Beheizung:

$$\left(\frac{1}{K}\right)^{1/2} = \left(\frac{1}{K_0}\right)^{1/2} - \frac{51}{35}\frac{1}{K_0}\left(\frac{g\rho_0\beta_0 c\dot{Q}}{2\lambda^2(L/h)^2 b^2}\right)^{1/2} + \ldots \quad (4.31)$$

Die Reibungswerte $K_0 = 12\nu/(bh^3)$ erzwungener Strömungen dürfen demnach nur für

Kamine mit

$$(51/35)^2 \cdot (1/K_0)[g\rho_0\beta_0 c\dot{Q}/(2\lambda^2(L/h)^2b^2)] = \frac{1}{36}\left(\frac{51}{35}\right)^2 \gamma^8 \ll 1 \qquad (4.32)$$

zur Berechnung der freien Konvektion verwendet werden, und aus (4.28) entnehmen wir, daß im allgemeinen der mit dem Widerstandsgesetz erzwungener Strömungen berechnete Konvektionsmassenstrom gegenüber dem sich tatsächlich einstellenden Massenstrom überschätzt wird.

4.2 Turbulente Strömungen

Quantitative Aussagen über Widerstandsgesetze turbulenter freier Konvektionsströmungen sind rein theoretisch prinzipiell nicht möglich. Man ist hier, genau wie im Fall erzwungener Strömungen, auf Experimente angewiesen. Die laminaren Überlegungen zuvor haben aber gezeigt, daß für sehr gute Wärmeleitfähigkeit des Fluids sehr wohl mit den Gesetzen erzwungener Strömungen auch freie Konvektionsströmungen beschrieben werden können, denn dann ist die Entstehung von Grenzschichten an den Heizflächen unmöglich, deren Existenz die Anwendung der Widerstandsgesetze erzwungener Strömungen mit nicht thermisch deformierten Geschwindigkeitsprofilen verbietet. Beachten wir, daß im Gegensatz zur laminaren Strömung bei turbulenter Strömung ständig eine heftige Durchwirbelung und Vermischung benachbarter Flüssigkeitsschichten von makroskopischem Ausmaß erfolgt, ist klar, daß hierbei die effektive Wärmeleitfähigkeit des Fluids stark erhöht sein wird. Die molekulare Wärmeleitfähigkeit λ, die bei laminarer Strömung allein maßgebend ist, wird durch die von der Turbulenz verursachte makroskopische Wärmeleitfähigkeit λ_t verstärkt. Insgesamt verhält sich das Fluid also so, als ob eine stark erhöhte Wärmeleitfähigkeit vorliegt, die effektive oder scheinbare Wärmeleitfähigkeit λ_s genannt wird:

$$\lambda_s = \lambda + \lambda_t \qquad (4.33)$$

Hinzu kommt, daß sich die beschriebenen makroskopischen Austauschvorgänge auch auf die Viskosität des Fluids auswirken. Ähnlich wie im Fall der Wärmeleitfähigkeit erhöht sich bei turbulenter Strömung auch die wirksame Viskosität gegenüber der bei Laminarität gemessenen kinematischen Viskosität:

$$\nu_s = \nu + \nu_t \qquad (4.34)$$

Durch diese beiden Effekte ist die Neigung turbulenter freier Konvektionsströmungen zur Ausbildung von Grenzschichten an den Heizflächen stark geschwächt und damit die Verwendung von Widerstandsgesetzen erzwungener Strömungen zur Berechnung freier Konvektionsströmungen in einem weit größeren Ausmaß möglich als bei laminaren freien Konvektionsströmungen. Wir erkennen dies zumindest qualitativ durch einen Blick auf den Profilparameter γ für laminare Konvektionsströmungen nach (4.11):

$$\gamma = \tilde{\gamma}\left(\frac{1}{\nu_s}, \frac{1}{\lambda_s^2}, \frac{1}{(L/h)^2}\right) \qquad (4.35)$$

Mit der durch Turbulenz erhöhten scheinbaren Zähigkeit ν_s und der ebenfalls erhöhten scheinbaren Wärmeleitfähigkeit λ_s des Fluids wird ebenso wie durch Erhöhung der Schlankheit L/h das Grenzschichtverhalten gemindert und damit das Geschwindigkeitsprofil der freien Konvektionsströmung in Richtung zum Geschwindigkeitsprofil der erzwungenen Strömung hin gerückt. Die Rechnung mit Widerstandsgesetzen erzwungener Strömungen für eine vorgegebene Kanal- oder Rohrgeometrie wird erst unsinnig, wenn sich – ähnlich wie im laminaren Fall für $\gamma \gg 1$ nach Bild 79 – tatsächlich Grenzschichten an den Heizflächen zeigen[1]). Der Kanal bzw. das Rohr ist dann entsprechend der an den Wänden angelegten Heizleistung nicht hinreichend schlank, um über dem gesamten Querschnitt durchströmt zu werden. Der angebotene Querschnitt wird dann von der sich einstellenden Strömung (Bild 103) nur zum Teil genutzt. Im Extremfall kann man sich vorstellen, daß sich nahezu die gleiche Strömung einstellen würde, wenn man den nicht durchströmten Querschnitt durch Zwischenwände (Bild 103) im Grenzschichtabstand δ von den Heizflächen abtrennen würde. Die Anwendung eines Widerstandsgesetzes einer entsprechenden erzwungenen Strömung wäre dann wieder sinnvoll,

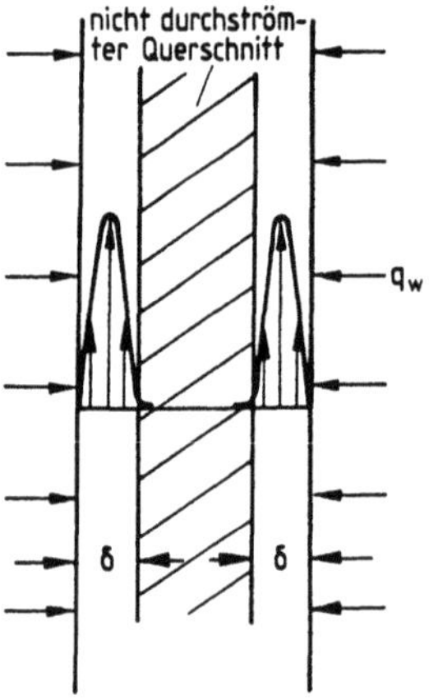

Bild 103
In Grenzschichten entartetes Geschwindigkeitsprofil

wenn nur die Grenzschichtdicke δ bekannt wäre, was natürlich bei turbulenten Strömungen nicht der Fall ist. Wir erkennen aber aus diesem Gedankenexperiment, daß hier die Grenzschichtdicke und nicht etwa die vorgegebene Kanalweite bzw. der Rohrdurchmesser wie im zuvor diskutierten Grenzfall des vollständig durchströmten Querschnitts charakteristisch ist. Damit ist nochmals anschaulich gezeigt, daß die Anwendung eines Widerstandsgesetzes einer erzwungenen Ersatzströmung auf eine vorgegebene Geometrie zur Berechnung einer freien Konvektionsströmung zu falschen Ergebnissen führen muß, wenn Grenzschichtverhalten vorliegt.

---

[1]) Hier handelt es sich um ausgebildete Grenzschichten, die nicht mit den Grenzschichten (Ähnlichkeitslösungen) in Abschn. 3.2 zu verwechseln sind.

4.3 Poröse Medien

In vielen Anwendungsfällen sind Konvektionsströmungen durch poröse Medien (Sand- und Füllkörperschüttungen) von Bedeutung. Wir wollen deshalb hier die für solche Probleme gültigen Widerstandskoeffizienten K bereitstellen, die im Rahmen unserer eindimensionalen Theorie (Abschn. 2.2), in den Reibungs- bzw. Widerstandsterm der Impulsgl. (2.67)

$$\rho u \frac{du}{dx} = -\frac{dp}{dx} - g\rho - K_\delta \dot{m}^\delta \tag{4.36}$$

einzusetzen sind. Unter der Voraussetzung, daß die Strömung allein durch den Widerstand in den zur Debatte stehenden zylindrischen Schüttungen (Bild 104) begrenzt wird, kann nach (2.70) wieder der konvektive Term in (4.36) vernachlässigt werden:

$$0 = -\frac{dp}{dx} - g\rho - K_\delta \dot{m}^\delta \tag{4.37}$$

Dies ist gerechtfertigt, wenn

$$\lambda_R \frac{H}{D} \gg 1 \tag{4.38}$$

gilt, und wir erkennen hieraus, daß bei Schüttungen mit a priori großen Widerstandszahlen λ_R unsere vereinfachten Aussagen auch schon für weniger schlanke Rohrgeometrien gültig sind. Wie in Abschn. 2.2 im Fall eines leeren Kaminrohrs mit aufgeprägter Heizleistungsverteilung/Länge ausführlich erläutert, folgt dann durch Integration von (4.37) längs des Füllrohrs (Bild 104) bei Beachtung der Zuströmbedingung $p(0) = p_0$

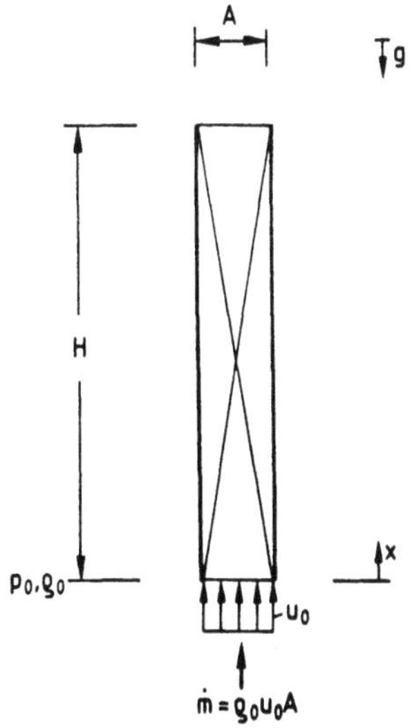

Bild 104 Kamin mit Schüttung

und der Abströmbedingung $p(H) = p_{hyd}(H) = p_0 - g\rho_0 H$ sofort eine einfache Formel zur Berechnung des sich frei einstellenden Massenstroms. Je nachdem, ob wir uns die Dichte-, die Temperatur- oder die Heizleistungsverteilung im Kamin vorgegeben denken, gilt

$$\dot{m} = \left[\frac{g \int\limits_0^H \Delta\rho(x)\,dx}{K_\delta H}\right]^{1/\delta} = \left[\frac{g\Gamma\Delta\rho}{2K_\delta}\right]^{1/\delta} \tag{4.39}$$

$$\dot{m} = \left[\frac{g\rho_0\beta_0 \int\limits_0^H \Delta T(x)\,dx}{K_\delta H}\right]^{1/\delta} = \left[\frac{g\rho_0\beta_0\Gamma\Delta T}{2K_\delta}\right]^{1/\delta} \tag{4.40}$$

$$\dot{m} = \left[\frac{g\rho_0\beta_0 \int\limits_0^H \int\limits_0^x q(\xi)\,d\xi\,dx}{cK_\delta H}\right]^{1/(1+\delta)} = \left[\frac{g\rho_0\beta_0\Gamma\dot{Q}}{2cK_\delta}\right]^{1/(1+\delta)} \tag{4.41}$$

mit $\Delta\rho(x) = \rho_0 - \rho(x), \quad \Delta\rho = \rho_0 - \rho(H)$

$\Delta T(x) = T(x) - T_0, \quad \Delta T = T(H) - T_0$

$\dot{Q}(x) = \int\limits_0^x q(\xi)\,d\xi, \quad \dot{Q} = \int\limits_0^H q(x)\,dx$

und der bereits in Abschn. 2.1 eingeführte Formparameter Γ für die Verteilungen $\Delta\rho(x)$, $\Delta T(X)$, $q(x)$ wird durch

$$\Gamma = \frac{2}{\Delta\rho H}\int\limits_0^H \Delta\rho(x)\,dx \tag{4.42}$$

$$\Gamma = \frac{2}{\Delta T H}\int\limits_0^H \Delta T(x)\,dx \tag{4.43}$$

$$\Gamma = \frac{2}{\dot{Q}H}\int\limits_0^H\int\limits_0^x q(\xi)\,d\xi\,dx \tag{4.44}$$

beschrieben. Wir sehen auch hier wieder, daß sich die Ergebnisse der eindimensionalen Theorie auf jedes jeweils konkret vorliegende Problem universell anwenden lassen. So auch auf die uns hier interessierenden Konvektionsströmungen durch poröse Medien, mit denen wir uns die zunächst leeren Kaminrohre gefüllt denken. Die sich dann einstellenden Massenströme ergeben sich aus den einfachen Formeln (4.39), (4.40), (4.41), die wir zunächst nur für Leerrohre hergeleitet haben, wenn wir nur die repräsentativen Widerstandskoeffizienten der jeweiligen Schüttungen einsetzen. Dabei ist zwischen sehr feinen (Sand) und groben (Füllkörper) Schüttungen zu unterscheiden. Wir betrachten zunächst sehr feine Schüttungen, die sich mit dem Gesetz von Darcy gut beschreiben lassen. Strömungen durch solche etwa aus feinem Sand bestehenden Materialien verhalten sich ähnlich wie laminare Strömungen mit $\delta = 1$, und wir können (2.52) deshalb in der Form

$$f_R = -\frac{dp_R}{dx} = K\dot{m} = \frac{\Delta p_R}{H} \tag{4.45}$$

schreiben. Aus einer Unzahl von Experimenten mit erzwungenen Strömungen hat Darcy gefunden, daß sich die mittlere Geschwindigkeit u_0 bezogen auf das Leerrohr (Bild 105) proportional zum angelegten Druckgradienten $dp_R/dx = -(p_1 - p_2)/H$ und umgekehrt proportional zur dynamischen Zähigkeit η verhält, so daß

$$u_0 = -\frac{k}{\eta}\frac{dp_R}{dx} \tag{4.46}$$

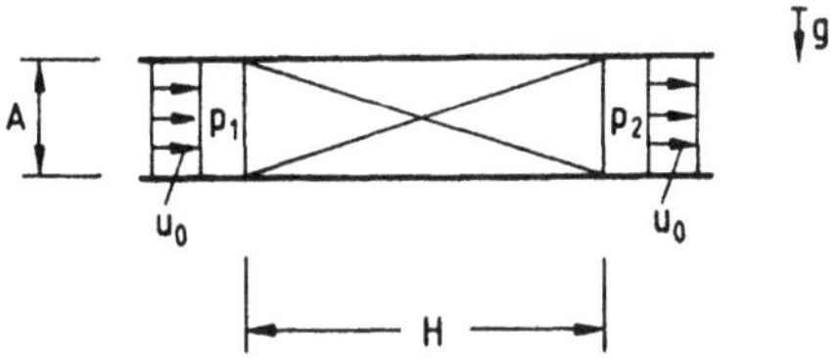

Bild 105
Meßanordnung zur Bestimmung des Reibungskoeffizienten K einer sehr feinen Schüttung (Sand)

geschrieben werden kann. Dabei hat die Proportionalitätskonstante k die Dimension einer Länge im Quadrat ($k \sim L^2$), die Durchlässigkeit oder Permeabilität genannt wird. Durch Einsetzen des rein experimentellen Befunds (4.46) in (4.45) ergibt sich bei Beachtung von $\dot{m} = \rho_0 u_0 A$ im Leerrohr sofort der repräsentative Reibungskoeffizient

$$K = \frac{\eta/\rho_0}{kA} = \frac{\nu}{kA} \tag{4.47}$$

zur Berechnung des Konvektionsmassenstroms im Rahmen unseres eindimensionalen Modells. Interessehalber schreiben wir das Gesetz von Darcy noch als Widerstandszahl nach (2.53)

$$\lambda_R = \frac{\Delta p_R}{H}\frac{2D}{\rho_0 u_0^2} \tag{4.48}$$

und erhalten mit der hier charakteristischen Länge $D = \sqrt{k}$, der Leerrohrgeschwindigkeit u_0 als Bezugsgeschwindigkeit und dem Druckgradienten nach (4.46)

$$\lambda_R = \frac{2}{Re_k} \quad \text{mit} \quad Re_k = \frac{u_0\sqrt{k}}{\nu} \tag{4.49}$$

wobei $D = \sqrt{k}$ im Rahmen eines Hagen-Poiseuille-Modells (Bild 106) im wesentlichen als der mittlere hydraulische Durchmesser D_h einer der über den Querschnitt A verteilten, gleichberechtigten Unterkanäle gedeutet werden kann. Wir zeigen dies durch Vergleich des Druckgradienten (2.55) für eine laminare Strömung mit der mittleren Geschwindigkeit u durch ein Kreisrohr vom Durchmesser $D = D_h$

$$-\frac{dp_R}{dx} = \frac{\Delta p_R}{H} = 32\,\frac{\nu}{D_h^2}\rho_0 u \tag{4.50}$$

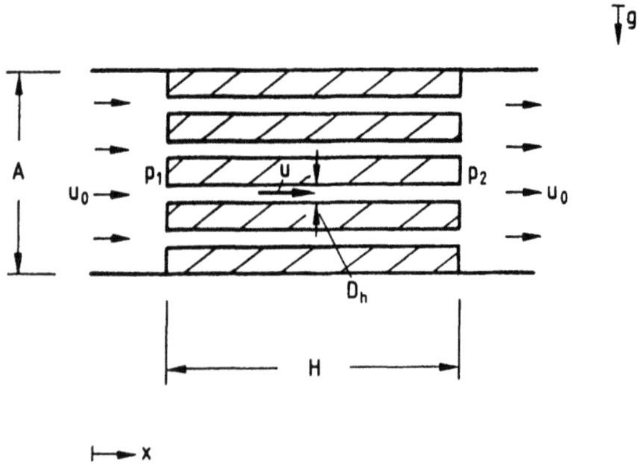

Bild 106
Hagen-Poiseuille-Modell für feinkörnige Medien

mit dem Druckgradienten (4.46), der das Resultat

$$k = \frac{1}{32} D_h^2 \frac{u_0}{u} \tag{4.51}$$

liefert. Nach (4.51) kann die nach Darcy experimentell ermittelte Durchlässigkeit oder Permeabilität k in der Tat im wesentlichen als das Quadrat des äquivalenten hydraulischen Durchmessers D_h eines Unterkanals (Bild 106) interpretiert werden, das allerdings noch mit dem Verhältnis aus Leerrohr- und Unterkanalgeschwindigkeit gewichtet ist. Die Darstellung des Gesetzes von Darcy in der Schreibweise einer Widerstandszahl nach (4.49) zeigt uns besonders deutlich, daß die bei freien Konvektionsproblemen mit typisch kleinen Druckgradienten zu erwartenden Strömungen durch feinste Schüttungen reine Reibungsströmungen sind, denn für $Re_k \to \infty$ verschwindet λ_R. Für gröbere Materialien (Füllkörper) erkennt man aus entsprechenden Experimenten, daß dann auch Stoßverluste auftreten und die Packungsdichte der Füllkörper, die sich je nach Einfüllprozedur verschieden einstellen kann, eine wichtige Rolle spielt. Vorhandene Stoßverluste machen eine Verallgemeinerung des Gesetzes von Darcy auf die Form

$$\lambda_R = \frac{2}{Re_k} + \text{const} \tag{4.52}$$

erforderlich, und zur Quantifizierung der Packungsdichte der Füllkörper führen wir den Lückengrad

$$\epsilon = \frac{V - V_p}{V} = 1 - \frac{V_p}{V} \tag{4.53}$$

als das Verhältnis zwischen dem in der Schüttung frei bleibenden Volumen $V - V_p$ zwischen den Partikeln vom Volumen V_p und dem Gesamtvolumen V des leeren Rohres ein. Wir denken uns nun wieder ein geometrisches Modell nach Bild 106 zugrunde gelegt und berechnen uns den hydraulischen Durchmesser D_h eines Unterkanals in Abhängigkeit vom Lückengrad ϵ. Dazu erweitern wir zunächst die Definition (4.4) des hydraulischen

Durchmessers und schreiben[1]):

$$D_h = \frac{4(V - V_p)}{O_p} \qquad (4.54)$$

Wir verstehen (4.54) unmittelbar, denn mit der eindimensionalen Kanalvorstellung (Bild 107) ist sowohl das für die Strömung freie Volumen in der Schüttung $V - V_p = \Sigma A_{f_i} H$ als auch die gesamte vom Fluid benetzte Oberfläche der Partikel $O_p = \Sigma U_{f_i} H$ proportional zur Länge H der Schüttung, so daß sich (4.54) auf

$$D_h = \frac{4 \Sigma A_{f_i}}{\Sigma U_{f_i}} \qquad (4.55)$$

reduziert und mit (4.4) identisch ist. Unterstellen wir weiter, daß die Schüttung nur aus gleichartigen Partikeln besteht, die äquivalenten Kugeln mit dem Durchmesser d_p entsprechen, folgt aus (4.54) mit $V = V_p/(1 - \epsilon)$ nach (4.53)

$$D_h = 4 \frac{\epsilon}{1 - \epsilon} \frac{V_p}{O_p} \qquad (4.56)$$

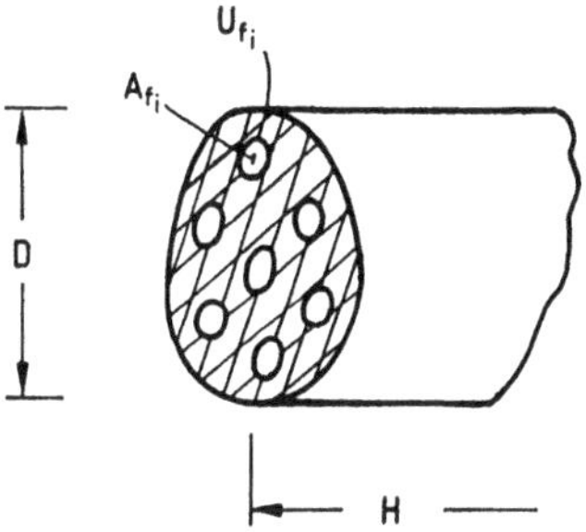

Bild 107
Zur verallgemeinerten Definition des hydraulischen Durchmessers einer Schüttung

und mit dem Volumen $\pi d_p^3/6$ und der Oberfläche πd_p^2 eines kugelförmigen Partikels sofort:

$$D_h = \frac{2}{3} \frac{\epsilon}{1 - \epsilon} d_p \qquad (4.57)$$

Für den Druckgradienten, der an den Unterkanälen anliegt

$$-\frac{dp_R}{dx} = \frac{\Delta p_R}{H} = \lambda_R \frac{1}{D_h} \frac{\rho_0}{2} u^2 \qquad (4.58)$$

kann dann mit (4.57)

---

[1]) In der Definition (4.54) ist der Grenzfall des leeren Rohres nicht enthalten, da $O_p \gg O_{Rohr} = D\pi H$ vorausgesetzt wurde. Bei Berücksichtigung der Rohroberfläche ist (4.54) durch $D_h = \frac{4(V - V_p)}{O_p + O_{Rohr}}$ zu ersetzen. Dann gilt $\lim\limits_{\substack{V_p \to 0 \\ O_p \to 0}} D_h = D$.

$$-\frac{dp_R}{dx} = \lambda_R \frac{3}{2} \frac{1-\epsilon}{\epsilon} \frac{\rho_0}{2} u^2 \frac{1}{dp} \tag{4.59}$$

geschrieben werden, und durch Umschreiben der Geschwindigkeit u in den Unterkanälen auf die Bezugsgeschwindigkeit $u_0 < u$ im Leerrohr (Bild 106), die sich mit Hilfe der Kontinuitätsgleichung (Bild 107)

$$u_0 A = u \Sigma A_{f_i} \tag{4.60}$$

oder

$$\frac{u_0}{u} = \frac{\Sigma A_{f_i}}{A} = \frac{\Sigma A_{f_i} H}{AH} = \frac{V - V_p}{V} = \epsilon \tag{4.61}$$

unmittelbar zu

$$u_0 = \epsilon u \tag{4.62}$$

ergibt, folgt:

$$-\frac{dp}{dx} = \lambda_R \frac{3}{4} \frac{1-\epsilon}{\epsilon^3} \rho_0 u_0^2 \frac{1}{d_p} \tag{4.63}$$

Bei bekanntem Lückengrad ϵ einer Schüttung kann dann im Experiment der sich bei einer aufgeprägten Leerrohrgeschwindigkeit u_0 einstellende Druckgradient gemessen werden und aus (4.63) die zugehörige Widerstandszahl λ_R bestimmt werden. Ein typisches Ergebnis, das von Ergun aus einer Unzahl von Messungen für kantige Materialien (Koks, Erz, gebrochene Steine) mit Werten für den Lückengrad $0{,}3 \lessapprox \epsilon \lessapprox 0{,}5$ erarbeitet wurde, lautet:

$$\lambda_R = \frac{C_1}{Re_p} + C_2 \tag{4.64}$$

mit $\quad C_1 = 200, \quad C_2 = 2{,}33, \quad Re_p = \dfrac{1}{1-\epsilon} \dfrac{u_0 d_p}{\nu}$

Durch die Abspaltung der Lückengradfunktion $(1-\epsilon)/\epsilon^3$ in (4.63) gelingt es, alle Meßwerte auf eine einzige Kurve (4.64) abzubilden. Offensichtlich reicht für die globale Beurteilung der Schüttung die hier zugrunde liegende Kanalmodell-Vorstellung aus, obwohl durch diese die komplizierte Versperrungsgeometrie nur sehr unvollkommen beschrieben werden kann. Die in (4.64) verwendete Reynolds-Zahl Re_p ergibt sich unmittelbar aus der Re-Zahl für einen Unterkanal

$$Re = \frac{u D_h}{\nu} \tag{4.65}$$

durch einfache Umformung mit D_h nach (4.57) und $u = u_0/\epsilon$ nach (4.62)

$$Re = \frac{2}{3} \frac{1}{1-\epsilon} \frac{u_0 d_p}{\nu} = \frac{2}{3} Re_p \tag{4.66}$$

wobei der unwesentliche Faktor 2/3 mit in der Konstante C_1 steckt. Die Güte des angegebenen empirischen Gesetzes (4.64), das weitaus besser als alle anderen bekannt gewordenen Gesetze die Experimente wiedergibt, zeigt sich auch darin, daß es von der Form

$$\lambda_R = A(Re) + B \tag{4.67}$$

mit $\lim_{Re \to \infty} \lambda_R = B, \qquad \lim_{Re \to \infty} A(Re) = 0$

ist, die ganz allgemein für jede Versperrung mit Stoß- und Reibungsverlusten gilt, die wir bereits auch aus dem Verhalten der Widerstandszahl λ_R für die erzwungene Strömung in einem Kreisrohr nach Bild 8 kennen. Wie in Bild 108 dargestellt, verschwindet für $Re_p \to \infty$ der die Fluidreibung beschreibende 1. Term, und übrig bleiben die Stoßverluste, die durch das Ablösen der Strömung an den scharfen Kanten des Füllmaterials entstehen und durch $\lambda_R = B = C_2$ unabhängig von der Reynolds-Zahl beschrieben werden. Für sehr kleine Reynolds-Zahlen $Re_p \ll 1$ wird dagegen der 2. Term unwesentlich. Es dominieren die Reibungsverluste, und das Widerstandsgesetz (4.64) zeigt Darcy-Verhalten: die Strömung ist laminar ($\lambda_R \sim 1/Re$).

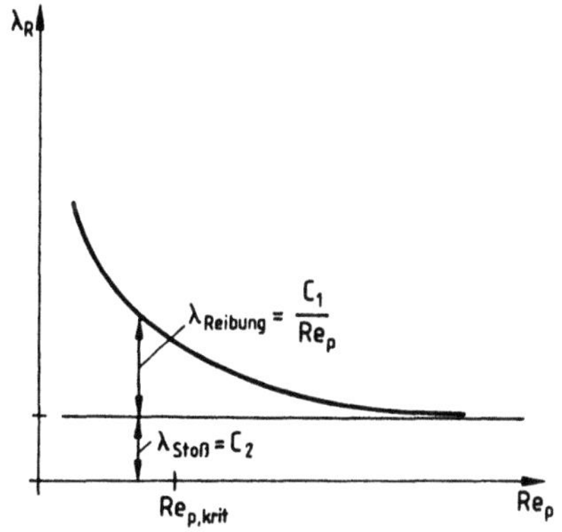

Bild 108
Qualitatives Verhalten der Widerstandszahl einer groben Schüttung aus gebrochenen Materialien

Anders als in Bild 8 für Rohrströmungen, vollzieht sich bei mit porösen Medien gefüllten Rohren der Übergang von der laminaren zur turbulenten Strömungsform kontinuierlich. Dies ist auch der Grund dafür, daß das Widerstandsgesetz (4.64) sowohl die laminare als auch die turbulente Situation wiedergibt. Abschließend berechnen wir noch den Koeffizienten K, den wir zur Berechnung der uns interessierenden Konvektionsströmungen im Rahmen des eindimensionalen Modells benötigen. Zur Simulation des Widerstands schreiben wir entsprechend (2.64) die Volumenkraft f_R in der Form

$$f_R = -\frac{dp_R}{dx} = K\dot{m}^2 \tag{4.68}$$

da jetzt durch (4.68) sowohl die laminare als auch die turbulente Strömung gemeinsam zu erfassen sind, was natürlich zur Folge hat, daß dann der Koeffizient K sich ebenso wie die Widerstandszahl λ_R im allgemeinen noch abhängig vom Massenstrom bzw. von der Geschwindigkeit zeigt. Durch Vergleich von (4.68) mit (4.63) erhalten wir dann bei Beachtung von $\dot{m} = \rho_0 u_0 A$:

$$K = \lambda_R \frac{3}{4} \frac{1-\epsilon}{\epsilon^3} \frac{1}{\rho_0 A^2} \frac{1}{d_p} \quad \text{mit} \quad \lambda_R = C_2 + C_1 \frac{(1-\epsilon)\nu\rho_0 A}{d_p} \frac{1}{\dot{m}} \tag{4.69}$$

5 Temperaturen der Heizflächen

Auf die Verwendung von Wärmeübertragungsgesetzen kann weitgehend verzichtet werden, wenn wir uns auf Probleme beschränken, bei denen die Wärmeleistung dem Fluid starr aufgeprägt wird. Insbesondere läßt sich die mittlere Fluidtemperatur im Rahmen unserer eindimensionalen Theorie vollkommen ohne Kenntnis von irgendwelchen Nußelt-Zahlen berechnen. Will man zusätzlich die Temperaturen der starr beheizten Wände wissen, werden im laminaren Fall keine Zusatzinformationen bezüglich der Wärmeübertragung benötigt, da sich hierfür die Temperaturprofile selbst exakt berechnen lassen (s. Abschn. 3). Lediglich bei turbulenten Konvektionsströmungen kommt man nicht ganz ohne Zusatzinformationen in der Form von experimentell bestimmten Nußelt-Gesetzen aus, die aber ebenso wie die Widerstandsgesetze (s. Abschn. 4.2) meist nur für erzwungene Strömungen bekannt sind und deshalb nicht in allen Fällen auf freie Konvektionsprobleme angewendet werden dürfen. Glücklicherweise ist aber die Kenntnis dieser Wärmeübertragungsgesetze für ein Konvektionssystem nicht lebensentscheidend, da bei richtiger Auslegung die Temperaturen der Heizflächen nie gravierend über der mittleren Fluidtemperatur liegen. Dabei verstehen wir unter richtiger Auslegung, daß der geometrisch zur Verfügung gestellte Strömungsquerschnitt auch tatsächlich von der sich frei einstellenden Strömung vollständig benutzt wird, damit das Fluid sich möglichst homogen aufheizen kann. Für laminare Strömungen können wir dies sogar explizit zeigen, denn wie bereits in Abschn. 4.1 und Abschn. 4.2 ausführlich diskutiert, ist dies der Fall kleiner Profilparameter $\gamma \ll 1$ mit $\gamma \sim [\dot{Q}/(L/h)^2]^{1/8}$ nach (4.11). Selbst bei großen Heizleistungen $\dot{Q}$ und damit auch großen Ra-Zahlen kann bei hinreichend großer Schlankheit L/h des die Heizfläche umgebenden Kühlmittelspalts immer $\gamma \ll 1$ und damit im laminaren Fall eine parabolische Geschwindigkeitsverteilung (Bild 79) erreicht werden.

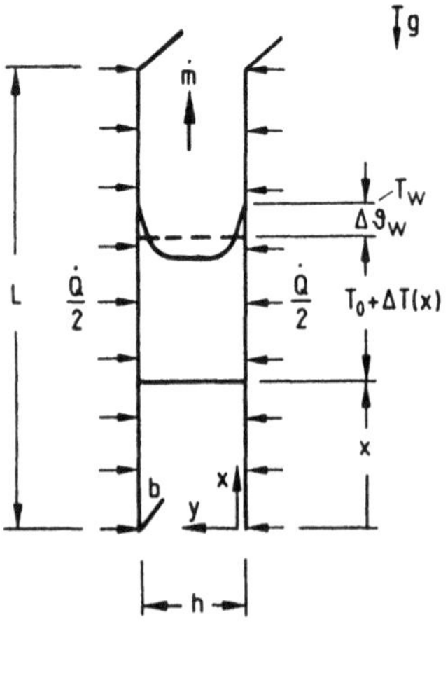

Bild 109
Temperaturprofil für $\gamma \ll 1$ an einer beliebigen Stelle x im Kamin

Genau für diese Situation (Bild 109) gelten die in Abschn. 3.1.1 bereitgestellten Gleichungen (3.106), (3.107), (3.108). Nach (3.107) stellt sich die maximale Temperatur im System an den Heizflächen y = 0 bzw. y = h am Kaminende x = L zu

$$T_{W_{max}} = T(L, 0) = T(L, h) = T_0 + \underbrace{\frac{\dot{Q}}{\dot{m}c}}_{\Delta T} + \underbrace{\frac{17}{140}\frac{\dot{Q}}{b\lambda}\frac{1}{(L/h)}}_{\Delta\vartheta_W} \tag{5.1}$$

ein, und die Überhöhung der Wandtemperatur $\Delta\vartheta_W$ kann gegenüber dem mit der eindimensionalen Theorie berechneten mittleren Temperaturanstieg ΔT vernachlässigt werden, wenn

$$\frac{\Delta\vartheta_W}{\Delta T} \ll 1 \tag{5.2}$$

oder

$$\frac{17}{140}\frac{\dot{m}c}{b\lambda}\frac{1}{(L/h)} \ll 1 \tag{5.3}$$

gilt. Ersetzen wir noch den zugehörigen Massenstrom $\dot{m}$ nach (3.108) und verwenden als Abkürzung die Ra-Zahl

$$Ra = \frac{g\rho_0\beta_0 c h^3 \Delta T}{\nu\lambda} \tag{5.4}$$

bei Beachtung der mittleren Aufheizung $\Delta T = \dot{Q}/(\dot{m}c)$, nimmt die Bedingung (5.3) die Gestalt

$$\frac{17}{3360} Ra \frac{h}{L} \ll 1 \tag{5.5}$$

an. Durch eine richtige Abstimmung zwischen der Heizleistung bzw. Ra-Zahl und der Kamingeometrie kann immer die Ausbildung von Grenzschichten an den Heizflächen verhindert werden. Dies gilt prinzipiell auch für turbulente Konvektionsströmungen, so daß unter dieser Voraussetzung nicht nur die entsprechenden Widerstandsgesetze (s. Abschn. 4.2), sondern auch die ebenfalls experimentell ermittelten Wärmeübertragungs-Gesetze erzwungener Strömungen anwendbar sind. Will man also bei turbulenter freier Konvektionsströmung die nicht gravierend höhere Wandtemperatur der Heizflächen abschätzen, ist zunächst der Massenstrom $\dot{m} = \rho_0 u_0 A$ und die mittlere Temperatur $T(x) = T_0 + (q_W b/\dot{m}c)x$ des Fluids bei homogener Beheizung anhand der eindimensionalen Theorie unter Verwendung des Widerstandskoeffizienten der zugehörigen erzwungenen Ersatzströmung zu berechnen. Mit der so bestimmten eindimensionalen Strömung mit der Geschwindigkeit $u_0 = \dot{m}/(\rho_0 A)$ berechnet man dann in Ermangelung eines Wärmeübertragungsgesetzes für die freie Konvektionsströmung zunächst die zugehörige Reynolds-Zahl und bestimmt die Wärmeübergangszahl α aus dem empirischen Nußelt-Gesetz der erzwungenen Ersatzströmung (s. a. Diskussion hierzu in Abschn. 7.2). Im Fall eines Kreisrohrs vom Durchmesser D gilt bei hinreichend großer Schlankheit $L/D \gg 1$ etwa das Gesetz von Kraußold

$$\mathrm{Nu} = \frac{\alpha \cdot D}{\lambda} = 0{,}032\ \mathrm{Re}^{0,8}\ \mathrm{Pr}^{0,37} \tag{5.6}$$

mit $\mathrm{Re} = \frac{u_0 D}{\nu}, \quad 2300 \lesssim \mathrm{Re} \lesssim 10^6, \quad 0{,}6 \lesssim \mathrm{Pr} \lesssim 10^3$

für in beheizten Kreisrohren turbulent strömende Flüssigkeiten, das man in gängigen Lehr- und Handbüchern der Wärmeübertragung findet. Die gesuchte Wandtemperatur T_W berechnet sich dann mit α nach (5.6) aus der Wärmeübergangsgleichung

$$q_W = \frac{\dot{Q}}{D\pi L} = \alpha(T_W - T(x)) \tag{5.7}$$

und für die maximale Wandtemperatur $T_{W_{max}}$ erhält man schließlich:

$$T_{W_{max}} = T(L) + \frac{q_W}{\alpha} \quad \text{mit} \quad T(L) = T_0 + \Delta T, \quad \Delta T = \frac{\dot{Q}}{\dot{m}c} \tag{5.8}$$

Wählt man bei vorgegebener Schlankheit L/D die Heizleistungsverteilung $q_W = \dot{Q}/(D\pi L)$ zu hoch, können sich Grenzschichten ausbilden, so daß sowohl das Widerstands- als auch das Wärmeübertragungsgesetz der erzwungenen Ersatzströmung seine Gültigkeit verliert und ohne Experimente keine gesicherten Aussagen mehr gemacht werden können. Im Extremfall mit turbulent voll ausgebildeten Grenzschichten muß zumindest die Grenzschichtdicke bekannt sein (s. Abschn. 4.2), um noch theoretische Aussagen machen zu können. Dieser Unsicherheit bei der Beschreibung freier Konvektionsströmungen kann man aber immer durch konstruktive Maßnahmen entgehen, die alle auf eine Vergrößerung der Schlankheit und damit auf eine Gleichverteilung der zugeführten Wärmeenergie hinzielen. Eine solche Maßnahme, die sich bei gasförmigen Medien gut bewährt hat, ist der Einbau eines Strahlungsblechs (Bild 110). Dieses in Strömungsrichtung im beheizten Kanal bzw. Rohr eingebaute Blech wird durch Wärmestrahlung aufgeheizt und wirkt dann

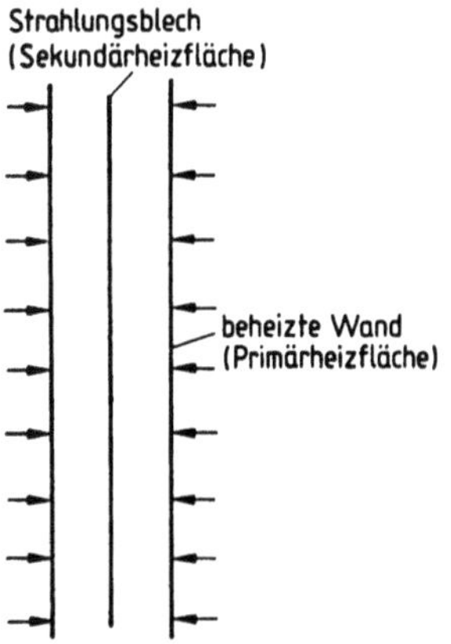

Bild 110
Strahlungsblech als konstruktive Maßnahme zur Vermeidung von Grenzschichteffekten an den Heizflächen

selbst wie eine beheizte Wand. Damit wird einerseits der Wärmeeintrag in das Fluid an der Primärheizfläche um den Anteil gemindert, der gerade an das Blech abgestrahlt wird, und andererseits dieser räumlich besser verteilt über das Strahlungsblech (Sekundärheizfläche) dem Fluid wieder zugeführt. Durch die somit erreichte Homogenisierung der Wärmezufuhr wird einem Grenzschichtverhalten entgegengewirkt.

Da für den speziellen Fall des senkrechten Kreisrohrs auch ein empirisches Nußelt-Gesetz für turbulente freie Konvektionsströmungen bekannt ist, das von Jakob stammt

$$\mathrm{Nu} = 0{,}129\,(\mathrm{Ra})^{1/3} \tag{5.9}$$

und in charakteristischer Weise nur von der Ra-Zahl abhängt, drängt sich ein Vergleich mit dem Gesetz für erzwungene Konvektion (5.6) auf. Beachten wir, daß bei freien Konvektionsströmungen, im Gegensatz zu erzwungenen Strömungen, ein fester Zusammenhang (s. a. Abschn. 7.2) zwischen den Kennzahlen Re, Ra, Pr besteht, lassen sich beide Gesetze in guter Näherung ineinander überführen, womit die Anwendbarkeit eines Wärmeübertragungsgesetzes einer erzwungenen Strömung auf die zugehörige freie Konvektionsströmung (Grenzschichtverhalten natürlich ausgeschlossen) nochmals bestätigt wird. Wir beschaffen uns den oben genannten Zusammenhang durch formales Auflösen der universellen Massenstrom-Relation (2.74) bzw. (6.1) für turbulente Kaminströmungen

$$\dot{m} = \rho_0 u_0 \frac{D^2\pi}{4} = \left(\frac{g\rho_0\beta_0}{c}\,\frac{\dot{Q}}{K}\right)^{1/3} \quad \text{mit} \quad K = 2K_{\delta=2} = \frac{16}{\pi^2}\,\frac{\lambda_t}{\rho_0}\,\frac{1}{D^5} \tag{5.10}$$

nach der Re-Zahl und ersetzen dabei die Heizleistung $\dot{Q}$ mit Hilfe der globalen Energiegleichung $\dot{Q} = \dot{m}c\Delta T$. Aus (5.10) folgt dann:

$$\mathrm{Re}^2 = \frac{1}{\lambda_t}\,\mathrm{Ra}\,\frac{1}{\mathrm{Pr}} \quad \text{mit} \quad \mathrm{Re} = \frac{u_0 D}{\nu}, \quad \mathrm{Ra} = \frac{g\beta_0 D^3 \Delta T}{\nu\chi}, \quad \mathrm{Pr} = \frac{\nu}{\chi} \tag{5.11}$$

Durch Einsetzen der Re-Zahl in das Nußelt-Gesetz (5.6) für erzwungene Strömungen nimmt dies dann die Form

$$\mathrm{Nu} = \frac{0{,}032}{\lambda_t^{0,4}}\,\mathrm{Ra}^{0,4}\,\mathrm{Pr}^{-0,03} \tag{5.12}$$

an. Wegen des kleinen Exponenten der Pr-Zahl entfällt zunächst der explizite Einfluß der Pr-Zahl ($\mathrm{Pr}^{-0,03} \approx 1$), so daß qualitativ richtig Nu = Nu(Ra) gilt. Das formal umgeschriebene Nußelt-Gesetz der erzwungenen Strömung (5.12) stimmt aber nicht nur qualitativ gut mit dem der freien Strömung (5.9) überein, denn die Exponenten 1/3 und 4/10 beider Gesetze liegen dicht beieinander und ebenso die Zahlenfaktoren $0{,}032/\lambda_t^{0,4}$ und 0,129, denn mit einer mittleren Widerstandszahl $\lambda_t \approx 0{,}02$ (s. Bild 8) kann für (5.12) explizit

$$\mathrm{Nu} = 0{,}153\,(\mathrm{Ra})^{0,4} \tag{5.13}$$

geschrieben werden.

6 Inhärent sichere Kühlung von Wärmequellen

6.1 Universelle Darstellung des Massenstroms

Vergleichen wir die unter den verschiedensten Voraussetzungen – mit und ohne begrenzende Kaminwände – gefundenen Formeln (2.51), (2.74), (2.82), (3.226), (3.240) zur Berechnung des sich bei nicht zu großen Aufheizspannen in einem Gravitationsfeld frei einstellenden Massenstroms $\dot{m}$, der durch eine irgendwie aufgeprägte Wärmeleistung $\dot{Q}$ induziert wird, stellen wir fest, daß alle Varianten durch die universelle Darstellung

$$\dot{m} = \left(\frac{g\rho_0\beta_0}{c} \frac{\dot{Q}}{K_r} \right)^{1/r} \tag{6.1}$$

erfaßt werden können. Selbstverständlich läßt sich dieses universelle Ergebnis auch wieder (s. Abschn. 4.3, Abschn. 2.3.1.3) in Abhängigkeit von der globalen Temperaturdifferenz ΔT bzw. Dichtedifferenz $\Delta\rho$ schreiben, wenn bei einem konkreten Problem an Stelle der Heizleistung $\dot{Q}$ etwa ΔT bzw. $\Delta\rho$ aufgeprägt wird. Durch einfache Umrechnung mit $\dot{Q} = \dot{m}c\Delta T$ bzw. $\Delta\rho = \rho_0\beta_0\Delta T$ ergeben sich die (6.1) entsprechenden Darstellungen zu:

$$\dot{m} = \left(g\rho_0\beta_0 \frac{\Delta T}{K_r} \right)^{1/(r-1)} \tag{6.2}$$

$$\dot{m} = \left(g \frac{\Delta\rho}{K_r} \right)^{1/(r-1)} \tag{6.3}$$

Diese Aussagen sind deshalb so universell, weil sich dahinter nichts anderes verbirgt als die Trivialität des Gleichgewichts zwischen der Auftriebskraft F_A und der Widerstandskraft F_W (s. a. Abschn. 1, Abschn. 2.4.1). Wir demonstrieren dies anhand der einfachsten Variante (6.3) mit der Auftriebskraft/Volumen $f_A = g \cdot \Delta\rho$ und der Widerstandskraft/Volumen $f_W = -(K_r\dot{m})^{r-1}$. Kräftegleichgewicht herrscht, wenn gilt:

$$\Sigma f_i = f_A + f_W = 0 \tag{6.4}$$

oder

$$0 = \underbrace{g \cdot \Delta\rho}_{\text{Auftrieb}} - \underbrace{K_r\dot{m}^{r-1}}_{\text{Widerstand}} \tag{6.5}$$

Dies ist gerade die Bewegungs- oder Impulsgleichung, die durch Auflösen nach dem Massenstrom, was im Fall $\Delta\rho/\rho_0 = \beta_0\Delta T = \beta_0\dot{Q}/(\dot{m}c) \ll 1$ immer möglich ist, direkt auf die universelle Aussage (6.3) bzw. die Aussagen (6.2), (6.1) führt. Die Eigentümlichkeiten spezieller Konvektionsströmungen lassen sich jeweils durch den charakteristischen Exponenten r und den zugehörigen Widerstandskoeffizienten K_r darstellen. Wir sehen hier noch einmal ganz deutlich, daß der ganze Aufwand einer über die eindimensionalen Vorstellungen hinausführenden Theorie letztlich allein dazu dient, den richtigen Widerstandskoeffizienten K_r zu bestimmen, denn die universellen Formeln (6.1), (6.2), (6.3) kann man ohne theoretische Zusatzüberlegungen für jeden beliebigen Anwendungsfall direkt hinschreiben. Da in praktischen Anwendungsfällen mit meist komplizierter Geometrie und turbulenter Strömungsform sowieso eine theoretische Berechnung des Widerstandskoeffizienten nicht möglich oder nicht sinnvoll (dauert zu lange und ist zu teuer) ist, wird man diesen einfach experimentell bestimmen. Um aber die Anzahl der Messungen möglichst gering halten zu können (Kostenersparnis), muß man den richtigen Exponenten r a priori kennen, denn nur dann stellt sich beim Auftragen der experimentellen Werte der Widerstandskoeffizient K_r auch als Konstante dar, so daß wenige Reproduktionsmessungen genügen. Diese Werte r entnehmen wir deshalb nicht aus einem Experiment (dazu wären wiederum zuviele Messungen erforderlich), sondern aus unseren erweiterten theoretischen Überlegungen, die für typische Spezialfälle mit einfachen Geometrien bereitstehen. Wir erkennen hier nebenbei, daß praktische Strömungsmechanik nur dann sinnvoll betrieben werden kann, wenn sich Experiment und Theorie ergänzen. Unsystematisches Herummessen ist genauso unpraktisch wie der zweifelhafte Versuch einer Pseudoberechnung sehr komplizierter Strömungen aufgrund wackliger Annahmen oder einer Rechnung mit nicht vertretbarem Aufwand. Konkret entnehmen wir die charakteristischen Werte r aus dem Vergleich von (6.1) mit speziellen Konvektionsströmungen (2.51), (2.74), (2.82) für Kamine und (3.226), (3.240) für Platte und Draht.

Im Fall der ausgebildeten Kaminströmungen erhält man bei reibungsfreier Strömung

$$r = 3: \quad K_{r=3} = \frac{1}{\rho_0 A^2 \Gamma H} \tag{6.6}$$

bei laminarer Strömung ($\delta = 1$)

$$r = 2: \quad K_{r=2} = \frac{2K_{\delta=1}}{\Gamma} \tag{6.7}$$

und bei turbulenter Strömung ($\delta = 2$)

$$r = 3: \quad K_{r=3} = \frac{2K_{\delta=2}}{\Gamma} \tag{6.8}$$

oder

$$r = 3: \quad K_{r=3} = \frac{\frac{\zeta_{Bl}}{\rho_0 A^2} + 2K_{\delta=2}H}{\Gamma H} \tag{6.9}$$

wenn außerdem eine Blende mit $\zeta_{Bl} \gg 1$ im Kamin eingebaut ist. Für sehr schwache Blenden und nicht dominierende Reibung muß in (6.9) zusätzlich noch die in Abschn. 2.3.1.1 vernachlässigte Beschleunigung des Fluids aus der Ruhe heraus (Bernoulli-Term) berücksichtigt werden. Es gilt dann allgemein

$$K_{r=3} = \frac{\frac{\zeta_{Bl}+1}{\rho_0 A^2} + 2K_{\delta=2}H}{\Gamma H} \tag{6.10}$$

so daß der Sonderfall der idealen Konvektionsströmung (6.6) ohne Reibungsverluste ($K_{\delta=2} = 0$) und ohne Stoßverluste ($\zeta_{Bl} = 0$) mit in (6.10) enthalten ist. Daß Kaminströmungen mit ausschließlich Stoßverlusten die gleiche 1/r-Potenz aufweisen wie reibungsfreie Strömungen, ist selbstverständlich, denn Stoßverluste sind ja insbesondere ein Phänomen reibungsfreier Strömungen (Bild 108, Bild 8). Die ebenfalls gleiche Potenz bei den rein reibungsbehafteten turbulenten Strömungen ist dagegen nicht physikalisch bedingt, sondern eine Folge unserer Vereinfachungen in Abschn. 2.2.

Im Fall der nicht ausgebildeten laminaren Grenzschichtströmungen (Platte, Draht) ist der sich einstellende Massenstrom ebenso wie das Widerstandsgesetz ortsabhängig, so daß hier (6.1) in der modifizierten Form

$$\dot{m}(x) = \left(\frac{g\rho_0\beta_0}{c} \frac{\dot{Q}}{K_r(x)} \right)^{1/r} \tag{6.11}$$

gilt. Der Vergleich von (6.11) mit der speziellen Lösung der beheizten Platte (3.226) liefert dann

$$r = 5: \quad K_{r=5}(x) = \lambda L / [625 c \rho_0^4 \nu^3 b^4 \cdot x^4 \cdot f^5(\infty; Pr)] \tag{6.12}$$

und ebenso erhalten wir mit (3.240)

$$r = 5: \quad K_{r=5}(x) = I(Pr) / [64 \nu^2 \rho_0^3 b^4 J^5 (Pr) x^3] \tag{6.13}$$

im Fall des beheizten Drahts.

6.2 Unempfindlichkeit gegen Fehlauslegung

Wie bereits mehrfach festgestellt, funktioniert die Wärmeabfuhr und damit die Kühlung einer Wärmequelle immer, wenn nur das Gravitationsfeld nicht verschwindet und der Widerstandskoeffizient hinreichend klein bleibt, der durch die Stoffdaten des verwendeten Fluids und die Geometrie der Wärmequelle festgelegt wird. Wir zeigen dies nochmals explizit unter Verwendung des zuvor gefundenen universellen Massenstrom-Gesetzes

$$\dot{m} = \left(\frac{g\rho_0\beta_0}{c} \frac{\dot{Q}}{K_r} \right)^{1/r} \tag{6.14}$$

das wir in die globale Energiegleichung

$$\dot{Q} = \dot{m} c \Delta T \tag{6.15}$$

einsetzen und nach der Temperaturerhöhung des Fluids ΔT auflösen:

$$\Delta T = \left(\frac{K_R}{g\rho_0\beta_0} \right)^{1/r} \left(\frac{\dot{Q}}{c} \right)^{1-(1/r)} \tag{6.16}$$

Unter den oben genannten Bedingungen bleibt ΔT klein, so daß eine unerträgliche Aufheizung der Wärmequelle ausgeschlossen werden kann. Störungen der Kühlung durch technische Defekte, wie diese etwa bei erzwungener Konvektion mit aktiven Komponenten (Pumpen jeglicher Art) an der Tagesordnung sind, können bei freier Konvektion nicht auftreten. Solche passiven Systeme sind inhärent sicher. Damit eng verknüpft ist auch die Unempfindlichkeit gegenüber Variationen der Systemeinflußgrößen, die sich mathematisch in der Wurzelabhängigkeit des Massenstroms (1/r-Potenz) zeigt. Bei laminaren Kaminströmungen (r = 2) ergeben sich sowohl bei Fehlauslegungen der Heizleistung als auch des Widerstandskoeffizienten nach (6.16) gleiche thermische Auswirkungen, während sich für turbulente bzw. reibungsfreie Kaminströmungen (r = 3), und dies gilt noch verstärkt für die laminaren Strömungen an einer beheizten Platte bzw. einem beheizten Draht (r = 5), Fehler in der Heizleistung weitaus stärker auswirken als solche im Widerstandskoeffizienten. Setzt man aufgeprägte Heizleistungen voraus, sind nur Fehlauslegungen durch eine falsche Wahl des Widerstandskoeffizienten möglich. Wie Bild 111 zeigt, in dem die zusätzliche Aufheizung $\Delta(\Delta T)$ des Fluids bei einem um ΔK_r erhöhten Widerstandskoeffizienten bezogen auf die geplante Temperaturerhöhung ΔT bei dem Auslegungs-Widerstandskoeffizient K_r

$$\frac{\Delta(\Delta T)}{\Delta T} = \left(1 + \frac{\Delta K_r}{K_r}\right)^{1/r} - 1 \qquad (6.17)$$

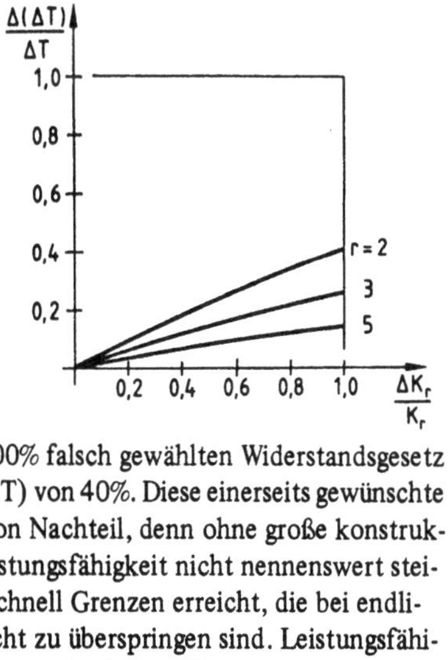

Bild 111
Relative Zusatzaufheizung $\Delta(\Delta T)/\Delta T$ infolge von um ΔK_r erhöhten Widerstandskoeffizienten gegenüber dem Auslegungswert K_r

aufgetragen ist, ergibt sich selbst bei einem um 100% falsch gewählten Widerstandsgesetz maximal (r = 2) nur eine Zusatzaufheizspanne $\Delta(\Delta T)$ von 40%. Diese einerseits gewünschte Unempfindlichkeit ist andererseits jedoch auch von Nachteil, denn ohne große konstruktive Änderungen des Systems läßt sich dessen Leistungsfähigkeit nicht nennenswert steigern. Es werden bei Naturkonvektionssystemen schnell Grenzen erreicht, die bei endlichen Systemabmessungen (Wirtschaftlichkeit) nicht zu überspringen sind. Leistungsfähigere und damit auch meist wirtschaftlichere Systeme mit aktiven Komponenten – z. B. Pumpen in einem Heizkessel mit erzwungener Konvektion – haben aber wiederum sicherheitstechnische Nachteile. Je nach der Größe des Gefährdungspotentials, das einem System innewohnt, kann die Wahl eines passiven oder aktiven Systems sinnvoll sein[1]).

---

[1]) Im zivilen Flugzeugbau (geringes Gefährdungspotential) geht man heute den Weg zu aktiven Systemen – größere Wirtschaftlichkeit durch Widerstandsminimierung bei Stabilitätsverlust, beherrscht durch aktive elektronische Einrichtungen (Sicherheitsverlust) – während bei neueren Entwicklungen im Kernenergiebereich (großes Gefährdungspotential) der Schritt zurück (Renaissance der Naturkonvektionssysteme) zu passiven Systemen (Sicherheitsgewinn) beschritten oder in Erwägung gezogen wird.

Es sind auch Kompromißlösungen möglich, die hohe Wirtschaftlichkeit und Sicherheit in sich vereinen. Man denke sich hierzu ein System, das im Nennlastpunkt aktiv betrieben wird und das im Störfall (Ausfall der aktiven Komponenten) auf einem niedrigeren Niveau, das passiv möglich ist, weiterarbeitet.

6.3 Konstruktive Gestaltung optimaler Kühlsysteme

Um einen Hinweis auf die konstruktive Gestaltung von Kühlsystemen zu erhalten, die inhärent sicher mit freien Konvektionsströmungen betrieben werden, betrachten wir die beiden in Bild 112 skizzierten Systeme. Im Fall A steht die Wärmequelle frei im Raum, während sie im Fall B ummantelt ist, um den Kaminzug ausnutzen zu können.

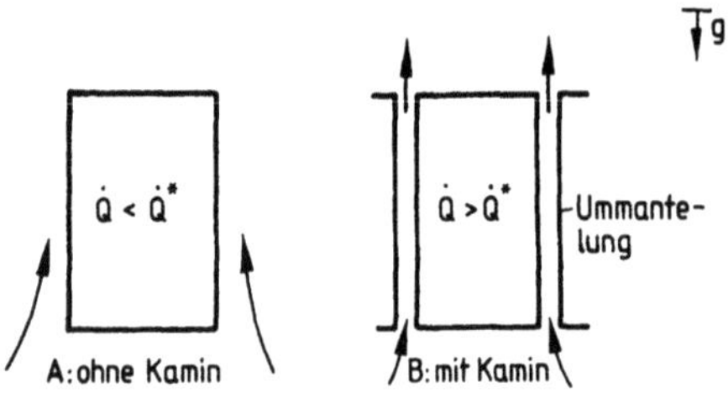

Bild 112
Zur optimalen Gestaltung von Kühlsystemen für kleine und große Heizleistungen

Den Vergleich zwischen dem Kühlsystem A ohne Kaminwirkung (nicht ausgebildete Konvektionsströmung, Abschn. 3.2.1) und dem Kühlsystem B mit Kaminwirkung (ausgebildete Kaminströmung, Abschn. 4.1) beschränken wir aus beweistechnischen Gründen auf laminare Strömungen, da hierfür das erforderliche Werkzeug explizit zu Verfügung steht. Die sich im Fall A einstellende Konvektionsströmung an der freien Oberfläche der Wärmequelle entspricht der an einer beheizten Platte, so daß nach (3.226) ein Massenstrom

$$\dot{m} \sim \dot{Q}^{1/5} \tag{6.18}$$

zu erwarten ist. Im Fall B mit Kamin erhalten wir dagegen nach (4.28) einen Massenstrom

$$\dot{m} \sim \ldots \dot{Q}^{1/2} - \ldots \frac{h}{L} \dot{Q} - \ldots \tag{6.19}$$

der sich für große Schlankheit des Kamins $h/L \ll 1$ und damit voller Kaminwirkung auf

$$\dot{m} \sim \dot{Q}^{1/2} \tag{6.20}$$

entsprechend (6.1) bzw. (2.74) verstärkt. Die Massenströme (6.18), (6.19), (6.20) sind in Bild 113 qualitativ in Abhängigkeit von der aufgeprägten Heizleistung $\dot{Q}$ dargestellt. Die beiden Massenstromkurven für schlanke Kamine ($h/L \ll 1$) und freie Oberflächen schneiden sich bei $\dot{Q}^*$. Für Heizleistungen $\dot{Q} < \dot{Q}^*$ liefern somit freie Oberflächen einen größeren Massenstrom als Kamine, und für $\dot{Q} > \dot{Q}^*$ ist dies umgekehrt. Die Kühlung von Wärmequellen ist also bei schwachen Heizleistungen am besten, wenn die Wärmequelle frei im Raum steht: Fall A, Bild 112. Eine Ummantelung zur Erzielung eines vermeint-

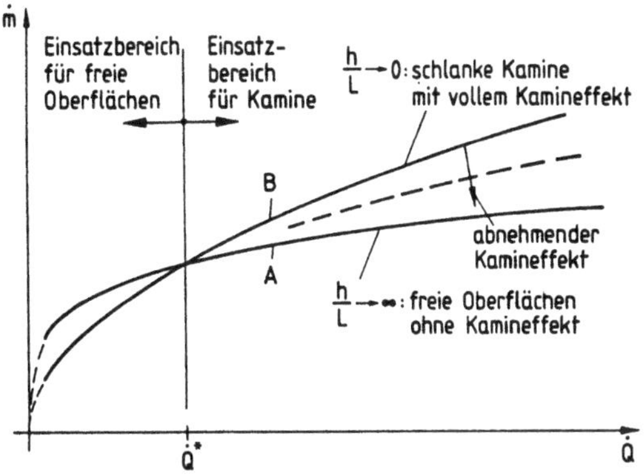

Bild 113
Zum Vergleich zwischen freien Konvektionsströmungen in Kaminen und an freien Oberflächen bei gleicher Beheizung und Orientierung im Schwerefeld

lich besseren Kaminzugs wäre hier sogar schädlich. Für starke Heizleistungen dagegen dominiert der Kamineffekt: Fall B, Bild 112. Hier wird die Effizienz durch eine Ummantelung der Wärmequelle ganz entscheidend verbessert. Außerdem erkennen wir, daß die Massenstromkurven weniger schlanker Kamine zwischen den beiden Grenzfällen $h/L \to 0$ (extrem schlanker Kamin) und $h/L \to \infty$ (freie Oberfläche) liegen. Die Grenze zwischen den beiden Einsatzbereichen, Bild 113, die durch $\dot{Q}^*$ definiert ist, ergibt sich durch Gleichsetzen des Massenstroms im schlanken Kamin nach (6.1) bzw. (2.74) und des Massenstroms an der Oberfläche einer Platte (beide homogen beheizt) nach (3.226) zu

$$\dot{Q}^* = \frac{c}{g\rho_0\beta_0}\left(K_{r=2}^{5/3} / K_{r=5}^{2/3}\right) \tag{6.21}$$

wenn wir $\dot{m}_{max} = \dot{m}(L)$ nach (3.226) ebenfalls in der (6.1) entsprechenden Darstellung

$$\dot{m}_{max} = \left[\frac{g\rho_0\beta_0}{c}\,\frac{\dot{Q}}{K(L)}\right]^{1/5} \tag{6.22}$$

mit dem Widerstandskoeffizienten der Platte

$$K(L) = \lambda/[625 c\rho_0^4 \nu^3 b^4 L^3 f^5(\infty; \mathrm{Pr})] = K_{r=5} \tag{6.23}$$

nach (6.12) schreiben.

7 Thermische und hydrodynamische Stabilität

Anders als bei erzwungenen Strömungen sind die bei freien Konvektionsströmungen auftretenden Stabilitätsphänomene vielgestaltiger, so daß sich die schon gezeigte Mannigfaltigkeit der Lösungen (s. Abschn. 3.1) hierdurch noch vergrößert. Neben der rein hydrodynamischen Stabilität (Umschlag laminar-turbulent), die bei erzwungenen Strömungen das einzige Phänomen ist und bekanntlich durch die kritische Reynolds-Zahl bei isothermen Verhältnissen beschrieben wird, kommt bei freien Strömungen hinzu, daß unter gewissen geometrischen Bedingungen eine Strömung erst oberhalb einer kritischen Rayleigh-Zahl einsetzt. Auch dieses Phänomen ist ein Stabilitätsproblem und kann mit dem Ausknicken eines Stabes bei einer entsprechenden kritischen Belastung verglichen werden (Abschn. 3.1.3). Dies ist aber noch nicht alles, denn dem überlagert gibt es noch eine Systemstabilität, die wir bereits für den eindimensionalen Fall in Abschn. 2.6 untersucht haben. Dabei geht es darum, ob eine unter gewissen Voraussetzungen berechnete Strömung (laminar oder turbulent), die natürlich allen Erhaltungsgleichungen und Randbedingungen genügt, bei den eingestellten Systemparametern gegen Störungen stabil ist. Um dies besser verstehen zu können, denken wir uns z. B. eine Strömung, die unter der Voraussetzung berechnet wurde, daß die Strömung ausgebildet und stationär sei. Wenn demselben Problem nun aber auch noch nicht ausgebildete stationäre oder gar instationäre Lösungen genügen, ist von vornherein keine Eindeutigkeit gegeben, und die Natur kann sich nach energetisch übergeordneten Gesichtspunkten eine dieser in Frage kommenden Lösungen heraussuchen. Um also ganz sicher zu sein, daß sich eine berechnete Konvektionsströmung in der Realität auch tatsächlich einstellt, muß für die jeweils betrachtete stationäre Strömung ein Stabilitätsnachweis geführt werden. Da dieser Nachweis auf rein theoretischer Basis gewöhnlich den Rahmen technischer Anwendungen bei weitem übersteigt und deshalb auch hier nicht weiter verfolgt wird, begnügt man sich in der Praxis gewöhnlich mit Begleitexperimenten, welche die Existenz stationärer Rechenergebnisse im Anwendungsbereich absichern sollen. Will man auf solche verifizierende Experimente verzichten, müssen die geometrischen und energetischen Zwänge der technischen Ausführungen so stark sein, daß die Lösungsmannigfaltigkeit extrem reduziert wird. Beheizungs- und Geometrievarianten müssen derart eingeschränkt sein, daß die dann noch möglichen Konvektionsströmungen a priori eindeutig und damit systemstabil sind.

7.1 Einsetzen freier Konvektion

Ein Fluid kann sich im mechanischen Gleichgewicht befinden, ohne daß es dabei im thermischen Gleichgewicht ist. Ein solcher Zustand ist aber nur unter einer bestimmten Bedingung stabil. Wird diese Stabilitätsbedingung, deren Herleitung man in allen Lehrbüchern über Hydromechanik und Meteorologie findet

$$\frac{\partial T}{\partial x} = \left(\frac{\partial T}{\partial x}\right)_{frei} > -\frac{g\beta_0 T_0}{c} \quad \text{mit} \quad c = \begin{cases} c_F: & \text{Flüssigkeit} \\ c_p: & \text{Gas} \end{cases} \tag{7.1}$$

verletzt, setzt Konvektion ein. Die Stabilitätsbedingung (7.1) ist eine Bedingung für das Fehlen von Konvektionsströmungen in einem unendlich ausgedehnten Medium ohne den Einfluß begrenzender Wände, die erfüllt ist, wenn die Entropie des Fluids in x-Richtung entgegen der Schwerkraftrichtung zunimmt. Der isentrope oder reversibel adiabatische Grenzfall, dem der Temperaturgradient $\partial T/\partial x = -g\beta_0 T_0/c$ zugeordnet ist, wird deshalb in der Meteorologie als adiabater Temperaturgradient bezeichnet, der labile ($\partial T/\partial x < -g\beta_0 T_0/c$) und stabile ($\partial T/\partial x > -g\beta_0 T_0/c$) thermische Schichtungen der freien Atmosphäre voneinander trennt. Wir vergleichen nun die Stabilitätsgrenze (7.1) mit der Stabilitätsgrenze, die wir für vertikale schlanke Kanäle in Abschn. 3.1.3 gefunden haben. Da das durch die beiden in Schwerkraftrichtung orientierten Kanalwände (Länge L, Abstand h, Bild 84) stark eingegrenzte Fluid nach (3.135) für Ra-Zahlen

$$Ra < Ra_1 = \left(\frac{3\pi}{2}\right)^4 \frac{L}{h} = \frac{g\rho_0\beta_0 ch^3\Delta T_1}{\nu\lambda} \tag{7.2}$$

oder Temperaturgradienten

$$\frac{\partial T}{\partial x} = \left(\frac{\partial T}{\partial x}\right)_{Kanal} > -\frac{\Delta T_1}{L} = -\left(\frac{3\pi}{2}\right)^4 \frac{\nu\lambda}{g\rho_0\beta_0 ch^4} \tag{7.3}$$

in Ruhe bleibt, gilt

$$\frac{(\partial T/\partial x)_{Kanal}}{(\partial T/\partial x)_{frei}} = \left(\frac{3\pi}{2}\right)^4 \frac{\nu\lambda}{\rho_0 T_0 (g\beta_0)^2} \frac{1}{h^4} \tag{7.4}$$

und wir erkennen, daß für sehr enge Spalte, den technisch wichtigsten Anwendungsfällen, die zur Erzeugung einer Konvektionsströmung erforderlichen Temperaturgradienten

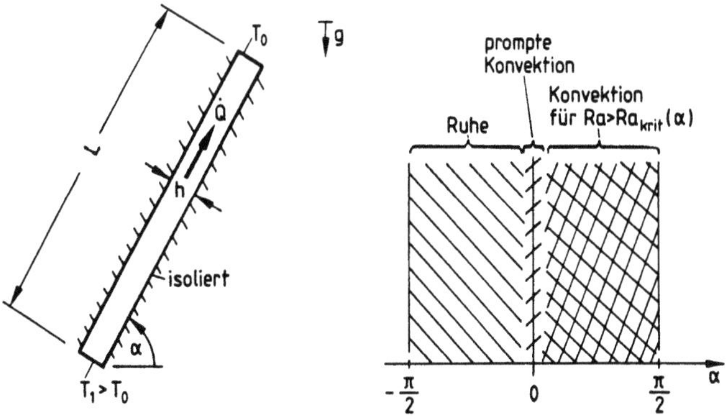

Bild 114 Konvektion und thermische Verblockung eines Fluids in einem beidseitig geschlossenen Kanal (Wärmerohr)

betragsmäßig größer sind als die in der Natur. Dies gilt insbesondere für Gase mit um einige Zehnerpotenzen kleineren Dichten gegenüber denen von Flüssigkeiten.

Die Bedingung für fehlende Konvektion ist insbesondere auch dann erfüllt, wenn wir den Kanal im Schwerefeld so weit nach unten verdrehen (Bild 114: $\alpha < 0$), daß sich das Fluid stabil schichtet, damit der Antrieb für die Konvektionsströmung entfällt und deshalb Ruhe herrscht. Neben den bereits für die Grenzfälle $\alpha = \pi/2$ (Konvektion für $Ra > Ra_{krit} = Ra_1$) und $\alpha = 0$ (prompte Konvektion) in Abschn. 3.1.3 und Abschn. 3.1.2 diskutierten Eigenschaften hat das betrachtete System – in der Technik Wärmerohr genannt – also noch die Fähigkeit, thermisch blockieren zu können. Während im Winkelbereich $\alpha \geqslant 0$ durch die einsetzende Konvektionsströmung ein Energietransport vom warmen zum kalten Ende des Kanals möglich ist, verschwindet dieser durch Drehen des Systems in den Bereich $\alpha < 0$. Dieser Effekt wird technisch genutzt, um etwa Wärmequellen vor thermischen Störfällen (Feuer) von außen schützen zu können, die aus Sicherheitsgründen mit dicken Betonwänden umgeben sind und deshalb von der Umgebung nur über Wärmerohre[1]) inhärent sicher gekühlt werden können (Bild 115).

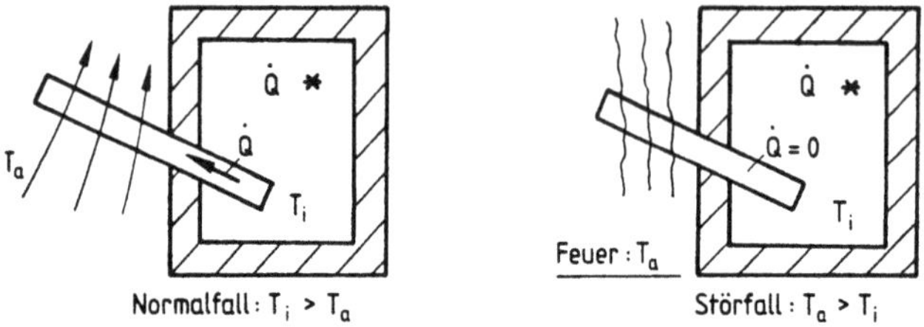

Bild 115 Zur thermischen Blockierung eines Gebäudes bei einem thermischen Störfall von außen (Feuer)

Während im Normalfall ($T_i > T_a$) aus dem Gebäude Wärmeenergie abgeführt wird, ist dieses im Störfall ($T_a > T_i$) thermisch blockiert. Die heißen Rauchgase eines Feuers außerhalb können das Gebäudeinnere über die Wärmerohre nicht aufheizen. Ist das Gebäude hinreichend groß (thermische Speicherfähigkeit) und die Brennzeit des Feuers hinreichend kurz, kommt es zu keiner nennenswerten Aufheizung des Gebäudeinneren. Genau diesen Trick hat sich auch die Natur mit der Dichteanomalie des Wassers zu eigen gemacht, der bewirkt, daß Gewässer nur von der Oberfläche her zufrieren und somit eine ökologische Nische entsteht, die das Überwintern tierischer Wasserbewohner garantiert. Wie in Bild 116 dargestellt, hat die Dichte des Wassers bei 4 °C ein Maximum. Während im Bereich des normalen Dichteverhaltens ($T > 4$ °C) wärmere Wasserschichten immer aufsteigen[2]) und damit konvektiv auch ein Wärmetransport zur Oberfläche erfolgt,

[1]) Um hohe Wärmeleistungen abführen zu können, bedient man sich in der Realität zweiphasig arbeitender Wärmerohre (Heat-pipes).

[2]) Der Grenztemperaturgradient nach (7.1) fällt bei Flüssigkeiten im Gegensatz zu Gasen so klein aus, daß $\partial T/\partial x = 0$ gesetzt werden kann. Mit der Erdbeschleunigung $g = 9{,}81$ m/s^2 und den Stoffdaten für Wasser $\beta_0 = 0{,}6 \cdot 10^{-4}$/K, $c_F = 4{,}2$ kWs/(kg K) bei $T_0 = 273$ K berechnet sich nach (7.1) $\partial T/\partial x = 0{,}4 \cdot 10^{-4}$K/m.

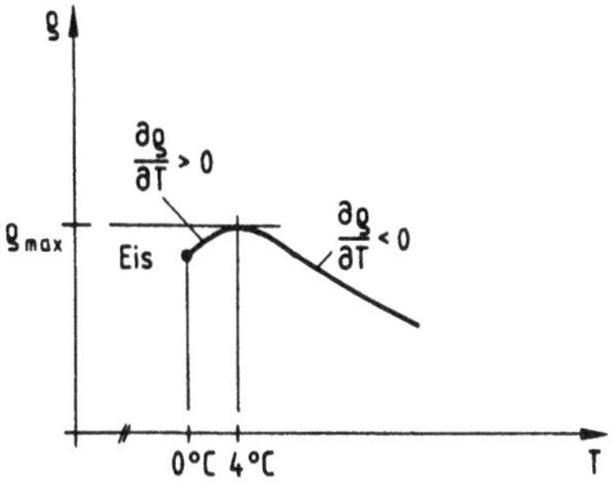

Bild 116
Zur Dichteanomalie des Wassers bei atmosphärischen Bedingungen

was eine Abkühlung bewirkt, blockiert das Gewässer thermisch beim Erreichen der Dichteanomalie (T ⩽ 4 °C), weil der Dichte- bzw. Temperaturgradient sein Vorzeichen umkehrt. Im Bodenbereich eines Gewässers ist somit unter Winterbedingungen die Wassertemperatur stets 4 °C. Eine weitere Abkühlung erfolgt nicht, da in diesem Zustand nahezu kein Wärmetransport zur kälteren Oberfläche hin stattfindet.

7.2 Umschlag laminar-turbulent

Wir betrachten zunächst den Übergang laminar-turbulent anhand der eindimensionalen Theorie, die auf die universelle Darstellung (6.1) des Massenstroms

$$\dot{m} = \left(\frac{g\rho_0\beta_0}{c}\frac{\dot{Q}}{K_r}\right)^{1/r} \tag{7.5}$$

geführt hat. Wie in Bild 117 dargestellt, entnehmen wir aus (7.5), daß im laminaren Fall ($r = 1 + \delta = 2$) der Massenstrom mit der Quadratwurzel und im turbulenten Fall ($r = 1 + \delta = 3$) mit der Kubikwurzel aus der Heizleistung $\dot{Q}$ anwächst. Damit der Übergang laminar-turbulent bei konstantem Massenstrom $\dot{m}_{krit}$ erfolgen kann, der auf dem „laminaren Ufer" gerade mit der Heizleistung $\dot{Q}_{\ell,krit}$ erreicht wird, muß die Heizleistung auf $\dot{Q}_{t,krit}$ erhöht werden. Die turbulent erreichbaren Massenströme überschreiten den

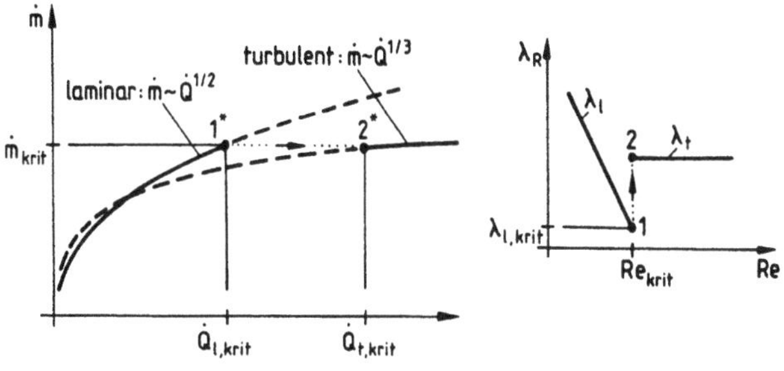

Bild 117 Durch aufgeprägte Heizleistungen $\dot{Q}$ induzierter Konvektionsmassenstrom $\dot{m}$ bei laminarer und turbulenter Strömungsform

kritischen Massenstrom $\dot{m}_{krit}$, der für kleine Aufheizspannen $\beta_0 \Delta T \ll 1$ bei einer festen kritischen Reynolds-Zahl Re_{krit} angenommen wird, erst für Heizleistungen $\dot{Q} > \dot{Q}_{t,krit}$, die über das „turbulente Ufer" hinausführen. Interessanterweise wählt die Natur die Massenströme $\dot{m} > \dot{m}_{krit}$ so aus, daß die Aufheizung des Fluids größer wird, als dies bei einer über Re_{krit} hinaus laminar gehaltenen Strömung der Fall wäre. Mit der einfachheitshalber wieder unterstellten Rauhigkeitsströmung (λ_t = const, Abschn. 2.2) läßt sich noch der Zusammenhang zwischen $\dot{Q}_{\ell,krit}$ und $\dot{Q}_{t,krit}$ leicht ausrechnen. Aus (7.5) folgt unmittelbar

$$\frac{\dot{Q}_{t,krit}}{\dot{Q}_{\ell,krit}} = \dot{m}_{krit} \frac{K_{\delta=2}}{K_{\delta=1}} \tag{7.6}$$

und mit $\dot{m}_{krit} = (\rho_0 u_0 A)_{krit} = \rho_0 \nu \, Re_{krit} \, A/D$ kann bei Kreisrohrgeometrie ($A = D^2\pi/4$) auch

$$\frac{\dot{Q}_{t,krit}}{\dot{Q}_{\ell,krit}} = Re_{krit} \frac{\pi}{4} \nu \rho_0 D \frac{K_{\delta=2}}{K_{\delta=1}} \tag{7.7}$$

in Abhängigkeit von der kritischen Reynolds-Zahl

$$Re_{krit} = \left(\frac{u_0 D}{\nu}\right)_{krit} = 2300 \tag{7.8}$$

geschrieben werden. Daß hier in der Tat die hydrodynamische Stabilitätsgrenze für isotherme erzwungene Strömungen einzusetzen ist, wollen wir tiefgehender begründen. Wie wir aus den beiden Komponenten (3.25), (3.26) der Bewegungs- oder Impulsgleichung in dimensionsfreier Form entnehmen, hat die Ra-Zahl für ausgebildete freie Konvektionsströmungen diejenige Bedeutung, die die Re-Zahl für ausgebildete erzwungene Strömungen hat. Deshalb ist es nicht verwunderlich, daß bei freien Konvektionsströmungen als Stabilitätsmaß für den Umschlag laminar-turbulent nicht die Re-Zahl, sondern die Ra-Zahl ($Ra = Gr \cdot Pr$) bzw. die Grashof-Zahl verwendet wird, die sich von der Ra-Zahl nur durch die Materialkonstante Prandtl-Zahl unterscheidet. Wir wollen nun den Zusammenhang zwischen der thermischen Kennzahl Ra bzw. Gr und der hydraulischen Kennzahl Re herstellen. Dazu wird die freie Konvektionsströmung in einem senkrechten Kamin vom Durchmesser D mit homogener Beheizung betrachtet. Die Verknüpfung zwischen den beiden mit der charakteristischen Länge D gebildeten Kennzahlen

$$Re_D = \frac{u_0 D}{\nu} \tag{7.9}$$

$$Ra_D = \frac{g \rho_0 \beta_0 c D^3 \Delta T}{\nu \lambda} \tag{7.10}$$

ergibt sich in einfachster Weise aus dem sich laminar ($\delta = 1, r = 2$) einstellenden Massenstrom

$$\dot{m} = \rho_0 u_0 \frac{D^2 \pi}{4} = \left(\frac{g \rho_0 \beta_0}{c} \frac{\dot{Q}}{K}\right)^{1/2} \tag{7.11}$$

nach (6.1) oder (2.74) mit dem Widerstandskoeffizienten

$$K = K_{r=2} = 2K_{\delta=1} = 2 \cdot \frac{128\nu}{\pi D^4} \tag{7.12}$$

nach (6.7) oder (2.65) und der globalen Einergiegleichung

$$\dot{Q} = \dot{m}c\Delta T \tag{7.13}$$

die in (7.11) eingesetzt wird. Man erhält so den Zusammenhang zwischen den Kennzahlen

$$Ra = 64\ Pr \cdot Re \tag{7.14}$$

oder $$Gr = 64\ Re \tag{7.15}$$

und durch Einsetzen der kritischen Re-Zahl für kreisförmige Rohre

$$Re_{D,\,krit} = 2300 \tag{7.16}$$

ergibt sich schließlich:

$$Ra_{D,\,krit} = 1{,}5 \cdot 10^5\ Pr \tag{7.17}$$

oder $$Gr_{D,\,krit} = 1{,}5 \cdot 10^5 \tag{7.18}$$

Die gleiche Überlegung für homogen beheizte Spalte mit dem Wandabstand h führt unter Beachtung des hydraulischen Durchmessers $D_h = 2h$ (s. Abschn. 4.1) und der dann zahlenmäßig gleichen kritischen Re-Zahl

$$Re_{D_h,\,krit} = 2300 \tag{7.19}$$

auf $$Ra_{D_h,\,krit} = 2{,}2 \cdot 10^5\ Pr \tag{7.20}$$

$$Gr_{D_h,\,krit} = 2{,}2 \cdot 10^5 \tag{7.21}$$

oder $$Ra_{h,\,krit} = 2{,}8 \cdot 10^4\ Pr \tag{7.22}$$

$$Gr_{h,\,krit} = 2{,}8 \cdot 10^4 \tag{7.23}$$

wenn die beiden thermischen Kenngrößen auf die Spaltweite h direkt bezogen werden. Durch Vergleich der so berechneten kritischen Kennzahlen mit bekannten Experimenten in schlanken Geometrien stellt man eine gute Übereinstimmung fest. Bei entsprechenden Experimenten sind beim Erreichen von Grashof-Zahlen von etwa $Gr_h = 2 \cdot 10^4$ die ersten Welligkeiten der betrachteten Sichtenströmungen zu beobachten. Die gute Übereinstimmung zeigt, daß die hier betrachtete Instabilität in vertikalen Kaminen von rein hydrodynamischer Natur und damit gleichartig mit der Instabilität einer erzwungenen Kanal- oder Rohrströmung ist. Von der kritischen Re-Zahl, die im Experiment bei erzwungener isothermer Strömung gewonnen wurde, kann also sofort auf die kritische Ra- bzw. Gr-Zahl der freien Konvektionsströmung geschlossen werden, ohne neu experimentieren zu müssen. Der Einfluß unterschiedlicher Kaminquerschnitte (Kreisrohr, Spalt) schlägt sich bei hinreichend großer Schlankheit (keine Grenzschichten an den Heizflächen (Abschn. 5) und damit Gültigkeit der Widerstandsgesetze der zugehörigen erzwungenen Ersatzströmungen (Abschn. 4)) allein in bekannten unterschiedlichen Zahlenfaktoren ξ (Kreisrohr $\xi = 64$, Spalt $\xi = 96$) in den zu verwendenden Widerstandskoeffizienten (4.6) nieder. Um dies nochmals allgemein zeigen zu können, lassen wir jetzt auch laminare Konvektionsströmungen mit Geschwindigkeitsprofilen zu, die gegenüber denen erzwungener Ersatzströmungen durch Grenzschichtverhalten (Abschn. 5) an den Heizflächen deformiert sind. Diese thermische Deformation des Geschwindigkeitsprofils ausgebildeter freier Konvektionsströmungen wird in Abschn. 3.1.1, (Bild 79) bzw. Abschn. 4.1 durch den Formparamter γ beschrieben, der sogleich ein Maß für die Wandtangente des Geschwindigkeitsprofils und damit für das Widerstandsgesetz ist. In Verallgemeinerung kann deshalb für den Widerstandskoeffizienten K nach (4.6)

$$K = \frac{\xi(\gamma) \cdot \nu}{2 D_h^2 A} \tag{7.24}$$

geschrieben werden, womit der Zusammenhang zwischen der thermischen Kennzahl Ra und der hydraulischen Kennzahl Re jetzt die allgemeine Darstellung

$$Ra = \xi(\gamma) \cdot Pr \cdot Re \tag{7.25}$$

annimmt. Denken wir uns nun $\xi(\gamma)$ nach kleinen Werten des Formparameters γ entwickelt

$$\xi(\gamma) = \xi_0 + \xi_1 \cdot \gamma + \xi_2 \cdot \gamma^2 + \ldots \tag{7.26}$$

kann für freie Konvektionsströmungen mit parabolischen Geschwindigkeitsprofilen, die durch $\gamma \ll 1$ charakterisiert sind

$$\xi(\gamma \ll 1) = \xi_0 \tag{7.27}$$

in (7.25) eingesetzt werden. Die Werte $\xi_0 = 64$ (Kreisrohr), $\xi_0 = 96$ (Spalt) sind aber gerade die der erzwungenen Ersatzströmung, womit die Herleitung der kritischen thermischen Kennzahl Ra bzw. Gr aus der kritischen hydraulischen Kennzahl Re der erzwungenen Ersatzströmung für Formparameter $\gamma \ll 1$ legitimiert ist. Im Fall sehr großer Formparameter γ liegen dagegen ausgebildete Grenzschichten an den Heizflächen vor, die wir für den ebenen Fall in Abschn. 3.1.1, Bild 79, berechnet haben. Wie in Bild 118 nochmals dargestellt und bereits in Abschn. 4.2 diskutiert, ist dann nicht mehr die Kanalweite h, sondern die Grenzschichtdicke δ die charakteristische Länge, denn es würde sich die gleiche Strömung bei im Abstand δ eingezogenen Zwischenwänden einstellen. Die kritische Re-Zahl ist deshalb jetzt mit der Grenzschichtdicke δ zu bilden

$$Re_{D_h = 2\delta,\, krit} = 2300 \tag{7.28}$$

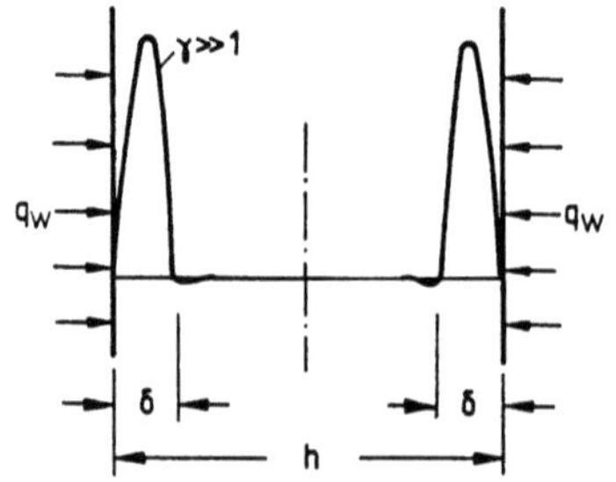

Bild 118
In Grenzschichten entartetes Geschwindigkeitsprofil für große Ra-Zahlen

und da das Geschwindigkeitsprofil im Grenzschichtbereich ebenfalls die Form wie die Kanalströmung für $\gamma \ll 1$ besitzt, kann wiederum $\xi \approx \xi_0$ gesetzt werden, so daß auch im Extremfall $\gamma \gg 1$ sich die kritischen thermischen Kennzahlen Ra_{krit}, Gr_{krit} zahlenmäßig wie im Fall $\gamma \ll 1$ nach (7.22), (7.23) ergeben:

$$Ra_{\delta,krit} = 2{,}8 \cdot 10^4 \, Pr \qquad (7.29)$$

$$Gr_{\delta,krit} = 2{,}8 \cdot 10^4 \qquad (7.30)$$

Wir können also feststellen, daß sich sowohl für sehr kleine als auch sehr große Formparameter γ die gleiche kritische Ra- bzw. Gr-Zahl ergibt, wenn nur die jeweils tatsächlich vorliegende charakteristische Länge beachtet wird. Die beobachtete Instabilität ist offensichtlich in allen Fällen die hydrodynamische Instabilität erzwungener Strömungen.

7.3 Temperaturgradient senkrecht zur Strömungsrichtung

Die bisher gemachten Aussagen zur Stabilität sind hinreichend für Konvektionsströmungen, deren Strömungsrichtung sich mit der des Schwerefeldes deckt. Für all diese Fälle mit $\alpha = \pi/2$ ist die thermische Volumenkraft (Bild 75) parallel zu den Wänden $y = 0$ und $y = h$, die den Fluidstrom begrenzen. Die Komponente f_y (Bild 75) verschwindet gerade, und deshalb hat die sich einstellende Schichtung senkrecht zur Strömungsrichtung hier keinerlei Einfluß auf die Stabilität der Strömung. Stabilitätsgrenze ist die hydrodynamische Grenze für isotherme Strömungen. In allen anderen Fällen $\alpha < \pi/2$, und insbesondere im Fall $\alpha = 0$, verschwindet die Komponente f_y nicht. Wird etwa die untere Wand $y = 0$ beheizt, ist eine Zusatzbewegung in y-Richtung zu erwarten (Benard-Konvektion), die sich der Hauptbewegung in x-Richtung überlagert. Damit ist klar, daß für die betrachtete Klasse der ausgebildeten Konvektionsströmungen nicht alle Dichtegradienten in y-Richtung zugelassen sind. Auch für den Umschlag in die turbulente Strömungsform ist die Art der Beheizung und der Neigungswinkel von ausschlaggebender Bedeutung. Negative Dichtegradienten $\partial\rho/\partial y$ verschieben bekanntlich die hydrodynamische Stabilitätsgrenze zu Re-Zahlen, die über der kritischen Re-Zahl für isotherme Strömungen ($\partial\rho/\partial y = 0$) liegen. Denn beim Einsetzen der turbulenten Mischbewegung muß in y-Richtung Schweres über Leichteres gehoben und Leichteres unter Schwereres hinabgedrückt werden. Beides erfordert Arbeit, die nur aus der Energie der Hauptbewegung in x-Richtung stammen kann. Ist die Hauptbewegung so energiearm, daß die kinetische Energie einer möglichen Vertikalbewegung (Zusammenhang mit der Energie der Hauptbewegung ist über das Mischungsweg-Modell von Prandtl gegeben) kleiner oder gerade gleich der dabei im Schwerefeld zu verrichtenden Hubarbeit ist, kann keine Turbulenz entstehen, und die betrachteten laminaren ausgebildeten freien Konvektionsströmungen existieren. Das Gleichsetzen der kinetischen Energie und der Hubarbeit führt auf das Energieverhältnis

$$\frac{\text{Hubarbeit}}{\text{kin. Energie}} = -\frac{g(\partial\rho/\partial y)\cos\alpha}{\rho_0(\partial u/\partial y)^2} = 1 \qquad (7.31)$$

das auch Richardson-Zahl genannt wird, das mit Ri = 1 eine obere Grenze für Turbulenzfreiheit definiert. Dieses in der Meteorologie häufig verwendete Stabilitätsmaß, das neben dem Dichtegradienten gleichzeitig die Scherung[1]) im geschichteten Fluid berücksichtigt, liegt den folgenden Überlegungen zugrunde, wobei wir noch den Dichtegradienten mittels des Stoffgesetzes $\rho = \rho_0[1 - \beta_0(T - T_0)]$ durch den Temperaturgradienten ersetzen:

$$Ri = \frac{g\beta_0(\partial T/\partial y)}{(\partial u/\partial y)^2} \cos\alpha \tag{7.32}$$

Wie dieser kurze Exkurs in die Meteorologie gezeigt hat, sind also für die hier betrachteten Konvektionsströmungen nicht nur instabile, sondern bis zu einem gewissen Grad auch noch statisch stabile Schichtungen auszuschließen. Insbesondere für $\alpha = 0$ liegen theoretische und experimentelle Ergebnisse vor, die besagen, daß für

$$Ri_{krit} = \frac{1}{4} \tag{7.33}$$

die Stabilitätsgrenze von scherenden Strömungen in stabil geschichteten Fluiden erreicht wird. Stabilität liegt vor für $Ri > Ri_{krit}$[2]).

Am Beispiel des horizontalen Kanals (Abschn. 3.1.2) zunächst mit isolierten Wänden, wollen wir die Stabilitätsaussage explizit formulieren. Mit dem Geschwindigkeitsprofil (3.117), Bild 82 und der Temperaturverteilung (3.118), Bild 83 ist dann Stabilität zu erwarten, wenn

$$Ri = Pr\,\frac{1}{6}\,f(y) > \frac{1}{4} \quad \text{mit} \quad f(y) = \frac{y^4 - 2y^3 + y^2}{\left[y^2 - y + \frac{1}{6}\right]^2} \tag{7.34}$$

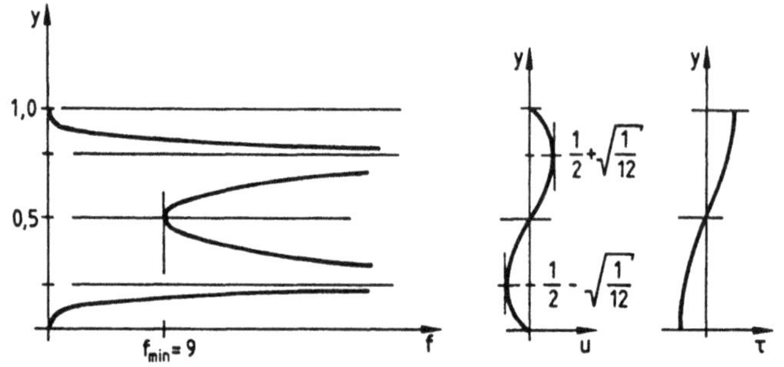

Bild 119 Eigenschaften der Funktion f(y)

---

[1]) $\partial u/\partial y$ wird gewöhnlich als Schergeschwindigkeit bezeichnet.

[2]) Die Stabilitätsaussage (7.1) für die Atmosphäre ist in der Definition der Ri-Zahl offensichtlich nicht enthalten, da für verschwindende Schergeschwindigkeit ($\partial u/\partial y \to 0$) die Ri-Zahl für alle $\partial T/\partial y < 0$ auf Instabilität hinweist.

erfüllt ist. Es fällt sofort auf, daß die Bedingung im Wandbereich nicht erfüllt sein kann, da dort $\partial T/\partial y$ und damit auch die Funktion f verschwindet (Bild 119). Wie dem auch sei, beobachtet man im Experiment eine auftauchende Instabilität immer im Bereich um die Kanalmitte $y = 1/2$.

Die Nachbarschaft der Wände bewirkt offensichtlich eine Stabilisierung, die sich auch bei numerischen Rechnungen gezeigt hat. Wenn aber die Strömung im Wandbereich nicht instabil wird, kann dies nur noch im Bereich um die Kanalmitte geschehen, da dort die Funktion f ein Minimum besitzt:

$$f_{min} = f\left(y = \frac{1}{2}\right) = 9 \tag{7.35}$$

Es gilt dann explizit

$$Ri^* = Ri_{y=\frac{1}{2}} = Pr\,\frac{3}{2} > \frac{1}{4} \tag{7.36}$$

und damit ist gezeigt, daß für ausgebildete freie Konvektionsströmungen in einem horizontalen Kanal (Bild 81) ohne seitliche Beheizung ($q_W = 0$: isolierte Wände) für Prandtl-Zahlen

$$Pr > \frac{1}{6} \tag{7.37}$$

die Strömung immer stabil bleibt. Offensichtlich wird dann selbst für beliebige große Werte der Re-Zahl die Stabilitätsgrenze nicht erreicht. Dieser Sachverhalt ist qualitativ in Bild 120 dargestellt, das den Zusammenhang zwischen der kritischen Re-Zahl und der Ri-Zahl bzw. Pr-Zahl angibt.

Für $Ri^* > Ri_{krit}$ bzw. $Pr > Pr_{krit}$ herrscht immer Stabilität. Die dämpfende Wirkung der Schichtung ist hier dominierend. Mit abnehmender Ri-Zahl, etwa realisiert durch eine Folge verwendeter Fluide mit immer kleinerer Pr-Zahl, wird diese Wirkung zusehends geschwächt, die Stabilitätsgrenze sackt ab und mündet schließlich für $Ri^* \ll Ri_{krit}$ in

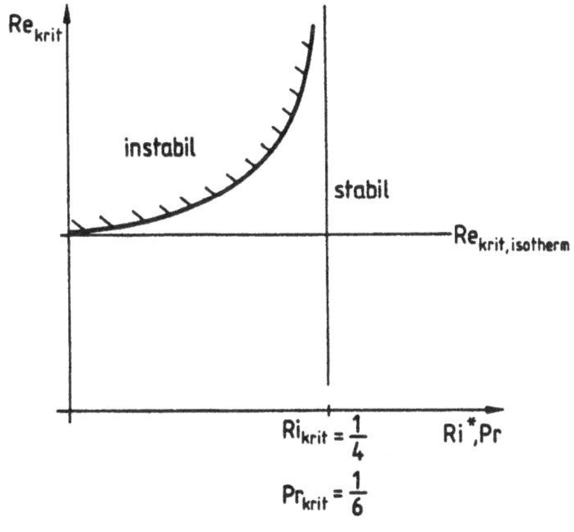

Bild 120
Zusammenhang zwischen Re_{krit} und Ri bzw. Pr für horizontalen Kanal ($\alpha = 0$) mit isolierten Wänden ($q_W = 0$)

die Grenze Re_{krit} für isotherme Strömungen ($Ri^* = 0$) ein.[1]) Diese Grenze $Re_{D_h = h, krit} = 2300$ läßt sich mit (3.117) für den horizontalen Kanal wiederum in die thermischen Kennzahlen $Ra_{h, krit}$ bzw. $Gr_{h, krit}$ umrechnen, wenn wir uns zu diesem Zweck in der Kanalmitte $y = h/2$ eine Trennwand eingezogen denken (Bild 121). Durch Integration des Geschwindigkeitsprofils (3.117) über die halbe Kanalbreite und Rücktransformation auf die dimensionsbehafteten Größen erhält man sofort die mittlere Geschwindigkeit

$$\bar{u} = \frac{Ra_h}{L} \frac{\lambda}{\rho_0 c} \frac{1}{192} \tag{7.38}$$

so daß für die Reynolds-Zahl

$$Re_{D_h = h} = \frac{\bar{u}2(h/2)}{\nu} = Ra_h \frac{h}{L} \underbrace{\frac{\lambda}{\nu \rho_0 c}}_{Pr^{-1}} \frac{1}{192} \tag{7.39}$$

geschrieben und mit $Re_{D_{h, krit}} = 2300$

$$Ra_{h, krit} = Pr \cdot Gr_{h, krit} = Pr \frac{L}{h} 4{,}4 \cdot 10^5 \tag{7.40}$$

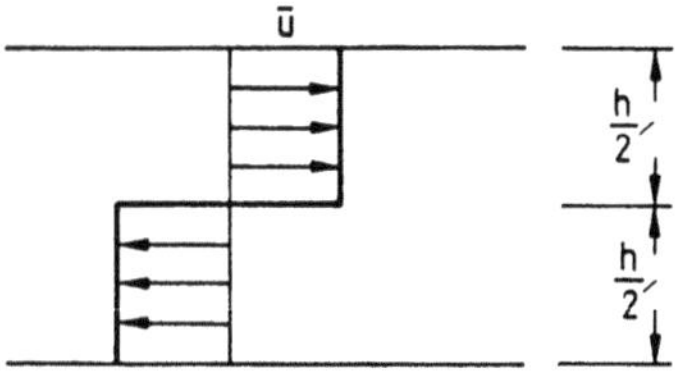

Bild 121
Ersatzströmung zur Berechnung der kritischen thermischen Kennzahlen

angegeben werden kann. Während im Fall senkrechter Kamine die Kennzahlen Gr, Ra unabhängig von der Kaminhöhe L waren, ergibt sich jetzt ein zusätzlicher Einfluß der Schlankheit L/h. Grund hierfür ist, daß im Fall der Kamine die Auftriebskraft simultan mit der Reibungskraft über die Kaminlänge anwächst, während im horizontalen Fall gar keine Auftriebskraft in Strömungsrichtung vorhanden ist. Im ersten Fall entfällt deshalb (Abschn. 2.2) die Abhängigkeit von der Kaminhöhe. Dagegen muß im zweiten Fall die Abhängigkeit von der relativen Länge der Anordnung wie bei einer erzwungenen Strömung durch ein Rohr infolge eines aufgeprägten Druckgradienten vorhanden sein, da hier nur über den Umweg von Dichteunterschieden gerade ein solcher Gradient induziert wird, der die Strömung tatsächlich antreibt. Dies ist übrigens besonders leicht anhand der in Abschn. 2.4.2 behandelten horizontalen Konvektionsströmung durch eine Doppelrohrverbindung zwischen zwei Behältern unterschiedlicher Temperatur (Bild 43) einzu-

[1]) Für $\alpha = \pi/2$ verschwindet die Ri-Zahl (7.32) ebenso wie für $\partial\rho/\partial y \to 0$ bzw. $\partial T/\partial y \to 0$. In all diesen Fällen ist deshalb die Stabilitätsgrenze die hydrodynamische Grenze für isotherme Strömungen.

sehen. Hierfür gilt

$$Ra_{D,krit} = 64 \frac{\ell}{h_u - h_0} Pr\, Re_{D,krit} \tag{7.41}$$

wenn beide Rohre den gleichen Durchmesser D besitzen.

Betrachten wir den allgemeineren Fall des horizontalen Kanals mit homogener Beheizung von oben und gleichzeitiger Kühlung von unten (Bild 81), verallgemeinert sich die Aussage (7.34) zu:

$$Ri = Pr\left[\frac{1}{6} f(y) + \frac{Ra_{q_W}}{Ra^2}\left(\frac{L}{h}\right)^2 g(y)\right] \tag{7.42}$$

mit $Ra_{q_W} = g\beta_0 q_W h^4/(\lambda\chi\nu)$, $g = 1/[y^2/2 - y/2 + 1/12]^2$

$Ra = g\beta_0 h^3 \Delta T/(\nu\chi)$

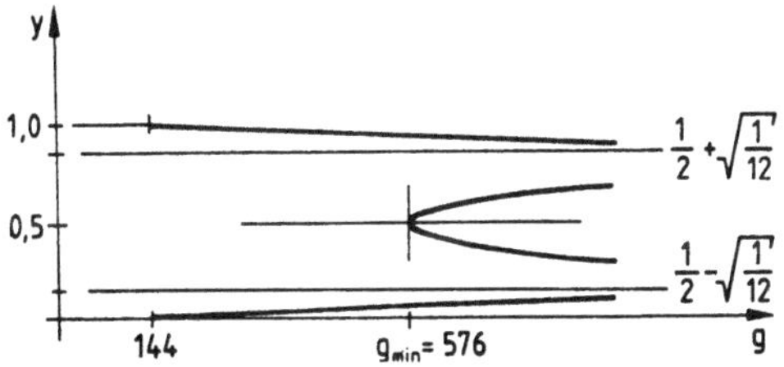

Bild 122
Eigenschaften der Funktion g(y)

Die Funktion g (Bild 122) hat wiederum ein Minimum, und Stabilität herrscht dann für:

$$Ri^* = Pr\left[\frac{3}{2} + 576 \frac{Ra_{q_W}}{Ra^2}\left(\frac{L}{h}\right)^2\right] > 1/4 \tag{7.43}$$

Wie zu erwarten war, wird durch die Beheizung ($Ra_{q_W} > 0$) von oben die Klasse der Fluide, die noch zu Instabilität neigt, weiter eingeschränkt. Instabilität ist jetzt nur noch für:

$$Pr < \frac{1/4}{\frac{3}{2} + 576 \frac{Ra_{q_W}}{Ra^2}\left(\frac{L}{h}\right)^2} \tag{7.44}$$

möglich. Ein Blick in eine Stofftabelle läßt erkennen, daß selbst für mäßige Beheizung sich keine Fluide mehr finden lassen, die sich instabil verhalten. Die Konvektionsströmungen in einem horizontalen Kanal sind unter diesen Voraussetzungen stets laminar.

In Abschn. 3 haben wir die im Rahmen der Boussinesq-Approximation allgemein gültigen Erhaltungsgleichungen (3.21), (3.22), (3.23) für zweidimensionale freie Konvektionsströmungen in entdimensionierter Form bereitgestellt, die nur noch die Kennzahlen Pr und Ra = Gr · Pr enthalten. Bei gleicher Form etwa der Kamin- bzw. Kanalstrukturen (ähnlich berandete Geschwindigkeits- und Temperaturfelder) bedeuten gleiche Kennzahlen Pr, Ra gleiche Lösungen

$$\frac{u}{\tilde{u}} = f\left(\text{Pr}, \text{Ra}, \frac{x}{\tilde{\ell}}, \frac{y}{\tilde{\ell}}\right) \tag{8.1}$$

$$\frac{T - T_0}{\widetilde{\Delta T}} = g\left(\text{Pr}, \text{Ra}, \frac{x}{\tilde{\ell}}, \frac{y}{\tilde{\ell}}\right) \tag{8.2}$$

$$\frac{\dot{m}}{\tilde{\dot{m}}} = h(\text{Pr}, \text{Ra}) \tag{8.3}$$

der Erhaltungsgleichungen (3.21), (3.22), (3.23), so daß auch die Strömungs- und Temperaturverhältnisse zueinander ähnlich sind. Wir zeigen dies explizit am Beispiel der homogen beheizten Kamin-Familie, deren hydraulisches und thermisches Verhalten durch die einfachen Ergebnisse (3.106), (3.107), (3.108) in Abschn. 3.1.1 beschrieben wird, die wir für kleine Werte des Profilparameters γ erhalten haben. Durch formales Umschreiben diese Ergebnisse findet man:

$$\frac{u}{\frac{\lambda}{\rho_0 c h}} = \left(\frac{3}{2}\,\text{Ra}\right)^{1/2}\left[\left(\frac{y}{h}\right) - \left(\frac{y}{h}\right)^2\right] = f\left(\text{Ra}, \frac{y}{h}\right) \tag{8.4}$$

$$\frac{T - T_0}{\frac{\dot{Q}h}{\lambda b L}} = \left(\frac{24}{\text{Ra}}\right)^{1/2}\frac{x}{h} + \frac{1}{2}\left[-\left(\frac{y}{h}\right)^4 + 2\left(\frac{y}{h}\right)^3 - \left(\frac{y}{h}\right) + \frac{17}{70}\right] = g\left(\text{Ra}, \frac{x}{h}, \frac{y}{h}\right) \tag{8.5}$$

$$\frac{\dot{m}}{\frac{b\lambda}{c}} = \left(\frac{1}{24}\,\text{Ra}\right)^{1/2} = h(\text{Ra}) \tag{8.6}$$

mit $\quad \text{Ra} = \dfrac{g\beta_0\rho_0 c h^3\dot{Q}}{b\nu\lambda^2}$

Gegenüber (8.1), (8.2), (8.3) sind die Lösungen (8.4), (8.5), (8.6) etwas eingeschränkt. Da es sich hier um ausgebildete Konvektionsströmungen handelt, tritt einerseits die

Pr-Zahl nicht explizit in Erscheinung (konvektive Beschleunigung in (3.21) entfällt), und andererseits ist das Geschwindigkeitsprofil unabhängig vom Ort x/h (entlang des Kamins wird immer die gleiche Geschwindigkeitsverteilung beobachtet). Ähnlichkeit zwischen beliebigen Konvektionsströmungen dieser Kamin-Familie besteht, wenn gleiche Ra-Zahlen vorliegen. Dann lassen sich die Geschwindigkeits- und Temperaturverteilungen durch dieselben Funktionen f, g darstellen. Die Geschwindigkeiten u nach (8.4) und die Temperaturdifferenzen $T - T_0$ nach (8.5) unterscheiden sich im Einzelfall nur durch konstante Faktoren, die durch die charakteristische Geschwindigkeit $\tilde{u} = \lambda/(\rho_0 ch)$ und die charakteristische Temperaturdifferenz $\widetilde{\Delta T} = \dot{Q}h/(\lambda bL)$ a priori gegeben sind. Betrachten wir eine Klein- und eine Großausführung des Kamins (Bild 123), liegen hydraulisch und thermisch gleichartige Verhältnisse sowohl im Modell- als auch im Originalkamin für

$$(Ra)_M = (Ra)_O \tag{8.7}$$

vor. Zwischen den Massenströmen gilt dann bei Beachtung von (8.7) nach (8.6) die Relation:

$$\frac{\dot{m}_M}{\left(\frac{b\lambda}{c}\right)_M} = \frac{\dot{m}_O}{\left(\frac{b\lambda}{c}\right)_O} \tag{8.8}$$

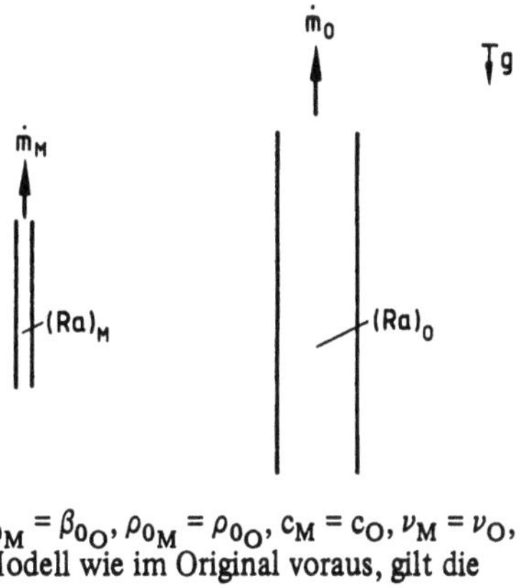

Bild 123 Modell- und Originalkamin

Setzen wir im einfachsten Fall gleiche Medien ($\beta_{0_M} = \beta_{0_O}$, $\rho_{0_M} = \rho_{0_O}$, $c_M = c_O$, $\nu_M = \nu_O$, $\lambda_M = \lambda_O$) und gleiche Kamintiefen $b_M = b_O$ im Modell wie im Original voraus, gilt die Gleichheit der Massenströme

$$\dot{m}_M = \dot{m}_O \tag{8.9}$$

die erreicht wird, wenn nach (8.7) die Heizleistungen $\dot{Q}_M$, $\dot{Q}_O$ im Verhältnis

$$\frac{\dot{Q}_M}{\dot{Q}_O} = \left(\frac{h_O}{h_M}\right)^3 \tag{8.10}$$

angelegt werden. Bei einem geometrischen Maßstab $h_O/h_M = 10/1$ muß also das Modell tausendmal so stark wie das Original beheizt werden, um Ähnlichkeit erzielen zu können. Wir erkennen hieraus, daß man bei Experimenten schnell an Grenzen stößt. Einerseits reduzieren sich zwar die Modellkosten eines gegenüber dem Original stark verkleinerten Modells, andererseits steigt aber dann die erforderliche Heizleistung gravierend an und macht den zuvor genannten Kostenvorteil zunichte. Zu große Heizleistungen führen aber auch auf ein ganz anderes Konvektionsverhalten, da dann der Einfluß der Temperaturabhängigkeit der Stoffwerte zum Tragen kommt. Liegt schon die dem Original aufgeprägte Heizleistung auf hohem Niveau, sind insbesondere bei gasförmigen Medien (s. Abschn. 2.3.2) nur noch Experimente im Originalmaßstab zulässig.

Diese Ähnlichkeitsüberlegungen lassen sich natürlich auch im Rahmen unserer eindimensionalen Theorie anstellen. Dabei ist nur zu beachten, daß beim Übergang auf das eindimensionale Modell, der formal durch die Erhöhung der Wärmeleitfähigkeit λ über alle Grenzen hinweg (s. Diskussion $\lim \lambda \to \infty$, Abschn. 4.1) vollzogen wird, die Geschwindigkeits- und Temperaturprofile zur Kastenform entarten und die Ra-Zahl ihre Bedeutung verliert, da sie für $\lambda \to \infty$ verschwindet. Da in der eindimensionalen Theorie die Wärmeleitfähigkeit sowieso a priori keine Bedeutung hat, muß für eindimensionale reibungsbehaftete Konvektionsströmungen (Abschn. 2.2) an die Stelle der Ra-Zahl eine thermische Kennzahl treten, die die Wärmeleitfähigkeit nicht beinhaltet. Dies kann aber nur die Grashof-Zahl sein, die wir aus der Ra-Zahl durch Division mit der Pr-Zahl erhalten

$$\mathrm{Gr} = \frac{\mathrm{Ra}}{\mathrm{Pr}} = \frac{g\beta_0 D_h^3 \Delta T}{\nu^2} \tag{8.11}$$

so daß die Wärmeleitfähigkeit λ entfällt. Wir bestätigen dies durch entsprechende Umformung der universellen Massenstrom-Relation nach (2.74) bzw. (6.1)

$$\dot{m} = \left(\frac{g\rho_0\beta_0\Gamma}{2c}\,\frac{\dot{Q}}{K_\delta}\right)^{1/(1+\delta)} \quad \text{mit} \quad \delta = \begin{cases} 1: & \text{laminar} \\ 2: & \text{turbulent} \end{cases} \tag{8.12}$$

die auf

$$\frac{\dot{m}}{\left(\dfrac{\rho_0\Gamma\nu^2}{2D_h^3 K_\delta}\right)^{1/\delta}} = \mathrm{Gr}^{1/\delta} \tag{8.13}$$

führt. Handelt es sich schließlich um eine reibungsfreie Konvektionsströmung (Abschn. 2.1), darf die diesen Grenzfall richtig wiedergebende Kennzahl zusätzlich auch die kinematische Zähigkeit ν nicht enthalten. Der hydraulische Durchmesser D_h verliert dann ebenfalls seine Bedeutung und ist durch die dann charakteristische Kaminhöhe H zu ersetzen. Die für diesen Grenzfall $\nu \to 0$ singulär werdende Gr-Zahl dividieren wir deshalb zunächst durch das Quadrat der Re-Zahl, womit sich die Zähigkeit im Quadrat herauskürzt, und beseitigen die mit dieser Operation formal aufgetauchte Geschwindigkeit im Quadrat durch Multiplikation mit der Froude-Zahl (Abschn. 1). Man erhält so eine aus Gr, Re, Fr kombinierte Kennzahl:

$$\frac{\mathrm{Gr}}{\mathrm{Re}^2} \cdot \mathrm{Fr} = \beta_0 \Delta T \tag{8.14}$$

Wir bestätigen auch dies wieder durch entsprechende Umformung der universellen Massenstrom-Relation (2.51) für Reibungsfreiheit

$$\dot{m} = \left(\frac{g\beta_0\rho_0^2 A^2}{c} H\Gamma\dot{Q}\right)^{1/3} \tag{8.15}$$

und erhalten wiederum bei Beachtung von $\dot{Q} = \dot{m}c\Delta T$ und Ersetzen von ΔT mit (8.14) jetzt

$$\frac{\dot{m}}{(g\rho_0^2 A^2 H\Gamma)^{1/2}} = \left(\frac{Gr}{Re^2}\,Fr\right)^{1/2} \tag{8.16}$$

wobei noch angemerkt werden soll, daß für (8.14) auch

$$\frac{Gr}{Re^2}\,Fr = \beta_0 \Delta T = Ar \cdot Fr \tag{8.17}$$

geschrieben werden kann, wenn wir die in der Klimatechnik übliche Archimedes-Zahl (Abschn. 1) verwenden.

9 Nutzung mechanischer und thermischer Energie aus freien Konvektionsströmungen

9.1 Aufwindkraftwerk

Wir wollen eine immer wiederkehrende Idee[1]) vieler Erfinder beleuchten, die mechanische Energie aus freien Konvektionsströmungen zu nutzen versuchen. Eine großtechnische Variante hierzu (Bild 124) besteht aus einem Kamin, einer Art „Gewächshaus" am Kaminfuß und einer Windturbine, die über einen Generator schließlich elektrischen Strom liefern soll.

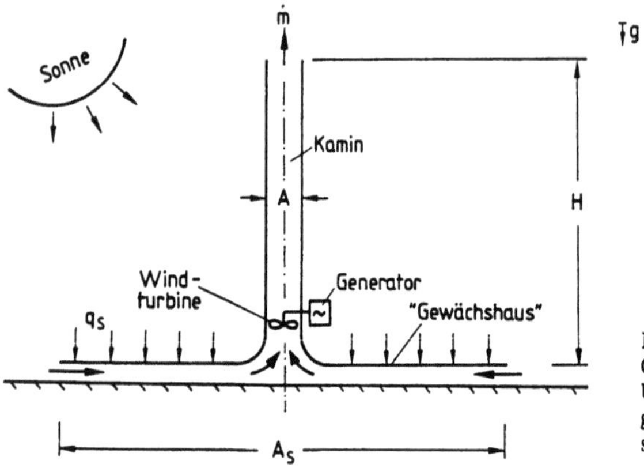

Bild 124
Großtechnische Variante zur Umsetzung der Bewegungsenergie einer freien Konvektionsströmung in elektrischen Strom

Erwärmt wird die Luft durch die Sonne nach dem Treibhausprinzip unter einer großen, rund um den Kaminturm angeordneten Sonnenkollektorfläche A_S und strömt durch den entstehenden Auftrieb im Kamin vom Querschnitt A nach oben. Ein gewisser Anteil der Bewegungsenergie des so künstlich geschaffenen Aufwindes wird von der installierten Windturbine in Form von mechanischer Energie abgezweigt und durch den angekoppelten Generator in elektrische Energie umgesetzt, die dann an ein angeschlossenes Verbrauchernetz abgegeben werden kann. So einleuchtend diese Idee zunächst auch sein mag[2]), zeigt sich bei genauer Betrachtung doch sofort, daß diese Methode zur Nutzung

---

[1]) Zu Weihnachten eines jeden Jahres lassen sich vielerorts kerzenbetriebene Aufwindräder – unter dem Namen Weihnachtspyramide bekannt – bewundern, die offensichtlich auch immer wieder Erfinder motivieren.

[2]) Derartige Großprojekte (Kaminhöhe von 200 m, Kollektordurchmesser von 250 m, Leistung 100 kW) wurden vom Bundesminister für Forschung und Technologie (BMFT) gefördert und eine Pilotanlage in Manzanares (Spanien) gebaut.

mechanischer Energie vollkommen ungeeignet ist. Der Grund ist der, daß bei einer Konvektionsströmung einerseits die Bewegungsenergie der Strömung sehr viel kleiner als die von ihr transportierte Wärmeenergie ist, andererseits aber nur aus der Bewegungsenergie mechanische Energie gewonnen werden kann. Um diesen Sachverhalt in elementarster Weise zeigen zu können, bilden wir das Verhältnis zwischen der Bewegungsenergie und der transportierten Wärmeenergie je Zeiteinheit, das in Abschn. 3 Eckert-Zahl

$$\mathrm{Ec} = \frac{\frac{\dot{m}}{2} u_0^2}{\dot{Q}_S} = \frac{P_{max}}{\dot{Q}_S} = \eta_{max} \tag{9.1}$$

genannt wurde und sich als der maximale Wirkungsgrad des Aufwindkraftwerks interpretieren läßt, der in Realität nie erreicht wird. Da hier zur sicheren Abschätzung nur eine obere Schranke benötigt wird, benutzen wir die bestmögliche Kaminströmung, die reibungsfreie Konvektionsströmung nach (2.51) mit Fußpunktbeheizung ($\Gamma = 2$). Das so gebildete Leistungsverhältnis

$$\mathrm{Ec} = \frac{g\beta_0 H}{c} = \frac{gH}{cT_0} \tag{9.2}$$

das wir bereits in Abschn. 3 hergeleitet und diskutiert haben, ist besonders aussagekräftig, da neben der Schwerebeschleunigung g und den Stoffkonstanten c, $\beta_0 = 1/T_0$ des Fluids als einzige Anlagengröße die Kaminhöhe H eingeht. Setzt man nun in (9.2) Kaminhöhen H ein, zeigt sich, daß selbst für unrealistisch hohe Kamine $\mathrm{Ec} \ll 1$ bleibt. Mit $g = 10\ \mathrm{m/s^2}$, $T_0 = 300$ K und der spez. Wärmekapazität von Luft bei konstantem Druck $c = c_p = 1$ kWs/kg K erhält man in Abhängigkeit von der Kaminhöhe H die folgenden Ec-Zahlen:

$$\begin{aligned} H &= \ \ 100\ \mathrm{m} \rightarrow \mathrm{Ec} = 3 \cdot 10^{-3} \\ H &= 1000\ \mathrm{m} \rightarrow \mathrm{Ec} = 3 \cdot 10^{-2} \end{aligned} \tag{9.3}$$

Wir sehen, daß in einer freien Luftkonvektionsströmung in der Tat die Bewegungsenergie der Strömung immer sehr viel kleiner ist als die von ihr transportierte Wärmeenergie (s. a. Zusammenhang mit der Mach-Zahl: Abschn. 1, Abschn. 3). Da aber andererseits nur aus der Bewegungsenergie mechanische Energie gewonnen werden kann, ist klar, daß der Bau von Aufwindkraftwerken sicher nicht der richtige Weg zur Nutzung der Sonnenenergie sein kann. Dies wird auch deutlich, wenn wir etwa einen Vergleich mit handelsüblichen Solarzellen anstellen, die das Sonnenlicht direkt in Strom umwandeln. Dazu betrachten wir den Flächenbedarf eines Aufwindkraftwerks. Ausgehend von der gewinnbaren elektrischen Leistung $P_{e\ell}$, die kleiner als die maximal vorhandene Bewegungsenergie/Zeiteinheit der Strömung ist

$$P_{e\ell} < \dot{m}_0 u_0^2/2 = \mathrm{Ec} \cdot \dot{Q}_S = P_{max} \tag{9.4}$$

erhalten wir durch Einsetzen der eingestrahlten Leistung

$$\dot{Q}_S = q_S A_S \tag{9.5}$$

und Auflösen nach der Kollektorfläche A_S die Abschätzung

$$A_S > \frac{P_{e\ell}}{q_S \, Ec} \tag{9.6}$$

oder $$A_S > \frac{P_{e\ell} c}{q_S g \beta_0 H} = \frac{P_{e\ell} c T_0}{q_S g H} \tag{9.7}$$

wenn man die explizite Darstellung (9.2) der Ec-Zahl verwendet. Um jetzt die gewünschten quantitativen Aussagen machen zu können, muß die Sonnenleistung/Fläche q_S bekannt sein. An der Erdoberfläche gilt im Mittel $q_S = (1/3)\ \mathrm{kW/m^2}$. Für ein Aufwindkraftwerk mit einer Kaminhöhe H = 100 m wird dann zur Erzeugung von 1 kW eine Kollektordachfläche $A_S > 10^3 \mathrm{m}^2$ benötigt. Demgegenüber benötigen gute Solarzellen nur eine Fläche von $A_Z \approx 10\ \mathrm{m}^2$ für die gleiche Leistung. Zwischen dem Flächenbedarf eines Aufwindkraftwerks mit den obigen Daten und dem Flächenbedarf für Solarzellen liegt also zumindest ein Faktor 10^2:

$$\text{Aufwindkraftwerk, H = 100 m:} \quad \frac{A_S}{P_{el}} > \frac{1000\ \mathrm{m}^2}{\mathrm{kW}}$$
$$\text{Solarzellen:} \quad \frac{A_Z}{P_{el}} \approx \frac{10\ \mathrm{m}^2}{\mathrm{kW}} \tag{9.8}$$

Die Leistung einer vorgegebenen Windturbine steht in direktem Zusammenhang mit der Geschwindigkeit des anströmenden Windes. Wir berechnen uns deshalb die maximal möglichen Windaufstiegsgeschwindigkeiten in Abhängigkeit vom Verhältnis zwischen der Kollektor- und der Kaminfläche für reibungsfreie Konvektionsströmungen nach (2.51) und erhalten

$$u_0 = \frac{\dot{m}}{\rho_0 A} = [2\, Ec\, (q_S/\rho_0)(A_S/A)]^{1/3} \tag{9.9}$$

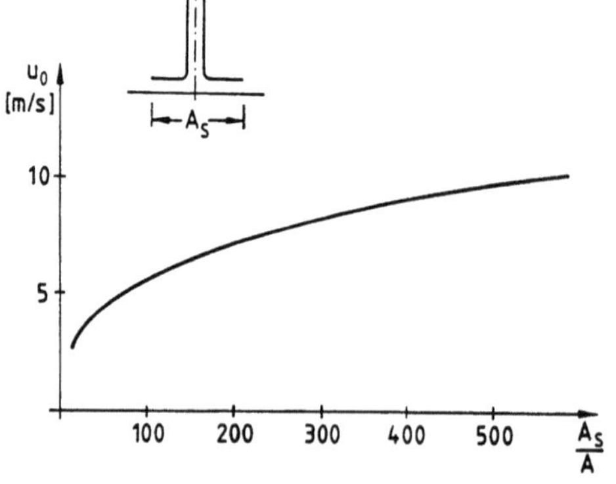

Bild 125
Maximale Windaufstiegsgeschwindigkeiten in einem Aufwindkraftwerk mit $Ec = 3 \cdot 10^{-3}$ und $q_S = (1/3)\ \mathrm{kW/m^2}$ in Abhängigkeit vom Verhältnis zwischen dem Kollektor- und Kaminquerschnitt

Für $Ec = \eta_{max} = 3 \cdot 10^{-3}$ und eine mittlere Sonnenleistung/Fläche $q_S = (1/3)\ kW/m^2$ ergibt sich dann der in Bild 125 dargestellte Zusammenhang. Wir erkennen, daß die erreichbaren Aufstiegsgeschwindigkeiten, bedingt durch die Wurzelabhängigkeit, für wachsende Flächenverhältnisse A_S/A immer schwächer ansteigen. Will man etwa mit üblichen Anströmverhältnissen für konventionelle Windräder von $u_0 \approx 10$ m/s arbeiten, muß die installierte Kollektorfläche A_S bereits das 500fache der Kaminfläche A sein. Zu einem Kamindurchmesser von 100 m gehört dann bereits eine den Kamin umgebende Kollektorfläche mit einem Durchmesser von 2 km, wenn man die Geometrie vollsymmetrisch wählt. Aus solch einer Anlage könnte aber selbst bei maximalem Wirkungsgrad η_{max} nur eine Leistung von 4000 kW entnommen werden[1]). Um mit dem Wirkungsgrad $\eta < \eta_{max} = Ec$ in den Prozentbereich vorstoßen zu können ($\eta_{max} = 3 \cdot 10^{-2}$ für H = 1000 m nach (9.3)), sind Kaminbauhöhen im km-Bereich zu realisieren. Damit ist gezeigt, daß ein wirtschaftlich arbeitendes Aufwindkraftwerk nur ein Wunschtraum sein kann, denn eine mit künstlichem Wind betriebene Turbine kann prinzipiell nicht besser sein als ein konventionelles Windrad, da die erreichbaren Geschwindigkeiten des künstlichen Windes (Bild 125) nicht nennenswert größer als die natürlichen Windgeschwindigkeiten selbst sein können. Die Erzeugung des Windes sollte man deshalb kostenfrei der Natur überlassen.

9.2 Sonnenkollektor

Im Gegensatz zum Aufwindkraftwerk wird beim Sonnenkollektor die eingestrahlte Sonnenenergie zum größten Teil genutzt, da mit diesem System keine mechanische, sondern thermische Energie verfügbar gemacht wird, um etwa Brauchwasser aufheizen zu können. Der Sonnenkollektor (Bild 126) ist über eine Hin- und Rückführleitung mit einem Wärmetauscher (Tank) verbunden, der zugleich Wärmespeicher ist. Damit sich ein

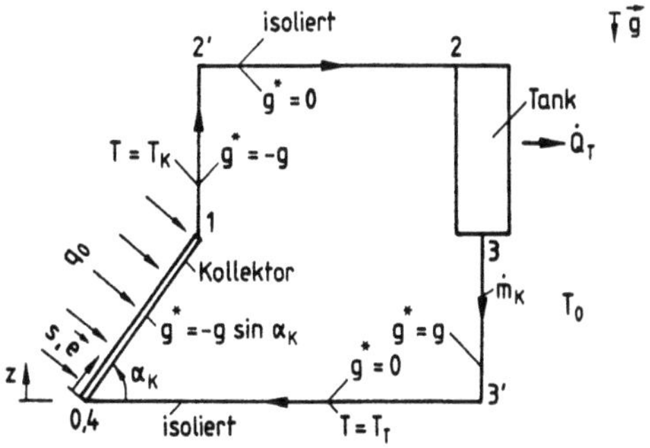

Bild 126
Naturumlaufsystem mit Sonnenkollektor

[1]) Den genannten Zahlen liegt zwar nur eine Kaminhöhe von 100 m zugrunde, doch ist für höhere Kamine keine wesentliche Verbesserung zu erwarten, denn ab einer gewissen Kaminhöhe läßt sich der erreichbare Massenstrom durch weitere Kaminerhöhung nicht mehr steigern (s. Abschn. 2.2), ganz abgesehen von den dabei immer stärker zu Buche schlagenden Wärmeverlusten.

Naturumlauf in diesem System einstellen kann, muß der Tank (s. Abschn. 2.4.1) oberhalb des Kollektors angeordnet sein.

Wird die pro Zeiteinheit vom Kollektor aufgenommene Wärmeenergie am Tank (Wärmetauscher) gerade wieder abgeführt, ergibt sich ein stationärer Zustand, den wir entsprechend den Ausführungen in Abschn. 2.4.1 berechnen können, wobei aber zu beachten ist, daß die Wärmezufuhr und insbesondere auch die Wärmeabfuhr jetzt nicht starr aufgeprägt, sondern mit der Temperaturverteilung im Kollektor bzw. Tank gekoppelt ist. Den nach (2.265) orts- und zeitunabhängigen Massenstrom $\dot{m}_K$ berechnen wir wieder durch stückweises Anwenden der Impuls- und Energiegl. (2.264), (2.285) unter Beachtung der Zustandsgl. (2.286), die unter der für Kollektorsysteme zutreffenden Voraussetzung $\beta_0 \Delta T \ll 1$ gilt. Für $\beta_0 \Delta T \ll 1$ kann dann einfachheitshalber gleich die konvektive Beschleunigung weggelassen werden, so daß die Impulsgleichung die Form

$$\text{(Impuls):} \qquad 0 = -\frac{dp}{ds} + g^*\rho - K_{i,i+1}\dot{m}_K \tag{9.10}$$

$$\text{mit} \quad g^* = \vec{g} \cdot \vec{e}, \quad |\vec{g}| = g, \quad |\vec{e}| = 1$$

$$\rho = \rho_0[1 - \beta_0(T - T_0)]$$

annimmt, wenn außerdem noch berücksichtigt wird, daß die Strömung im System typischerweise laminar ($\delta = 1$) sein wird. Stückweise gilt dann:

$$0 \leqslant s \leqslant s_1: \quad 0 = -\frac{dp}{ds} - g\rho_0 \sin\alpha_K[1 - \beta_0(T - T_0)] - K_{0,1}\dot{m}_K \tag{9.11}$$

$$s_1 \leqslant s \leqslant s_{2'}: \quad 0 = -\frac{dp}{ds} - g\rho_0[1 - \beta_0(T_K - T_0)] \qquad - K_{1,2'}\dot{m}_K \tag{9.12}$$

$$s_{2'} \leqslant s \leqslant s_2: \quad 0 = -\frac{dp}{ds} \qquad - K_{2',2}\dot{m}_K \tag{9.13}$$

$$s_2 \leqslant s \leqslant s_3: \quad 0 = -\frac{dp}{ds} + g\rho_0[1 - \beta_0(T - T_0)] \qquad - K_{2,3}\dot{m}_K \tag{9.14}$$

$$s_3 \leqslant s \leqslant s_{3'}: \quad 0 = -\frac{dp}{ds} + g\rho_0[1 - \beta_0(T_T - T_0)] \qquad - K_{3,3'}\dot{m}_K \tag{9.15}$$

$$s_{3'} \leqslant s \leqslant s_4: \quad 0 = -\frac{dp}{ds} \qquad - K_{3',4}\dot{m}_K \tag{9.16}$$

mit $K_{0,1} = K_K, \quad K_{1,2'} = K_{2',2} = K_{L,K}, \quad K_{2,3} = K_T, \quad K_{3,3'} = K_{3',4} = K_{L,T}$

$T_K = T(s_1), \quad T_T = T(s_3)$

Ebenso stückweise formuliert gilt für die Energiegleichung

$$\dot{m}_K c \frac{dT}{ds} = q_{i,i+1} \tag{9.17}$$

dann:

$$0 \leqslant s \leqslant s_1: \quad \dot{m}_K c \frac{dT}{ds} = q_0 - r_K(T - T_0) \tag{9.18}$$

$$s_1 \leqslant s \leqslant s_{2'}: \quad \dot{m}_K c \frac{dT}{ds} = 0 \tag{9.19}$$

$$s_{2'} \leqslant s \leqslant s_2: \quad \dot{m}_K c \frac{dT}{ds} = 0 \tag{9.20}$$

$$s_2 \leqslant s \leqslant s_3: \quad \dot{m}_K c \frac{dT}{ds} = -r_T(T - T_f) \tag{9.21}$$

$$s_3 \leqslant s \leqslant s_{3'}: \quad \dot{m}_K c \frac{dT}{ds} = 0 \tag{9.22}$$

$$s_{3'} \leqslant s \leqslant s_4: \quad \dot{m}_K c \frac{dT}{ds} = 0 \tag{9.23}$$

In das System wird über den Kollektor ($0 \leqslant s \leqslant s_1$) die örtlich konstante Sonnenstrahlung der Leistung/Länge q_0 eingespeist, die das Fluid im Kollektor-Kreislauf erhitzt. Demgegenüber steht einerseits die Leistungsentnahme aus dem Tank ($s_2 \leqslant s \leqslant s_3$) und andererseits der Wärmeverlust am Kollektor. Die Leistungsentnahme/Länge aus dem Tank beschreiben wir proportional zur lokalen Temperaturdifferenz $T(s) - T_f$ läng des Tanks und ebenso den Leistungsverlust/Länge am Kollektor[1]) proportional $T(s) - T_0$:

$$q_T = -r_T(T - T_f) \tag{9.24}$$

$$q_{V,K} = -r_K(T - T_0) \tag{9.25}$$

Dabei ist T_0 die konstante Umgebungstemperatur und $T_f > T_0$ die näherungsweise ebenfalls konstante Temperatur des Brauchwassersystems, wenn nur die Umwälzpumpe dieses Systems hinreichend stark eingestellt wird, die die Wärme aus dem Tank (Wärmetauscher) in das unter dem Kollektorsystem befindliche Gebäude transportiert. Sind die Wärmeübertragungskoeffizienten r_T, r_K bekannt, kann aus den Gleichungen (9.18) bis (9.23) die Temperaturverteilung längs des Kollektor-Kreislaufs bis auf den noch mit Hilfe der Gleichungen (9.11) bis (9.16) zu bestimmenden Massenstrom $\dot{m}_K$ berechnet werden. Aus (9.18) folgt sofort

$$T(s) = T_0 + \frac{q_0}{r_K} + \left[(T_T - T_0) - \frac{q_0}{r_K}\right] e^{-r_K s/\dot{m}_K c} \quad \text{für} \quad 0 \leqslant s \leqslant s_1 \tag{9.26}$$

[1]) Während die Konvektionsverluste sich tatsächlich proportional zur Temperaturdifferenz verhalten, trifft dies für die Strahlungsverluste in keinem Fall zu, da diese bekanntlich mit der 4. Potenz der Temperatur ansteigen. Trotzdem ist es üblich, auch die Strahlungsverluste global proportional der Temperaturdifferenz anzusetzen. Dadurch wird der Koeffizient r_K zwar temperaturabhängig, doch ist dessen Variation im hier praktizierten Temperaturbereich so gering, daß r_K im Rahmen der Meßgenauigkeit als konstant angesehen werden kann.

und aus (9.21)

$$T(s) = T_f + (T_T - T_f)e^{r_T(s_3 - s)/\dot{m}_K c} \quad \text{für} \quad s_2 \leqslant s \leqslant s_3 \tag{9.27}$$

so daß für die maximale und die minimale Temperatur im Kollektor-Kreislauf

$$T_{max} = T_K = T_0 + \frac{q_0}{r_K} + \left[(T_T - T_0) - \frac{q_0}{r_K}\right] e^{-r_K s_1/\dot{m}_K c} \tag{9.28}$$

$$T_{min} = T_T \tag{9.29}$$

geschrieben werden kann. Aus den homogenen Energiegleichungen (9.19), (9.20) und (9.22), (9.23) für die isolierten Verbindungsleitungen folgt schließlich noch, daß sich die Temperatur längs dieser Leitungen nicht verändert. Der so bestimmte Temperaturverlauf läßt sich besonders anschaulich darstellen (Bild 127), wenn dieser nicht über der Kreislaufkoordinate s, sondern in Abhängigkeit von der Höhenkoordinate z dargestellt wird (Bild 126). Das System verhält sich stationär, wenn die zugeführte Energie/Zeiteinheit gerade wieder abgeführt wird. Dieser durch die Leistungsbilanz

$$q_0 \cdot s_1 - \dot{Q}_{V,K} = \dot{Q}_T \tag{9.30}$$

mit $\dot{Q}_{V,K} = r_K \int_0^{s_1} (T - T_0)\, ds = q_0 s_1 - \dot{m}_K c(T_K - T_T)$

$$\dot{Q}_T = r_T \int_{s_2}^{s_3} (T - T_f)\, ds = \dot{m}_K c(T_K - T_T)$$

dargestellte Sachverhalt ist bereits durch die Lösungen der Energiegleichungen (9.18), (9.21) für den Kollektor und den Tank erfüllt. Eine zusätzliche Information erhalten wir dagegen aus der thermischen Schließbedingung $T_1 = T_2 = T_K = T_{max}$ (s. Bild 127). Aus (9.26) muß sich für $s = s_1$ ebenso wie aus (9.27) für $s = s_2$ die maximale Temperatur des Kollektor-Kreislaufs ergeben:

$$T_0 + \frac{q_0}{r_K} + \left[(T_T - T_0) - \frac{q_0}{r_K}\right] e^{r_K s_1/\dot{m}_K c} = T_f + (T_T - T_f)e^{r_T(s_3 - s_2)/\dot{m}_K c} \tag{9.31}$$

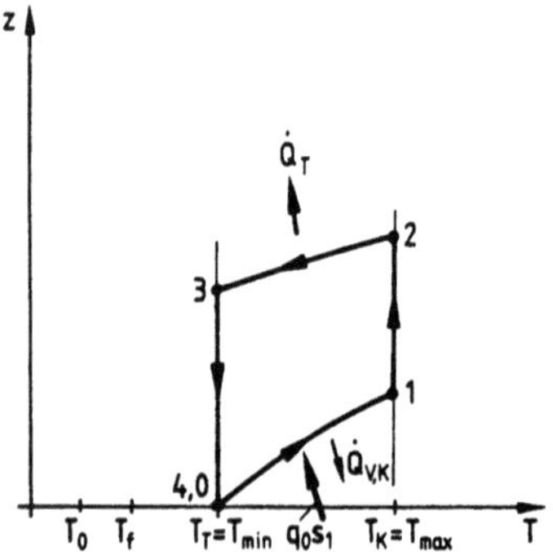

Bild 127
Temperaturverlauf im Kollektor-Kreislauf

Diese Verknüpfung der Temperaturen T_0, T_f, T_T dient etwa zur Bestimmung des Temperaturniveaus des Kollektor-Kreislaufs, wenn die Umgebungstemperatur T_0 und die Brauchwassertemperatur T_f vorgegeben sind, wobei allerdings schon der Massenstrom bekannt sein muß, den man durch Einsetzen der Temperaturverteilung in die Impulsgleichung (9.10) bzw. (9.11) bis (9.16), deren Aufintegration längs des Kreislaufs und Schließen der Masche erhält. Wie in Abschn. 2.4.1 ausführlich dargestellt, ergibt sich so die Umlaufgleichung

$$F = 0 = \underbrace{g\rho_0\beta_0\left[\sin\alpha_K \int_0^{s_1} (T - T_0)\,ds + (T_K - T_0)(s_2' - s_1) - \int_{s_2}^{s_3} (T - T_0)\,ds - (T_T - T_0)(s_3' - s_3)\right]}_{\text{Antrieb}}$$

$$\underbrace{- \dot{m}_K[K_K s_1 + K_{L,K}(s_2 - s_1) + K_T(s_3 - s_2) + K_{L,T}(s_4 - s_3)]}_{\text{Widerstand}} \tag{9.32}$$

die aufgrund der temperaturabhängigen Wärmeübertragungsverhältnisse nur noch eine iterative Bestimmung des Massenstroms $\dot{m}_K$ erlaubt. Daß der Sonnenkollektor im Gegensatz zum Aufwindkraftwerk in der Tat ein sinnvoll eingesetztes System ist, zeigt sich letztlich im Wirkungsgrad. Hier ist der erzielbare Nutzen die im Tank abführbare Wärmeleistung $\dot{Q}_T = q_0 \cdot s_1 - \dot{Q}_{V,K}$, die mit der eingestrahlten Sonnenenergie/ Zeiteinheit $q_0 \cdot s_1$ zu vergleichen ist. Es gilt:

$$\eta = \frac{\dot{Q}_T}{q_0 s_1} = \frac{\dot{m}_K c(T_K - T_T)}{q_0 s_1} = 1 - \frac{\dot{Q}_{V,K}}{q_0 s_1} \tag{9.33}$$

mit $$\dot{Q}_{V,K} = q_0 s_1 - \left[(T_T - T_0) - \frac{q_0}{r_K}\right] \dot{m}_K c\left(e^{-r_K s_1/\dot{m}_K c} - 1\right)$$

Der bei Aufwindkraftwerken genutzte und von der eingestrahlten Leistung abgezweigte Anteil an Strömungsenergie $\dot{m}_K u_K^2/2 \ll \dot{m}_K c(T_K - T_T)$ ist hier vollkommen bedeutungslos, und gerade deshalb besitzen Sonnenkollektor-Systeme gute Wirkungsgrade, die selbst bei unvollkommenen technischen Realisierungen noch Werte um 60% erreichen. Die entstehenden Verluste sind allein Konvektions- und Abstrahlverluste am Kollektor. Für einen idealen Kollektor mit $r_K \to 0$ muß deshalb der Wirkungsgrad $\eta \to 1$ streben. Wir überprüfen anhand dieser Überlegung unser Ergebnis (9.33) und entwickeln zu diesem Zweck die Verlustleistung $\dot{Q}_{V,K}$, die sich mit (9.26) aus (9.30) durch Integration ergibt, nach kleinen Werten r_K bzw. $r_k s_1/(\dot{m}_K c) \ll 1$:

$$\dot{Q}_{V,K} = r_K(T_T - T_0)s_1 + \ldots \tag{9.34}$$

Aus (9.34) folgt in der Tat mit $r_K \to 0$ das Verschwinden der Verlustleistung und damit nach (9.33) $\eta = 1$. Außerdem wird in gröbster Näherung die Verlustleistung unabhängig vom Massenstrom $\dot{m}_K$.

10 Strömungsseparation, Bypaß- und Rezirkulationsströmung

Die mannigfaltigen Erscheinungsformen freier Konvektionsströmungen (s. a. Abschn. 7) erhöhen sich in Systemen, die mehrere Strömungspfade zulassen. Typische Erscheinungsformen sind Strömungsseparationen[1]), Bypaß- und Rezirkulationsströmungen, die wir im folgenden anhand spezieller Beispiele studieren wollen. Diese geometrisch bedingte Vielfalt von Konvektionsströmungen tritt immer dann in Erscheinung, wenn mehrere mathematische Lösungsäste (Asymptoten) existieren, denen jeweils ein Strömungspfad zugeordnet ist, und sich die Strömung nach übergeordneten energetischen Gesichtspunkten den jeweils günstigsten Strömungspfad heraussuchen kann. Hier handelt es sich nicht um ein Stabilitäts- oder Verzweigungsproblem, sondern einfach um den kontinuierlichen Übergang der Lösung von einer Asymptoten zu einer anderen Asymptoten, der durch einen Parameter des Problems gesteuert wird.

10.1 Naturumlauf mit verschiebbarer Heizquelle

Als erstes Beispiel betrachten wir das Naturumlauf-System nach Bild 128 mit sowohl punktförmiger Wärmequelle als auch -senke, wobei die Quelle an einem beliebigen Ort $0 \leqslant h \leqslant H$ angebracht sein kann, während die Senke immer am Kopf des Systems positioniert bleibt. Stellt sich die skizzierte Umlaufströmung längs des gesamten Kreislaufs

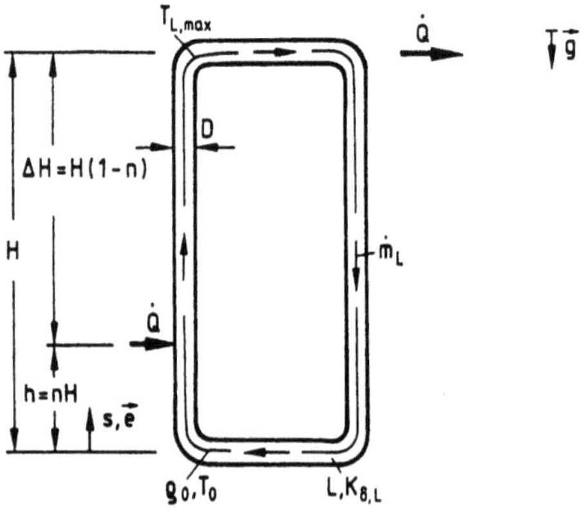

Bild 128
Naturumlauf-System mit verschiebbarer Heizquelle

---

[1]) Ein solches Separationsverhalten haben wir bereits in Form der Ausbildung von Wandgrenzschichten in Kaminen (Bild 79) infolge Beheizung kennengelernt. Für große Werte des Parameters $\gamma \gg 1$, die bei starker Beheizung in nicht hinreichend schlanken Kaminen erreicht werden, verschwindet die Strömung im Kernbereich des Kamins. Der Kernbereich wird vom Wand- oder Grenzschichtbereich hydraulisch separiert.

der Länge L ein, kann der zugehörige Massenstrom $\dot{m}_L$ unmittelbar aus (2.297) für $\tilde{\Gamma} = \Delta H/H = 1 - n$ und $\Sigma K_{i,i+1}(s_{i+1} - s_i)/H = K_{\delta,L} 2H/H$ entnommen werden.

Es gilt

$$\dot{m}_L = \left(\frac{g\rho_0\beta_0\dot{Q}(1-n)}{2cK_{\delta,L}}\right)^{1/(1+\delta)} \tag{10.1}$$

und die Aufheizspanne $\Delta T_L = T_{L,max} - T_0$ ergibt sich zu:

$$\Delta T_L = \frac{\dot{Q}}{\dot{m}_L c} \tag{10.2}$$

Der maximale Massenstrom $\dot{m}_{L,max}$ stellt sich ein, wenn die Wärmequelle $\dot{Q}$ am Fußpunkt des Kreislaufs angebracht wird. Der Parameter zur Beschreibung des Orts der Wärmequelle $n = h/H$ verschwindet dann gerade:

$$n = 0: \quad \dot{m}_L = \dot{m}_{L,max}, \quad \Delta T_L = \Delta T_{min} \tag{10.3}$$

Verschiebt man die Wärmequelle $\dot{Q}$ nun immer weiter nach oben, wird der im System zirkulierende Massenstrom $\dot{m}_L$ immer schwächer, und nach (10.2) steigt die Aufheizspanne ΔT_L dabei immer stärker an. Im Grenzfall $n = 1$ schließlich befindet sich die Wärmequelle am Kaminkopf auf gleicher Höhe mit der Wärmesenke. Die Auftriebswirkung des Kamins proportional zu $(1 - n)$ verschwindet ganz, so daß sich für das System mit der Umlauflänge L bei verschwindendem Massenstrom eine unbeschränkte Aufheizung ergibt:

$$n = 1: \quad \dot{m}_L = 0, \quad \Delta T_L \to \infty \tag{10.4}$$

Diese mit der eindimensionalen Kamintheorie berechnete Aufheizspanne ΔT_L, bezogen auf die minimale Aufheizspanne ΔT_{min} bei $n = 0$, ist in Abhängigkeit vom Ort der Wärmequelle, der sich dimensionsfrei durch den geometrischen Parameter $n = h/H$ darstellen läßt, in Bild 129 aufgetragen. Die Aufheizspanne kann natürlich in Wirklichkeit

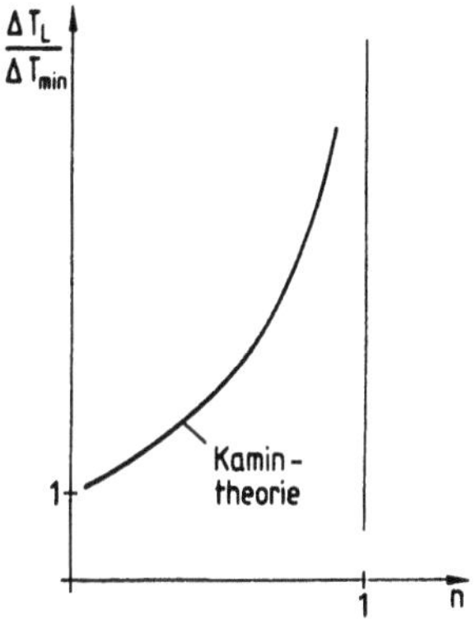

Bild 129 Relative Aufheizspanne nach der Kamintheorie in Abhängigkeit von dem den Ort der Wärmequelle beschreibenden Parameter n

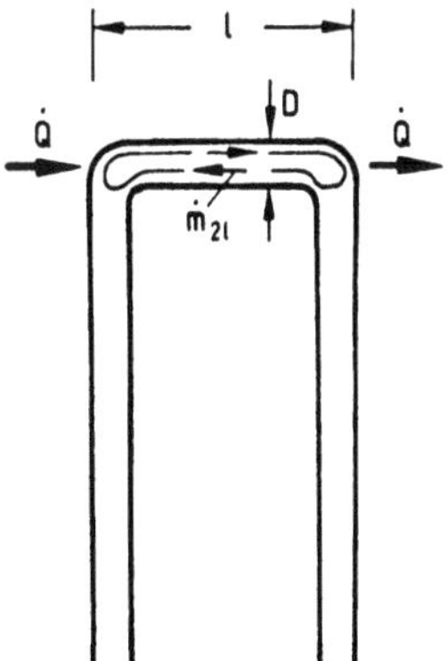

Bild 130 Verkürzter Kreislauf mit der Länge 2 ℓ für n = 1

nie unendlich groß werden. Wenn der Kaminzug für $n \to 1$ verloren geht, bildet sich offensichtlich eine freie Konvektionsströmung aus, die auch ohne Kaminzug eine Kühlung bewirkt. Im Endzustand $n \to 1$ beobachtet man eine Strömungsseparation. Es bildet sich ein verkürzter Kreislauf aus (Bild 130).

Der geometrisch zur Verfügung gestellte Kreislauf der Länge L wird also für $n = 1$ gar nicht voll genutzt. Zur Berechnung des verkürzten Kreislaufs wählen wir entsprechend Bild 130 den Modell-Kreislauf nach Bild 131, den wir insbesondere für laminare Konvektionsströmungen ($\delta = 1$) bereits in Abschn. 3.1.2 ausführlich studiert haben.

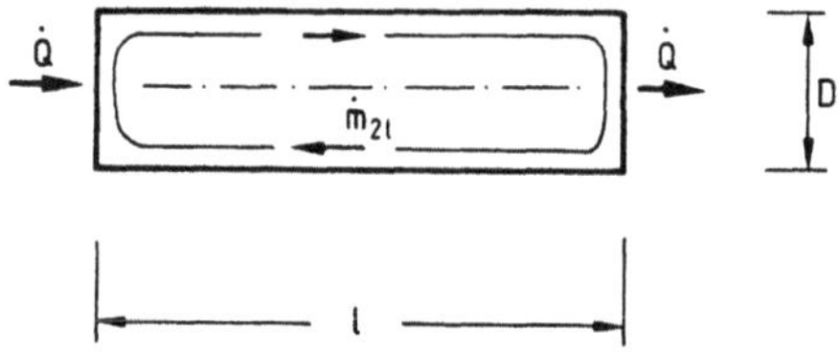

Bild 131
Modell für verkürzten Kreislauf bei $n = 1$

Die Konvektionsströmung ist jetzt zwar zweidimensional, kann jedoch global genauso wie die eindimensionale beschrieben werden, denn in der universellen Darstellung des Massenstroms (s. Abschn. 6.1) gibt es diesbezüglich keinen Unterschied. Dieser zeigt sich lediglich in dem zu verwendenden Widerstandskoeffizienten. Mit dem Widerstandskoeffizienten des verkürzten Kreislaufs $K_{\delta,2\ell}$ erhält man somit den sich bei $n = 1$ einstellenden Massenstrom

$$\dot{m}_{2\ell} = \left(\frac{g\rho_0\beta_0\dot{Q}}{2cK_{\delta,2\ell}}\right)^{1/(1+\delta)} \tag{10.5}$$

und die zugehörige Aufheizspanne:

$$\Delta T_{2\ell} = \frac{\dot{Q}}{\dot{m}_{2\ell}c} = \Delta T_{max} > \Delta T_{min} \tag{10.6}$$

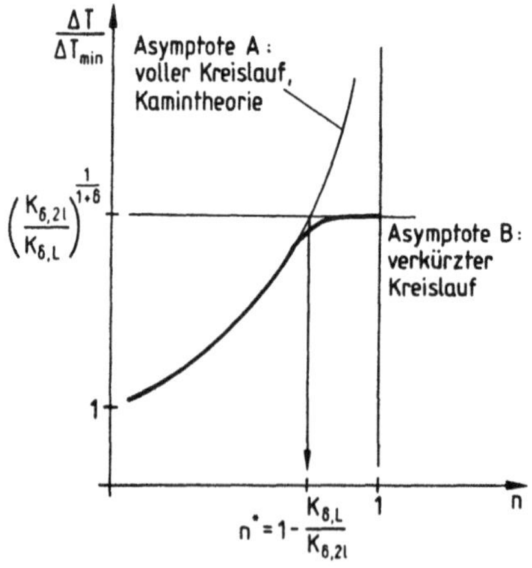

Bild 132
Tatsächliche relative Aufheizspanne in Abhängigkeit von dem den Ort der Wärmequelle beschreibenden Parameter n

Tragen wir nun zusätzlich zu der bereits in Bild 129 aufgetragenen relativen Temperaturerhöhung, die mit der Kamintheorie (Asymptote A) für den vollen Kreislauf der Länge L berechnet wurde, noch die Temperaturerhöhung für den verkürzten Kreislauf (Asymptote B) der Länge 2ℓ ein (Bild 132), erkennen wir, daß die Kamintheorie, mit der sich formal beliebig hohe Aufheizspannen ausrechnen lassen, in Wirklichkeit nur im Bereich

$$1 \leqslant \frac{\Delta T_L}{\Delta T_{min}} < \frac{\Delta T_{2\ell}}{\Delta T_{min}} = \frac{\Delta T_{max}}{\Delta T_{min}} \tag{10.7}$$

Gültigkeit hat. Diese Bedingung liefert uns schließlich auch einen Wert n^*, der Aufschluß über die Existenz des vollen Umlaufs gibt. Die Strömung entsprechend Bild 128 liegt nur vor, wenn sich die Wärmequelle im Bereich $0 \leqslant n < n^*$ befindet. Für Werte $n > n^*$ sucht die sich einstellende Konvektionsströmung den verkürzten Kreislauf nach Bild 130 bzw. Bild 131 aus. Bei der Separation der Strömung für $n \to 1$ vom vollen zum verkürzten Kreislauf hin erfolgt ein kontinuierlicher Übergang von der Asymptote A auf die Asymptote B. Der Wert n^* läßt sich aus der Grenzbedingung nach (10.7)

$$\frac{\Delta T_L}{\Delta T_{min}} = \frac{\Delta T_{2\ell}}{\Delta T_{min}} \tag{10.8}$$

bei Beachtung von (10.6), (10.5) und (10.2), (10.1) unschwer zu

$$n^* = 1 - \frac{K_{\delta,L}}{K_{\delta,2\ell}} \tag{10.9}$$

berechnen, wobei wir außerdem feststellen, daß auch das Verhältnis zwischen der maximalen (verkürzter Kreislauf) und der minimalen Aufheizspanne (voller Kreislauf bei $n = 0$) allein abhängig vom Verhältnis der Widerstandskoeffizienten $K_{\delta,L}$ und $K_{\delta,2\ell}$ ist. Mit $K_{\delta,L} < K_{\delta,2\ell}$ (im verkürzten Kreislauf steht für den Massenstrom nur der halbe Querschnitt wie im Fall des vollen Kreislaufs zur Verfügung) gilt:

$$\frac{\Delta T_{max}}{\Delta T_{min}} = \left(\frac{K_{\delta,2\ell}}{K_{\delta,L}}\right)^{1/(1+\delta)} > 1 \tag{10.10}$$

10.2 Strömung zwischen Behältern unterschiedlicher Dichte mit Nettodurchfluß

Es wird das bereits in Abschn. 2.4.2 behandelte Problem der einschichtigen Konvektionsströmung durch eine Doppelrohrverbindung zwischen zwei Behältern betrachtet, wobei wir jetzt aber zusätzlich einen Nettodurchfluß unterstellen. Wie in Bild 133 skizziert, wird zu diesem Zweck in den rechten Behälter ein Massenstrom $\dot{m}$ eingespeist und aus dem linken Behälter gerade wieder entnommen, so daß das Problem stationär bleibt. Unter den in Abschn. 2.4.2 diskutierten Voraussetzungen (hinreichend große Behälter) können die Dichten ρ_u, $\rho_o < \rho_u$ in den Behältern wieder als konstant angesehen werden, so daß dort jeweils eine hydrostatische Druckverteilung herrscht.

Unterstellen wir hier einfachheitshalber sehr schlanke ($d/\ell \ll 1$) und gleichartige Verbindungsrohre ($K_{\delta,o} = K_{\delta,u} = K_\delta$, $\delta = 1$: laminar, $\delta = 2$: turbulent), so daß die Reibung in

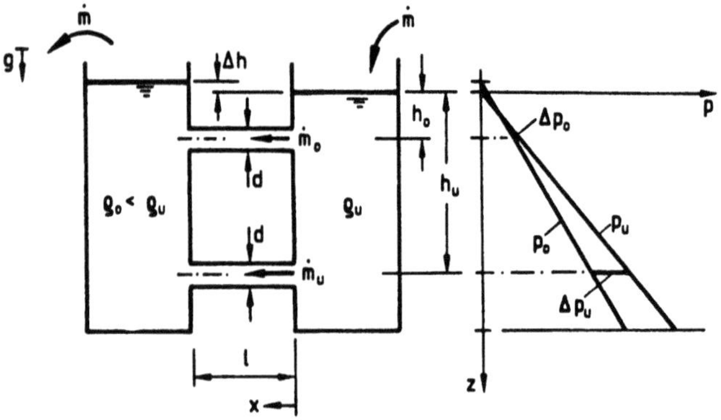

Bild 133 Einschichtige Konvektionsströmung durch Doppelrohrverbindung mit Nettodurchfluß

den Rohren dominiert und somit Stoß- und Beschleunigungseffekte vernachlässigbar sind, kann aus Bild 133 bei Beachtung von (2.308), (2.309)

$$\Delta p_o = p_u(h_o) - p_o(h_o) = g\rho_u h_o - g\rho_o(h_o + \Delta h) = \text{sign}\,(\dot{m}_o) K_\delta \ell |\dot{m}_o|^\delta \quad (10.11)$$

$$\Delta p_u = p_u(h_u) - p_o(h_u) = g\rho_u h_u - g\rho_o(h_u + \Delta h) = \text{sign}\,(\dot{m}_u) K_\delta \ell |\dot{m}_u|^\delta \quad (10.12)$$

direkt entnommen werden, wobei außerdem die Massenerhaltung

$$\dot{m}_o + \dot{m}_u = \dot{m} \quad (10.13)$$

gilt. Subtrahiert man nun (10.12) von (10.11), entfällt die Spiegelhöhendifferenz Δh, so daß sich

$$\frac{g(h_u - h_o)}{K_\delta \ell}(\rho_u - \rho_o) = \text{sign}\,(\dot{m}_u)|\dot{m}_u|^\delta - \text{sign}\,(\dot{m}_o)|\dot{m}_o|^\delta \quad (10.14)$$

ergibt. Im stationären Zustand strömt der Massenstrom $\dot{m}_u$ im unteren Verbindungsrohr stets in den linken Behälter (Bild 43, Abschn. 2.4.2), während der Massenstrom $\dot{m}_o$ im oberen Verbindungsrohr je nach der Größe des extern eingespeisten bzw. entnommenen Massenstroms $\dot{m} \geqslant 0$ sowohl in den linken als auch in den rechten Behälter fließen kann. Für die Vorzeichen der beiden Massenströme $\dot{m}_u$, $\dot{m}_o$ gilt somit:

$$\text{sign}\,(\dot{m}_u) = 1 \quad \text{für } \dot{m}_u > 0 \quad (10.15)$$

$$\text{sign}\,(\dot{m}_o) = \begin{cases} 1 & \dot{m}_o > 0 \\ 0 \quad \text{für} & \dot{m}_o = 0 \\ -1 & \dot{m}_o < 0 \end{cases}$$

Führt man in (10.14) einen Verteilungsparameter

$$f = \text{sign}\,(\dot{m}_o)\left|\frac{\dot{m}_o}{\dot{m}_u}\right|^\delta \quad (10.16)$$

zur Beschreibung des Massenstromverhältnisses $\dot{m}_o/\dot{m}_u$ ein, lassen sich die beiden Massenströme in Abhängigkeit von diesem Parameter

$$|\dot{m}_u|^\delta = \dot{m}_u^\delta = \frac{1}{1-f}\,\frac{g(h_u-h_o)}{K_\delta \ell}(\rho_u-\rho_o) \tag{10.17}$$

$$\operatorname{sign}(\dot{m}_o)\,|\dot{m}_o|^\delta = \frac{f}{1-f}\,\frac{g(h_u-h_o)}{K_\delta \ell}(\rho_u-\rho_o) \tag{10.18}$$

darstellen. Im allgemeinen findet eine Durchströmung des Systems mit $\dot{m} = \dot{m}_o + \dot{m}_u > 0$ statt, die nur im Sonderfall (in Abschn. 2.4.2 wurde allein dieser singuläre Fall behandelt) $\dot{m}_o + \dot{m}_u = 0$ oder $\dot{m}_o = -\dot{m}_u$ verschwindet. In diesem Fall stellt sich gerade eine reine Zirkulation zwischen den beiden Behältern ein, die Strömung separiert (Bild 134).

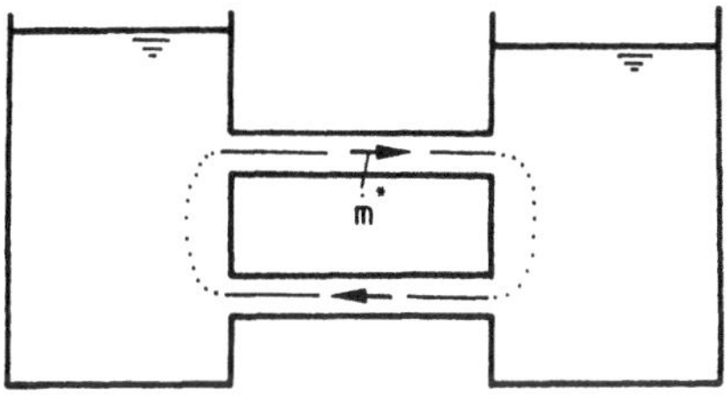

Bild 134
Separierte Zirkulationsströmung:
$|\dot{m}_o| = \dot{m}_u = \dot{m}^*$

Der Verteilungsparameter nach (10.16) nimmt dann gerade den Wert $f = -1$ an, so daß sich der zugehörige Massenstrom aus (10.17) bzw. (10.18) zu

$$\dot{m}^* = \left[\frac{g(h_u-h_o)}{2K_\delta \ell}(\rho_u-\rho_o)\right]^{1/\delta} > 0 \tag{10.19}$$

für $\Delta\rho = \rho_u - \rho_o > 0$ berechnet. Macht man schließlich die Massenströme $|\dot{m}_u|^\delta$, $|\dot{m}_o|^\delta$ mit dem doppelten Wert dieses ausgezeichneten Massenstroms $\dot{m}^{*\delta}$ dimensionsfrei, ergeben sich aus (10.17), (10.18) die elementaren Relationen

$$\frac{|\dot{m}_u|^\delta}{2\dot{m}^{*\delta}} = \frac{\dot{m}_u^\delta}{2\dot{m}^{*\delta}} = \frac{1}{1-f} \tag{10.20}$$

$$\operatorname{sign}(\dot{m}_o^*)\,\frac{|\dot{m}_o|^\delta}{2\dot{m}^{*\delta}} = \frac{f}{1-f} \tag{10.21}$$

die nur noch den Verteilungsparameter f enthalten. Diese vereinfachen sich weiter auf

$$\dot{M}_u = \frac{\dot{m}_u}{2\dot{m}^*} = \frac{1}{1-f} \tag{10.22}$$

$$\dot{M}_o = \frac{\dot{m}_o}{2\dot{m}^*} = \frac{f}{1-f} \tag{10.23}$$

wenn wir uns außerdem auf den Fall laminarer Strömungen ($\delta = 1$, $Re < Re_{krit}$) beschränken, der nun abschließend diskutiert und in Bild 135 quantitativ dargestellt werden soll. Wie bereits erkannt, ergibt sich mit $f = -1$ im Fall $\dot{m} = 0$ der kleinste Wert des Vertei-

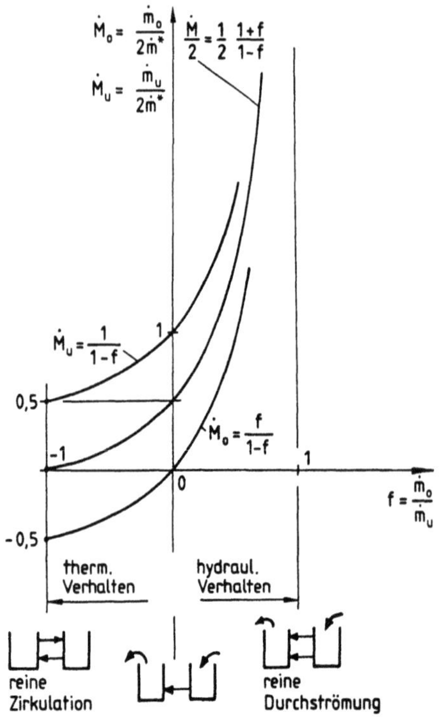

Bild 135
Verhalten der Massenströme $\dot{m}_o$, $\dot{m}_u$ in den Verbindungsrohren in Abhängigkeit vom Verteilungsparameter f

lungsparameters. Bei Steigerung des externen Durchflusses mit $\dot{m} > 0$ bei $\Delta\rho$ = const wird der zunächst aus dem oberen Verbindungsrohr in den rechten Behälter einfließende Massenstrom $\dot{m}_o < 0$, ausgehend von $|\dot{m}_o| = \dot{m}^*$, immer mehr geschwächt, bis er schließlich ganz verschwindet. Dann kommt es zur Richtungsumkehr. Die für $f = -1$ infolge des Dichteunterschieds $\Delta\rho$ allein herrschende Konvektionsströmung (Separationslösung: reine Zirkulation zwischen den Behältern) wird von der erzwungenen Durchflußströmung immer mehr verdrängt. Nach der Richtungsumkehr wächst $\dot{m}_o > 0$ bei weiterer Zunahme des eingespeisten Massenstroms $\dot{m}$ an und verhält sich asymptotisch für große Massenströme $\dot{m}$ so, als ob kein Dichteunterschied $\Delta\rho$ vorhanden wäre. In dieser Situation wird das System voll hydraulisch beherrscht, so daß für die Strömung im oberen und unteren Verbindungsrohr kein Unterschied besteht. Es liegt dann die gleiche Druckdifferenz an den Rohren an, so daß $\dot{m}_o = \dot{m}_u > 0$ gegen $\dot{m}/2$ strebt und somit dem Verteilungsparameter der Wert $f = 1$ zugeordnet ist. Genau dieses Verhalten wird durch die beiden einfachen Gleichungen (10.22), (10.23) für den Massenstrom $\dot{m}_o$ im oberen und den Massenstrom $\dot{m}_u$ im unteren Verbindungsrohr wiedergegeben, das in Bild 135 in Abhängigkeit vom Verteilungsparameter $f = \text{sign}(\dot{m}_o)|\dot{m}_o/\dot{m}_u| = \dot{m}_o/\dot{m}_u$ mit dem Definitionsbereich $-1 \leqslant f \leqslant 1$ für $\delta = 1$ dargestellt ist. Die Richtungsumkehr für den Massenstrom $\dot{m}_o$ im oberen Verbindungsrohr wird in (10.23) durch den Verteilungsparameter f im Zähler bewirkt, der in der Gl. (10.22) für den Massenstrom $\dot{m}_u$ im unteren Verbindungsrohr fehlt, da in diesem die Strömung ausgehend vom rein thermischen Verhalten bei $f = -1$, $\dot{m} = 0$,

$\dot{m}_u = -\dot{m}_o = \dot{m}^*$ ohne Richtungswechsel bei steigendem Durchfluß gegen $\dot{m}/2$ strebt. In der in Bild 135 gewählten dimensionsfreien Darstellung nach (10.22), (10.23) bedeutet dies, daß die Kurven für die beiden Massenströme $\dot{M}_o = f/(1-f)$, $\dot{M}_u = 1/(1-f)$, ausgehend von der separierten Zirkulationsströmung, die allein durch die Dichtedifferenz bestimmt ist, für $f \to 1$ gegen die Asymptote $\dot{M}/2 = (\dot{M}_o + \dot{M}_u)/2 = \frac{1}{2}(1+f)/(1-f)$ streben, die das rein hydraulische Verhalten ($\Delta\rho = 0$) beschreibt. Solche Strömungen infolge von Dichteunterschieden, denen noch ein hydraulisch bedingter Durchfluß überlagert ist, finden sich auch in der Natur. Ein typisches Beispiel ist die Austauschströmung durch die Straße von Gibraltar, ein relativ enger Kanal, der den Atlantik mit dem Mittelmeer verbindet. Die klimatisch bedingte starke Verdunstung des Mittelmeers kann durch die natürlichen Zuflüsse nicht ausgeglichen werden, so daß einerseits der Salzgehalt höher als im Atlantik ist, andererseits der Wasserverlust durch vom Atlantik her einströmendes, salzärmeres Wasser ausgeglichen werden muß (Bild 136).

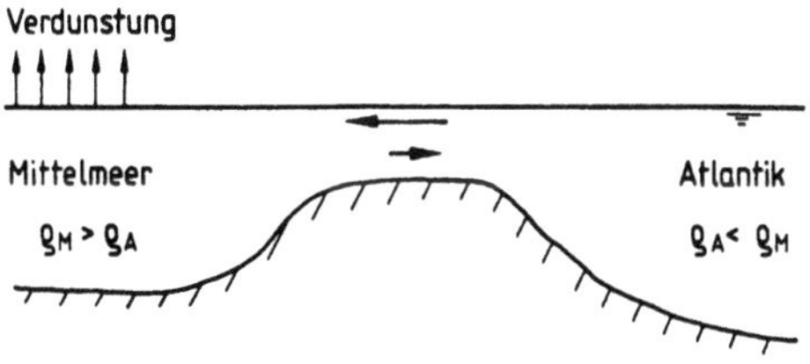

Bild 136
Marine Strömung durch die Straße von Gibraltar

Ohne die Verdunstung würde sich allein infolge des Dichteunterschieds $\Delta\rho = \rho_M - \rho_A$ eine reine Zirkulationsströmung (Separationslösung) einstellen, die auf die Umgebung der Meeresenge begrenzt wäre. Aufgrund der Verdunstung ist dieser freien Konvektionsströmung noch eine hydraulische Strömung überlagert, die salzärmeres Oberflächenwasser nachweislich bis Ägypten transportiert. Solche Strömungen lassen sich recht gut mit einem entsprechenden Schleusenmodell (s. Abschn. 2.4.2) bei gegebener Dichtedifferenz und Verdunstung berechnen. Nebenbei sei bemerkt, daß die geschilderten Strömungsverhältnisse von Gibraltar selbst schon den alten Phöniziern bekannt waren. Um beim Verlassen des Mittelmeers gegen die vom Atlantik kommende Oberflächenströmung anzukommen, setzten sie Unterwassersegel in hinreichender Tiefe, die ihre Schiffe aufgrund der freien Tiefenkonvektionsströmung in den Atlantik zogen.

10.3 Bioreaktor mit externem und internem Kreislauf

Bioreaktoren sind Systeme, die sowohl der Abwasserreinigung als auch der Energiegewinnung dienen. Wir wollen hier aus der verfahrenstechnischen Vielfalt einen speziellen Reaktortyp herausgreifen, den Festbettreaktor mit externem und internem Kreislauf (Bild 137). Dieser Reaktor besteht im wesentlichen aus einer Füllkörpersäule und der internen Rückführleitung. Auf den Füllkörpern (z. B. poröse, gebrochene Steine) wachsen nach dem Animpfen anaerobe Mikroorganismen (Biomasse) heran, die dem mit

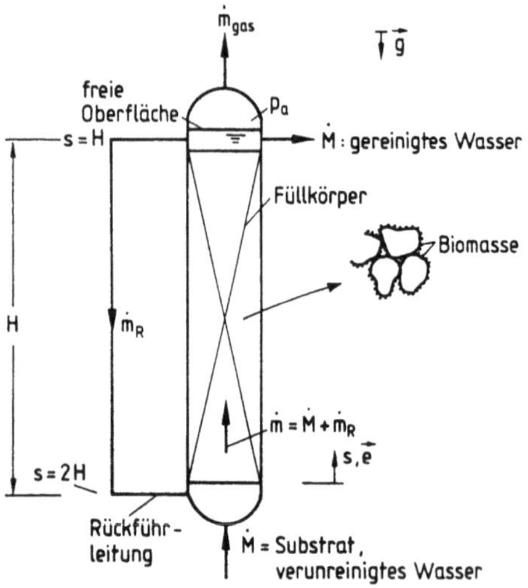

Bild 137
Festbett-Bioreaktor

organischen Substanzen verunreinigten Wasser (Substrat) ihre Nahrung entziehen. Dabei wird der größte Anteil der aufgenommenen Nahrung wieder als Gas (Methan und Kohlendioxid) abgegeben und nur der Rest zur Vermehrung verwendet. Dieses Gas, das am Reaktorkopf durch den Einfluß des Schwerefeldes aus dem System separiert wird, kann dann in einem Heizkessel konventionell verbrannt werden, um letztlich über einen elektrischen Generator Nützenergie liefern zu können. Durch das Wegfressen der organischen Wasserverunreinigungen findet gleichzeitig eine biologische Reinigung statt, so daß am Reaktorkopf außerdem weitgehend gereinigtes Wasser abgenommen und ohne Gefährdung der Natur wieder in den ökologischen Kreislauf entlassen werden kann. Mit der Rückführleitung wird einerseits auf die Substratverteilung längs des Reaktors und andererseits auf den pH-Wert Einfluß genommen. Insbesondere der letzte Punkt ist ökonomisch von Bedeutung. Da die anaeroben Mikroorganismen nur in einem engen pH-Fenster leben können, muß das in den Reaktor am Fuß extern einlaufende Substrat zumeist durch Zusatz von Lauge vorneutralisiert werden. Die Laugenmenge und damit auch die dadurch anfallenden Kosten lassen sich durch die Rückführung mindern, da das mit der Rückführleitung am Reaktorkopf entnommene Wasser infolge Säureabbaus längs des Reaktors einen höheren pH-Wert als am Kaminfuß aufweist. Durch Zumischen des intern zirkulierenden Massenstroms $\dot{m}_R$ zum extern aufgeprägten Massenstrom $\dot{M}$ mit niedrigerem pH-Wert erreicht man so ohne zusätzliche Laugenzugabe ein Eintrittssubstrat mit einem erhöhten pH-Wert. Nach dieser dem allgemeinen Verständnis dienenden Systembeschreibung wollen wir uns nun auf die strömungsmechanischen Aspekte beschränken. Auch hier gibt es, wie in Abschn. 10.2, eine reine Zirkulations- oder Separationsströmung. Diese Situation liegt genau dann vor, wenn extern weder Masse ins System eingebracht noch abgezogen wird. In diesem Fall $\dot{M} = 0$ bzw. $\dot{m} = \dot{m}_R$ zeigt das System voll sein inneres Eigenleben (ungestörte freie Konvektionsströmung), das bei vorgegebener Geometrie allein durch die Gasproduktion der Mikroorganismen bestimmt wird. Denken wir uns hier einfachheitshalber den produzierten Gasmassenstrom/Länge q(s) vorgegeben, kann die gegenüber der Wasserdichte ρ_W kleinere mittlere Dichte $\bar{\rho}$ des Wasser-Gas-Gemischs anhand eines Zweiphasen-Modells (Gas/Wasser-Strömung im Festbett des Reaktors) berechnet werden. Verwendet man hierbei das einfachste Zweiphasen-Modell, in dem beide Phasen als gleichberechtigt behandelt werden (homogenes Modell ohne Schlupf zwischen den beiden Phasen: $u_W = u_g = \bar{u}$, Bild 138), lassen sich unschwer die folgenden Relationen (10.24), (10.25), (10.26) formulieren, die eine direkte Berechnung der mittleren Dichte $\bar{\rho}$ ohne weitere Zusatzinformationen zulassen.

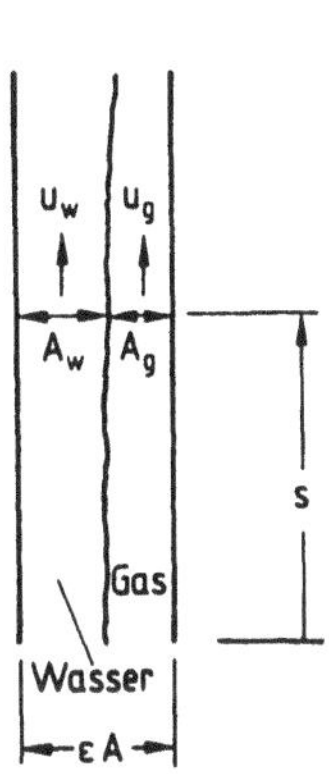

Bild 138
Zur Erläuterung des homogenen Zweiphasen-Modells

An jeder beliebigen Stelle s des Festbetts (Bild 137) kann für den Gesamtmassenstrom $\dot{m}$, aufgeteilt in den Wasser- und Gasmassenstrom, nach Bild 137 sofort

$$\dot{m} = \dot{m}_W + \dot{m}_g = \rho_W A_W u_W + \rho_g A_g u_g = \bar{\rho} \cdot \bar{u} \epsilon A \qquad (10.24)$$

geschrieben werden. Dabei wird vom Wasser der Dichte ρ_W der Querschnitt A_W und vom Gas der Dichte ρ_g der Querschnitt A_g des Strömungsquerschnitts beansprucht, der zwischen den um die aufgewachsene Biomasse volumetrisch vergrößerten Füllkörpern freigeblieben ist. Beschreibt man diese geometrische Situation mit dem Lückengrad ϵ, den wir in Abschn. 4.3 eingeführt haben ($\epsilon = 1$: leere Säule, $\epsilon = 0$: vollständig gefüllte Säule), gilt

$$\epsilon A = A_W + A_g \qquad (10.25)$$

und mit dem lokalen Gasmassenstrom, der sich aus der als bekannt vorausgesetzten Gasproduktion zu

$$\dot{m}_g = \rho_g A_g \bar{u} = \int_0^s q(\xi)\, d\xi \qquad (10.26)$$

ergibt, stehen dann für die unbekannten Querschnitte A_W, A_g und der zu bestimmenden mittleren Dichte $\bar{\rho}$ gerade drei Bestimmungsgleichungen bereit. Die Rechnung liefert explizit:

$$\bar{\rho} = \frac{\rho_W}{\Phi} \quad \text{mit} \quad \Phi = 1 + \frac{1}{\dot{m}} \left(\frac{\rho_W}{\rho_g} - 1 \right) \int_0^s q(\xi)\, d\xi \qquad (10.27)$$

Dabei ist Φ der Zweiphasen-Multiplikator im Rahmen des homogenen Modells, wie wir noch gleich sehen werden. Die außerdem interessierende mittlere Geschwindigkeit $\bar{u}$ beider Phasen ergibt sich mit $\bar{\rho}$ und ϵA nach (10.24) zu

$$\bar{u} = \frac{\dot{m}}{\bar{\rho}\epsilon A} \tag{10.28}$$

wobei der durch die Füllkörpersäule fließende Gesamtmassenstrom $\dot{m} = \dot{m}_W + \dot{m}_g$ wegen des gravierenden Dichteunterschieds zwischen Gas und Wasser ($\rho_g/\rho_W \approx 10^{-3}$) selbst bei gleich großen Gas- und Wasservolumenströmen im wesentlichen dem Wassermassenstrom entspricht:

$$\dot{m} = \dot{m}_W \left(1 + \frac{\dot{m}_g}{\dot{m}_W}\right) = \dot{m}_W \left(1 + \frac{\rho_g \dot{V}_g}{\rho_W \dot{V}_W}\right) \approx \dot{m}_W \tag{10.29}$$

Beschränken wir uns auf den technisch allein sinnvollen Fall einer internen Zirkulation mit $0 \leqslant \dot{m}_R \leqslant \dot{m}$, gelten die beiden Impulsgleichungen

$$\text{Festbett:} \qquad 0 = -\frac{dp}{ds} - g\rho_W \frac{1}{\Phi} - K_F \Phi (\dot{M} + \dot{m}_R)^2 \tag{10.30}$$

$$\text{Rückführung:} \quad 0 = -\frac{dp}{ds} + g\rho_W - K_R \dot{m}_R^2 \tag{10.31}$$

die durch Integration längs des Stromfadens und Schließen der Masche wieder auf die Umlaufgleichung des Systems führen. Neu gegenüber den Überlegungen in Abschn. 2.4.1 ist lediglich die Zweiphasigkeit der Strömung im Steigrohr, das hier der Festbettsäule entspricht. Ohne Gasproduktion (q = 0) gilt nach (10.27) $\bar{\rho} = \rho_W$ bzw. $\Phi = 1$, und für den Reibungsterm in (10.30) ist deshalb der die einphasige Strömung beschreibende Widerstandskoeffizient

$$K = K_F|_{\Phi=1} = \frac{3}{4} \lambda_R \frac{1-\epsilon}{\epsilon^3} \frac{1}{\rho_W A^2} \sim \frac{1}{\rho_W} \tag{10.32}$$

für Schüttungen (s. Abschn. 4.3) nach (4.69) mit einer im allgemeinen noch massenstromabhängigen Widerstandszahl λ_R zu verwenden. Bei Gasproduktion ($q > 0$) ergibt sich dagegen aus (10.27) eine ortsabhängige mittlere Dichte $\bar{\rho} = \rho_W/\Phi$. Durch Einsetzen dieser erniedrigten Dichte $\bar{\rho} < \rho_W$ in (10.32) erhalten wir mit der dann erhöhten Geschwindigkeit $\bar{u}$ nach (10.28) den vergrößerten Widerstand bei Zweiphasigkeit. Es gilt

$$K_F = K_F|_{\Phi=1} \cdot \Phi \tag{10.33}$$

und wir erkennen, daß man den lokalen Widerstandskoeffizienten bei Zweiphasigkeit ($\Phi > 1$) durch einfache Multiplikation des Widerstandskoeffizienten der einphasigen Strömung $K_F|_{\Phi=1}$ mit der Funktion $\Phi(s)$ nach (10.27) gewinnt, die deshalb auch Zweiphasen-Multiplikator genannt wird. In der Rückführleitung strömt nach Voraussetzung (vollständige Gasseparation an der freien Oberfläche des Reaktors) nur Wasser, so daß dort allein der einphasige Wert $K_R = K_R|_{\Phi=1}$ entsprechend Abschn. 2.2 für Kreisrohrgeometrie zu berücksichtigen ist. Integrieren wir schließlich die beiden Impulsgleichungen (10.30), (10.31) für das Festbett und die Rückführleitung, wobei neben den konvektiven Gliedern (s. Abschn. 2.4.1) auch alle sonstigen die Strömung begrenzenden Effekte gegenüber den beiden dominierenden Widerstandsgliedern $K_F\Phi(\dot{M} + \dot{m}_R)^2$, $K_R\dot{m}_R^2$ weggelassen sind, ergibt sich zunächst

Festbett: $$0 = -[p(H) - p(0)] - g\rho_W \int_0^H \frac{ds}{\Phi} - K_F(\dot{M} + \dot{m}_R)^2 \int_0^H \Phi \, ds \qquad (10.34)$$

Rückführung: $$0 = -[p(2H) - p(H)] + g\rho_W H - K_R\dot{m}_R^2 H \qquad (10.35)$$

und unter Beachtung der Schließbedingung $p(2H) = p(0)$ nach Addition von (10.34), (10.35) letztlich die Umlaufgleichung des Systems:

$$F = 0 = -g\rho_W \int_0^H \frac{ds}{\Phi} + g\rho_W H - K_F(\dot{M} + \dot{m}_R)^2 \int_0^H \Phi \, ds - K_R\dot{m}_R^2 H \qquad (10.36)$$

Von dem in (10.36) noch enthaltenen hydrostatischen Anteil entledigen wir uns wieder durch Aufspalten (s. Abschn. 2.3.2) des Dichteintegrals

$$-g\rho_W \int_0^H \frac{ds}{\Phi} = -g\rho_W H + g\rho_W \int_0^H \left(1 - \frac{1}{\Phi}\right) ds \qquad (10.37)$$

so daß für die Umlaufgleichung endgültig

$$F = 0 = \underbrace{g\rho_W \int_0^H \left(1 - \frac{1}{\Phi}\right) ds}_{\text{Auftrieb}} \underbrace{\underbrace{- K_F(\dot{M} + \dot{m}_R)^2 \int_0^H \Phi \, ds}_{\text{Festbett}} \underbrace{- K_R H \dot{m}_R^2}_{\text{Rückführung}}}_{\text{Widerstand}} \qquad (10.38)$$

mit $$\Phi = 1 + \frac{1}{\dot{M} + \dot{m}_R}\left(\frac{\rho_W}{\rho_g} - 1\right) \int_0^s q(\xi) \, d\xi$$

geschrieben werden kann. Setzt man in der Umlaufgleichung den extern eingespeisten Massenstrom $\dot{M} = 0$, wird diese zur Bestimmungsgleichung des sich ohne äußere Zwänge allein infolge der Gasproduktion frei einstellenden Massenstroms $\dot{m} = \dot{m}_R = \dot{m}_N$:

$$F = 0 = g\rho_W \int_0^H \left(1 - \frac{1}{\Phi}\right) ds - \left[K_F \int_0^H \Phi \, ds + K_R H\right] \dot{m}_N^2 \qquad (10.39)$$

mit $$\Phi = 1 + \frac{1}{\dot{m}_N}\left(\frac{\rho_W}{\rho_g} - 1\right) \int_0^s q(\xi) \, d\xi$$

Im System herrscht dann gerade vollständige Zirkulation ($\dot{m}_R = \dot{m}_N$, Bild 139). Durch Aufprägen eines externen Massenstroms $\dot{M} > 0$ wird diese Zirkulation geschwächt und verschwindet ($\dot{m}_R = 0$, Bild 139) schließlich für $\dot{M} = \dot{m}_{N,F}$. Diesen ausgezeichneten

Massenstrom errechnen wir aus der speziellen Umlaufgleichung, die sich für $\dot{m}_R = 0$ aus (10.38) zu

$$F = 0 = g\rho_W \int_0^H \left(1 - \frac{1}{\Phi}\right) ds - K_F \dot{m}_{N,F}^2 \int_0^H \Phi \, ds \tag{10.40}$$

mit $$\Phi = 1 + \frac{1}{\dot{m}_{N,F}} \left(\frac{\rho_W}{\rho_g} - 1\right) \int_0^s q(\xi) \, d\xi$$

ergibt. In diesem Sonderfall herrscht reiner Durchströmbetrieb. Der vom Festbett aufgrund der anliegenden Gasproduktion verlangte interne Massenstrom $\dot{m}_{N,F}$ wird durch den extern eingespeisten Massenstrom $\dot{M} = \dot{m}_{N,F}$ gerade voll befriedigt, so daß kein über die Rückführleitung zu deckender Massendefekt wie im Fall $0 < \dot{M} < \dot{m}_{N,F}$ besteht. Durch Vergleich von (10.40) mit (10.39) stellen wir fest, daß sich diese beiden speziellen Umlaufgleichungen nur durch den Verlustterm der Rückführung unterscheiden, der im allgemeinen sehr klein gegenüber dem Verlustterm des Festbetts ausfällt. Die ausgezeichneten Massenströme $\dot{m}_N$, $\dot{m}_{N,F}$ unterscheiden sich daher sehr wenig und werden für $K_F \gg K_R$ sogar identisch. Setzen wir dies hier voraus, kann der diskutierte Einfluß des extern aufgeprägten Massenstroms $\dot{M}$ auf den umlaufenden Massenstrom $\dot{m}_R$ bei Normierung auf $\dot{m}_{N,F} = \dot{m}_N$ besonders einfach dargestellt werden (Bild 139). Wird der externe Massenstrom $\dot{M}$ über $\dot{m}_N$ hinaus gesteigert ($\dot{M} > \dot{m}_N$), kehrt sich die Strömungsrichtung in der Rückführleitung um. Dieser Fall der Bypaß-Strömung, der für den Bioreaktor technisch ohne Interesse ist, kann dadurch verhindert werden, daß entweder ein in den Rücklauf eingebautes Ventil verschlossen wird oder aber eine ebenfalls eingebaute Pumpe zwangsweise dem System eine innere Zirkulation aufprägt (Bild 140).

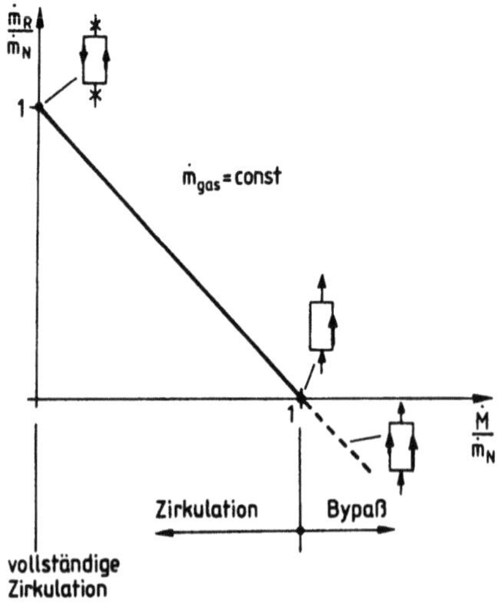

Bild 139 Intern zirkulierender Massenstrom in Abhängigkeit vom extern eingespeisten Massenstrom

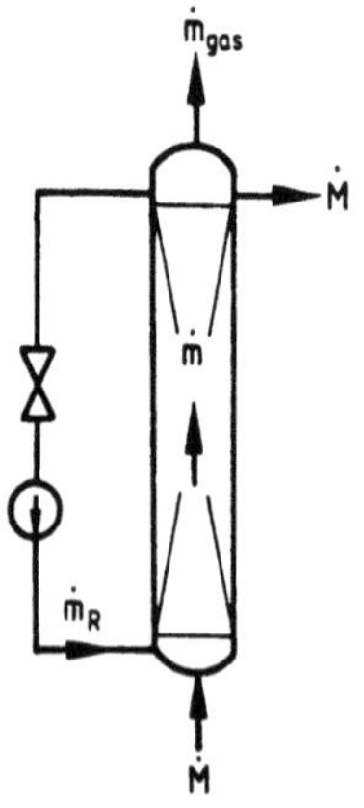

Bild 140 Rückführung mit Ventil und Pumpe

Die Umlaufgleichung für ein derart erweitertes System kann aus (10.38) ohne neue Rechnung sofort durch Verallgemeinerung gewonnen werden, indem wir den Verlustterm der Rückführung einerseits um den Druckverlust $\Delta p_V < 0$ des Ventils und andererseits um die Druckerhöhung $\Delta p_P > 0$ der Pumpe (Pumpe verhält sich formal wie negative Versperrung) ergänzen. Schlagen wir den Pumpenterm, der antreibend auf das System wirkt, zum Auftriebsterm hinzu und beschreiben den Druckverlust des Ventils proportional mit dem um die Widerstandsziffer ζ_V korrigierten Staudruck in der Rückführleitung bei Beachtung der Massenstrombeziehung $\dot{m}_R = \rho_W A_R u_R$, gilt:

$$F = 0 = \underbrace{g\rho_W \int_0^H \left(1 - \frac{1}{\Phi}\right) ds}_{\text{Auftrieb}} + \underbrace{\Delta p_P}_{\text{Pumpe}} \tag{10.41}$$

$$\underbrace{- K_F(\dot{M} + \dot{m}_R)^2 \int_0^H \Phi \, ds}_{\text{Widerstand Festbett}} - \underbrace{\left[K_R H + \frac{\zeta_V}{2\rho_W A_R^2}\right] \dot{m}_R^2}_{\text{Widerstand Rückführung}}$$

Wird eine nach dem Verdrängungsprinzip arbeitende interne Umwälzpumpe verwendet, ist die Druckerhöhung der Pumpe Δp_P unabhängig vom über die Drehzahl fest eingestellten Massenstrom $\dot{m}_R$ und kann bei bekannter Geometrie und Gasproduktion allein in Abhängigkeit vom extern aufgeprägten Massenstrom $\dot{M}$ berechnet werden. Dominiert die von der Pumpe erzwungene Strömung gegenüber der freien Strömung aufgrund der Gasproduktion $\left(\Delta p_P \gg g\rho_W \int_0^H \left(1 - \frac{1}{\Phi}\right) ds\right)$, zeigt sich die Zweiphasigkeit der Strömung allein noch im erhöhten Festbettwiderstand.

Wir wollen zusammenfassend noch einmal das Prinzipielle am Verhalten des Bioreaktor-Systems festhalten, das sich letztlich nur als eine andere Variante des im vorigen Abschn. 10.2 behandelten Problems offenbart hat. Zu diesem Zweck denken wir uns das Steigrohr (eigentlicher Reaktor) und das Fallrohr (Rückführleitung) hydraulisch gleichwertig (gleiches Widerstandsverhalten). Im Fall der reinen Zwangsdurchströmung (ohne Gasproduktion) teilt sich dann der extern eingepeiste Massenstrom $\dot{M}$ je zur Hälfte auf das Steig- und Fallrohr auf (Bild 141). Wird dagegen kein externer Massenstrom aufgeprägt ($\dot{M} = 0$), sondern allein durch Begasung des Steigrohrs ein Naturumlauf in Gang gebracht, sind die Massenströme in Steig- und Fallrohr vom Betrag her, der jetzt vom eingegebenen

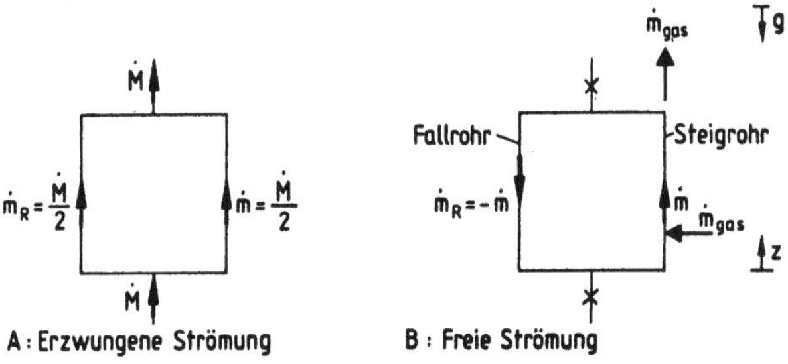

Bild 141
Erzwungene und freie Strömung als Grenzfälle

Gesamtgasmassenstrom $\dot{m}_{gas}$ festgelegt wird, wiederum gleich groß, aber einander entgegengerichtet (Bild 141). Überlagert man nun diese beiden Strömungen einander, muß die resultierende Strömung, beginnend mit $\dot{m}_{gas} = 0$, von der rein erzwungenen Strömung ($\dot{m} = \dot{m}_R = \dot{M}/2$) bei steigender Begasung schließlich asymptotisch gegen die rein freie Strömung ($\dot{m} = -\dot{m}_R = \dot{m}|_{\dot{m}_{gas}}$) laufen.

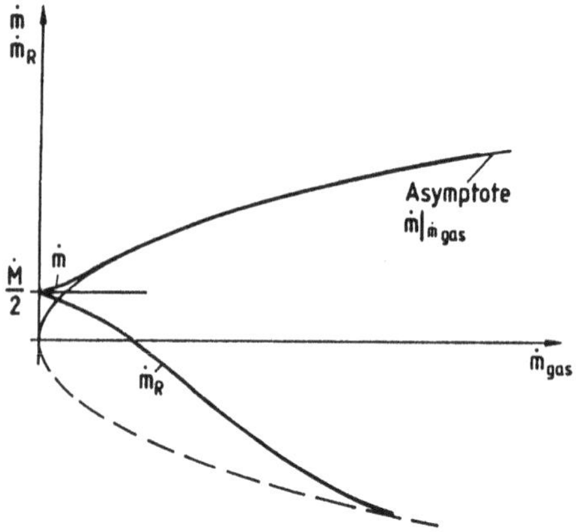

Bild 142
Massenströme $\dot{m}$, $\dot{m}_R$ in einem Naturumlaufsystem mit Nettodurchfluß durch externe Einspeisung

Diese Situation ist in Bild 142 qualitativ unter der Voraussetzung dargestellt, daß der externe Massenstrom $\dot{M}$ klein gegen den dominierenden Massenstrom $\dot{m}$ des Naturumlaufs bei hinreichend großer Begasung mit $\dot{m}_{gas}$ gewählt wurde[1]). Da bisher einerseits nur einphasige Strömungen (Flüssigkeit oder Gas) betrachtet wurden und andererseits aus dem statischen Druckverlauf auf die momentane biologische Situation im Reaktor (Biomasseverteilung) geschlossen werden kann, wollen wir hier abschließend den Einfluß der Zweiphasigkeit auf den Druckverlauf längs des Festbetts studieren, der sich aus (10.30) sofort durch Integration längs des Stromfadens vom Reaktorfuß bei $s = 0$ bis zu einer beliebigen Stelle $0 < s < H$ bei Beachtung von $\dot{m} = \dot{M} + \dot{m}_R$ zu

$$p(s) = p(0) - g\rho_W \int_0^s \frac{d\xi}{\Phi} - K_F\dot{m}^2 \int_0^s \Phi \, d\xi \tag{10.42}$$

ergibt. Das Druckniveau wird durch den Atmosphärendruck $p_a = p(H)$ an der freien Oberfläche $s = H$ des Reaktors (Bild 137) aufgeprägt[2]) und gestattet die Bestimmung des in (10.42) noch unbekannten Drucks

$$p(0) = p_a + g\rho_W \int_0^H \frac{ds}{\Phi} + K_F\dot{m}^2 \int_0^H \Phi \, ds \tag{10.43}$$

[1]) In Bild 141 und Bild 142 wird der Anschauung wegen von der Beschreibung mit der Ortskoordinaten s längs des internen Kreislaufs (Bild 137) abgewichen.

[2]) Die Füllhöhe H denken wir uns durch eine entsprechend konstruktive Gestaltung des Über- bzw. Ablaufs konstant gehalten.

am Reaktorfuß, so daß man durch Einsetzen von (10.43) in (10.42) den Druckverlauf im Festbett explizit zu

$$p(s) = p_a + g\rho_W \left(\int_0^H \frac{ds}{\Phi} - \int_0^s \frac{d\xi}{\Phi} \right) + K_F \dot{m}^2 \left(\int_0^H \Phi \, ds - \int_0^s \Phi \, d\xi \right) \tag{10.44}$$

erhält. Zur Diskussion von (10.44) wird nochmals die Umlaufgleichung (10.38) mit einfachheitshalber vernachlässigtem Widerstand der Rückführleitung ($K_R \ll K_F$) verwendet, die uns den Zusammenhang

$$K_F \dot{m}^2 = g\rho_W \frac{\int_0^H \left(1 - \frac{1}{\Phi}\right) ds}{\int_0^H \Phi \, ds} \tag{10.45}$$

liefert, der, eingesetzt in (10.44), auf

$$p(s) = p_a + g\rho_W \cdot f(s) \tag{10.46}$$

mit $$f(s) = \int_0^H \frac{ds}{\Phi} - \int_0^s \frac{d\xi}{\Phi} + \left(1 - \frac{\int_0^s \Phi \, d\xi}{\int_0^H \Phi \, ds} \right) \int_0^H \left(1 - \frac{1}{\Phi}\right) ds$$

führt. Um die Funktion f(s) ausrechnen zu können, muß die Art der Begasung bekannt sein. Die Integrale lassen sich besonders einfach auswerten, wenn wir eine homogene Begasung mit $q = q_0$ vorgeben.
Dann gilt nach (10.27)

$$\Phi(s) = 1 + \tilde{q}_0 \cdot s \quad \text{mit} \quad \tilde{q}_0 = \left(\frac{\rho_W}{\rho_g} - 1 \right) \frac{q_0}{\dot{m}} \tag{10.47}$$

und $$\int_0^s \frac{d\xi}{\Phi} = \frac{1}{\tilde{q}_0} \ln (1 + \tilde{q}_0 s) \tag{10.48}$$

$$\int_0^s \Phi \, d\xi = s + \frac{\tilde{q}_0}{2} s^2 \tag{10.49}$$

so daß sich f(s) zu

$$f(s) = \frac{1}{\tilde{q}_0} \ln \frac{1 + \tilde{q}_0 H}{1 + \tilde{q}_0 s} + \left(1 - \frac{s + \frac{\tilde{q}_0}{2} s^2}{H + \frac{\tilde{q}_0}{2} H^2} \right) \left(H - \frac{1}{\tilde{q}_0} \ln (1 + \tilde{q}_0 H) \right) \tag{10.50}$$

ergibt. Durch Entwicklung für schwache Begasungen $\tilde{q}_0 H \ll 1$, die für Bioreaktoren typisch sind, vereinfacht sich f(s) mit

$$\frac{1}{\tilde{q}_0}\ln\frac{1+\tilde{q}_0 H}{1+\tilde{q}_0 s} = (H-s) - \frac{1}{2}\tilde{q}_0(H^2 - s^2) + \ldots$$

$$\frac{1}{\tilde{q}_0}\ln(1+\tilde{q}_0 H) = H - \frac{1}{2}\tilde{q}_0 H^2 + \ldots \tag{10.51}$$

$$1 - \frac{s + \frac{\tilde{q}_0}{2}s^2}{H + \frac{\tilde{q}_0}{2}H^2} = 1 - \frac{s}{H} - \frac{\tilde{q}_0 H}{2}\left[\left(\frac{s}{H}\right)^2 - \frac{s}{H}\right] + \ldots$$

schließlich auf

$$f(s) = (H-s) + \frac{\tilde{q}_0}{2}(s^2 - Hs) + \ldots \tag{10.52}$$

und wir erhalten unter den genannten Voraussetzungen die leicht zu diskutierende Druckverteilung

$$p(s) = \underbrace{p_a + g\rho_W H\left(1 - \frac{s}{H}\right)}_{p_{hyd}} + g\rho_W\frac{\tilde{q}_0 H^2}{2}\left[\left(\frac{s}{H}\right)^2 - \left(\frac{s}{H}\right)\right] \tag{10.53}$$

die in Bild 143 dargestellt ist.

Durch die Begasung (Zweiphasigkeit) weicht der Druck p(s) für $0 < s < H$ in der skizzierten Weise vom hydrostatischen Druck $p_{hyd} = p_a + g\rho_W(H-s)$ ab und stimmt mit diesem am Reaktorfuß und -kopf überein. Während die Übereinstimmung $s = H$ immer zutrifft (aufgeprägter Druck durch die Atmosphäre), gilt diese bei $s = 0$ nur unter der Bedingung $K_R \ll K_F$, da dann längs der Rückführleitung gerade hydrostatische Druckverhältnisse vorliegen. Bei nicht vernachlässigbarem Druckverlust $\Delta p_{V,R}$ der Rückfüh-

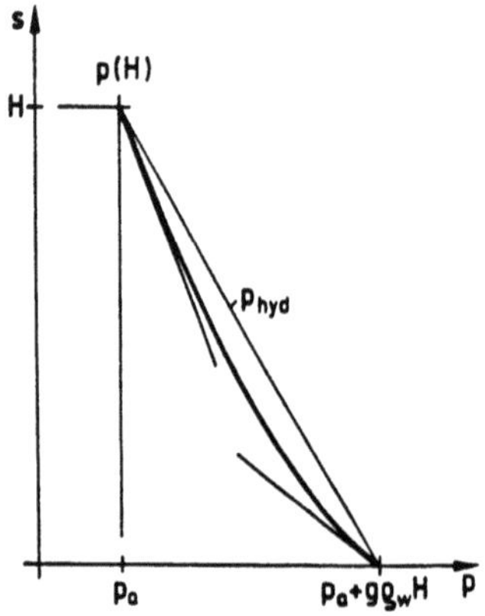

Bild 143
Verlauf des statischen Drucks in einem Bioreaktor (schwache Begasung)

rung verkleinert sich der statische Druck am Kaminfuß auf $p(0) = p_a + g\rho_W H - \Delta p_{V,R}$. Wie bereits in Abschn. 2.3.1.1 diskutiert, ist der Druckverlauf monoton und kann nie die Linie $p = p_a$ überschreiten, denn der Druckgradient

$$\frac{dp}{ds} = -g\rho_W \left[1 + \frac{\tilde{q}_0 H}{2}\left(1 - 2\frac{s}{H}\right)\right] < 0 \tag{10.54}$$

ist für $\tilde{q}_0 H \ll 1$ stets negativ. Insbesondere für $s = 0$ und $s = H$ gilt

$$\frac{dp(0)}{ds} = -g\rho_W \left[1 + \frac{\tilde{q}_0}{2} H\right] < 0 \tag{10.55}$$

$$\frac{dp(H)}{ds} = -g\rho_W \left[1 - \frac{\tilde{q}_0}{2} H\right] = \frac{dp(0)}{ds} + g\rho_W \tilde{q}_0 H < 0 \tag{10.56}$$

und wir erkennen, daß der Druckgradient sich in Stromrichtung gerade um den Wert $g\rho_W \tilde{q}_0 H$ abschwächt. Da die in einem Bioreaktor – in Abhängigkeit von der jeweils im Reaktor vorhandenen Biomasse – sich selbständig einstellende Begasung eindeutig dem Druckverlauf p(s) zugeordnet ist, besteht die Möglichkeit, anhand einer durch Messung gewonnenen Druckverteilung eine Aussage über die zugehörige Biomasse-Verteilung im Reaktor machen zu können.

10.4 Natürlich belüftete Halle mit innerer Wärmequelle

Als letztes Beispiel betrachten wir eine Wärmequelle in einer natürlich belüfteten Halle (Gebäude mit Ein- und Austrittsöffnung). Technische Anwendungen reichen von Hallen mit eingelagerten Transportbehältern, die Nachzerfallswärme liefernde Brennelemente aus Leichtwasserreaktoren enthalten, bis hin zu landwirtschaftlichen Ställen mit etwa Kühen als innere Wärmequelle. Um das Problem unabhängig von irgendwelchen Widerstandskoeffizienten der Ein- und Austrittsöffnungen mit den Querschnitten A_E, A_A formulieren zu können, verwenden wir das in Bild 144 dargestellte Borda-Modell als Hallengeometrie, in die als Wärmequelle ein innen beheizter Kamin (s. Abschn. 2.2) vom Querschnitt A_Q mit nach außen isolierten Kaminwänden eingebaut ist. Dem Problem entsprechend (Gebäude mit großen charakteristischen Abmessungen) setzen wir die zu berechnende Strömung als turbulent ($\delta = 2$) voraus.

Je nach der Wahl der Querschnitte A_E, A_A, A_Q im Verhältnis zum freien Querschnitt A der Halle, die wir mit den Parametern o, n, r

$$\begin{aligned} A_E &= oA \qquad & 0 < o < 1 \\ A_Q &= nA \quad \text{mit} \quad & 0 < n < 1 \\ A_A &= rA \qquad & 0 < r < 1 \end{aligned} \tag{10.57}$$

beschreiben wollen, werden sich in der Halle infolge der Kaminbeheizung verschiedenartige Strömungssituationen einstellen. Wir interessieren uns hier insbesondere für die Zirkulations- und Bypaßströmungen. Das Gesamtsystem besteht aus den Elementen

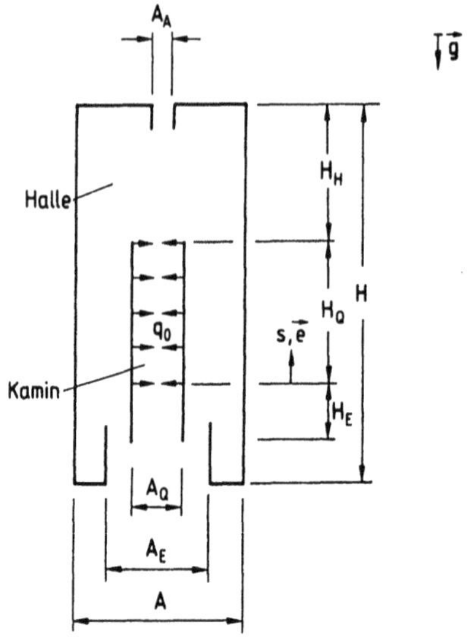

Bild 144 Modell-Geometrie für natürlich belüftete Halle mit innerer Wärmequelle

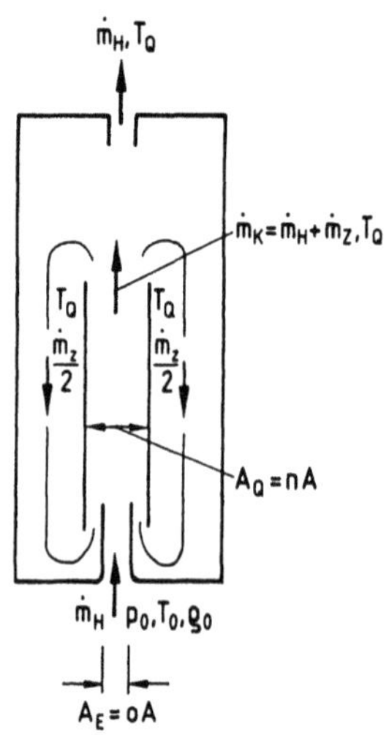

Bild 145 Zirkulations-Modell für o < n

Kamin, Rückström- bzw. Bypaßraum, Zuström- und Abströmraum. Um Aussagen über das Verhalten des Gesamtsystems machen zu können, sind deshalb zunächst die thermohydraulischen Zusammenhänge für diese Elemente (Untersysteme) zu formulieren, die dann durch Verknüpfung das Gesamtsystem beschreiben. Dabei kann eindimensional immer nur ein Lösungsast (Asymptote) der Gesamtlösung beschrieben werden. Wir beginnen mit dem Lösungsast zur Beschreibung der Zirkulationsströmung im Gebäude, die für $0 < n$ (Bild 145) entsteht, wenn der ins Gebäude ein- und auch wieder austretende Massenstrom $\dot{m}_H$ kleiner als der vom beheizten Kamin verlangte Massenstrom $\dot{m}_K$ ausfällt, so daß der Massenstromdefekt nur durch Ansaugen eines Zirkulationsmassenstroms $\dot{m}_Z = \dot{m}_K - \dot{m}_H$ aus dem Halleninneren gedeckt werden kann.

Wiederum ausgehend von den eindimensionalen Erhaltungsgleichungen nach Abschn. 2

(Impuls): $$0 = -\frac{dp_i}{ds} + g^*\rho_i - K_i\dot{m}_i^2 \qquad (10.58)$$

(Masse): $$\dot{m}_i = \rho_i u_i A_i = \text{const} \qquad (10.59)$$

(Energie): $$\dot{m}_i c \frac{dT_i}{ds} = q_i \qquad (10.60)$$

mit $g^* = \vec{g} \cdot \vec{e}$ nach Abschn. 2.4.1 und der thermischen Zustandsgleichung für kleine Aufheizspannen $\beta_0 \Delta T_i \ll 1$

$$\rho_i = \rho_0[1 - \beta_0(T_i - T_0)] \qquad (10.61)$$

jeweils angewandt auf ein Element i, werden im folgenden die statischen Druckvertei-

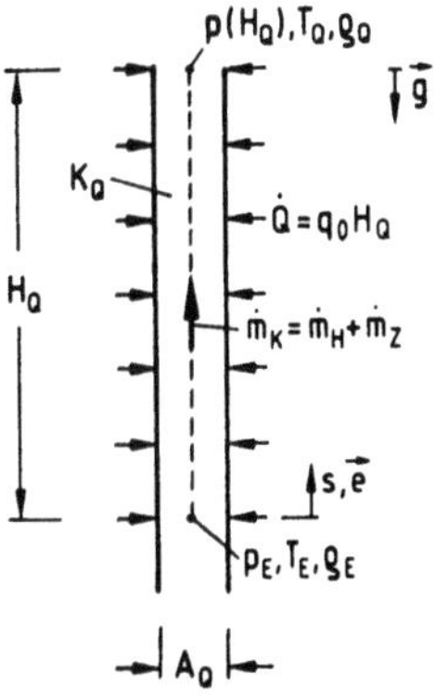

Bild 146 Strömung durch innen beheizten Kamin bei Zirkulation

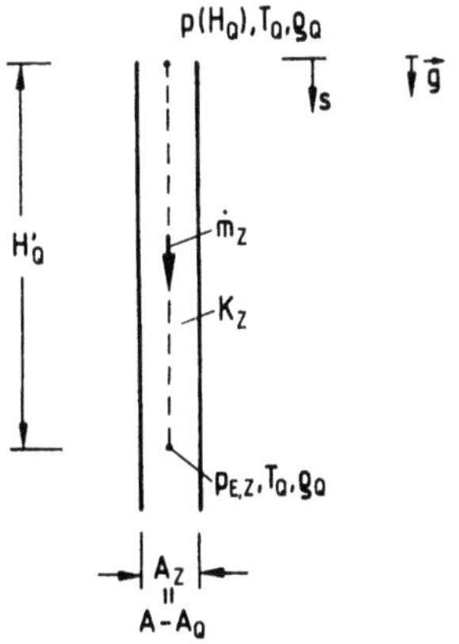

Bild 147 Strömungsverhältnisse im Rückströmraum bei Zirkulation

lungen der einzelnen Untersysteme (Kamin, Rückströmraum, Ab- und Zuströmraum mit den Ein- und Austrittsöffnungen) berechnet und durch Verknüpfung der Elemente eine innere und eine äußere Umlaufgleichung hergeleitet, deren Diskussion allgemeine Aussagen über das Verhalten des gesamten Systems erlaubt. Wir beginnen mit dem Kamin (Bild 146, $g^* = -g$), den wir uns zur Vermeidung von zu vielen Fallunterscheidungen einfachheitshalber homogen beheizt denken, und erhalten aus (10.58) durch Integration von $s = 0$ bis $s = H_Q$ unter Beachtung von (10.60), (10.61)

$$p(H_Q) = p_E - g\rho_0 H_Q + g\rho_0\beta_0 H_Q \left[(T_E - T_0) + \frac{\dot{Q}}{2c(\dot{m}_H + \dot{m}_Z)}\right] - K_Q H_Q (\dot{m}_H + \dot{m}_Z)^2 \tag{10.62}$$

bei einer sich einstellenden Temperatur am Kaminaustritt

$$T_Q = T_E + \frac{\dot{Q}}{(\dot{m}_H + \dot{m}_Z)c} \tag{10.63}$$

und entsprechend für den ringförmig abgewickelten Rückströmraum (Bild 147, $g^* = g$).

$$p(H_Q) = p_{E,Z} - g\rho_0 H'_Q + g\rho_0\beta_0 H'_Q \left[(T_E - T_0) + \frac{\dot{Q}}{c(\dot{m}_H + \dot{m}_Z)}\right] + K_Z H'_Q \dot{m}_Z^2 \tag{10.64}$$

wenn die nach (10.63) berechnete konstante Temperatur T_Q wiederum eingesetzt wird. Die Verknüpfung zwischen dem Kamin und dem Rückströmraum erfolgt am oberen Ende durch den Abström- und am unteren Ende durch den Zuströmraum (Bild 148), wobei der statische Druck $p(H_Q)$ in der Ebene des Kaminaustritts bei hinreichend schlanker Geometrie wegen der dann parallelen Stromlinien, sowohl im Kamin als auch im angrenzenden Rückströmraum, als konstant angesehen werden kann (Parallelkanalbedingung).

Um jede geometrische Komplizierung des Problems beiseite lassen zu können, sei $H_E/H_Q \ll 1$, so daß im folgenden auch $H'_Q = H_Q$ gesetzt werden kann. Ohne diese somit

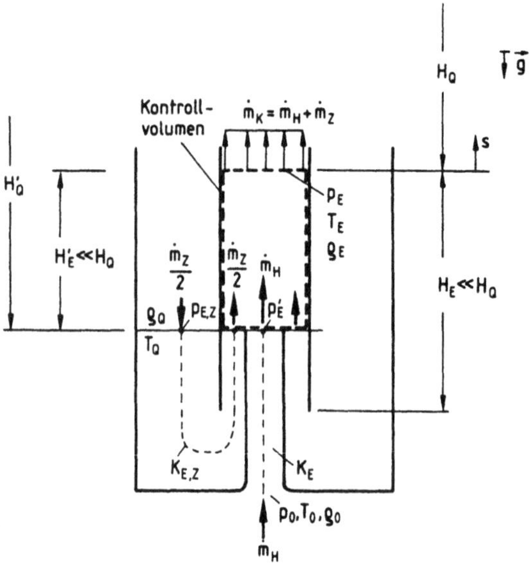

Bild 148
Strömungsverhältnisse im Zuströmraum bei Zirkulation

vernachlässigbaren Höheneinflüsse im Zuströmraum (Bild 148) und unter der Voraussetzung, daß die Umlenkverluste des zirkulierenden Massenstroms $\dot m_Z$ und auch die Zuströmverluste des Hallenmassenstroms $\dot m_H$ klein gegen die berücksichtigten Strömungsverluste seien, kann die Verknüpfung zwischen den Drücken $p_{E,Z}$, p_0 mit dem Druck p'_E, der bei vorausgesetzt schlanker Geometrie aufgrund der dann vorhandenen Parallelität der Stromlinien in der Ebene des Zumischorts konstant ist, nach Bernoulli längs der in Bild 148 eingestrichelten Stromlinien erfolgen. In Massenstromschreibweise gilt somit:

$$p_{E,Z} = p'_E + \left[\frac{1}{(A_Q - A_E)^2} - \frac{1}{A_Z^2}\right]\frac{\dot m_Z^2}{2\rho_Q} \tag{10.65}$$

$$p_0 = p'_E + \frac{\dot m_H^2}{2\rho_0 A_E^2} \tag{10.66}$$

Um die erforderliche Verknüpfung im Bereich des Zuströmraums vollenden zu können, muß noch der Zusammenhang zwischen p'_E und p_E bekannt sein. Den sich nach der Vermischung des zirkulierenden Massenstroms $\dot m_Z$ mit dem Hallenmassenstrom $\dot m_H$ einstellenden Druck p_E am Eintritt in die Heizstrecke berechnen wir mit dem globalen Impulssatz für stationäre Strömungen (Abschn. 1). Mit dem in Bild 148 eingetragenen Kontrollvolumen liefert dieser

$$\underbrace{\frac{(\dot m_H + \dot m_Z)^2}{\rho_E A_Q}}_{\substack{\text{ausfließender}\\ \text{Imp.}}} - \underbrace{\left[\frac{\dot m_Z^2}{\rho_Q(A - A_Z - A_E)} + \frac{\dot m_H^2}{\rho_0 A_E}\right]}_{\substack{\text{einfließender}\\ \text{Imp.}}} = (p'_E - p_E)A_Q \tag{10.67}$$

und man erhält bei Beachtung von $A - A_Z = A_Q$ schließlich:

$$p'_E = p_E + \frac{1}{\rho_E}\frac{(\dot m_H + \dot m_Z)^2}{A_Q^2} - \frac{1}{\rho_Q}\frac{\dot m_Z^2}{A_Q(A_Q - A_E)} - \frac{\dot m_H^2}{\rho_0 A_Q A_E} \tag{10.68}$$

Die zugehörige Temperatur T_E ergibt sich aus der Mischungsgleichung

$$\dot m_H T_0 + \dot m_Z T_Q = (\dot m_H + \dot m_Z) T_E \tag{10.69}$$

unter Beachtung von (10.63) zu

$$T_E = T_0 + \frac{\dot m_Z}{\dot m_H}\frac{\dot Q}{(\dot m_H + \dot m_Z)c} \tag{10.70}$$

und durch Einsetzen von $T_E = (\dot m_H T_0 + \dot m_Z T_Q)/(\dot m_H + \dot m_Z)$ in (10.63) erhält man außerdem das unmittelbar einleuchtende Ergebnis

$$T_Q = T_0 + \frac{\dot Q}{\dot m_H c} \tag{10.71}$$

das zeigt, daß die maximale Temperatur $T_{max} = T_Q$ am Ende des beheizten Kamins bei Zirkulation allein nur vom ins Gebäude eingeströmten Massenstrom $\dot m_H$ abhängig sein kann.
Wir richten nun unser Augenmerk auf den Abströmraum (Bild 149), der so beschaffen sei, daß die entstehenden Stoßverluste – die im folgenden allein berücksichtigt werden – die Reibungsverluste bei weitem überwiegen und setzen aus rein rechentechnischen Gründen voraus, daß sich zwischen dem Kamin- und Gebäudeaustritt ein homogener Zwischenzustand einstellt. Dies ist der Fall bei hinreichend schlanker Geometrie ($H_H \gtrapprox H_Q$), so daß – wie im Fall des Zuströmraums – mit der Parallelität der Stromlinien operiert werden darf. Für das in Bild 149 einskizzierte Kontrollvolumen I zwi-

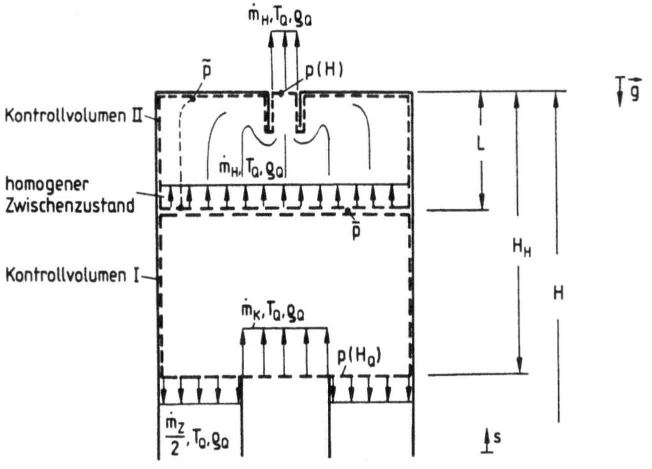

Bild 149 Strömungsverhältnisse im Abströmraum bei Zirkulation

schen der Ebene des Kaminaustritts und einer Ebene im Bereich des homogenen Zwischenzustands kann dann der Impulssatz (10.72)

$$\underbrace{\frac{\dot m_H^2}{\rho_Q A} - \frac{\dot m_Z^2}{\rho_Q A_Z}}_{\substack{\text{ausfließender}\\ \text{Imp.}}} - \underbrace{\frac{(\dot m_H + \dot m_Z)^2}{\rho_Q A_Q}}_{\substack{\text{einfließender}\\ \text{Imp.}}} = (p(H_Q) - \bar p)A - g\rho_Q A(H_H - L) \qquad (10.72)$$

und für das anschließende Kontrollvolumen II, das bis zur Ebene des Gebäudeaustritts reicht, der Impulssatz (10.73) angeschrieben werden:

$$\underbrace{\frac{\dot m_H^2}{\rho_Q A_A}}_{\substack{\text{ausfl.}\\ \text{Imp.}}} - \underbrace{\frac{\dot m_H^2}{\rho_Q A}}_{\substack{\text{einfl.}\\ \text{Imp.}}} = \bar p A - \tilde p(A - A_A) - p(H)A_A - g\rho_Q AL \qquad (10.73)$$

Der Druck $\tilde p$ an der Hallendecke ergibt sich aufgrund der Borda-Geometrie der Auslaßöffnung in einfachster Weise, denn längs der in Bild 149 gestrichelt eingezeichneten Stromlinie, die verlustfrei vom Zwischenzustand bis hin in den Totwasserbereich ($u \approx 0$) der Borda-Auslaßöffnung führt, gilt die Bernoullische Gleichung:

$$\bar p + \frac{\dot m_H^2}{2\rho_Q A^2} = \tilde p + g\rho_Q L \qquad (10.74)$$

So kann einerseits $\tilde p$ in (10.73) durch den statischen Druck $\bar p$ des homogenen Zwischenzustands ausgedrückt werden, und andererseits – etwa durch Auflösen von (10.72) nach $\bar p$ und Einsetzen in (10.73) – auch dieser global nicht interessierende Druck $\bar p$ eliminiert werden.

Wir haben nun hinreichend viele Gleichungen bereitgestellt, um sowohl für den inneren Umlauf (Zirkulationsströmung im Gebäude) als auch den äußeren Umlauf (Durchströ-

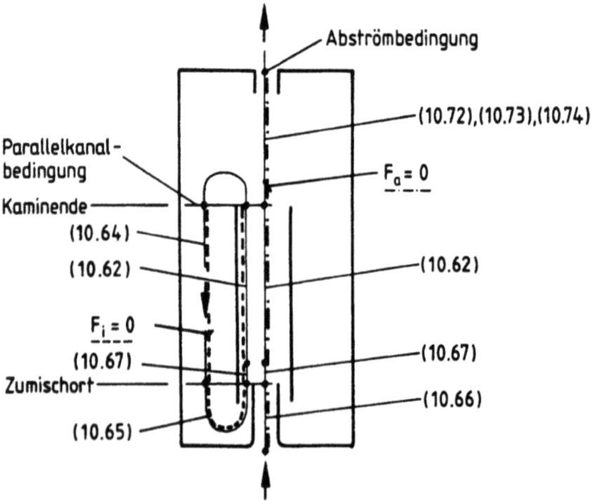

Bild 150
Zur Herleitung der inneren und äußeren Umlaufgleichung

mung des Gebäudes) eine Umlaufgleichung angeben zu können, wobei konsequenterweise entsprechend der mit (10.61) getroffenen Beschränkung auf kleine Aufheizspannen alle Terme $\beta_0 \Delta T_i \ll 1$ weggelassen werden. Für den inneren Kreislauf (Bild 150) ergibt sich aufgrund der Parallelkanalbedingung (Druckgleichheit zwischen Kamin und Rückströmraum bei $s = H_Q$) aus den Gleichungen (10.62), (10.64), (10.65), (10.67) die innere Umlaufgleichung $F_i = 0$ und für den äußeren Kreislauf bei Erfüllung der Abströmbedingung $p(H) = p_0 - g\rho_0 H$ (statischer Druck entspricht Atmosphärendruck) am Gebäudeauslaß aus den Gleichungen (10.66), (10.67), (10.62), (10.72), (10.73), (10.74) die äußere Umlaufgleichung $F_a = 0$:

$$F_i = 0 = \frac{Q}{2\dot{m}_H^3\left(1 + \frac{\dot{m}_Z}{\dot{m}_H}\right)} + \left(\frac{1}{2n^2} + W\right)\left(1 + \frac{\dot{m}_Z}{\dot{m}_H}\right)^2 - W_Z\left(\frac{\dot{m}_Z}{\dot{m}_H}\right)^2 - \frac{1}{on} \tag{10.75}$$

$$\begin{aligned} F_a = 0 = {} & \frac{Q\left[\frac{1}{2} + \frac{H_H}{H_Q} + \frac{\dot{m}_Z}{\dot{m}_H}\left(1 + \frac{H_H}{H_Q}\right)\right]}{\dot{m}_H^3\left(1 + \frac{\dot{m}_Z}{\dot{m}_H}\right)} + \left(\frac{1}{n} - \frac{1}{2n^2} - W\right)\left(1 + \frac{\dot{m}_Z}{\dot{m}_H}\right)^2 \\ & + \left(\frac{1}{n(n-o)} + \frac{1}{1-n}\right)\left(\frac{\dot{m}_Z}{\dot{m}_H}\right)^2 + W_{n,o,r} \end{aligned} \tag{10.76}$$

mit

$$\begin{aligned} W &= 1/(2n^2) + \rho_0 A^2 H_Q K_Q \\ W_Z &= \frac{1}{n(n-o)} - \frac{1}{2}\frac{1}{(n-o)^2} + \frac{1}{2}\frac{1}{(1-n)^2} - \rho_0 A^2 H_Q K_Z \\ W_{n,o,r} &= -\frac{1}{2}\frac{1}{o^2} + \frac{1}{on} + W_r \\ W_r &= \frac{1}{2}\left(\frac{1}{r} - 1\right) - \frac{1}{r^2} \\ Q &= g\rho_0^2 A^2 \beta_0 H_Q \dot{Q}/c \end{aligned} \tag{10.77}$$

Mit der inneren Umlaufgl. $F_i(\dot{m}_H, \dot{m}_Z/\dot{m}_H; Q, K_Q, K_Z, H_Q, n, o) = 0$ und der äußeren Umlaufgl. $F_a(\dot{m}_H, \dot{m}_Z/\dot{m}_H; Q, K_Q, H_H/H_Q, n, o, r) = 0$ stehen zwei Bestimmungsgleichungen für die beiden Massenströme $\dot{m}_H$, $\dot{m}_Z$ bereit, die festgelegt sind, wenn wir den Heizleistungsparameter Q nach (10.77), die Widerstandskoeffizienten des Kamins und des Rückströmraums K_Q, K_Z, die Kamin- bzw. Rückströmraumhöhe H_Q, die Hallenhöhe H_H über der Heizstrecke und die Querschnittsparameter n, o, r des Kamins sowie der Ein- und Austrittsöffnung des Gebäudes vorgeben.

Wir diskutieren nun den Geometrieeinfluß auf die sich für $o < n$ im allgemeinen im Gebäude einstellende Zirkulationsströmung. Dabei ist es wesentlich, daß die Singularitäten in den beiden Umlaufgleichungen beachtet werden. Im Trivialfall $n = o$ (Kamin- und Eintrittsquerschnitt im Gebäude sind identisch) wird die Zirkulation gerade geometrisch verhindert, und die innere Umlaufgl. (10.75) reduziert sich folgerichtig auf[1])

$$F_i = 0 = \frac{1}{2}\left(\frac{\dot{m}_Z}{\dot{m}_H}\right)^2 \rightarrow \frac{\dot{m}_Z}{\dot{m}_H} = 0 \tag{10.78}$$

und aus der äußeren Umlaufgl. (10.76) folgt dann:

$$F_a = 0 = \frac{\left[\frac{1}{2} + \frac{H_H}{H_Q}\right] Q}{\dot{m}_H^3} + \frac{1}{n} - W + W_r \tag{10.79}$$

$$\rightarrow \dot{m}_H^3 \Big|_{n = o}^{\dot{m}_Z = 0} = \frac{\left[\frac{1}{2} + \frac{H_H}{H_Q}\right] Q}{W - W_r - \frac{1}{n}}$$

Dieser für o = n berechnete Massenstrom $\dot{m}_H$ läßt sich insbesondere für o = n = r = 1 leicht kontrollieren, da das System sich in diesem Sonderfall auf den teilweise beheizten Kamin nach Bild 151 reduziert. Es gilt

$$\dot{m}_H^3 \Big|_{n = o = r = 1}^{\dot{m}_Z = 0} = \frac{\left[\frac{1}{2} + \frac{H_H}{H_Q}\right] Q}{W} \tag{10.80}$$

und wir erkennen am additiven Aufbau des Zählers, daß der vom beheizten Teil des Kamins herrührende Auftrieb durch den hinzukommenden Kaminzug des unbeheizten oberen Teils verstärkt wird, der sich in diesem Sonderfall wegen der fehlenden Vermischung zudem als verlustfrei erweist.

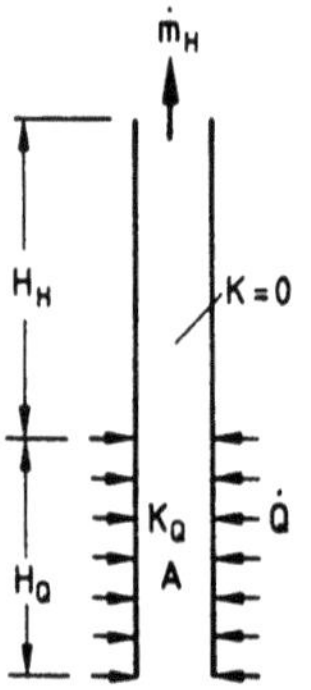

Bild 151 Teilweise beheizter Kamin als Sonderfall für o = n = r = 1

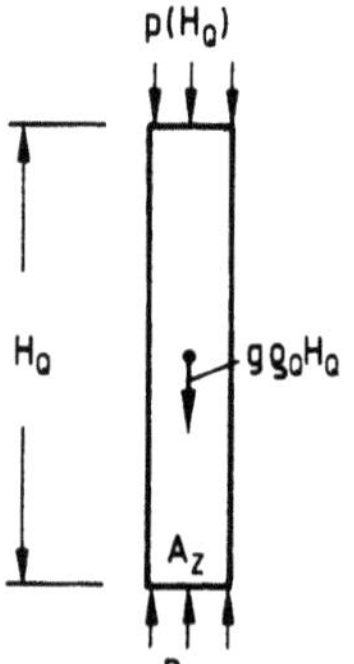

Bild 152 Statisches Gleichgewicht im Rückströmraum

[1]) Für n = o ist $W_Z \sim 1/(n-o)^2$ in $F_i = 0$ die stärkste Singularität. Gl. (10.75) ist deshalb zunächst mit $(n-o)^2$ zu multiplizieren, so daß im Grenzfall n = o nur der zuvor am stärksten singuläre Term einen Beitrag liefern kann.

Für $H_H = 0$ und $W = \rho_0 A^2 H_Q K_Q \gg 1/2$ ist (10.80) bei der hier vorausgesetzten turbulenten Strömung ($\delta = 2$) mit (2.74) und für $H_Q = 0$ und $W = 1/2$, $K_Q = 0$ bei reibungsfreier Strömung mit (2.51) identisch. Im nichttrivialen Fall $o < n$ verschwindet die Zirkulationsströmung im allgemeinen nicht, kann aber durch geschickte Kombination der Parameter n, o, r, H_H, H_Q, K_Q dennoch zum Verschwinden gebracht werden. Wir untersuchen diese Situation durch Einsetzen der Forderung $\dot{m}_Z/\dot{m}_H = 0$ in (10.75), (10.76) und erhalten so den Existenzbereich möglicher Zirkulationsströmungen. Aus $F_i = 0$ folgt der zugehörige Massenstrom

$$\dot{m}_H^3 \Big|_{\substack{\dot{m}_Z = 0 \\ n > o}} = \frac{Q}{2\left(\dfrac{1}{on} - \dfrac{1}{2n^2} - W\right)} \tag{10.81}$$

und aus $F_a = 0$ bei Beachtung von (10.81) die geometrische Bedingung

$$0 = \left(1 + 2\frac{H_H}{H_Q}\right)\left(\frac{1}{on} - \frac{1}{2n^2} - W\right) + \frac{1}{n} - \frac{1}{2n^2} - W + W_{n,o,r} \tag{10.82}$$

bei deren Erfüllung die Zirkulation im Gebäude für $n > 0$ gerade verschwindet. Geben wir uns etwa den Austrittsquerschnitt ($r = A_A/A$) und die Kamin-Hallengeometrie ($n = A_Q/A$, H_H/H_Q, K_Q) vor, wird (10.82) zur Bestimmungsgleichung für den Eintrittsquerschnitt ($o = A_E/A$), bei dem trotz $n > o$ keine Zirkulation zu beobachten ist. In diesem nichttrivialen Grenzfall ist der Gebäudemassenstrom $\dot{m}_H$ nach (10.81) so eingestellt, daß die am Rückströmraum (Bild 147) anliegende Druckdifferenz $p_{E,Z} - p(H_Q)$ gerade die Fluidsäule vom Gewicht/Fläche $g\rho_Q H_Q$ im statischen Gleichgewicht hält (Bild 152), wie man leicht aus (10.64) für $\dot{m}_Z = 0$ in Verbindung mit $T_E = T_0$ entnehmen kann. Wir stellen den bisher diskutierten Sachverhalt der besseren Übersicht wegen in einer Geometrie- oder Existenzkarte (Bild 153) in der Form $n = n(o; r, H_H/H_Q)$ dar, wobei einfachheitshalber noch der Widerstand K_Q des Kamins vernachlässigt wird (Gebäudewiderstand dominiert gegenüber Kaminwiderstand). Der triviale Fall verschwindender Zirkulation im Gebäude wird durch die Diagonale $o = n$ in Bild 153 wiedergegeben. Die Kurve $o^*(n)$, die im nichttrivialen Fall bei festen Werten r, H_H/H_Q, $K_Q = 0$ beliebigen Kaminquerschnitten $0 < n < 1$ die Werte o^* der Eintrittsquerschnitte zuweist,

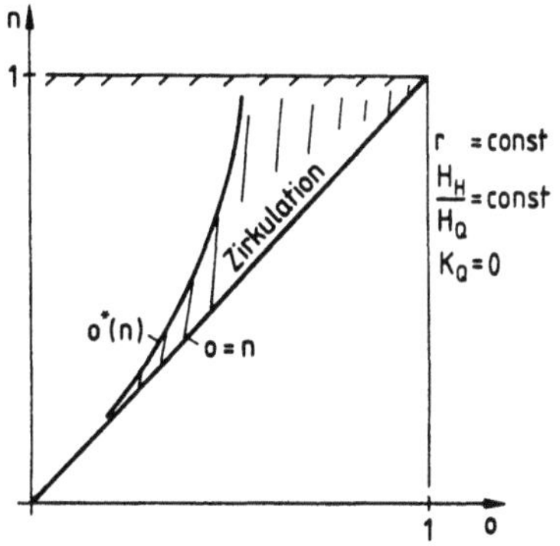

Bild 153
Geometrieeinfluß auf die Zirkulationsströmung

bei denen trotz $n > o$ die Zirkulationsströmung verschwindet, berechnet sich aus der geometrischen Bedingung (10.82), die sich explizit als quadratische Gleichung für o^* entpuppt. Für $K_Q = 0$ gilt:

$$o^* = -\frac{a}{b} \overset{(+)}{-} \frac{a}{b}\sqrt{1 + \frac{nb}{2a^2}} \tag{10.83}$$

mit $\quad a = 1 + \dfrac{H_H}{H_Q}, \qquad b = -\dfrac{2}{n}a + 1 + nW_r$

$$W_r = \frac{1}{2}\left(\frac{1}{r} - 1\right) - \frac{1}{r^2} < 0$$

Wie in Bild 153 qualitativ dargestellt, existiert die Zirkulationsströmung im Bereich zwischen der Diagonalen und der nach (10.83) zu bestimmenden Kurve $o^*(n)$ für festgehaltene Werte r, H_H/H_Q, $K_Q = 0$. Dabei ist zu beachten, daß die Grenzkurve des nichttrivialen Verschwindens der Zirkulation nicht bis $n = 1$ reicht, da bei der Herleitung von (10.81), (10.82) $n \neq 1$ vorauszusetzen ist. Im singulären Fall $n = 1$ ergibt sich nämlich aus der inneren Umlaufgl. (10.75) sofort $\dot{m}_Z/\dot{m}_H = 0$. Entsprechendes gilt im singulären Fall für $n = 0$, der technisch jedoch nicht relevant ist. Von den beiden Lösungen für o^* nach (10.83) besitzt nur die in der Nachbarschaft von $o = n$ physikalische Bedeutung (Wurzel mit negativem Vorzeichen), die zudem reell sein muß. Dies ist nur der Fall für $nb/(2a^2) \geqslant -1$. Bei Verletzung dieser Bedingung bricht die Kurve $o^*(n)$ ab. Genau diese Situation ergibt sich bei niedrigen Hallen (geringer Zusatzzug) und kleinen Austrittsöffnungen. Wir entnehmen dies aus konkret berechneten Grenzkurven für typische Parameter r, H_H/H_Q, die in Bild 154 dargestellt sind. Für alle Eintrittsöffnungen, die kleiner als die Grenzeintrittsöffnungen sind, die sich durch existende Werte o^* beschreiben lassen, ver-

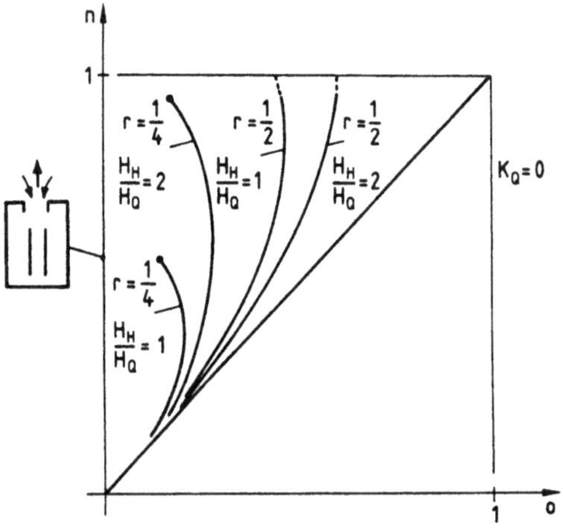

Bild 154 Typische Zirkulationsbereiche

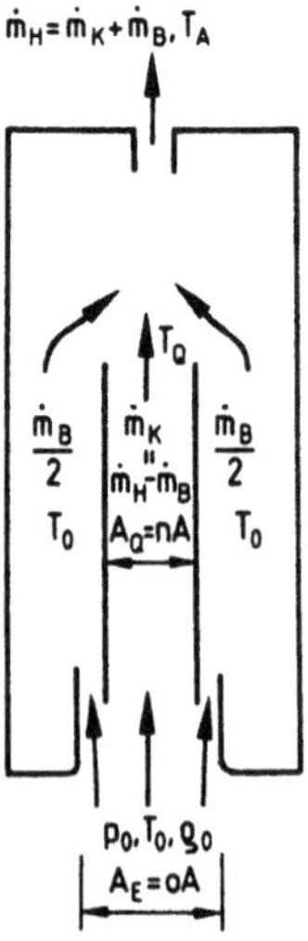

Bild 155 Bypaß-Modell für $o > n$

sorgt sich das System nicht nur durch den Eintrittsquerschnitt, sondern es wird auch über den Auslaßquerschnitt Kühlmittel angesaugt. Man versteht dies sofort bei Betrachtung des Grenzfalls o = 0 (total versperrter Einlaß), der in Bild 154 mit einskizziert ist. Dieser Sachverhalt ist besonders wichtig für Systeme, die durch Filter in den Eintrittsöffnungen etwa von Mikroorganismen frei gehalten werden sollen. Bei sehr feinen Filtern, die nicht mit dem übrigen System (Wahl der Parameter r, H_H/H_Q) abgestimmt sind, findet dann nicht die erwartete Durchströmung des Gesamtsystems statt, sondern es kommt zum Kühlmitteleinbruch über die Auslaßöffnung, die die Filterwirkung zunichte macht.

Abschließend betrachten wir noch die Bypaßströmung im Gebäude, die sich für $o > n$ (Bild 155) einstellt, wenn der ins Gebäude ein- und auch wieder austretende Massenstrom $\dot{m}_H$ größer als der vom beheizten Kamin direkt angesaugte Massenstrom $\dot{m}_K$ ist. Für die einzelnen Elemente i des Systems (Kamin, Bypaßraum, Ab- und Zuströmraum) berechnen wir – wiederum ausgehend von den Basisgleichungen (10.58), (10.59), (10.60), (10.61) – die zugehörigen Druckverteilungen, die, miteinander verknüpft, schließlich wie im Fall der Zirkulationsströmung Aussagen über den Einfluß der geometrischen Parameter (n, o, r, H_H/H_Q, K_Q, K_B) auf das Systemverhalten erlauben. Gegenüber dem Zirkulationsfall entfällt jetzt die Vorheizung des Kamins. Das Kühlmittel strömt mit der Umgebungstemperatur T_0 in die Heizstrecke (Bild 156), so daß für den Kamin im Bypaß-Fall die gegenüber (10.62) vereinfachte Gl. (10.84) gilt

$$p(H_Q) = p_E - g\rho_0 H_Q + g\rho_0\beta_0 H_Q \frac{\dot{Q}}{2c(\dot{m}_H - \dot{m}_B)} - K_Q H_Q (\dot{m}_H - \dot{m}_B)^2 \quad (10.84)$$

und am Kaminaustritt die Temperatur

$$T_Q = T_0 + \frac{\dot{Q}}{(\dot{m}_H - \dot{m}_B)c} \quad (10.85)$$

erreicht wird. Entsprechend erhalten wir für den ringförmig abgewickelten Bypaßraum (Bild 157)

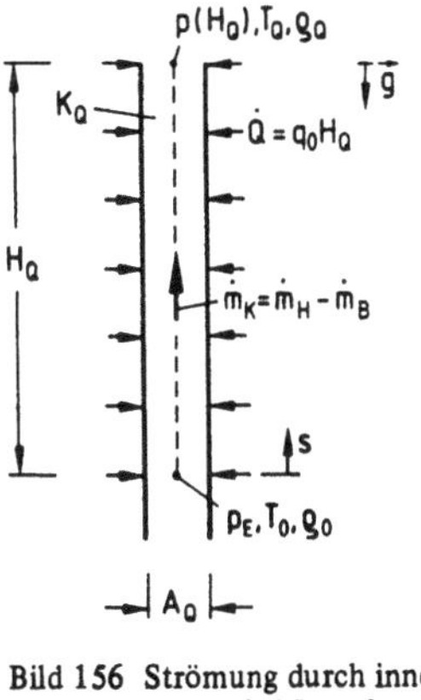

Bild 156 Strömung durch innen beheizten Kamin bei Bypaß

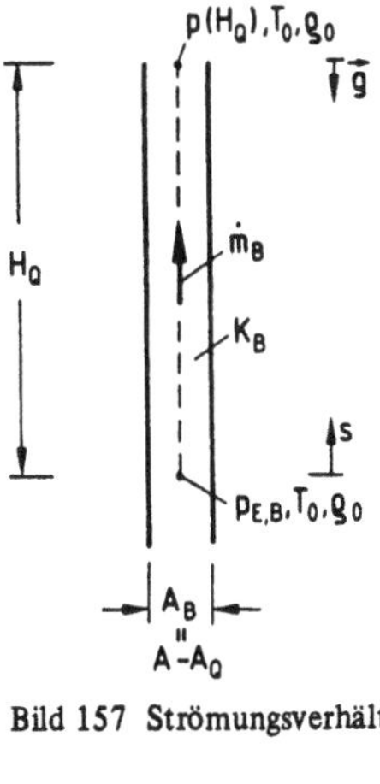

Bild 157 Strömungsverhältnisse im Bypaßraum

$$p(H_Q) = p_{E,B} - g\rho_0 H_Q - K_B H_Q \dot{m}_B^2 \tag{10.86}$$

bei der konstanten Fluidtemperatur T_0.

Die Verknüpfung zwischen den Drücken p_E, $p_{E,B}$ mit dem Druck p_0 erfolgt über den Zuström- bzw. Verteilungsraum nach Bild 158.

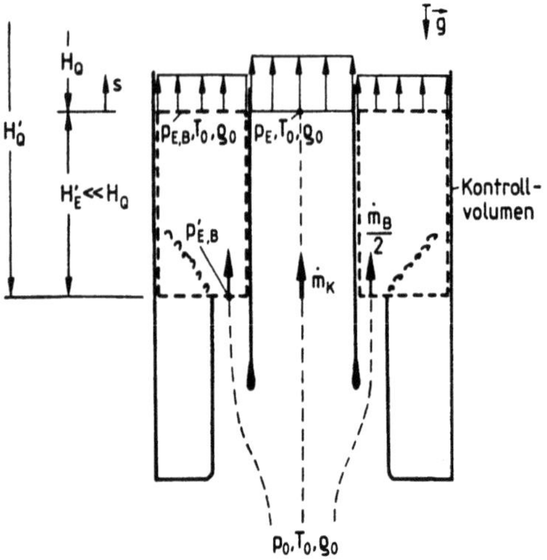

Bild 158
Strömungsverhältnisse im Zuströmraum bei Bypaß

Um wiederum unnötige Komplizierungen des Problems vermeiden zu können, wird wie zuvor $H_E'/H_Q \ll 1$ und außerdem ein profilierter Kamineinlauf (keine Ablösung) vorausgesetzt. Dann kann nach Bernoulli für eine Kaminstromlinie

$$p_0 = p_E + \frac{1}{2\rho_0} \frac{1}{A_Q^2} (\dot{m}_H - \dot{m}_B)^2 \tag{10.87}$$

und eine Bypaßstromlinie

$$p_0 = p_{E,B}' + \frac{1}{2\rho_0} \frac{1}{(A_E - A_Q)^2} \dot{m}_B^2 \tag{10.88}$$

geschrieben werden. Beim Einströmen in den Bypaßraum erhöht sich der Druck von $p_{E,B}'$ auf $p_{E,B}$. Weil hierbei Stoßverluste unvermeidlich sind, berechnen wir den Druck $p_{E,B}$ mit Hilfe des Impulssatzes für stationäre Strömungen (Kontrollvolumen in Bild 158), so daß

$$p_{E,B}' = p_{E,B} + \frac{1}{\rho_0} \left[\frac{1}{A_B^2} - \frac{1}{A_B(A_E - A_Q)} \right] \dot{m}_B^2 , \qquad A_B = A - A_Q \tag{10.89}$$

gilt. Im Abströmraum herrscht die in Bild 159 dargestellte Situation. Die Überlegungen bezüglich des aus rechentechnischen Gründen eingeschobenen homogenen Zwischenzustand sind identisch mit denen bei Zirkulation. Das Vermischen der Kamin- mit der Bypaßströmung sei beim Erreichen der Ebene des Zwischenzustands abgeschlossen.

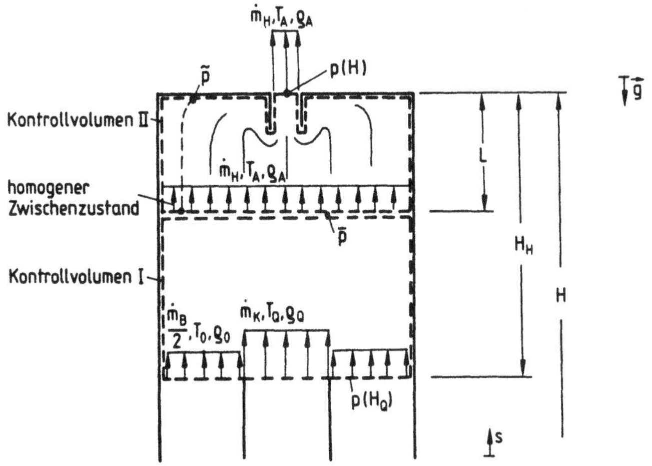

Bild 159 Strömungsverhältnisse im Abströmraum bei Bypaß

Dabei wird die Mischungstemperatur

$$T_M = T_A = \frac{(\dot{m}_H - \dot{m}_B)T_Q + \dot{m}_B T_0}{\dot{m}_H} \tag{10.90}$$

erreicht, die zugleich die Temperatur am Gebäudeaustritt ist.
Über die Zustandsgl. (10.61) kennt man dann auch die Dichte ρ_A, so daß mit Hilfe des Impulssatzes[1]) für das Kontrollvolumen I

$$\begin{aligned} &\frac{1}{\rho_A}\frac{1}{(A_Q + A_B)}\dot{m}_H^2 - \left[\frac{1}{\rho_Q A_Q}(\dot{m}_H - \dot{m}_B)^2 + \frac{1}{\rho_0 A_B}\dot{m}_B^2\right] \\ &= [p(H_Q) - \bar{p}](A_Q + A_B) - g\rho_A(H_H - L)(A_Q + A_B) \end{aligned} \tag{10.91}$$

und für das Kontrollvolumen II

$$\begin{aligned} &\frac{1}{\rho_A A_A}\dot{m}_H^2 - \frac{1}{\rho_A}\frac{1}{A_Q + A_B}\dot{m}_H^2 \\ &= \bar{p}(A_Q + Q_B) - p(H)A_A - \tilde{p}(A_Q + A_B - A_A) - g\rho_A L(A_Q + A_B) \end{aligned} \tag{10.92}$$

angeschrieben werden kann. Den Zusammenhang zwischen $\bar{p}$ und $\tilde{p}$ erhalten wir – wie bereits im Fall der Zirkulationsströmung – durch Anwendung der Bernoullischen Gleichung längs einer Stromlinie, die vom homogenen Zwischenzustand bis in den Totwas-

[1]) Im Gegensatz zur Bernoullischen Gleichung gilt der Impulssatz ebenso für verlustbehaftete als auch anisotherme Strömungen ($\Delta p_V > 0$, $\rho \neq$ const).

serbereich der Borda-Geometrie des Auslasses führt. Anders ist im Bypaß-Fall lediglich die Dichte. Aufgrund der Mischung gilt $\rho = \rho_A > \rho_Q$, so daß anstelle (10.74) jetzt

$$\bar{p} + \frac{\dot{m}_H^2}{2\rho_A A^2} = \tilde{p} + g\rho_A L \tag{10.93}$$

zu setzen ist.

Mit den Gleichungen (10.84) bis (10.93) haben wir wieder hinreichend viele Gleichungen aufgelistet, um sowohl den inneren Umlauf (Bypaßströmung im Gebäude) als auch den äußeren Umlauf (Durchströmung des Gebäudes) berechnen zu können. Aufgrund der Parallelkanalbedingung (Druckgleichheit zwischen Kamin und Bypaßraum bei $s = H_Q$) folgt (Bild 160) aus den Gleichungen (10.84), (10.86), (10.87), (10.88), (10.89) die innere Umlaufgleichung $F_i = 0$ und bei Erfüllung der Abströmbedingung $p(H) = p_0 - g\rho_0 H$ (statischer Druck entspricht Atmosphärendruck) aus den Gleichungen (10.87), (10.84), (10.91), (10.92), (10.93) die äußere Umlaufgleichung $F_a = 0$.

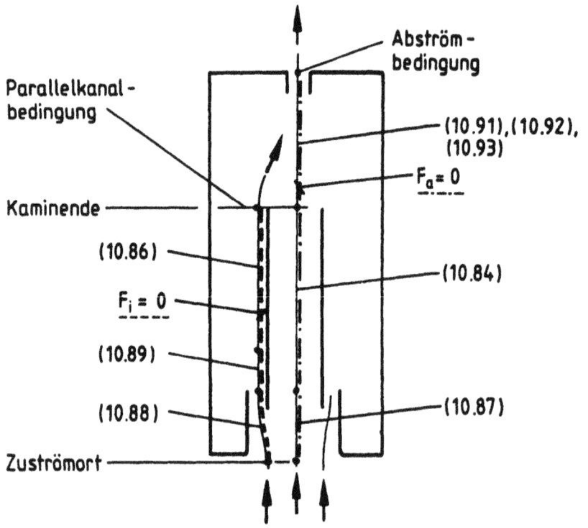

Bild 160
Zur Herleitung der inneren und äußeren Umlaufgleichung

Es gilt

$$F_i = 0 = \frac{Q}{2\dot{m}_H^3\left(1 - \frac{\dot{m}_B}{\dot{m}_H}\right)} - W\left(1 - \frac{\dot{m}_B}{\dot{m}_H}\right)^2 + W_B\left(\frac{\dot{m}_B}{\dot{m}_H}\right)^2 \tag{10.94}$$

$$F_a = 0 = \frac{Q\left[\frac{1}{2} + \frac{H_H}{H_Q}\left(1 - \frac{\dot{m}_B}{\dot{m}_H}\right)\right]}{\dot{m}_H^3\left(1 - \frac{\dot{m}_B}{\dot{m}_H}\right)} + \left(\frac{1}{n} - W\right)\left(1 - \frac{\dot{m}_B}{\dot{m}_H}\right)^2 + \frac{1}{1-n}\left(\frac{\dot{m}_B}{\dot{m}_H}\right)^2 + W_r \tag{10.95}$$

mit
$$W = \frac{1}{2n^2} + \rho_0 A^2 H_Q K_Q$$
$$W_B = \frac{1}{2}\frac{1}{(o-n)^2} + \frac{1}{(1-n)^2} - \frac{1}{(1-n)(1-o)} + \rho_0 A^2 H_Q K_B \tag{10.96}$$
$$W_r = \frac{1}{2}\left(\frac{1}{r} - 1\right) - \frac{1}{r^2}$$
$$Q = g\rho_0^2 A^2 \beta_0 H_Q \dot{Q}/c$$

wobei wiederum anzumerken ist, daß in den beiden Umlaufgleichungen konsequenterweise alle Terme $\beta_0 \Delta T_i \ll 1$ weggelassen sind.

Wir diskutieren nun wieder den Geometrieeinfluß, jetzt auf die sich im Gebäude einstellende Bypaßströmung, und stellen das Ergebnis schließlich in der Geometrie- oder Existenzkarte (Bild 163) im noch jungfräulich gebliebenen Bereich $o > n$ dar. Der triviale Fall der verschwindenden Bypaßströmung wird – wie im Fall der Zirkulationsströmung – durch die Diagonale $o = n$ wiedergegeben, die sich somit als Trennlinie zwischen möglichen Bypaß- und Zirkulationsströmungen erweist. Der Massenstrom $\dot{m}_H$ muß sich in diesem Fall der geometrischen Verhinderung der Bypaßströmung ebenso wie im Fall der Zirkulation nach (10.78) berechnen. Wir bestätigen dies anhand der Umlaufgleichungen (10.94), (10.95) des Bypaß-Modells. Bei Beachtung der Singularität $1/(o-n)^2$ für $o = n$ reduziert sich die innere Umlaufgl. (10.94) wie erwartet auf

$$F_i = 0 = \frac{1}{2}\left(\frac{\dot{m}_B}{\dot{m}_H}\right)^2 \rightarrow \frac{\dot{m}_B}{\dot{m}_H} = 0 \tag{10.97}$$

und aus der äußeren Umlaufgl. (10.95) folgt dann

$$F_a = 0 = \frac{Q\left[\frac{1}{2} + \frac{H_H}{H_Q}\right]}{\dot{m}_H^3} + \frac{1}{n} - W + W_r \rightarrow \dot{m}_H^3\Big|_{\substack{\dot{m}_B = 0\\ n = 0}} = \frac{\left[\frac{1}{2} + \frac{H_H}{H_Q}\right]Q}{W - W_r - \frac{1}{n}} \tag{10.98}$$

womit die Identität mit (10.79) gezeigt ist. Die im nicht-trivialen Fall $o > n$ im allgemeinen existierenden Bypaßströmungen verschwinden wieder für ganz spezielle Kombinationen der Parameter n, o, r, H_H/H_Q, K_Q. Wir erhalten diese Kombinationen durch Einsetzen der Forderung $\dot{m}_B/\dot{m}_H = 0$ in die zugehörigen Umlaufgleichungen (10.94), (10.95). Aus $F_i = 0$ folgt der Massenstrom

$$\dot{m}_H^3\Big|_{\substack{\dot{m}_B = 0\\ o > n}} = \frac{Q}{2W} \tag{10.99}$$

und aus $F_a = 0$ bei Beachtung von (10.99) die geometrische Bedingung

$$0 = \left(1 + 2\frac{H_H}{H_Q}\right)W + \frac{1}{n} - W + W_r \tag{10.100}$$

bei deren Erfüllung die Bypaßströmung im Gebäude für $o > n$ gerade verschwindet. Der Massenstrom $\dot{m}_H$ nach (10.99), der sich bei einer Parameterkombination einstellt, die (10.100) erfüllt, entspricht gerade dem Massenstrom in dem beheizten Kamin ohne das ihn umschließende Gebäude (Freiland-Kamin, Bild 161). Man erkennt dies wiederum unschwer durch Vergleich von (10.99) mit (2.74) bzw. (2.51), denn bei Vernachlässigung des Einströmeffekts (Absenkung des Drucks nach Bernoulli $1/(2n^2) \ll \rho_0 A^2 H_Q K_Q$) ist (10.99) mit (2.74) und bei Reibungsfreiheit ($K_Q = 0$) mit (2.51) identisch. In diesem Zusammenhang zeigt sich durch Vergleich mit $\dot{m}_H$ nach (10.98) übrigens auch, daß der durch das Gebäude hindurchströmende Massenstrom $\dot{m}_H$ trotz der Behinderung durch die Eintritts- und Austrittsöffnung des Gebäudes ohne weiteres größer als der des entsprechenden Freilandkamins ohne Gebäudebehinderung ausfallen kann, wenn nur der zusätzliche Hallenzug entsprechend dem Höhenverhältnis H_H/H_Q hinreichend groß gewählt wird. Daß sich für $o > n$ beim Verschwinden des Bypaßstroms gerade der Massenstrom $\dot{m}_H$ des entsprechenden Freilandkamins einstellt, liegt auf der Hand, denn nur dann ist die längs des Kamins (Bild 156) anliegende Druckdifferenz $p(H_Q) - p_0$ gerade vom atmosphärischen Wert $g\rho_0 H_Q$ (Bild 161), durch den im Bypaß-Fall die nicht aufgeheizte (Fluid im Bypaßraum hat die Umgebungstemperatur T_0) Fluidsäule vom Gewicht/Fläche $g\rho_0 H_Q$ im statischen Gleichgewicht (Ruhe) gehalten werden kann.

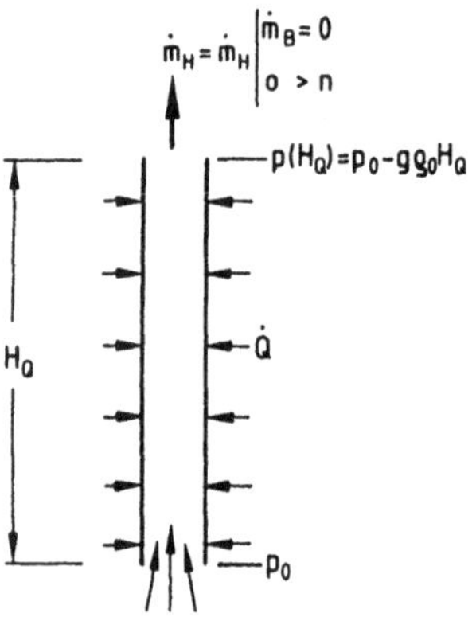

Bild 161 Kamin ohne Gebäudeeinschluß

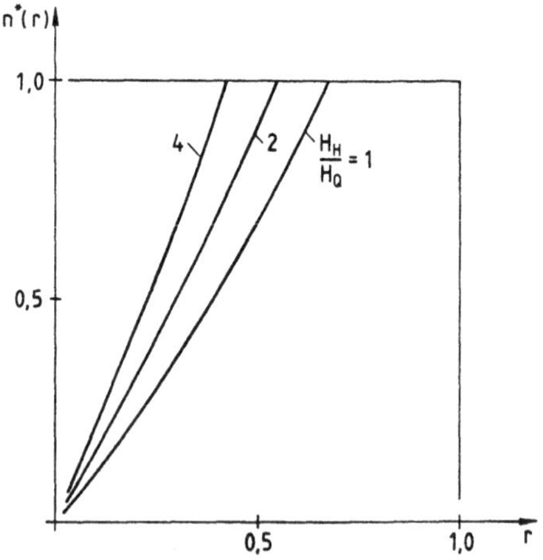

Bild 162 Kaminquerschnitte n* für verschwindenden Bypaßstrom

Diese Freilandbedingung für die Bypaß-Säule ist bei vorhandenem Gebäude nur erfüllt, wenn die Systemparameter gerade so gewählt sind, daß diese die Bedingung (10.100) befriedigen. Dabei fällt auf, daß in (10.100) nur die Parameter r, n, H_H/H_Q, K_Q vorkommen, nicht aber der Öffnungsparameter o. Anders als im Fall der Zirkulationsströmung kann die Bypaßströmung durch Variation des Parameters $o > n$ der Eintrittsöffnung nicht zum Verschwinden gebracht werden. Setzen wir wieder vereinfachend $K_Q = 0$, läßt sich die Bedingung (10.100) explizit auf die quadratische Gleichung für die Werte n* der Kaminquerschnitte bringen

$$n^* = -\frac{1}{2W_r} \overset{(+)}{-} \frac{1}{2W_r}\sqrt{1-4W_r\frac{H_H}{H_Q}} \quad \text{mit} \quad W_r = \frac{1}{2}\left(\frac{1}{r}-1\right)-\frac{1}{r^2} \qquad (10.101)$$

die gerade das Verschwinden des Bypaßstroms im nichttrivialen Fall bewirken. Wegen $W_r < 0$ für $0 < r < 1$ und $0 > n^* > 1$ gilt in diesem Fall einerseits nur das negative Vorzeichen der Wurzel, und andererseits sind somit nur reelle Lösungen möglich, so daß ein Verschwinden von n* im Lösungsbereich hier nicht möglich ist. Wir entnehmen die Lösungen $n^*(r, H_H/H_Q)$ von (10.101) für typische Parameterwerte H_H/H_Q aus Bild 162 und erhalten durch Übertragung dieses Ergebnisses in die Geometrie- oder Existenzkarte nach Bild 163 im noch jungfräulich gebliebenen Gebiet $o > n$ den Bereich der Bypaßströmungen. Da bei fest vorgegebenen Parametern r, H_H/H_Q für alle Kaminquerschnitte mit $n < n^*(r, H_H/H_Q)$, vollkommen unabhängig vom Einlaßquerschnitt, beschrieben durch den Parameter o, eine Bypaßströmung herrscht, wird der Bypaßbereich in Bild 163 nach oben durch die Horizontale $n^* = \text{const}$ begrenzt. Für Kaminquerschnitte $n = n^*$ verschwindet die Bypaßströmung gerade, und für Werte $n > n^*$ ist der Auslaßquerschnitt zu klein, um den Kaminmassenstrom geordnet abführen zu können. Wir erkennen dies unmittelbar aus der Betrachtung des Grenzfalls mit ganz verschlossenem Austritt $r = 0$. Dann muß das durch den Eintrittsquerschnitt eingeflossene Kühlmittel

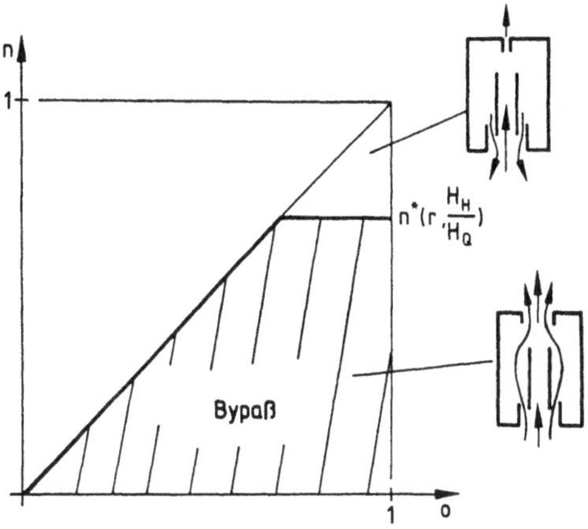

Bild 163
Geometrieeinfluß auf die Bypaßströmung

das Gebäude auch wieder über die Eintrittsöffnung verlassen. Aus Bild 162 folgt deshalb für $r \to 0$ unabhängig von der sonstigen Hallengeometrie auch $n^* \to 0$, womit in Bild 163 der Existenzbereich der Bypaßströmung restlos verschwindet. Ist dagegen die Austrittsöffnung in Abhängigkeit vom Hallenparameter H_H/H_Q hinreichend groß, existiert die Bypaßströmung im gesamten Dreiecksbereich. Für diesen Fall, der nach Bild 162 etwa bei $H_H/H_Q = 1$ für $r \geqslant 0{,}67$ angenommen wird, gilt $n^* = 1$. In Bild 164 sind die diskutierten Existenzbereiche konkret für typische Parameterwerte dargestellt. Wie man unmittelbar erkennt, ist der Existenzbereich der Bypaßströmungen umso größer, je größer r und H_H/H_Q ausfällt.

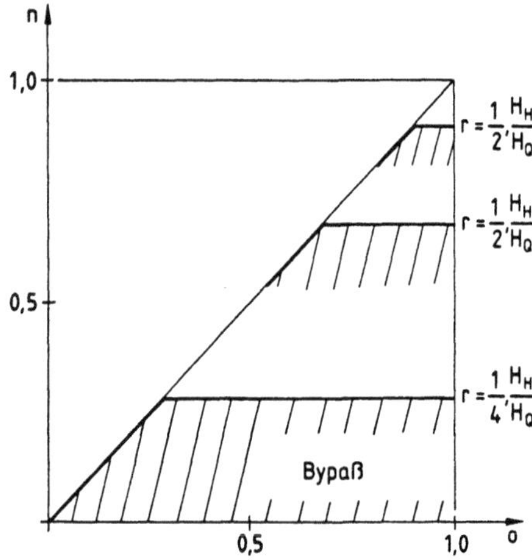

Bild 164
Typische Bypaßbereiche

Mit der Darstellung der beiden Lösungsäste (Bypaß und Zirkulation) in der Geometrie- oder Existenzkarte haben wir uns ein Arbeitsmittel verschafft, das die sichere Beurteilung des diskutierten Systems erlaubt. Denkt man sich in einem konkreten Auslegungsfall die Parameter o, n, r, H_H/H_Q, $K_Q = 0$ (K_Q ist zu berücksichtigen, wenn der Gebäudewiderstand nicht dominiert) gegeben, kann sofort aus der Geometrie- oder Existenzkarte auf das zu erwartende Strömungsbild im Gebäude geschlossen werden.

11 Übungsaufgaben und Lösungen

11.1 Aufgaben

Aufgabe 1. Für den skizzierten schlanken ($H/D \gg 1$) Kamin mit teilweiser Beheizung (Heizleistung $\dot{Q}$, Formparameter der Heizleistungsverteilung Γ) berechne man den sich frei einstellenden Massenstrom $\dot{m}$, der allein durch den Reibungswiderstand (Koeffizient K_δ) des Kamins begrenzt wird. Für welche spezielle Art der Beheizung wird dieser Massenstrom maximal groß? Welche Heizleistung $\dot{Q}$ darf in diesem Fall gerade noch angelegt werden, damit die Strömung im Kamin mit Kreisquerschnitt laminar bleibt? Welcher Wert stellt sich in diesem Grenzfall für den Massenstrom ein? Welche Aufheizung der Flüssigkeit wird dabei bewirkt? Sind die Bedingungen $\beta_0 \Delta T \ll 1$, $\lambda \frac{H}{D} \gg 1$ erfüllt?

(Zahlenwerte: $g = 9{,}81\ \mathrm{m/s^2}$, $\rho_0 = 10^3\ \mathrm{kg/m^3}$, $\beta_0 = 0{,}2 \cdot 10^{-4}/\mathrm{K}$, $c = 4{,}2\ \mathrm{kWs/(kg\ K)}$, $\nu = 10^{-6}\ \mathrm{m^2/s}$, $D = 0{,}02\ \mathrm{m}$, $H = 10\ \mathrm{m}$, $Re_{krit} = 2300$)

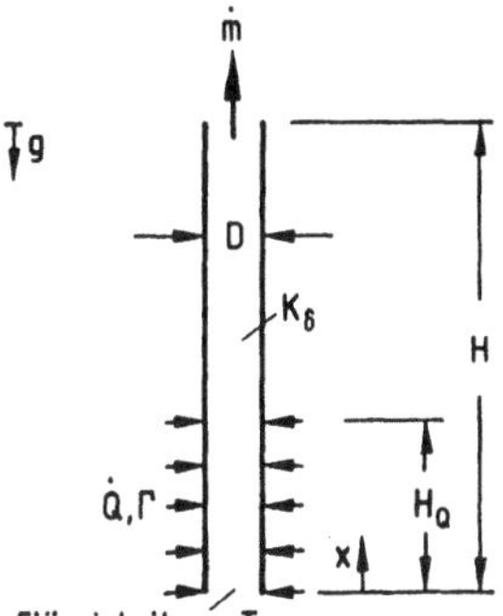

Aufgabe 1

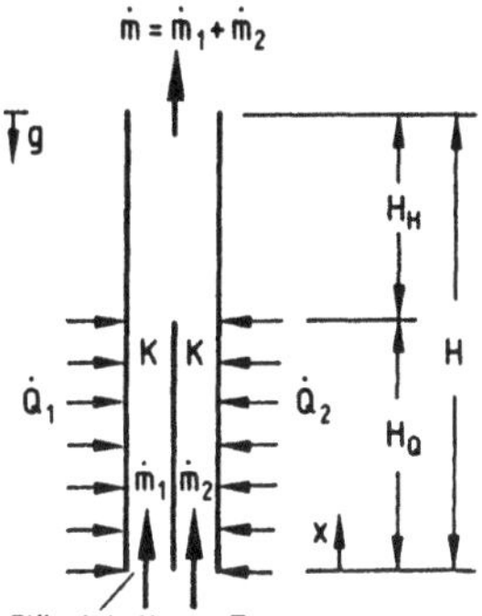

Aufgabe 2

Aufgabe 2. Zwei schlanke, homogen beheizte Kamine mit identischer Geometrie münden in einen gemeinsamen Kaminteil, der unbeheizt ist. Einfachheitshalber wird vorausgesetzt, daß der Reibungswiderstand der beheizten Kaminteile (Koeffizient K) dominiert und die Beheizung so schwach sei, daß sich die einstellende Strömung laminar verhält. Sowohl der Reibungs- und Vermischungseffekt (hydraulisch) im unbeheizten Kaminteil als auch die Druckabsenkung beim Einströmen in die beheizten Nachbarkamine sind deshalb vernachlässigbar. Man formuliere zunächst mit Hilfe der Parallelkanalbedingung $p_1(H_Q) = p_2(H_Q)$ und der Abströmbedingung $p(H) = p_{hyd}(H) = p_0 - g\rho_0 H$ eine innere und eine äußere Umlaufgleichung, die allgemein eine iterative Bestimmung der beiden Massenströme $\dot{m}_1$, $\dot{m}_2$ gestatten. Sodann ist das System bei Nichtbeheizung etwa des linken Kamins ($\dot{Q}_1 = 0$) und Beheizung des rechten Nachbarkamins ($\dot{Q}_2 = \dot{Q}$) zu untersuchen. Welche Massenströme $\dot{m}_1$, $\dot{m}_2$ stellen sich im Grenzfall $\dot{Q}_1 = 0$, $\dot{Q}_2 = \dot{Q}$, $H_H = 0$ ein? In welcher Situation erhält man identische Massenströme $\dot{m}_1$, $\dot{m}_2$? Welche Massenströme ergeben sich bei gleicher Beheizung $\dot{Q}_1 = \dot{Q}_2 = \dot{Q}$ der Nachbarkamine im Fall $H_H = H_Q$?

Aufgabe 3. Ein schlanker Zwillingskamin kann wie skizziert beheizt werden. Bei welcher Leistungsaufteilung, beschrieben durch den Parameter ϵ, wird der Gesamtmassenstrom $\dot{m}$ am größten und bei welcher Leistungsaufteilung am kleinsten? In welchem Verhältnis stehen diese beiden Massenströme zueinander, wenn die sich jeweils einstellende Konvektionsströmung allein durch die Fluidreibung begrenzt wird? Welcher Unterschied besteht zwischen dem laminaren und dem turbulenten Strömungsfall?

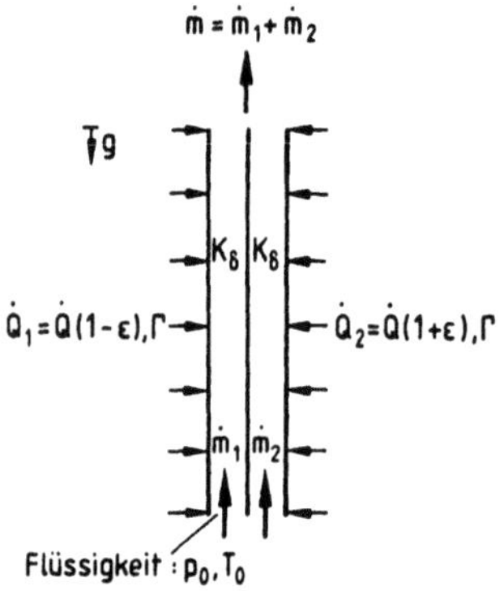

Aufgabe 3

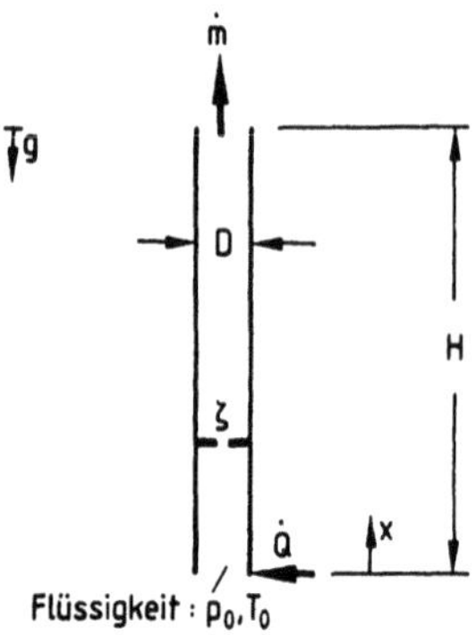

Aufgabe 4

Aufgabe 4. In einem Kamin mit Fußpunktbeheizung wird die Strömung durch eine eingebaute Blende begrenzt. Welchen Widerstandsbeiwert ζ darf diese Blende (alle anderen Begrenzungseffekte sind vernachlässigbar) höchstens besitzen, wenn die Strömung noch turbulent sein soll? Welcher Massenstrom und welche Temperaturerhöhung der Flüssigkeit sind zu erwarten? Wie ändert sich das Ergebnis, wenn in einer Kontrollrechnung zusätzlich die Fluidreibung berücksichtigt wird?

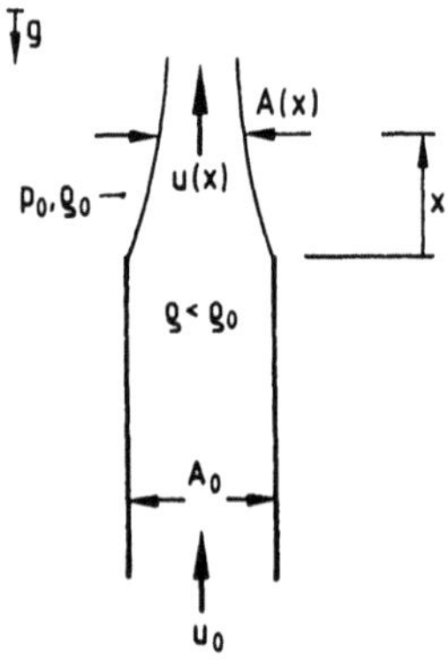

Aufgabe 5

(Zahlenwerte: $D = 0{,}1$ m, $H = 3$ m, $g = 9{,}81$ m/s^2, $\rho_0 = 900$ kg/m^3, $\beta_0 = 0{,}5 \cdot 10^{-3}$/K, $c = 2$ kWs/(kg K), $\dot{Q} = 3$ kW, $\nu = 5 \cdot 10^{-6}$m^2/s, $Re_{krit} = 2300$, $\lambda_t = 0{,}04$)

Aufgabe 5. Mit Hilfe der Bernoullischen Gleichung (Stromfaden) beschreibe man unter Vernachlässigung der Randschubspannungen die sich im Nahbereich ausbildende Kontur des aus dem Kaminaustritt im Schwerefeld aufsteigenden Fluidstrahls mit der Dichte $\rho < \rho_0$, die im Experiment durch Schlierenbildung gut sichtbar ist. Welche Einschränkung muß aufgrund des gefundenen Verhaltens bezüglich der Abströmbedingung (Statischer Druck im Austrittsquerschnitt des Kamins = Hydrostatischer Druck der Umgebung) gemacht werden?

Aufgabe 6. In einem nicht schlanken Kamin mit den Abmessungen $H = 2D$ wird die sich einstellende Konvektionsströmung im wesentlichen durch die Beschleunigung der Flüssigkeit aus der Ruhe heraus begrenzt. Welcher Massenstrom $\dot{m}$ und welche Aufheizung ΔT stellen sich ein, wenn dem Kamin eine Heizleistungsverteilung $q(x) = q_0 \left(1 - \frac{x}{H}\right)$ aufgeprägt wird? Man zeige außerdem, daß der Volumenausdehnungseffekt keine Rolle spielt!
(Zahlenwerte: $g = 9{,}81$ m/s^2, $D = 0{,}05$ m, $\rho_0 = 10^3$ kg/m^3, $\beta_0 = 3 \cdot 10^{-4}$/K, $c = 3$ kWs/(kg K), $q_0 = 2$ kW/m)

Aufgabe 7. In einem elektrischen Schaltkasten wird ständig eine Wärmeleistung $\dot{Q}$ freigesetzt, die konvektiv abzuführen ist, damit es zu keiner übermäßigen Erwärmung der Bauteile kommt. Das hydraulische Widerstandsverhalten des Schaltkastens wurde experimentell ermittelt. Der globale Widerstandsbeiwert $\zeta = \Delta p/(\rho_0 u_0^2/2)$ beträgt $\zeta = 60$ bei einer mittleren Strömungsgeschwindigkeit u_0 im Schaltkasten. Man berechne den sich frei einstellenden Massenstrom und die Aufheizung der Kühlluft unter der vereinfachenden Voraussetzung, daß „Flüssigkeitsverhalten" vorliegt. Ist die Voraussetzung bei den vorgegebenen Daten erfüllt?
(Zahlenwerte: $g = 9{,}81$ m/s^2, $c_p = 1$ kWs/(kg K), $T_0 = 300$ K, $\rho_0 = 1$ kg/m^3, $\dot{Q} = 0{,}1$ kW, $H = 0{,}5$ m, $\Gamma \approx 1$, $A \approx 0{,}05$ m^2 (mittl. freier Querschnitt))

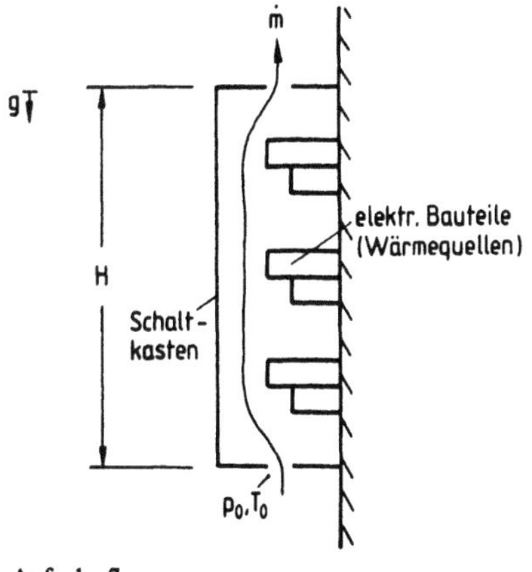

Aufgabe 7

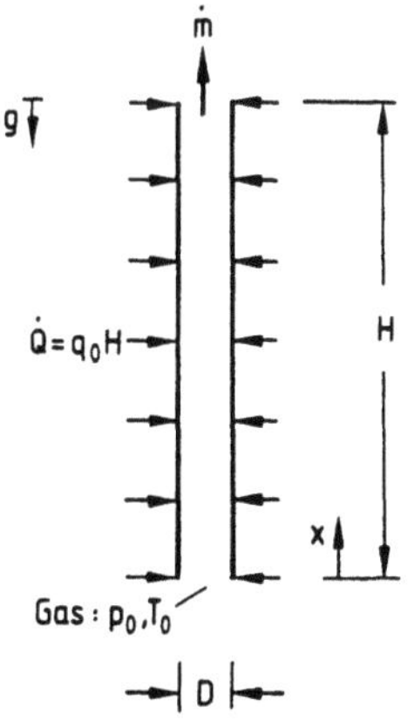

Aufgabe 8

Aufgabe 8. Für ein gasgekühltes Heizrohr berechne man den maximalen Massenstrom $\dot{m}_{max}$ und die zugehörige kritische Heizleistung $\dot{Q}_{krit} = q_{0,krit}H$. Sodann zeige man, daß durch eine vereinfachte Rechnung, bei der „Flüssigkeitsverhalten" unterstellt wird, der zu erwartende Massenstrom überschätzt wird! Die Geometrie des Rohrs ist so gewählt, daß die freie Konvektionsströmung im wesentlichen durch die Gasreibung begrenzt wird und sich außerdem turbulent verhält. Man überprüfe diesen Sachverhalt anhand der Rechenergebnisse.

(Zahlenwerte: $D = 0{,}054$ m, $H = 20$ m, $g = 9{,}81$ m/s^2, $c_p = 0{,}8$ kWs/(kg K), $\rho_0 = 1{,}9$ kg/m^3, $\nu_0 = 2 \cdot 10^{-6}$ m^2/s, $T_0 = 300$ K, $\lambda_t = 0{,}04$)

Aufgabe 9. Ein Kreisrohr vom Durchmesser D und der Höhe H ist mit scharfkantigem Granulat (Lückengrad ϵ, Partikeldurchmesser d_p) gefüllt und wird homogen mit der Wärmeleistung $\dot{Q}$ beheizt. Welcher Massenstrom und welche Aufheizung des Kühlmittels (Flüssigkeit) ist zu erwarten? Wie groß ist die mittlere Geschwindigkeit bezogen auf das leere Rohr? Wie groß ist die maximale Geschwindigkeit zwischen den Partikeln?

(Zahlenwerte: $D = 0{,}1$ m, $H = 1$ m, $\epsilon = 0{,}4$, $d_p = 0{,}005$ m, $g = 9{,}81$ m/s^2, $\rho_0 = 10^3$ kg/m^3, $\beta_0 = 0{,}5 \cdot 10^{-3}$/K, $\dot{Q} = 1$ kW, $c = 2$ kWs/(kg K), $\nu = 5 \cdot 10^{-6}$ m^2/s)

Aufgabe 10. Für das skizzierte Naturumlaufsystem mit eingebauter Zwischenwand ist der sich einstellende Massenstrom und die Temperaturverteilung zu bestimmen. Wie unterscheiden sich die Ergebnisse, wenn die Zwischenwand a) thermisch isolierend und b) thermisch leitend (Wärmedurchgangszahl $\tilde{k} > 0$) wirkt? Die Strömung sei laminar und die Reibungswiderstände (K) seien dominierend.

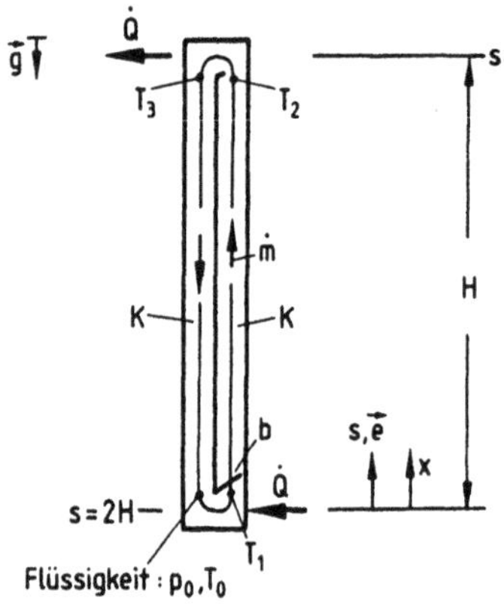

Aufgabe 10

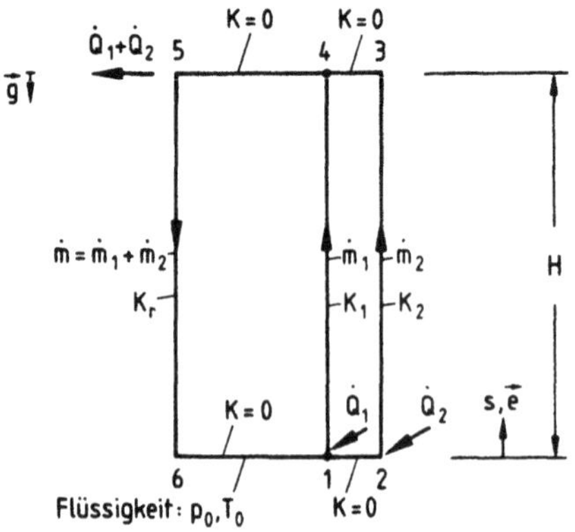

Aufgabe 11

Aufgabe 11. Für das skizzierte zweimaschige Naturumlaufsystem (Reibungskoeffizient K_i, Umlenk- und Stoßverluste vernachlässigbar, laminare Strömung) gebe man die allgemeinen Umlaufgleichungen zur Berechnung der Teilmassenströme $\dot{m}_1$, $\dot{m}_2$ an. Unter welcher Bedingung sind die Massenströme $\dot{m}_1$, $\dot{m}_2$ gleich groß? Was gilt speziell, wenn zusätzlich $\dot{Q}_1 = \dot{Q}_2 = \dot{Q}$ gefordert wird? Welche Massenströme $\dot{m}_1$, $\dot{m}_2$ stellen sich im Fall $K_1 = K_2 =$ K bei der extrem inhomogenen Beheizung mit $\dot{Q}_1 = \dot{Q}$, $\dot{Q}_2 = 0$ ein? Welche Temperaturverteilung ergibt sich im System ($K_1 = K_2 = K$) bei inhomogener ($\dot{Q}_1 \neq \dot{Q}_2$) und homogener Beheizung ($\dot{Q}_1 = \dot{Q}_2 = \dot{Q}$)? Für $\dot{Q}_1 \neq \dot{Q}_2$ zeige man, daß die thermische Schließbedingung $T_6 = T_1 = T_0$ automatisch erfüllt wird!

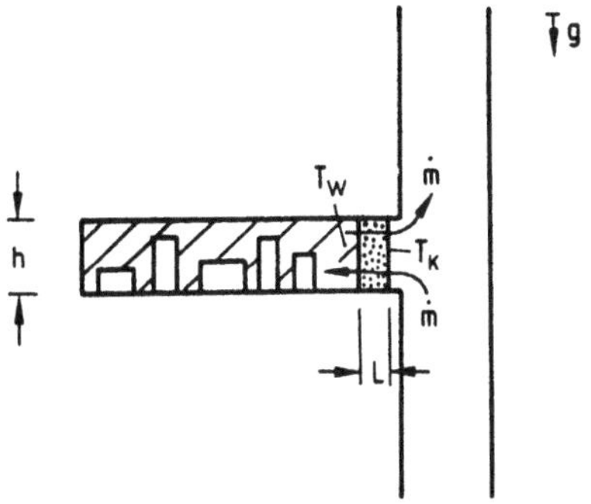

Aufgabe 12

Aufgabe 12. In einem Bergwerk ist eine vom Schacht horizontal abzweigende Kammer mit gefährlichen Abfallstoffen verfüllt und mit einem Kammerverschluß gegen den Förderschacht abgeschlossen. Aufgrund der Gebirgstemperatur herrscht auf der Innenseite des Verschlusses eine Temperatur $T_W = 53\ °C$ und auf der Außenseite eine Temperatur $T_K = 20\ °C$, die sich durch die Schachtbelüftung ergibt. Mit welchem Austauschmassenstrom $\dot{m}$ durch den Kammerverschluß ist zu rechnen, wenn dieser aus einem porösen Material (Partikeldurchmesser d_p, Lückengrad ϵ) besteht und die Reibungseffekte dominieren (laminare Strömung)? Wie groß ist die mittlere Geschwindigkeit der strömenden Luft zwischen den Partikeln?

(Zahlenwerte: $\rho_K = 1{,}2\ kg/m^3$, $g = 9{,}81\ m/s^2$, $\beta_K = 1/T_K$, $T_K = 300\ K$, $b = 6\ m$, $h = 5\ m$, $A = bh$, $L = 30\ m$, $\epsilon = 0{,}4$, $d_p = 2\ mm$, $\nu = 16 \cdot 10^{-6}\ m^2/s$)

Aufgabe 13. Man zeige, daß die freie Konvektionsströmung in einem Kamin (Querschnitt A, Höhe H) mit Fußpunktbeheizung (kleine Aufheizspannen vorausgesetzt) selbst bei Reibungsfreiheit stabil bleibt.

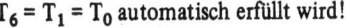

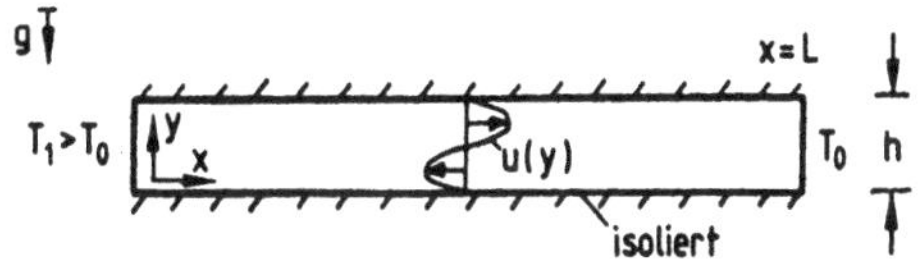

Aufgabe 14

Aufgabe 14. An einem horizontalen mit Flüssigkeit gefülltem Kanal, der beidseits verschlossen ist, wird eine schwache Temperaturdifferenz $\Delta T = T_1 - T_0 > 0$ angelegt, so daß die Strömung laminar bleibt. Welches Geschwindigkeits- und welches Temperaturprofil stellt sich ein? Wie verhält sich die Temperaturverteilung für große Werte der Wärmeleitfähigkeit λ? Welcher Druckgradient in Kanalrichtung stellt sich ein, der letztlich Ursache für den Antrieb der Strömung ist? Wie muß der Kanal von oben beheizt werden, damit die Strömung selbst für sehr große Temperaturdifferenzen ΔT nie turbulent werden kann?

Aufgabe 15. An einem vertikalen mit Flüssigkeit gefüllten schlanken Kanal ist eine Temperaturdifferenz $\Delta T = T_1 - T_0$ angelegt. Wie groß muß die Differenz mindestens sein, damit die Strömung anläuft? Welcher Druckgradient stellt sich in Kanalrichtung ein?

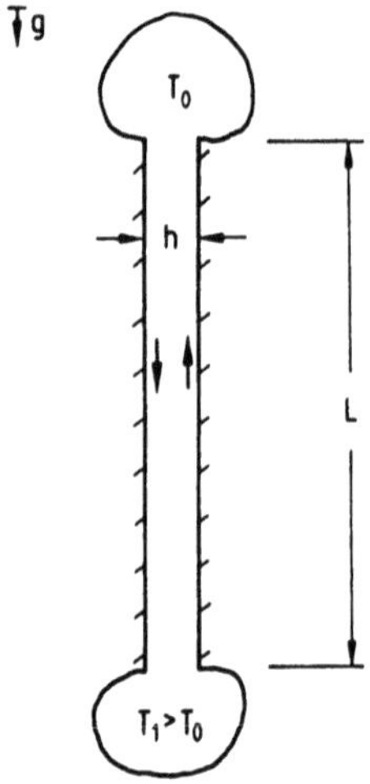

Aufgabe 15

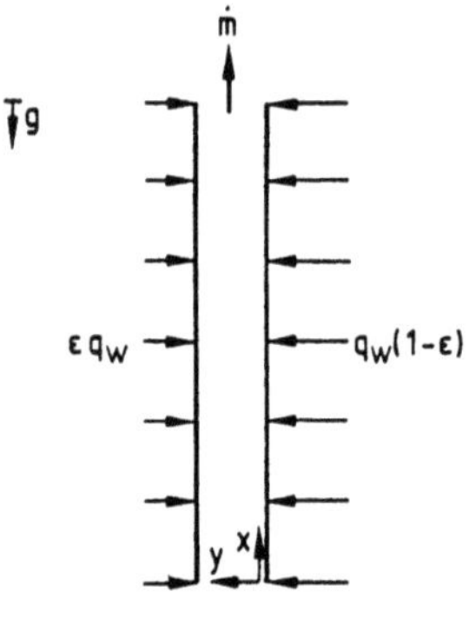

Aufgabe 16

Wie erfolgt der Antrieb der Strömung in diesem Fall im Vergleich zum horizontalen Kanal (Aufgabe 14)?

Aufgabe 16. Man zeige, daß das sich in einem schlanken Kamin bei kleinen Ra-Zahlen einstellende Geschwindigkeitsprofil u(y) nur von der Gesamtheizleistung $\dot{Q} = q_w \cdot bH$, $q_w = \text{const}$ und nicht von der Art der Wärmezufuhr ($0 \leq \epsilon \leq 1$) abhängt. Welche zugehörigen Temperaturprofile erhält man für $\epsilon = \{1/2, 1/4, 0\}$?

Aufgabe 17. Für ein Aufwindkraftwerk berechne man den maximal möglichen Wirkungsgrad. Mit welcher elektrischen Leistung der Anlage kann gerechnet werden, wenn durch ein Flügelrad nur 1/3 der maximalen Strömungsenergie/Zeiteinheit für den elektrischen Generator verfügbar gemacht werden kann? Welche Windgeschwindigkeit stellt sich im Kamin bei Leerlaufbetrieb ein? Welche Kaminhöhe ist erforderlich, um einen Wirkungsgrad von 1% zu erreichen?

(Zahlenwerte, Daten der Pilotanlage Manzanares: $g = 9{,}81\ \text{m/s}^2$, $H = 200$ m, $D = 10$ m, $D_s = 250$ m, $c_p = 1$ kWs/(kg K), $T_0 = 300$ K, $q_S = (1/3)\, q_{S,\,\text{ideal}} = (1/3)\ \text{kW/m}^2$, $\rho_0 = 1{,}2\ \text{kg/m}^3$)

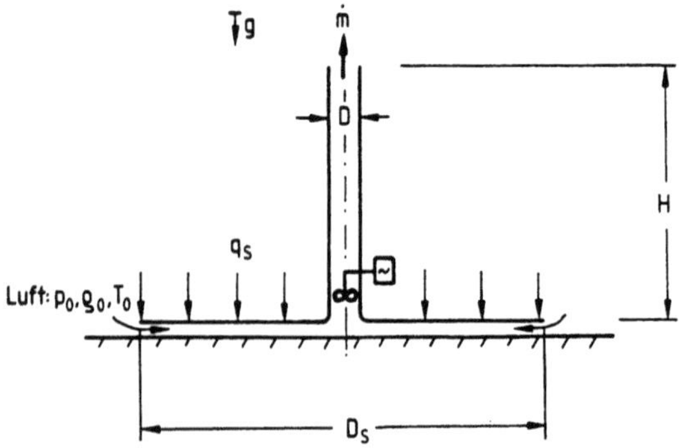

Aufgabe 17

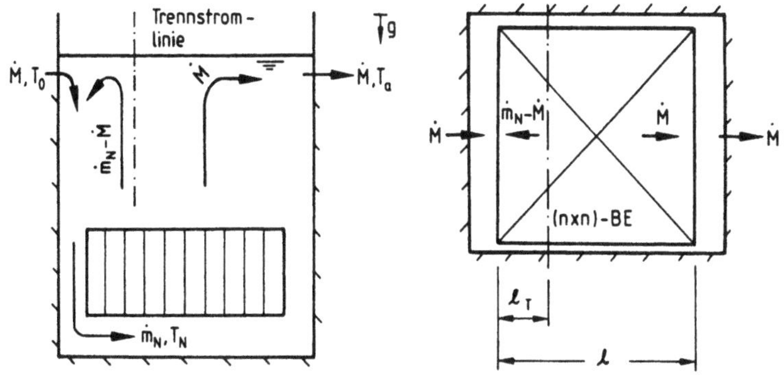

Aufgabe 18

Aufgabe 18. In einem extern gekühlten Lagerbecken (Massenstrom $\dot{M} < \dot{m}_N$, Einspeisetemperatur T_0) stehen n x n Brennelemente, von denen jedes einzelne Element eine Nachzerfallsleistung $\dot{Q}$ abgibt. Man berechne zunächst den von den Brennelementen intern angesaugten Massenstrom $\dot{m}_N$, wobei zu beachten ist, daß wegen des typisch kleinen hydraulischen Durchmessers der Brennelemente (Widerstandskoeffizient $K_{\delta=1}$) die Strömung in den Elementen laminar ist. Welche Absaugetemperatur T_a des externen Kreislaufs stellt sich ein? Welche Temperaturerhöhung des Fluids ergibt sich beim Durchströmen der Elemente? Wie groß ist die Zuströmtemperatur T_N zu den Elementen, wenn totale Vermischung zwischen dem extern eingespeisten und dem intern zirkulierenden Massenstrom vorausgesetzt wird? Welche maximale Fluidtemperatur wird erreicht? An welcher Stelle des Beckens kann die Trennstromlinie beobachtet werden? (Zahlenwerte: $\dot{Q} = 10$ kW, $K_{\delta=1} = 200/(\text{m}^2\ \text{s})$, $\Gamma = 1$, $g = 9{,}81\ \text{m/s}^2$, $\beta_0 = 0{,}4 \cdot 10^{-3}/\text{K}$, $c = 4{,}2$ kWs/(kg K), $\rho_0 = 10^3\ \text{kg/m}^3$, $n = 10$, $\dot{M} = 10$ kg/s, $T_0 = 30\ °\text{C}$)

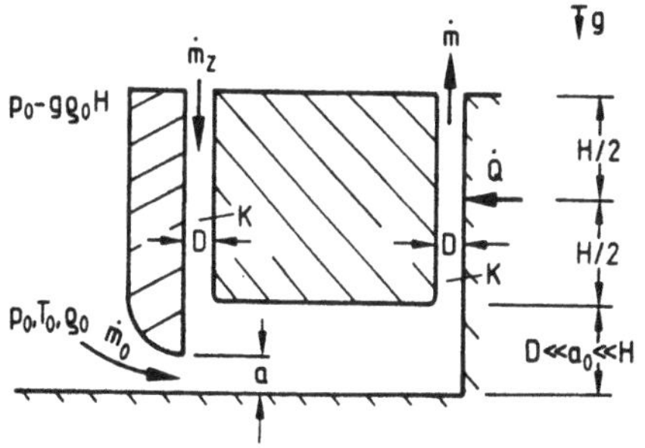

Aufgabe 19

Aufgabe 19. Für die skizzierte Anordnung überlege man sich die beiden Grenzströmungen für $a = a_0$ (unterer Zuführspalt ganz offen) und $a = 0$ (unterer Zuführspalt ganz zu). Mit welchem Massenstrom $\dot{m}$ wird die Wärmequelle jeweils gekühlt und welche zugehörigen Aufheizspannen stellen sich dabei ein? Die beiden Kaminwiderstände (Koeffizient K) seien dominierend und die Strömung in den Kaminen laminar.

Aufgabe 20. Für den skizzierten Bioreaktor wird mit dem extern eingespeisten Massenstrom $\dot{M}$, dem intern umgewälzten Massenstrom $\dot{m}_R$ und dem produzierten Gasmassen-

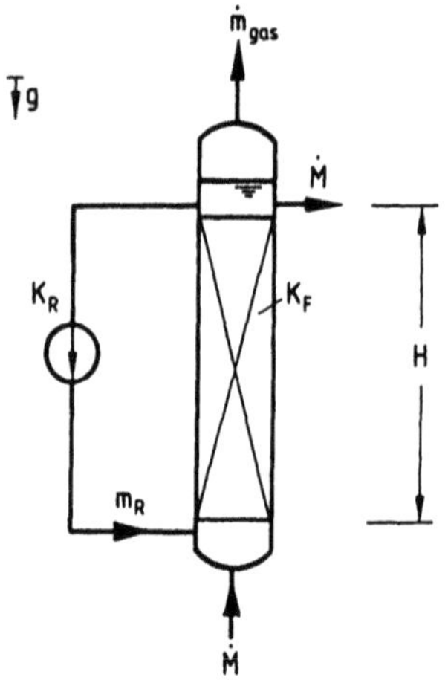

Aufgabe 20

strom $\dot{m}_{gas} = q_0 H$ (homogene Gasproduktion) der Betriebszustand festgelegt. Wie sind die Massenströme $\dot{M}$, $\dot{m}_R$ einzustellen, damit eine homogene Durchströmung des Reaktorbetts sichergestellt ist? Der Widerstand der Rückführleitung sei gegenüber dem des Festbetts vernachlässigbar ($K_R \ll K_F$) und die Gasproduktion schwach!

11.2 Lösungen

Aufgabe 1 $$\dot{m} = \left[\frac{g\rho_0\beta_0\dot{Q}}{cK_\delta H}\left\{\frac{\Gamma}{2}H_Q + (H - H_Q)\right\}\right]^{1/(1+\delta)}$$

$$\dot{m}_{max} = \dot{m}|_{\Gamma=2} = \left[\frac{g\rho_0\beta_0\dot{Q}}{cK_\delta}\right]^{1/(1+\delta)} \quad : \text{ Fußpunktbeheizung}$$

$$\delta = 1: \quad \dot{Q} \leqslant Re_{krit}^2\, 8\pi \frac{c\rho_0\nu^3}{g\beta_0 D^2} = \dot{Q}_{max} = 7{,}1\ \text{kW}$$

$$\dot{m}|\dot{Q}_{max} = 3{,}6 \cdot 10^{-2}\ \frac{\text{kg}}{\text{s}}$$

$$\Delta T|\dot{Q}_{max} = 47\ \text{K}$$

$$\beta_0\Delta T|\dot{Q}_{max} = 0{,}9 \cdot 10^{-3} \ll 1, \quad \lambda_R \frac{H}{D}\bigg|_{\dot{Q}_{max}} = 14 \gg 1$$

Aufgabe 2 $$F_i = 0 = \frac{g\rho_0\beta_0}{2c}\left[\frac{\dot{Q}_1}{\dot{m}_1} - \frac{\dot{Q}_2}{\dot{m}_2}\right] - (\dot{m}_1 - \dot{m}_2)K$$

$$F_a = 0 = \frac{g\rho_0\beta_0}{c}\left[\frac{\dot{Q}_1 H_Q}{2\dot{m}_1} + \frac{(\dot{Q}_1 + \dot{Q}_2)H_H}{\dot{m}_1 + \dot{m}_2}\right] - KH_Q\dot{m}_1$$

→ Zwei implizite Gleichungen zur iterativen Bestimmung von $\dot{m}_1$, $\dot{m}_2$.

$\dot{Q}_1 = 0, \dot{Q}_2 = \dot{Q}, H_H > 0$: $\quad F_a = 0 = \dfrac{g\rho_0\beta_0 H_H \dot{Q}}{c(\dot{m}_1 + \dot{m}_2)} - KH_Q\dot{m}_1$

$\rightarrow \dot{m}_1 > 0$ für $H_H > 0$ trotz $\dot{Q}_1 = 0$

$$F_i = 0 = -\frac{g\rho_0\beta_0\dot{Q}}{2c\dot{m}_2} - K(\dot{m}_1 - \dot{m}_2)$$

$\dot{Q}_1 = 0, \dot{Q}_2 = \dot{Q}, H_H = 0$: $\quad F_a = 0 = -KH_Q\dot{m}_1 \rightarrow \dot{m}_1 = 0$

$$F_i = 0 = -\frac{g\rho_0\beta_0\dot{Q}}{2c\dot{m}_2} + K\dot{m}_2 \rightarrow \dot{m}_2 = \left(\frac{g\rho_0\beta_0\dot{Q}}{2cK}\right)^{1/2}$$

$\rightarrow$ Strömung im Kamin 2 wie im Einzelkamin.

$\rightarrow$ Strömung im Kamin 1 stagniert.

$\dot{m}_1 = \dot{m}_2 = \dfrac{\dot{m}}{2}$: $\quad F_i = 0 = \dfrac{g\rho_0\beta_0}{c\dot{m}}[\dot{Q}_1 - \dot{Q}_2] = 0 \rightarrow \dot{Q}_1 = \dot{Q}_2 = \dot{Q}$

$$F_a = 0 = \frac{g\rho_0\beta_0\dot{Q}}{c\dot{m}}[H_Q + 2H_H] - KH_Q\frac{\dot{m}}{2}$$

$$\rightarrow \dot{m} = \left(\frac{2g\rho_0\beta_0\dot{Q}}{cK}\left[1 + 2\frac{H_H}{H_Q}\right]\right)^{1/2}$$

$\dot{Q}_1 = \dot{Q}_2 = \dot{Q}, H_H = H_Q$: $\quad F_i = 0 = (\dot{m}_2 - \dot{m}_1)\left[\dfrac{g\rho_0\beta_0\dot{Q}}{2c\dot{m}_1\dot{m}_2} + K\right]$

$$\rightarrow \dot{m}_2 - \dot{m}_1 = 0 \rightarrow \dot{m}_2 = \frac{\dot{m}}{2} = \dot{m}_1$$

$$F_a = 0 = \frac{3g\rho_0\beta_0\dot{Q}}{c\dot{m}} - K\frac{\dot{m}}{2}$$

$$\rightarrow \dot{m} = \left(\frac{6g\rho_0\beta_0\dot{Q}}{cK}\right)^{1/2}$$

Aufgabe 3 $\quad \dot{m} = \dot{m}_1 + \dot{m}_2 = \left(\dfrac{g\rho_0\beta_0\dot{Q}\Gamma}{2cK_\delta}\right)^{1/(1+\delta)} \cdot f(\epsilon, \delta)$

mit $\quad f(\epsilon; \delta) = (1-\epsilon)^{1/(1+\delta)} + (1+\epsilon)^{1/(1+\delta)}$

$$\dot{m}_{max} = \dot{m}\big|_{\epsilon=0} = 2\left(\frac{g\rho_0\beta_0\dot{Q}\Gamma}{2cK_\delta}\right)^{1/(1+\delta)}$$

$$\dot{m}_{min} = \dot{m}\big|_{\epsilon=\{1,-1\}} = \begin{cases} \sqrt{2}\left(\dfrac{g\rho_0\beta_0\dot{Q}\Gamma}{2cK_\delta}\right)^{1/2} & \text{für } \delta = 1 \\ \sqrt[3]{2}\left(\dfrac{g\rho_0\beta_0\dot{Q}\Gamma}{2cK_\delta}\right)^{1/3} & \text{für } \delta = 2 \end{cases}$$

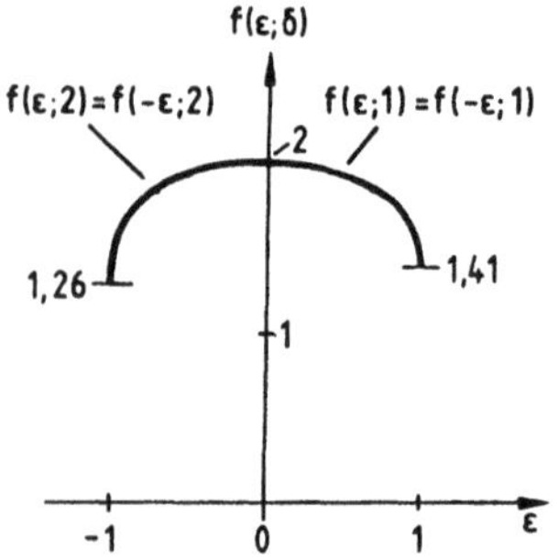

→ Jeweils maximaler Massenstrom bei identischer Beheizung der beiden Kamine.

$$\frac{\dot{m}_{max}}{\dot{m}_{min}} = \sqrt{2} \quad \text{für} \quad \delta = 1$$

$$\frac{\dot{m}_{max}}{\dot{m}_{min}} = \sqrt[3]{4} \quad \text{für} \quad \delta = 2$$

Aufgabe 4 $\zeta \leqslant \frac{8}{\pi} \frac{g\beta_0 DH\dot{Q}}{\rho_0 \nu^3 c \, Re_{krit}^3} = 4{,}11$

$$\dot{m} = \left(\frac{\pi^2}{8} \frac{g\rho_0^2 \beta_0 D^4 H\dot{Q}}{c\zeta} \right)^{1/3} = 0{,}81 \, \frac{kg}{s}$$

$$\Delta T = \frac{\dot{Q}}{\dot{m}c} = 1{,}85 \text{ K}$$

Mit Reibung im Kamin gilt:

$$\zeta \leqslant \frac{8}{\pi} \frac{g\beta_0 DH\dot{Q}}{\rho_0 \nu^3 c \, Re_{krit}^3} - \lambda_t \frac{H}{D} = 2{,}91$$

$$\dot{m} = \left(\frac{\pi^2}{8} \frac{g\rho_0^2 \beta_0 D^4 H\dot{Q}}{c\left(\zeta + \lambda_t \frac{H}{D}\right)} \right)^{1/3} = 0{,}81 \, \frac{kg}{s}$$

$$\Delta T = \frac{\dot{Q}}{\dot{m}c} = 1{,}85 \text{ K}$$

Aufgabe 5

(Bernoulli): $p_0 + \frac{\rho}{2} u_0^2 = p_0 + \frac{\rho}{2} u^2(x) - g(\rho_0 - \rho)x$

(Kont.): $u(x)A(x) = u_0 A_0$

$$\rightarrow A(x) = \frac{A_0}{\sqrt{1 + \frac{2g}{u_0^2}\left(\frac{\rho_0}{\rho} - 1\right)x}}$$

$\rho = \rho_0$: $A(x) = A_0$, parallele Stromlinien

$\rho < \rho_0$: $A(x) \leqslant A_0$, gekrümmte Stromlinien

Die Abströmbedingung gilt exakt nur für gleiche Dichten: $\rho = \rho_0$. Für $\rho \neq \rho_0$ wird der Umgebungsdruck über dem gesamten Strahlquerschnitt tatsächlich erst bei einer Kaminüberhöhung $x = H_ü$ erreicht. Unter der Voraussetzung $H_ü/H \ll 1$, die bei schlanken Kaminen ($H/D \gg 1$, $A_0 = D^2\pi/4$) immer erfüllt ist, bleibt die für $\rho = \rho_0$ exakte Abströmbedingung gültig.

Aufgabe 6 $$\dot{m} = \left(\frac{g\rho_0^2\beta_0 A^2}{c} H\Gamma\dot{Q}\right)^{1/3} = 0{,}037\ \frac{kg}{s}$$

mit $A = D^2\,\frac{\pi}{4} = 1{,}96 \cdot 10^{-3}\ m^2$

$$\dot{Q} = \int_0^H q_0\left(1 - \frac{x}{H}\right)dx = \frac{q_0 H}{2} = 0{,}1\ kW$$

$$\Gamma = \frac{2}{\dot{Q}H}\int_0^H\int_0^x q_0\left(1 - \frac{\xi}{H}\right)d\xi\, dx = \frac{4}{3}$$

$$\Delta T = \frac{\dot{Q}}{\dot{m}c} = 0{,}9\ K$$

$\beta_0\Delta T = 2{,}7 \cdot 10^{-4} \ll 1$: Effekt der Volumenänderung

Aufgabe 7 $$\dot{m} = \left(\frac{g\rho_0^2\beta_0 H\Gamma A^2}{c_p}\,\frac{\dot{Q}}{\zeta}\right)^{1/3} = 0{,}004\,\frac{kg}{s}$$

$$\Delta T = \frac{\dot{Q}}{\dot{m}c_p} = 24{,}5\ K$$

$$\beta_0\Delta T = \frac{\Delta T}{T_0} = 0{,}08 \ll 1$$

Aufgabe 8 $$F = 0 = g\rho_0\left[1 - \frac{1}{\psi}\ln(1 + \psi)\right] - K_{0,\delta=2}\left[1 + \frac{\psi}{2}\right]\dot{m}^2$$

mit $\psi = \frac{\dot{Q}}{\dot{m}c_p T_0}$, $K_{0,\delta=2} = \frac{8}{\pi^2}\frac{\lambda_t}{\rho_0}\frac{1}{D^5}$

$$\dot{m}_{max} = \dot{m}(\dot{Q}_{krit}): \quad \frac{d\dot{m}}{d\dot{Q}} = 0 \rightarrow \psi^* = 1{,}913$$

$$\rightarrow \dot{m}_{max} = \sqrt{\frac{g\rho_0}{K_{0,\delta=2}} \cdot 0{,}225} = 0{,}011 \frac{kg}{s}$$

$$\rightarrow \dot{Q}_{krit} = \dot{m}_{max} c_p T_0 \psi^* = 4{,}8 \text{ kW}$$

$$\psi \ll 1: \quad \dot{m}(\dot{Q}_{krit})/_{\psi \ll 1} = \left(\frac{g\rho_0\beta_0\dot{Q}_{krit}}{2c_p K_{0,\delta=2}}\right)^{1/3} = 0{,}017 \frac{kg}{s}$$

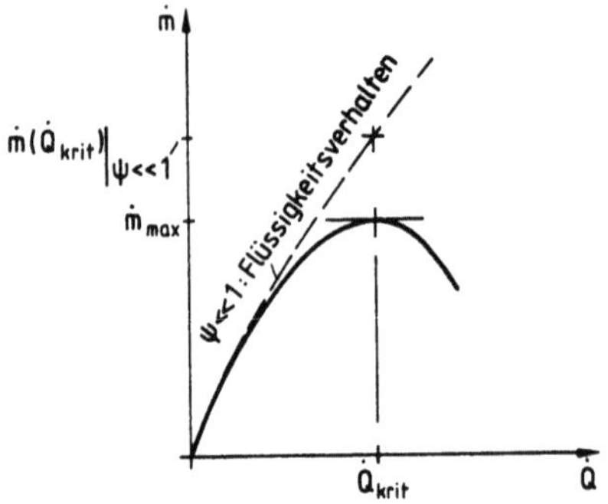

$$\lambda_t \frac{H}{D}\left[1 + \frac{\beta_0 \Delta T}{2}\right] = 28{,}8: \text{ Reibungseffekt}$$

$$1 + 2\beta_0\Delta T = 4{,}8: \text{ Einström- und Ausdehnungseffekt}$$

$$\text{mit} \quad \beta_0 = \frac{1}{T_0}, \quad \Delta T = \frac{\dot{Q}_{krit}}{\dot{m}_{max} c_p} = 565 \text{ K}$$

$$\rightarrow \lambda_t \frac{H}{D}\left[1 + \frac{\beta_0 \Delta T}{2}\right] \gg 1 + 2\beta_0\Delta T: \text{ Reibung dominiert}$$

$$u_{max} = \frac{4\dot{m}_{max}}{\rho_0 D^2 \pi} = 2{,}4 \frac{m}{s}, \quad Re_0 = \frac{u_{max} D}{\nu_0} = 6{,}6 \cdot 10^4 > Re_{krit} \rightarrow \text{turbulent}$$

Aufgabe 9 $\dot{m} = \left(\frac{g\rho_0\beta_0\dot{Q}}{2cK(\dot{m})}\right)^{1/3} = 0{,}0075 \frac{kg}{s}$

$$\text{mit} \quad K(\dot{m}) = \frac{3}{4}\frac{1-\epsilon}{\epsilon^3}\frac{1}{\rho_0 A^2}\Bigg[\underbrace{C_2}_{\text{Stoß-}} + \underbrace{C_1 \frac{(1-\epsilon)\nu\rho_0 A}{d_p}\frac{1}{\dot{m}}}_{\text{Reibungs-}}\Bigg] \cdot \frac{1}{d_p}$$

verlust

$$C_1 = 200, \; C_2 = 2{,}33$$

$$C_1 \frac{(1-\epsilon)\nu\rho_0 A}{d_p}\frac{1}{\dot{m}} = C_1 \frac{1}{Re_p} = 63{,}25 \gg 2{,}33:$$

→ Reibungsverlust ≫ Stoßverlust → deshalb kann auch explizit geschrieben werden:

$$\dot{m} = \left(\frac{g\rho_0\beta_0\dot{Q}}{2cK^*}\right)^{1/2} = 0{,}0076\ \frac{kg}{s}$$

$$\text{mit}\quad K^* = K(\dot{m})|_{C_2=0}\cdot\dot{m} = \frac{3}{4}\frac{1-\epsilon}{\epsilon^3}\frac{1}{\rho_0 A^2}C_1\frac{(1-\epsilon)\nu\rho_0 A}{d_p^2}$$

$$\Delta T = \frac{\dot{Q}}{\dot{m}c} = 66{,}6\ K$$

$$u_0 = \frac{4\dot{m}}{\rho_0 D^2\pi} = 0{,}001\ \frac{m}{s}$$

$$u = \frac{u_0}{\epsilon} = 0{,}002\ \frac{m}{s}$$

Aufgabe 10 a) $\dot{m} = \left(\frac{g\rho_0\beta_0\dot{Q}}{2cK}\right)^{1/2}$

b) Gegenstrom und $\dot{m}c = \text{const} \rightarrow \Delta T = T_r(x) - T_\ell(x) = \text{const}$

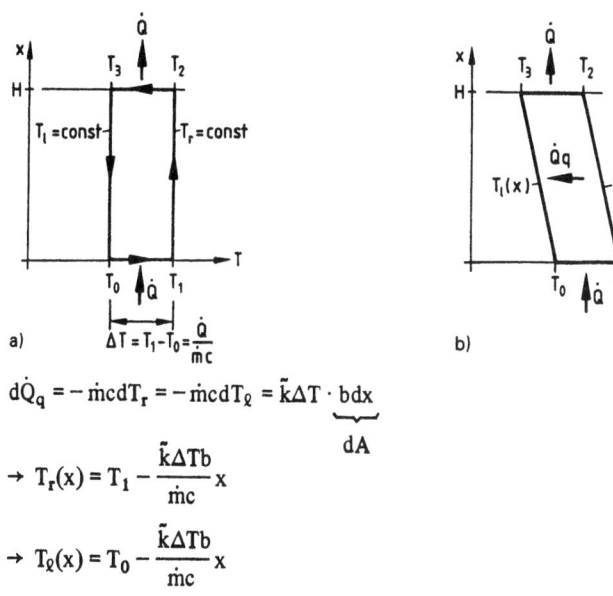

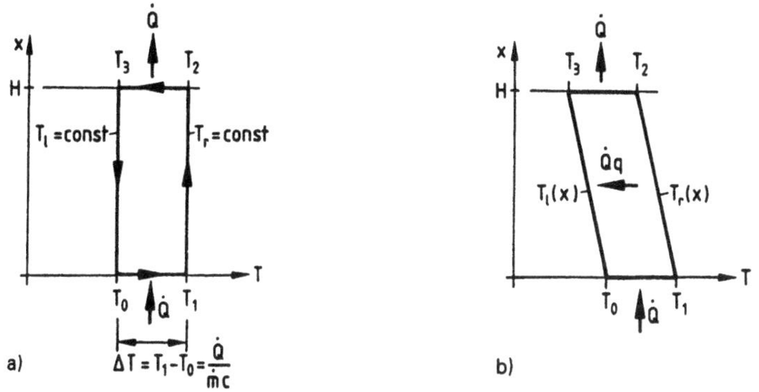

$$d\dot{Q}_q = -\dot{m}c\,dT_r = -\dot{m}c\,dT_\ell = \tilde{k}\Delta T\cdot\underbrace{b\,dx}_{dA}$$

$$\rightarrow\ T_r(x) = T_1 - \frac{\tilde{k}\Delta T b}{\dot{m}c}x$$

$$\rightarrow\ T_\ell(x) = T_0 - \frac{\tilde{k}\Delta T b}{\dot{m}c}x$$

oder

$$\rightarrow\ T_r(s) = T_1 - \frac{\tilde{k}\Delta T b}{\dot{m}c}s \quad \text{für}\quad 0 \leqslant s \leqslant H$$

$$\rightarrow T_\ell(s) = T_0 + \frac{\tilde{k}\Delta Tb}{\dot{m}c}(s-2H) \quad \text{für} \quad H \leqslant s \leqslant 2H$$

$$\rightarrow \dot{m} = \left(\frac{g\rho_0\beta_0\dot{Q}}{2cK}\right)^{1/2}$$: Der Massenstrom stellt sich unabhängig von $\tilde{k}$ ein. Allein die Temperaturverteilung ist verändert.

Aufgabe 11 $F_1 = 0 = \frac{g\rho_0\beta_0\dot{Q}_1}{\dot{m}_1 c} - [K_1\dot{m}_1 + K_r(\dot{m}_1 + \dot{m}_2)]$

$$F_2 = 0 = \frac{g\rho_0\beta_0\dot{Q}_2}{\dot{m}_2 c} - [K_2\dot{m}_2 + K_r(\dot{m}_1 + \dot{m}_2)]$$

$\dot{m}_1 = \dot{m}_2 = \frac{\dot{m}}{2}$:

$$\left.\begin{aligned} F_1 &= 0 = \frac{2g\rho_0\beta_0\dot{Q}_1}{\dot{m}c} - \left[\frac{K_1}{2} + K_r\right]\dot{m} \\ F_2 &= 0 = \frac{2g\rho_0\beta_0\dot{Q}_2}{\dot{m}c} - \left[\frac{K_2}{2} + K_r\right]\dot{m} \end{aligned}\right\} \rightarrow \frac{\dot{Q}_1}{\dot{Q}_2} = \frac{K_1 + 2K_r}{K_2 + 2K_r}$$

$\dot{m}_1 = \dot{m}_2 = \frac{\dot{m}}{2}$ und $\dot{Q}_1 = \dot{Q}_2 = \dot{Q}$: $\rightarrow K_1 = K_2 = K$

$\dot{Q}_1 = \dot{Q}, \dot{Q}_2 = 0, K_1 = K_2 = K$:

$$F_2 = 0 = \frac{g\rho_0\beta_0\dot{Q}_2}{c} - \dot{m}_2\underbrace{[K_2\dot{m}_2 + K_r(\dot{m}_1 + \dot{m}_2)]}_{>0}$$: durchmultipliziert mit $\dot{m}_2$ wegen $\lim\limits_{\dot{Q}_2 \to 0} \frac{\dot{Q}_2}{\dot{m}_2} = \frac{0}{0}$

$\rightarrow \dot{m}_2 = 0$ aus $\dot{m}_2 F_2 = 0$

$\rightarrow \dot{m}_1 = \left(\frac{g\rho_0\beta_0\dot{Q}}{c[K + K_r]}\right)^{1/2}$ aus $F_1 = 0$

$K_1 = K_2 = K, \dot{Q}_1 \neq \dot{Q}_2$:

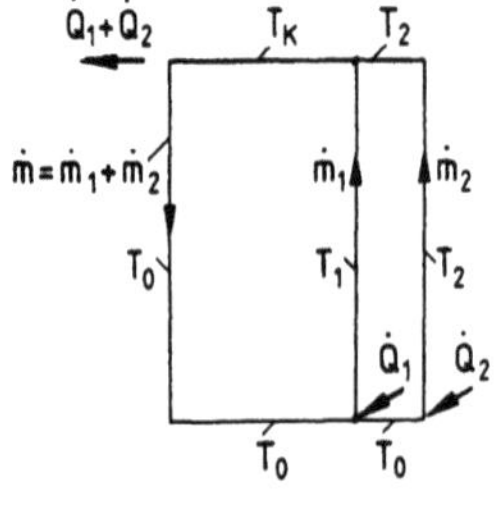

$$T_1 = T_0 + \frac{\dot{Q}_1}{\dot{m}_1 c}$$

$$T_2 = T_0 + \frac{\dot{Q}_2}{\dot{m}_2 c}$$

$$T_K = \frac{\dot{m}_1 T_1 + \dot{m}_2 T_2}{\dot{m}_1 + \dot{m}_2}$$

mit $\dot{m}_1 = -\frac{\alpha}{2} \overset{+}{(-)} \sqrt{\beta + \left(\frac{\alpha}{2}\right)^2} = \dot{m}_1(\dot{m}_2)$

$$\alpha = \frac{g\rho_0\beta_0\dot{Q}_2}{Kc\dot{m}_2} - \dot{m}_2, \quad \beta = \frac{g\rho_0\beta_0\dot{Q}_1}{Kc}$$

$$\text{aus } F_1 - F_2 = 0 = \frac{g\rho_0\beta_0}{Kc}\left(\frac{\dot{Q}_1}{\dot{m}_1} - \frac{\dot{Q}_2}{\dot{m}_2}\right) - (\dot{m}_1 - \dot{m}_2)$$

und $\dot{m}_2$ aus $F_1 = 0$ oder $F_2 = 0$ durch Einsetzen von $\dot{m}_1(\dot{m}_2) \rightarrow$ implizite Gl. für $\dot{m}_2$!

$K_1 = K_2 = K, \dot{Q}_1 = \dot{Q}_2 = \dot{Q}: \quad \rightarrow \dot{m}_1 = \dot{m}_2 = \dfrac{\dot{m}}{2}$

$$T_1 = T_2 = T_K = T_0 + \frac{2\dot{Q}}{\dot{m}c}$$

$K_1 = K_2 = K, \dot{Q}_1 \neq \dot{Q}_2$:

$$\dot{Q}_1 + \dot{Q}_2 = \dot{m}c(T_K - T_6)$$

$$\rightarrow T_6 = T_K - \frac{\dot{Q}_1 + \dot{Q}_2}{\dot{m}c}$$

$$= \frac{\dot{m}_1\left(T_0 + \dfrac{\dot{Q}_1}{\dot{m}_1 c}\right) + \dot{m}_2\left(T_0 + \dfrac{\dot{Q}_2}{\dot{m}_2 c}\right)}{\dot{m}} - \frac{\dot{Q}_1 + \dot{Q}_2}{\dot{m}c} = T_0$$

Aufgabe 12 $p_W(z) = p_K(z) + k^* u_W(z) > p_K(z) \quad \text{für} \quad z < z_T$

$p_K(z) = p_W(z) + k^* u_K(z) > p_W(z) \quad \text{für} \quad z > z_T$

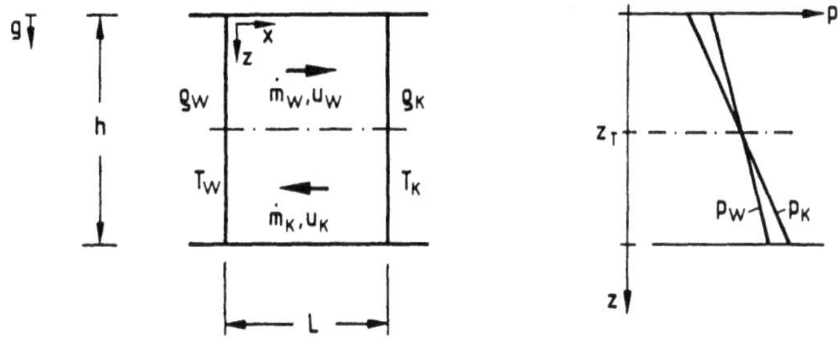

$z = z_T: \quad u_W = u_K = 0 \rightarrow p_W(z_T) = p_K(z_T) = p_T$

$p_W(z) = p_T + g\rho_W(z - z_T), \quad p_K(z) = p_T + g\rho_K(z - z_T)$

Kontinuität. $\dot{m}_W = \dot{m}_K = \dot{m} \rightarrow z_T = \dfrac{h}{2}$

$$\text{mit} \quad \dot{m}_W = \rho_W b \int_0^{z_T} u_W(z)\,dz = \frac{\rho_W bg(\rho_W - \rho_K)}{k^*}\int_0^{z_T}(z - z_T)\,dz$$

$$= \frac{\rho_W bg(\rho_K - \rho_W)}{k^*}\frac{z_T^2}{2}$$

$$\dot{m}_K = \rho_K b \int_{z_T}^{h} u_K(z)\,dz = \frac{\rho_K b g(\rho_K - \rho_W)}{k^*} \int_{z_T}^{h} (z - z_T)\,dz$$

$$= \frac{\rho_K b g(\rho_K - \rho_W)}{k^*} \frac{1}{2} (h - z_T)^2$$

$$\rho_W = \rho_K(1 - \beta_K \Delta T), \quad \Delta T = T_W - T_K$$

$$\beta_K \Delta T \ll 1$$

$$\rightarrow \dot{m} = \frac{\rho_K^2 g \beta_K b h^2}{8\,k^*} \Delta T = 0{,}24 \cdot 10^{-3}\,\frac{kg}{s}$$

$$\text{mit} \quad k^* = \frac{3}{4} \frac{(1-\epsilon)^2}{\epsilon^3} C_1 \frac{\nu L \rho_K}{d_p^2}, \quad C_1 = 200:$$

gewonnen durch Koeffizienten-Vergleich zwischen $\Delta p = k^* u$ und $\Delta p = KL(\rho u A)^2$ nach (4.69) und (4.64).

$$\rightarrow \bar{u} = \frac{\dot{m}}{\rho_K \frac{bh}{2} \epsilon} = 3 \cdot 10^{-5}\,\frac{m}{s}$$

Aufgabe 13 An die Stelle des Reibungsterms $K_\delta \dot{m}^\delta H$ tritt der die Strömung begrenzende Bernoulli-Term $\rho_0 u_0^2/2 = \dot{m}^2/(2\rho_0 A^2)$, der in der dimensionsfreien Form (Abschn. 2.6) den Wert $\alpha = 1/2$ nie unterschreiten kann. Wir entnehmen dies unmittelbar aus (2.495):

$$\delta = 2: \quad \alpha = K_{\delta=2} AM$$

$$= K_{\delta=2} \dot{m}^2 H \frac{AM}{\dot{m}^2 H} = \frac{\dot{m}^2}{2\rho_0 A^2} \frac{AM}{\dot{m}^2 H}$$

$$\alpha = \frac{1}{2} \quad \text{mit} \quad M = \rho_0 A H$$

Die Stabilitätsgl. (2.528) nimmt dann mit $\delta = 2$, $\alpha = 1/2$ die Form

$$S(\sigma) = 0 = \sigma + \frac{1}{2}\left(2 + \frac{1}{\sigma} - \frac{e^{-\sigma}}{\sigma}\right)$$

an und weist nach Bild 70 stets auf Stabilität hin.

Aufgabe 14 In dimensionsfreier Darstellung nach (3.117), (3.118) gilt:

$$u(y) = -\frac{Ra}{L}\left(\frac{y^3}{6} - \frac{y^2}{4} + \frac{y}{12}\right)$$

$$T(x, y) = 1 - \frac{x}{L} + \frac{Ra}{L^2}\left(\frac{y^5}{120} - \frac{y^4}{48} + \frac{y^3}{72} - \frac{1}{1440}\right)$$

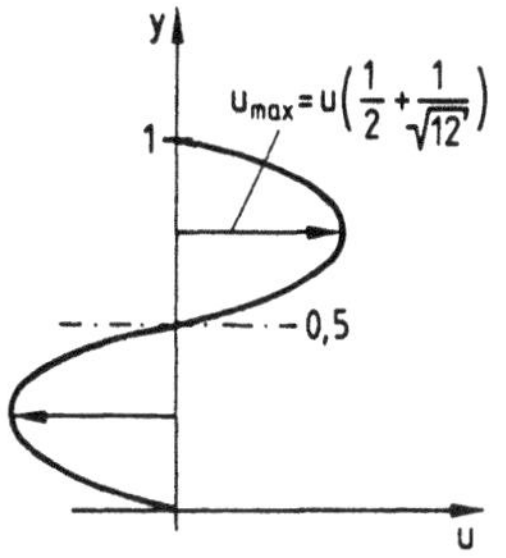

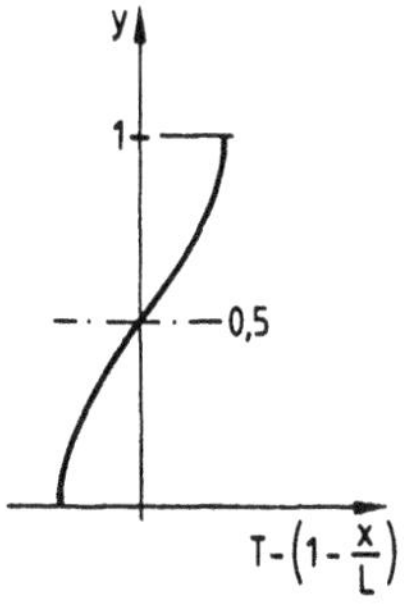

$$\text{mit} \quad Ra = \frac{g\rho_0\beta_0 h^3 c\Delta T}{\nu\lambda}$$

$$y := \frac{y}{h}, \quad x : \frac{x}{h}, \quad L := \frac{L}{h}$$

$$u := u\,\frac{\rho_0 ch}{\lambda}, \quad T := \frac{T - T_0}{\Delta T}$$

Umgerechnet ergibt sich in dimensionsbehafteter Form:

$$u(y) = -\frac{g\beta_0 h^3 \Delta T}{\nu L}\left[\frac{1}{6}\left(\frac{y}{h}\right)^3 - \frac{1}{4}\left(\frac{y}{h}\right)^2 + \frac{1}{12}\left(\frac{y}{h}\right)\right]$$

$$T(x, y) = T_0 + \Delta T\left(1 - \frac{x}{L}\right) + \frac{g\rho_0\beta_0 ch^5(\Delta T)^2}{\lambda\nu L^2}$$

$$\left[\frac{1}{120}\left(\frac{y}{h}\right)^5 - \frac{1}{48}\left(\frac{y}{h}\right)^4 + \frac{1}{72}\left(\frac{y}{h}\right)^3 - \frac{1}{1440}\right]$$

$$\lim_{\lambda\to\infty} T(x, y) = T_0 + \Delta T\left(1 - \frac{x}{L}\right)$$

$$p_x = u_{yy}: \quad p_x = -\frac{Ra}{L}\left(y - \frac{1}{2}\right) \to \begin{cases} p_x > 0 & \text{für} \quad y < \frac{1}{2} \\ p_x < 0 & \text{für} \quad y > \frac{1}{2} \end{cases}$$

Da die Auftriebskraft im Fall des horizontalen Kanals nicht in Strömungsrichtung wirken kann, wird die Strömung indirekt durch den Aufbau eines Druckfeldes angetrieben!
Stets laminar für $Ri > 1/4$ (Abschn. 7.3)

$$Ri^* = Pr\left[\frac{3}{2} + 576\,\frac{Ra_{q_W}}{Ra^2}\left(\frac{L}{h}\right)^2\right] > \frac{1}{4}$$

$$\text{oder} \quad Ra_{q_W} = \frac{g\rho_0\beta_0 c q_W h^4}{\lambda^2\nu} > \frac{\frac{1}{4}\frac{1}{Pr} - \frac{3}{2}}{576} \frac{Ra^2}{(L/h)^2}$$

$$\rightarrow q_W > \frac{\frac{1}{4}\frac{1}{Pr} - \frac{3}{2}}{576} \frac{\lambda^2\nu}{g\rho_0\beta_0 c h^4} \frac{Ra^2}{(L/h)^2}$$

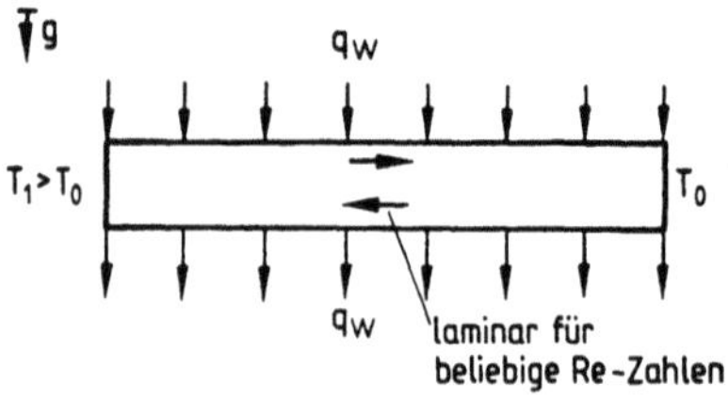

Aufgabe 15 Die Konvektionsströmung setzt ein für:

$$Ra = \frac{g\rho_0\beta_0 h^3 c\Delta T}{\nu\lambda} \geqslant Ra_1 = \left(\frac{3\pi}{2}\right)^4 \frac{L}{h}$$

$$\text{oder} \quad \Delta T \geqslant \left(\frac{3\pi}{2}\right)^4 \frac{\nu\lambda L}{g\rho_0\beta_0 c h^4}$$

$$\text{(Impuls):} \quad \begin{aligned} 0 &= -p_x + u_{yy} + Ra\,T \rightarrow p_x = Ra\left(-\frac{x}{L} + K_2\right) \\ 0 &= -p_y \rightarrow p = p(x) \end{aligned}$$

Hier treibt die Auftriebskraft (Ra T) die Strömung direkt an, da deren Wirkungslinie – anders als im Fall des horizontalen Kanals – mit der Richtung des Schwerefeldes übereinstimmt. Der Druckgradient ist deshalb unabhängig von y.

Aufgabe 16 Dgl.: $\Theta_0^{(5)}(y) = 0$, Abschn. 3.1.1, (3.98)

R. B.: $\Theta_0''(0) = \Theta_0''(1) = 0$, hydraulisch

$\Theta_0'(0) = -2(1-\epsilon)$, $\Theta_0'(1) = 2\epsilon$, thermisch

$$\text{Lösg.:} \quad \Theta_0 = \frac{\tilde{a}_1}{24}y^4 + \frac{\tilde{a}_2}{6}y^3 + \frac{\tilde{a}_3}{2}y^2 + \tilde{a}_4 y + \tilde{K}_2$$

mit $\tilde{a}_1 = -24$, $\tilde{a}_2 = 12$, $\tilde{a}_3 = 0$, $\tilde{a}_4 = -2(1-\epsilon)$

Nur $a_4 = a_4(\epsilon)$. Da $a_4(\epsilon)$ nicht bei der Berechnung des Geschwindigkeitsprofils benötigt wird, gilt stets unabhängig von ϵ:

$$u \sim \Theta_0'' = 12(y - y^2)$$

Für den y-abhängigen Temperaturanteil ~ Θ_0 gilt dagegen in Abhängigkeit von ϵ:

$$T - K_1 x \sim \Theta_0 = -y^4 + 2y^3 - 2(1-\epsilon)y + \frac{52}{70} - \epsilon$$

$$\text{mit} \quad \tilde{K}_2 = \frac{52}{70} - \epsilon \quad \text{aus} \quad \int_0^1 \Theta_0 \Theta_0'' \, dy = 0$$

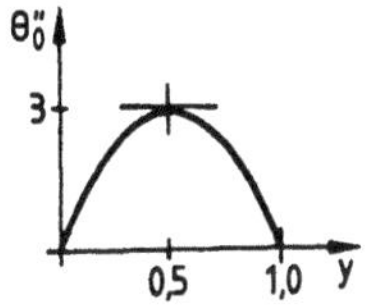

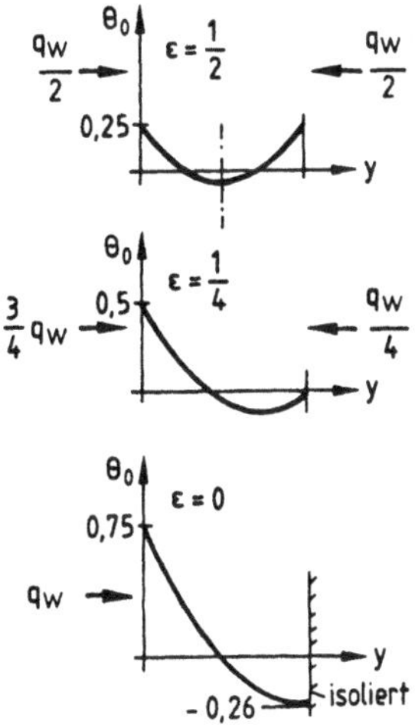

Aufgabe 17 $\eta_{max} = Ec = \frac{gH}{c_p T_0} = 0{,}0065$

$$P_{el} = \frac{P_{max}}{3} = \frac{\eta_{max} \dot{Q}_S}{3} = \frac{\eta_{max} q_S A_S}{3} = 35{,}67 \text{ kW}$$

$$u_0 = \left(2 \, Ec \frac{q_S}{\rho_0} \frac{A_S}{A}\right)^{1/3} = \left(2 \, Ec \frac{q_S}{\rho_0} \frac{D_S^2}{D^2}\right)^{1/3} = 13{,}12 \frac{m}{s}$$

$$H = \frac{\eta_{max} c_p T_0}{g} = \frac{3\eta c_p T_0}{g} = 917{,}4 \text{ m} \approx 1 \text{ km}$$

Aufgabe 18 $\dot{m}_N = n^2 \left(\frac{g \rho_0 \beta_0 \dot{Q} \Gamma}{2c K_{\delta=1}}\right)^{1/2} = 15{,}3 \frac{kg}{s}$

$\rightarrow \dot{m}_N > \dot{M}$: Zirkulation im Becken

$T_a = T_0 + \frac{n^2 \dot{Q}}{\dot{M} c} = 53{,}81\ ^\circ C$: unabhängig vom inneren Kreislauf

$$\Delta T_{BE} = \frac{n^2 \dot{Q}}{\dot{m}_N c} = 15{,}56 \text{ K}$$

Mischen: $T_0\dot{M} + (T_N + \Delta T_{BE})(\dot{m}_N - \dot{M}) = T_N\dot{m}_N$

$$\rightarrow\ T_N = T_0 + \frac{\Delta T_{BE}}{\dot{M}}(\dot{m}_N - \dot{M}) = 38{,}25\ °C$$

$$T_{max} = T_N + \Delta T_{BE} = T_a = 53{,}81\ °C$$

$$\frac{\ell_T}{\ell} = \frac{\dot{m}_N - \dot{M}}{\dot{m}_N}\ \rightarrow\ \ell_T = \left(1 - \frac{\dot{M}}{\dot{m}_N}\right)\ell = 0{,}35\ \ell$$

Aufgabe 19 $p_1 = p_0 - \dfrac{\dot{m}_0^2}{2\rho_0 A^2} \approx p_0$: für hinreichend große Spalthöhe a_0, $A \sim a_0$

$$p_1 = p_2 + g\rho_0 H - KH\dot{m}_Z \rightarrow \dot{m}_Z \approx 0$$

$$p_4 = p_3 - g\rho_0 H + \frac{g\rho_0\beta_0\dot{Q}H}{2c\dot{m}} - KH\dot{m}$$

$$\rightarrow\ \dot{m} = \dot{m}|_{a_0} = \left(\frac{g\rho_0\beta_0\dot{Q}}{2cK}\right)^{1/2}$$

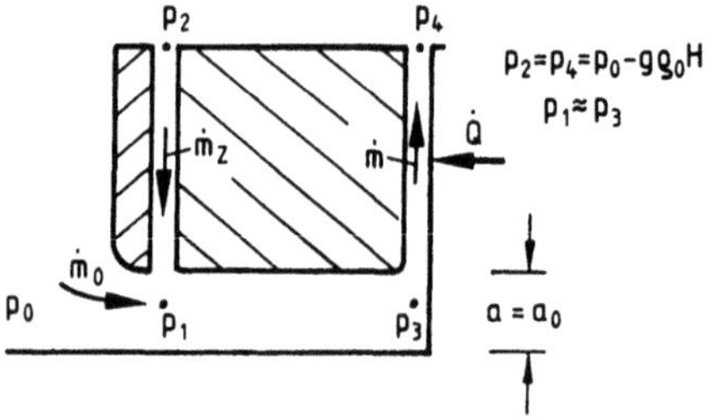

$$p_1 = p_2 + g\rho_0 H - KH\dot{m},\quad \dot{m}_Z = \dot{m}$$

$$p_4 = p_3 - g\rho_0 H + \frac{g\rho_0\beta_0\dot{Q}H}{2c\dot{m}} - KH\dot{m}$$

$$\rightarrow\ \dot{m} = \dot{m}|_{a=0} = \left(\frac{g\rho_0\beta_0\dot{Q}}{4cK}\right)^{1/2} = \frac{1}{\sqrt{2}}\dot{m}|_{a_0}$$

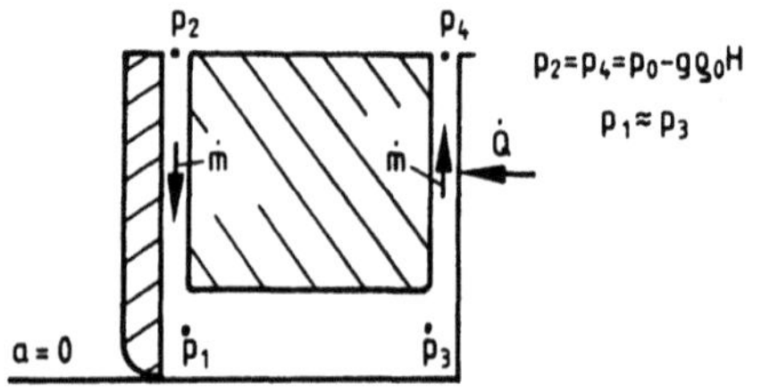

$$a = a_0: \quad \Delta T|_{a_0} = \frac{\dot{Q}}{\dot{m}|_{a_0} c}$$

$$a = 0: \quad \Delta T|_{a=0} = \frac{\dot{Q}}{\dot{m}|_{a=0} c} = \sqrt{2}\, \Delta T|_{a_0}$$

Aufgabe 20 Die Durchströmung des Reaktors ist homogen, wenn der angebotene Massenstrom $\dot{m}_R + \dot{M}$ größer als der sich infolge Gasproduktion frei einstellende Konvektionsstrom $\dot{m}_N$ ist:

$$F = 0 = \underbrace{g\rho_W \int_0^H \left(1 - \frac{1}{\Phi}\right) ds}_{\text{Auftrieb}} - \underbrace{K_F \dot{m}_N^2 \int_0^H \Phi \, ds}_{\text{Widerstand}}$$

$$\text{mit} \quad \Phi = 1 + \frac{1}{\dot{m}_N}\left(\frac{\rho_W}{\rho_g} - 1\right) q_0 s$$

$$\left.\begin{aligned} &\int_0^H \left(1 - \frac{1}{\Phi}\right) ds = \frac{1}{\dot{m}_N}\left(\frac{\rho_W}{\rho_g} - 1\right) \frac{\dot{m}_{gas} H}{2} \\ &\int_0^H \Phi \, ds = H \end{aligned}\right\} \text{schwache Gasproduktion}$$

$$\dot{m}_N = \left(\frac{g\rho_W\left(\frac{\rho_W}{\rho_g} - 1\right)}{2\,K_F}\, \dot{m}_{gas}\right)^{1/3}$$

Bei Verletzung der Forderung $\dot{m}_R + \dot{M} > \dot{m}_N$ tritt im Reaktor eine Zirkulationsströmung auf. Hierin zeigt sich das Eigenleben des Systems infolge Gasproduktion.

Ergänzende und weiterführende Literatur

Becker, E.: Technische Strömungslehre. 6. Aufl. Stuttgart: Teubner 1986

Becker, E.: Technische Thermodynamik. Stuttgart: Teubner 1985

Schlichting, H.: Grenzschicht-Theorie. 8. Aufl. Karlsruhe: Braun 1982

Prandtl, L., Oswatitsch, K., Wieghardt, K.: Führer durch die Strömungslehre. 8. Aufl. Braunschweig: Vieweg & Sohn 1984

Bejan, A.: Convection Heat Transfer. New York: Wiley & Sons 1984

Jaluria, Y.: Natural Convection Heat and Mass Transfer. Oxford, New York: Pergamon Press 1980

Van Dyke, M.: Perturbation Methods in Fluid Mechanics. 2nd ed. Stanford, California: Parabolic Press 1975 (orginally published 1964 by Academic Press)

Schneider, W.: Mathematische Methoden der Strömungsmechanik. Braunschweig: Vieweg 1978

Sachverzeichnis

Mathematik

Afflerbach: **Statistik-Praktikum mit dem PC.** DM 24,80

Ahlswede/Wegener: **Suchprobleme.** DM 32,–

Aigner: **Graphentheorie.** DM 29,80

Ansorge: **Differenzenapproximationen partieller Anfangswertaufgaben.** DM 32,– (LAMM)

Behnen/Neuhaus: **Grundkurs Stochastik.** 2. Aufl. DM 36,–

Bohl: **Finite Modelle gewöhnlicher Randwertaufgaben.** DM 32,– (LAMM)

Böhmer: **Spline-Funktionen.** DM 32,–

Bröcker: **Analysis in mehreren Variablen.** DM 34,–

Bunse/Bunse-Gerstner: **Numerische Lineare Algebra.** 314 Seiten. DM 36,–

Clegg: **Variationsrechnung.** DM 19,80

v. Collani: **Optimale Wareneingangskontrolle.** DM 29,80

Collatz: **Differentialgleichungen.** 6. Aufl. DM 34,– (LAMM)

Collatz/Krabs: **Approximationstheorie.** DM 29,80

Constantinescu: **Distributionen und ihre Anwendung in der Physik.** DM 22,80

Dinges/Rost: **Prinzipien der Stochastik.** DM 36,–

Fischer/Sacher: **Einführung in die Algebra.** 3. Aufl. DM 23,80

Floret: **Maß- und Integrationstheorie.** DM 34,–

Grigorieff: **Numerik gewöhnlicher Differentialgleichungen**
Band 2: DM 34,–

Hackbusch: **Theorie und Numerik elliptischer Differentialgleichungen.** DM 38,–

Hackenbroch: **Integrationstheorie.** DM 22,80

Hainzl: **Mathematik für Naturwissenschaftler.** 4. Aufl. DM 36,– (LAMM)

Hässig: **Graphentheoretische Methoden des Operations Research.** DM 26,80 (LAMM)

Hettich/Zenke: **Numerische Methoden der Approximation und semi-infinitiven Optimierung.** DM 26,80

Hilbert: **Grundlagen der Geometrie.** 13. Aufl. DM 28,80

Jeggle: **Nichtlineare Funktionalanalysis.** DM 28,80

Kall: **Analysis für Ökonomen.** DM 28,80 (LAMM)

Kall: **Lineare Algebra für Ökonomen.** DM 24,80 (LAMM)

Kall: **Mathematische Methoden des Operations Research.** DM 26,80 (LAMM)

Kohlas: **Stochastische Methoden des Operations Research.** DM 26,80 (LAMM)

Kohlas: **Zuverlässigkeit und Verfügbarkeit.** DM 38,– (LAMM)

Krabs: **Optimierung und Approximation.** DM 28,80

Lehn/Wegmann: **Einführung in die Statistik.** DM 24,80

Metzler: **Dynamische Systeme in der Ökologie.** DM 26,80

Müller: **Darstellungstheorie von endlichen Gruppen.** DM 25,80

Rauhut/Schmitz/Zachow: **Spieltheorie.** DM 34,– (LAMM)

MIX
Papier aus verantwortungsvollen Quellen
Paper from responsible sources
FSC® C105338

If you have any concerns about our products,
you can contact us on
ProductSafety@springernature.com

In case Publisher is established outside the EU,
the EU authorized representative is:
Springer Nature Customer Service Center GmbH
Europaplatz 3, 69115 Heidelberg, Germany

Printed by Libri Plureos GmbH
in Hamburg, Germany